U0289323

后浪出版公司
电影学院 056

Digital Compositing for Film and Video

视效合成进阶教程

插图第3版

（美）史蒂夫·赖特 著 李铭 译

世界图书出版公司
北京·广州·上海·西安

前 言

本书是关于亲自动手的数字合成技术的，是以追求电影故事片和视频中的数字视觉效果达到照片般真实为目标。当然，美术培训是实现照片般真实必不可少的组成部分，因为就是在美术课程中，你得知了人们认为事物是怎么个样子，但你还要精通工具和技术。如果你不能按照自己的视觉构想操纵画面，那了解画面应该是怎么个样子也顶不了什么用。阅读用户手册将教会你如何使用合成软件，但教不会你如何从照明糟糕的蓝幕中抽取出好的遮片，也教不会你当数字遮片绘画中出现了严重的条带时应该怎样去应对。汽车用户手册与驾驶学校之间的差别就在这里。前者教给你把手放在哪儿，后者教给你如何切切实实地开着车上路。

尽管非常适合初学者，但本书不是一本启蒙教材。本书假定读者已经知道如何操作合成软件，什么是像素，以及RGB的意思是什么。它预期的是：数字美术师坐在工作站前，监视器上显示着一个画面，他在琢磨，为什么蓝幕合成中有一些边缘伪像？怎么能除掉这些伪像呢？本书尝试提出一些话题来，一方面充分介绍了背景细节，从而使这些话题有益于初学者；另一方面也包括了一些先进的理念和制作技术，从而也能引起高级合成师的兴趣。

这也是一本“与软件无关”的书。本书小心翼翼地回避了那些属于任何特定品牌软件的细节，而使用所有软件产品共有的方法和操作，比如添加、最大化和彩色曲线。无论你在使用哪个品牌的软件，包括Adobe Photoshop，你都将能够实施本书中的所有方法。我觉得，Photoshop是唯一具有延伸绘画功能的画幅合成软件包。Adobe Photoshop已经成为预审视数字效果镜头的重要工具，所以，了解如何用它来抽取色差遮片和对蓝幕镜头实施消溢色，将会是非常有用的。

每一话题都有两个侧重面：第一个侧重面是理解事物的内在原理。如果你不知道是什么原因造成了它，要解决一个问题是难上加难，而制作上的大部分时间就是花在解决问题上。关于不同的遮片提取方法的工作原理有何不同，关于消溢色的工作原理是什么，关于合成节点是怎么运作的，本书为此提供了大量信息。所有这些信息的目的，都是为了让你能够充分地懂得那些图谋破坏你美好作品的问题，使你在碰到制作问题的时候，能够在空中打一个响指，说：“我知道错在哪儿！”然后换个做法，一举搞定。

第二个侧重面是制作技术。这些技术包括如何帮助你的抠像键控器抽取更好的蓝幕遮片，如何创建更加照片般真实的景深效果，以及何时使用“过滤”操作而不使用合成，这些只不过是几个示例而已。本书不仅将不同的电影格式列在了表里，而且还针对客户在制作中的艺术意图加以描述，讲解了如何使用它们，以及如何将来自两种不同格式的图像结合起来。本书还介绍了几种如何一步一步地实现特定效果的方法。本书极力提醒你在不那么理想的现实世界中可能会碰到的问题，同时也推荐了一些解决方案和变通办法。

尽管本书描述的信息和技术既适用于电影工作，也适用于视频工作。但本书陈述的焦点在电影故事片，完全是因为电影故事片是数字效果最苛刻的应用领域。电影的分辨率要高得多，动态范围也大得多，这些使得你更难取得满意效果，所以那是“黄金标准”。当然，视频也是极其重要的，所以本书也为其专门设置了一章。其结果是：视频特有的一些问题，比如隔行扫描、非正方形像素以及高清的效果，都汇集在一章里了，这样就不会将数字效果的一般性讨论搞乱。

凭借对事物的内在原理有了更深入的理解，我对本书的读者提出三点希望：你将不仅更快、更好地完成你的镜头，而且你将会在过程中感受到更多的乐趣。让我们拭目以待。有什么能够比一个受到无数观众赞美的合成镜头更值得你去努力的呢？乐在其中。

第3版添加的内容

尽管随着时间的推移，技术的进步尚未使本书的任何部分过时，但还是出现了一些令人兴奋的话题需要添加进来。CGI（3D动画）技术扩展到今天，已经能够提供绝大多数视觉效果，所以当今的合成师将要合成大量的CGI。为此，本书添加了全新的一章，即第六章“CGI合成”。该章第一部分讲解了如何合成多通路CGI元素。CGI现在是作为单独的多重光通路来渲染的，合成师必须在最后的工作中将这些通路结合起来。这些多通路甚至有可能存在于单一的EXR图像文件中。合成师必须了解如何应对这些问题。

该章的第二部分是关于3D合成的。这里说的不是合成一个3D图像。大多数主要的合成程序现在都加进了一些3D物体、灯光和摄影机，合成师必须将材质和纹理贴图加到3D物体上，并将其渲染合成，以加入到普通的2D图像中。对于传统的2D合成师来说，这是个全新的领域，所以本书有一节讲3D制作中使用的关键术语和概念，为3D合成那一节提供背景知识。对于任何希望在其未来职业生涯中站稳脚跟的合成师来说，增加对3D合成的了解，都是必不可少的。

视觉效果领域内的另一大趋势是新近增多的立体（3D）电影。随着数字后期制作与数字放映的一些发展，立体电影的拍摄比之前简单，质量也好多了，这大大刺激了立体电影制作的增长。现代的数字合成师需要掌握立体合成的工作流程，并熟悉其术语和概念。

致 谢

非常感谢Glenn Kennel，他曾协助柯达公司研制了最早的Cineon对数电影数字化系统和胶片记录技术，他还是我所认识的最聪明的人之一。Glenn在解释电影于数据记录领域的复杂性上所表现出来的耐心和理解，对那些章节是不可或缺的。我也要感谢Serena Naramore，她花时间阅读了各章粗糙的草稿，并提出了非常有益的建议和说明。我还非常感谢Ken Littleton，他审阅了重要词汇，帮助我避开了一些困惑。我还要感谢三位可爱的女士Valerie McMahon、Kandis Leigh和Chelene Nightingale，她们惠赐了蓝幕画面和绿幕画面给我。

我还要感谢Jeff Jasper，他提供了好几张3D画面以作插图。Jeff还花了很多小时来测试"制作练习"，以确保这些练习尽可能地明白和正确。在他的网站Imaginary Pictures（www.imaginarypictures.com）上，可以看到他更多的作品。我还要感谢Jonathan Karafin和In-Three公司的工作人员，感谢他们为有关立体合成的那一节所作的宝贵贡献。

要特别感谢DreamWeaver Films公司的Sylvia Binsfeld，她提供了从她可爱的35毫米短片*Dorme*上扫描下来的很多美丽镜头。她仁慈地提供了DVD用的2K高分辨率胶片扫描图片，其中包括好几张绿幕图片。我还要感谢不屈不挠的Alex Lindsay以及Pixel公司的工作人员，他们提供了出现在DVD上极好的高清晰度视频制作片段。还要感谢柯达公司允许我使用从他们的影片*Pharos*扫描下来的片段。

我要特别感谢我心爱的妻子Diane，在撰写本书的工作中，我之所以能够及时写完本书，她充满爱意的支持与耐心的辅助是必不可少的。并且她还维系了我们生活中的和谐，且不用说她本人还拍摄了本书中的很多照片，并设计了各章的标题图案。做得非常漂亮，亲爱的！

目 录
Contents

数字合成的最终艺术目标，是从各种不同的来源摄取图像，然后以一定的方式将它们结合起来，使它们看上去像是同时拍摄的——而且是在同样的照明条件下，用同一台摄影机拍摄的。要想使这一切做得完美，重要的是对技术要有一个基本的了解，因为你将会遇到很多障碍，事实上这些都不是艺术上的障碍。它们是由一些潜在的技术问题引起的，而这些问题不经意是看不出来的，可在镜头中却引出了问题。

数字合成软件的设计师竭力要造出一种能够将技术掩藏起来、以供美术师使用的软件工具，而且在很大程度上，他们已经获得了成功。然而，即使你经过了大量的艺术培训，如果蓝幕不好，或者由于颗粒内容而造成了平滑运动跟踪出现了抖动的话，也无法帮助你制作出好的遮片。解决这类问题，需要对创建这些镜头背后所使用的数字操作规则有所了解，以及对解决问题所涉及的种种技术和不同方法有所了解。

要想成为一名优秀的“数字效果美术师”(digital artist)，你需要掌握三部分明显不同的大量知识：艺术的、工具的和技术的。艺术方面的知识首先使你能够了解，它一开始应该是怎么个样子，才能做到照片般逼真；你在工具方面的知识，只是让你知道如何使用特定的合成软件包；第三部分知识是技术方面的，需要经验的积累。最终你会成为一个经验丰富的老手，以至于到了你第二次或第三次看到大多数问题的时候，你将确切地知道应该如何进行处理。然而，初学者总是不断地遇到以前没有碰到过的问题，在试过了种种错误的解决方案后，你才找到了好的解决方案，这就会费不少时间。而本书包含了我多年的制作经验。

尽管数字美术师无一例外的都是聪明人，但作为美术师，他们无疑都更看重美术课，而非数学课。但为了了解幕后发生的事，偶尔也缺不了数学的作用。在本书中，我的做法是首先尽可能地躲开数学。然后，在实在躲不开的情况下，就以大量形象化的东西，尽可能明晰地为美术师们铺平道路，因为他们毕竟是形象思维者。我希望的结果是，你将发现浮光掠影地了解一些数学知识，并非是件很痛苦的事。

1.1 第3版新在何处

时间的推移与技术的发展并没有使本书的任何部分过时，这纯粹是由于本书介绍的是好的技术，而好的技术是永远不会过时的。然而，过去的几年中，数字合成技术已经提高了，因此本书也在这三个新的领域添加了一些材料，以跟上发展的趋势。对于立体合成，添加了新的一节。对于合成CGI中的新技术，则添加了全新的一章。

1.1.1　立体合成

近50年来，好莱坞在3D电影（从技术上讲，那些是立体电影，而非3D电影）上时起时伏，自得其乐。现在，3D电影又卷土重来了。我之所以做出这种大胆的断言，是因为数字技术已经第一次使立体电影在技术上和艺术上具有可行性。这次将不会虚晃一枪了。而且，电视制造业正在磨刀霍霍，起身支持家用3D电视。

所有这些3D制作自然意味着需要3D后期制作，而这本身又意味着需要立体视觉效果与合成。大多数主要的合成程序现在都支持立体工作流程，因此，为了跟上潜在职业市场的发展趋势，你会希望熟悉那些涉及立体合成的概念、术语和方法。为此，第五章“合成”添加了一节立体合成。

1.1.2　CGI多通道渲染合成

当数字合成刚刚出现的时候，全部都是讲的蓝幕合成和绿幕合成。这些合成今天仍是非常重要的，而且在可以预见的未来，仍是重要的。然而，CGI在实现照片般逼真方面，得到了迅速的改进，现已大量地用来为视觉效果制作合成。一些故事片确实是全CGI的。

CGI视觉效果的发展趋势是，将诸多要素渲染成越来越多的通道，然后再和2D部门一起合成并给出最后的结果。像这样的多通道合成（multi-pass compositing），在制作效率和艺术控制上有着巨大的优越性，这些都将提升其在未来的应用。对于我们合成师来说，好处是我们现在成了镜头的完成者，我们对于整个视觉效果制作的重要性已经大幅度提升了。

1.1.3　3D合成

2D部门与3D部门之间的紧密联系，已经催生了一个全新的东西——3D合成。其观念是，既然有限的3D功能现在已经包括到多数主要的合成程序之中，那么很多以前在3D部门中所做的工作，现在就能够由2D部门来做了，而且会做得更快、更便宜。这再次提高了整个视觉效果制作系统的制作效率，也同样让合成师变得对视觉效果制作更为重要。

对于一个原本是2D合成师的人来说，3D合成带来的麻烦是，它引入了一套全新的词汇，有一些重要的新概念需要去掌握。为此目的，我专门花了整整一节来介绍一些关键的3D术语和概念，如材质（shader）、表面法线（surface normal）、UV投影（UV projection）、几何变换（geometric transformation）等等。本书还有一大节描述了最重要的3D合成技术，如布景延伸（set extension）、运动匹配（matchmove）、摄影机投影（camera projection），等等。对于任何一个希望保住自己职业生涯的合成师来说，学习3D合成都是必须要做的。

1.2 特殊功能

本书有四个特殊功能，而且每个特殊功能都有其自己的图标，这些特殊功能可以帮助读者从书中获得更多的帮助。本书为Adobe Photoshop用户（我们都是Adobe Photoshop用户）提供了很多窍门，标出了制作技巧，提醒你随书提供的DVD中有视频，并标出了随同该节内容要做的制作练习。

1.2.1 Adobe Photoshop

Adobe Photoshop用户：这个图标是为你们准备的。它标出了关于如何使用Adobe Photoshop来实现书中设定的目标。尽管这是一本讲述数字合成的书，然而对于一名Photoshop美术师来说，绝大多数专题也是十分有价值的，即使这些专题可能做起来多少有些不一样，或者起了不一样的名称。只要你看到了Photoshop的图标，其间的差异就有文字说明。甚至还有专门需要用Photoshop来完成的三个制作练习。

1.2.2 制作窍门

本书穿插了很多制作窍门，旨在提示解决各种类型制作问题的技术。左面的“Tip！”图标标出了相关内容，既提醒读者这是一个制作窍门，又使得以后有需要的时候，能够很容易找到这部分内容。本书中标出了近200个制作窍门。

1.2.3 DVD视频

光盘6-1

这个图标表明，在DVD中有一个支持相关文本的QuickTime电影供观看。你将在第六章“CGI合成”中找到这些图标，因为该章中有很多概念，如果用一段活动视频来表现的话，要比用一些静态的图像更形象化。

1.2.4 DVD制作练习

练习1-1

这个图标表明，在随书提供的DVD中，有一个为你刚刚读完的部分提供的制作练习。练习中有一些测试图片和逐步逼近的做法，来尝试书中所描述的技术。这会给你创建效果和解决制作问题的实际经验，而这些是仅靠读一本书所做不到的。此外，这也平添了更多的兴趣。

制作练习编排成若干个文件夹，书的每一章设一个文件夹。制作练习放在章文件夹内，每个练习都有自己的HTML页面。只要用你喜欢的浏览器加载HTML文档，它就会告诉你该练习的图像在哪里，并引导你完成一个具有挑战性的制作练习。图标下的标题告诉你DVD上特定练习的名称。这里的样本标题是“练习1-1”，意思是“第1章的第1个制作练习。”现在花一分钟的时间，找到DVD上第1章的文件夹，加载名为“Exercise 1-1”（练习1-1）的HTML文件。在那里，你将了解更多有关制作练习是怎样操作的。

DVD上为制作练习提供的图像通常是1K分辨率（1024 × 778）的故事片替代版，这种分辨率是2K电影扫描版（2048 × 1556）分辨率的一半。半分辨率替代版通常用于故事片合成，用以设定一个合成镜头，而全分辨率的2K电影扫描版对于DVD和你的工作站是一个不必要的负担，多出的益处却甚少。1K电影扫描版曾被故事片合成师和视频合成师选定作为一个很好的折中方案。半分辨率替代版对于电影工作是足够的，但对于从事视频工作作用不太大。当你讨论的专题是视频时，当然应提供视频大小的帧，适当的时候采取隔行扫描。甚至有全分辨率高清晰度视频帧供使用。

大多数图像采用TIFF文件格式，因为这是最普遍的文件格式，并得到已知领域内几乎所有数字图像程序的支持。对于特别需要对数图像的练习，本书提供了DPX文件，因为对于电影对数扫描来说，DPX已经逐渐变得比Cineon文件格式更加普遍。它们包含与Cineon文件相同的对数数据，所以文件格式不影响结果，但更多的读者将能够阅读DPX文件，而非Cineon文件。

1.3　本书是怎样编排的

本书是围绕完成特定任务来编排，而非以技术为中心。举例来说，如果采用面向技术的方式，有关模糊操作的所有专题，都可能会集中在卷积核这一章中。但模糊用在各种工作情况下，举例来说，如优化遮片（refining matte）操作、运动模糊（motion blur）操作以及散焦（defocus）操作。所有这些任务都需要模糊，但当任务是优化一个遮片的时候，如果试图把所有有关模糊的信息都放在一个地方，就和以任务为中心的编排方式产生了矛盾。当然，将有关模糊的信息分散在几章中，会给试图查找所有论述模糊的信息带来困难。对于这个情况，需要求助于详尽的索引。

第1部分：制作良好的合成

本书的第1部分是按照抽取遮片、执行消溢色以及合成各图层的工作流程顺序编排的。

第二章：怎样抽取遮片。有多种不同类型的遮片，适合多种不同的情况。本章全面介绍了最重要的色差遮片，这是蓝幕合成的基础。

第三章：优化遮片的方法。无论遮片是怎样提取出来的，通常它总会需要做一些“优化”，来软化边缘、修正周边或改善遮片边缘的斜率。

第四章：最重要的消溢色（despill）操作。消溢色是怎样形成的，以及它们能够带来的各种伪像（artifacts）。本章给出了几种创建你自己的消溢色操作的方法，以帮助解决讨厌的变色伪像。

第五章：合成操作的工作原理。在合成节点内部发生了什么，以及如何处理预乘图像（premultiplied image）和解预乘图像（unpremultiplied image）。本书还介绍了立体合成（stereo compositing），包括一般的原理方面的背景知识。

第六章：如何合成CGI（计算机生成图像）。首先，本章详细地描述了处理预放大CGI和取消预放大CGI所涉及的问题。然后，详细批露了多通路渲染（multi-pass）的CGI合成，再就是全面介绍了3D合成。

第七章：图像混合（image blending）操作。在合成以外，还有许许多多的方法可以将两个图像混合在一起。如果不使用遮片，可以通过各种各样的数学运算，将两个图像混合在一起，而每一种方法都有其独特的视觉效果。

第2部分：真实性的要求

当我们有了技术上优秀的合成之后，我们将注意力转移到图层的色彩校正上，使图层看上去像是在同一个光空间（light space）中，与摄影机的属性实现匹配，再与动作实现匹配。

第八章：在合成的图层之间实现光空间匹配。本章提供了一些有关光的性质和光的效应的背景知识，然后讨论了如何使不同的图层看上去像是用同样的照明拍摄的。包括了完成合成时需要查看项目的清单。

第九章：使各合成图层之间的摄影属性实现匹配。摄影机、镜头和胶片材料影响各图层的外观，必须实现匹配，以使不同图层看上去像是用同一摄影机拍摄的。

第十章：使各合成图层之间的动作实现匹配。本章对运动跟踪（motion tracking）以及几何变换和过滤（filter）的影响进行了广泛的研究。提供了实现更真实的运动模糊技术以及图像快速调整程序。

第3部分：你应知道的事情

此时，我们已经完成了基本的合成，所以主题转到合成以外、影响整体工作结果的更广泛领域的问题。

第十一章：古怪的伽马世界。本章不只介绍了改变图像视亮度（brightness）的伽马命令，而且还讨论了伽马怎样影响图像、显示器以及胶片，再加上它对图像显示的影响。

第十二章：处理视频。视频图像的复杂性以及为什么采取它们的方式。本章讨论了去除3∶2下拉（3∶2 pull-down）、去隔行处理（de-interlacing）以及如何处理非方像素（nonsqure pixel）的程序，另外还有如何将视频并入到胶片的工作。涵盖了标准清晰度和高清晰度。

第十三章：胶片和电影规格。本章讨论了不同电影片格窗（film aperture）的定义，它们的意义何在，以及它们之间如何混合影像。如何处理西尼玛斯柯普系统变形宽银幕（CinemaScope）影像和艾麦克斯巨幕（IMAX）影像，介绍了胶片扫描仪和胶片记录仪的工作，并概括介绍了数字中间片工艺。

第十四章：胶片的对数（log）数据和线性（linear）数据。本章讨论了胶片是怎样摄取影像的，以及莫名其妙的胶片对数数据究竟是什么东西。为什么对数是胶片最好的数字表示方式，以及当你采用线性方式时，你的画面会发生什么状况。

第十五章：用对数图像工作。本章详细介绍了如何将对数图像转换成线性图像，以及如何再将线性图像转回到对数图像，以最大限度地降低Cineon扫描的损失。本章为那些勇于使用对数图像工作的人，以及大胆尝试者，解释了在对数空间内制作数字效果的程序。

1.4 常规工具

本书大量使用了切片工具（slice tool）、流程图（flowgraph）以及彩色曲线（color curve），来分析图像、显示程序和修改像素值。这些是讲好故事必不可少的工具，所以本节逐一对其进行了描述，以便编纂出一个通用的词汇表，并消除在用词上与程序之间的差异。你的软件可能没有切线工具，因此对一些人来说，它可能是一个新的概念，但我相信，你将很快就意识到，为什么对于揭示图像内部情况来说，它是那么重要。有谁知道，在你看到它有什么用后，可能会希望工程部门马上也为你搞上一个。虽然流程图正在逐渐成为合成软件的标准界面，但由于少数合成软件包存在词汇的差异以及缺少流程图，因此需要对本书中如何使用流程图做一个简短的介绍。现在所有的软件包都有彩色曲线，但我们将为该工具推出一些新的、有趣的用法。

1.4.1 切片工具

切片工具是一个非常重要的图像分析工具，在整本书中广泛用来说明像素事件。很多软件包没有这样一个很酷的工具，因此，对其操作和其用处自然需要进行介绍。你在使用切片工具时，首先跨越图片的感兴趣区画一条直线。如图1–1所示的白色斜线。第二步是将切线下面的像素值绘制到一条曲线上，如图1–2所示。我们是从灰度图像开始，因为它更容易掌握，然后我们将看到切线在三通道RGB图像上起着怎样的作用。

从图1–1中切线的左端开始，图1–2中的曲线画出了切线下从左到右的像素值。在这个例子中，切线跨越图像的每一个地区都编了号，以便将其与曲线关联起来。1区跨越了蓝幕背衬区域，造成了曲线中像素的视亮度约为0.25。2区跨越黑头发，所以曲线在那里降至

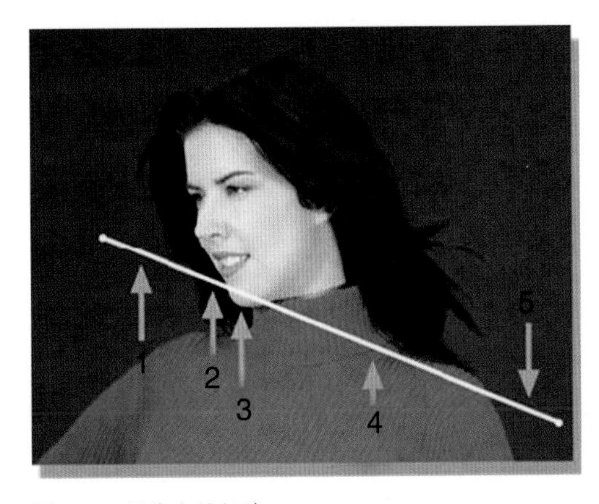

图1–1 图像上的切片

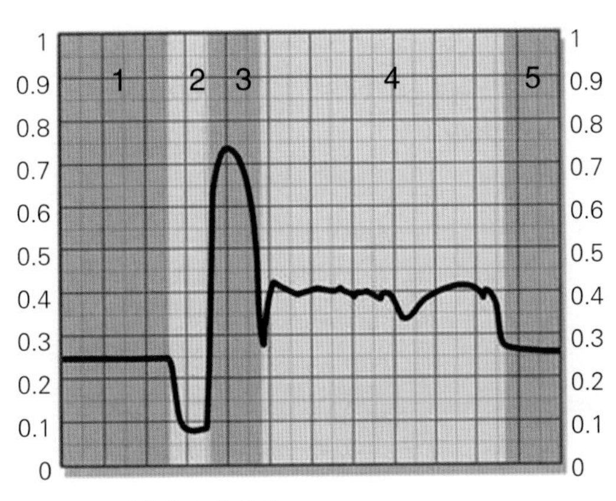

图1–2 图像的切片曲线

0.1以下。3区有一个光明的尖峰穿过下巴，4区是一段长长的中等灰色的毛衣区。最后，5区又回到蓝幕结束。有趣的是，尽管1区和5区都是在蓝幕上，但曲线在5区稍稍高出一些，表明在画面上蓝幕的右侧稍稍亮一些。

既然现在你已经为明白了切片工具在一个通道的灰度图像上起了怎样的作用，下面我们就可以把它与图1–3中同一图像的全彩色图进行对比。在这里，所有三个通道的像素值都绘制在图1–4中的带颜色的切片曲线中。在蓝幕背衬的区域，如同我们对一个曝光很好的蓝幕能够预料的那样，蓝色记录要比红色记录和绿色记录多得多。我们也很容易看到头发和皮肤色调的视亮度水平和色彩比例。红毛衣甚至有一些偏蓝。这些跨越图像上每种颜色的绝对水平的曲线，揭示了彼此之间的相对水平，这对于抽取遮片和完成消溢色操作以及无数其他数字效果的工作来说，都具有宝贵的价值。

切片工具的另一个非常重要的应用，是绘制出边缘过渡区的曲线，如图1–5和图1–6中的特写所示。这里有一段短切线，从红毛衣开始，跨越到蓝幕。现在就可以研究两个区域之间的实际像素值。在图像上画出一条跨越相对较少像素的短线，形成的曲线“推进”到图像中，以显示更多的细节。

图1–3 跨越一个RGB图像的切线

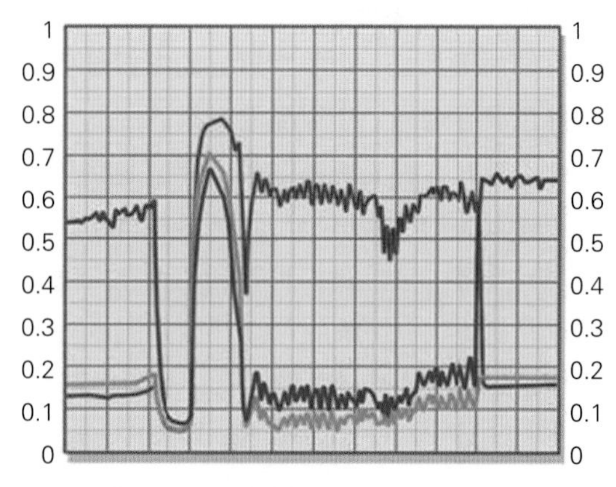

图1–4 切线下面RGB曲线

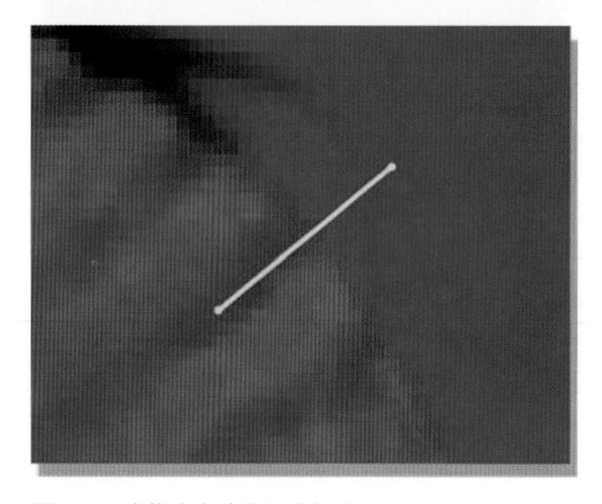

图1–5 跨越边缘过渡区的切线

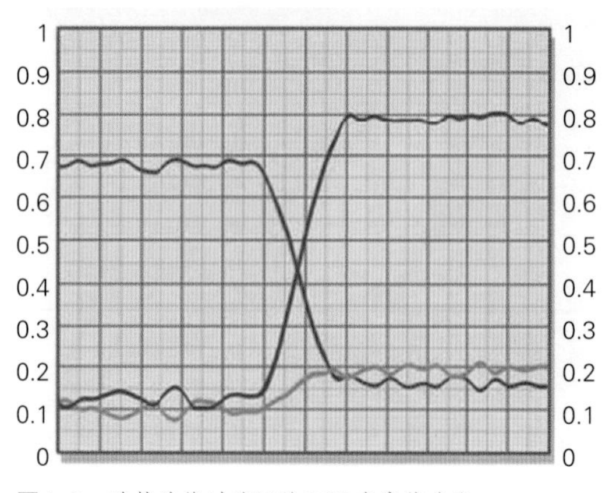

图1–6 跨越边缘过渡区的RGB亮度值曲线

切片曲线比样点工具更清晰地揭示了色彩空间出现的状况，因为它显示了跨越整个画面区域的像素值。例如，借助一条跨越整个蓝幕的切线，曲线将揭示是否存在照明不均匀的地方以及其偏向何方、偏差多少。然后你就制定适当的校正策略来进行补偿，以能够表征跨越一个具有规则图像的宽阔区域（例如天空）中的像素值，这会非常有用。无疑你也将发现，观察绘制在曲线上的RGB亮度值，比仅仅从一个像素取样工具得到RGB数值更直观有用。

1.4.2　流程图

流程图由于表意清晰，应用普遍，所以在整本书中都得到了广泛的使用，用以说明达到一个特定的效果所需要的操作顺序。

大多数的主要合成软件包都选择以流程图图形用户界面（GUI）来向用户展示合成数据流的逻辑。对于没有流程图GUI的用户，像Adobe Photoshop，流程图甚至更有用，因为它以一种可以变换成任何软件包的形式，包括以命令行界面的形式，清楚地表明了操作顺序。即便是有人以前从未见过流程图，对他们来说，流程图也不仅直观地说明了将要做什么，而且还说明了它们具体的顺序，包括任何分支与合并。

图1–7给出了一个通用流程图的示例，该图由左向右读取。每个方块称为一个“节点”，代表一些图像处理操作，如模糊或色彩校正。请看图1–7中的流程图，左边第一个节点标有“图像”，它能够代表初始输入操作，即图像文件从磁盘读取，或者仅仅是图像的初始状态，后续的操作要附加在其上。标有“OP 1”（操作1）的节点是对图像进行的第一个操作，然后，处理操作分成两路，其中一路接续到标有“OP 2”和“OP 3”的两个节点。然后，“OP 3”的输出与“OP 1”结合，形成两个输入，接入标有“OP 4”的最后一个节点。

实际上，数字合成是计算机科学中一个称作“数据流程编程”的学科例子。流程图之所以用途这么广，其原因在于它直接表达了数据（图像）从操作到操作的“流程”，并催生一个“程序”（合成脚本），进而产生预期的结果——在这种情况下，就是实现了优秀的合成。流程图的清晰、直观，为它在数字合成的人机界面中赢得了永久地位。

Adobe Photoshop的用户：Photoshop不使用流程图。流程图只是反映了实现一个结果的蓝图，而你可以在Photoshop中实现一系列的操作。每当你看到一个流程图时，就把它当做为每个操作创建一个图层的路线图来使用。

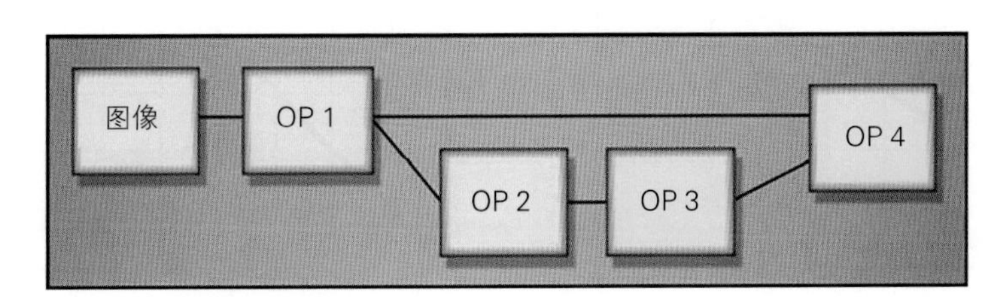

图1–7　通用流程图示例

1.4.3 彩色曲线

彩色曲线是本书中使用的另一个重要的常规工具，用来调整RGB亮度值和灰阶色彩亮度值。除了其作为色彩校正工具的原本用处外，它还有许多其他用途，如缩放遮片、改变边缘特性（alter edge charactersitics）、钳制（clamp）等，所有这一切都将在本书中遇到。有些软件包可能称之为LUT（查找表）节点，或者甚至还有一些其他的名称。无论在你的软件中怎么称呼它，这个操作在几乎每一个人类已知的合成包中都是有的，自然也包括Adobe Photoshop。在本书中，这个常规工具用来标出浮点格式中从0到1.0的像素值，这也是大多数软件包中常见的做法。

简而言之，彩色曲线就是将输入图像的各个像素亮度值映射成一组新的输出像素亮度

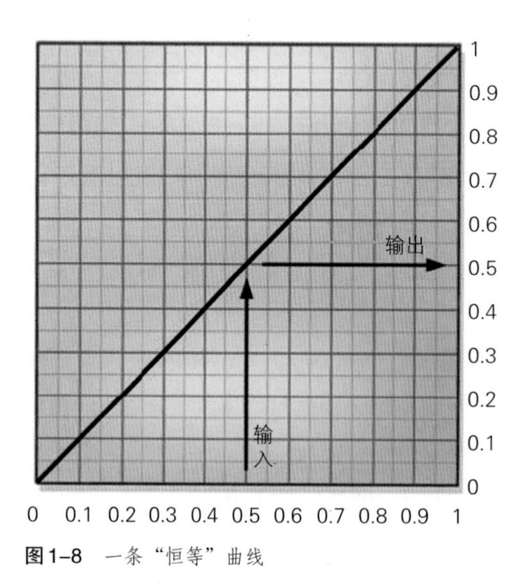

图1-8 一条“恒等”曲线

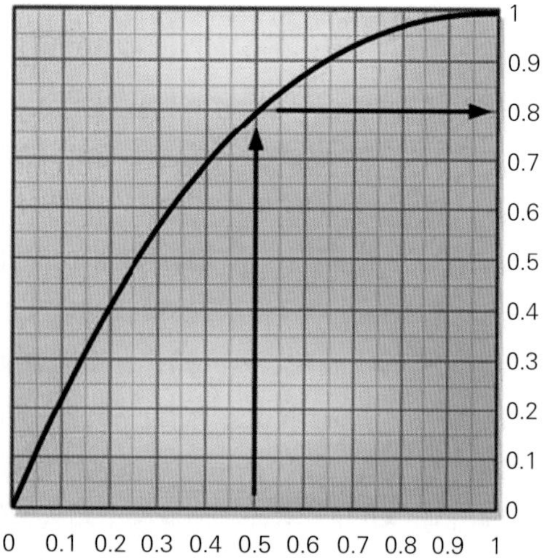

图1-9 将一个输入亮度值映射成一个新的输出亮度值

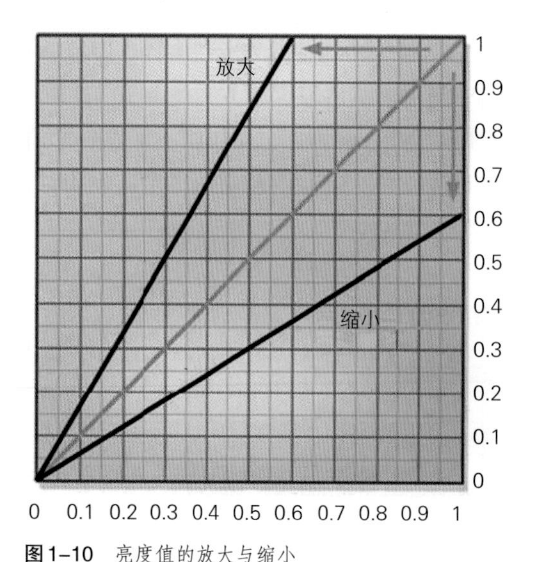

图1-10 亮度值的放大与缩小

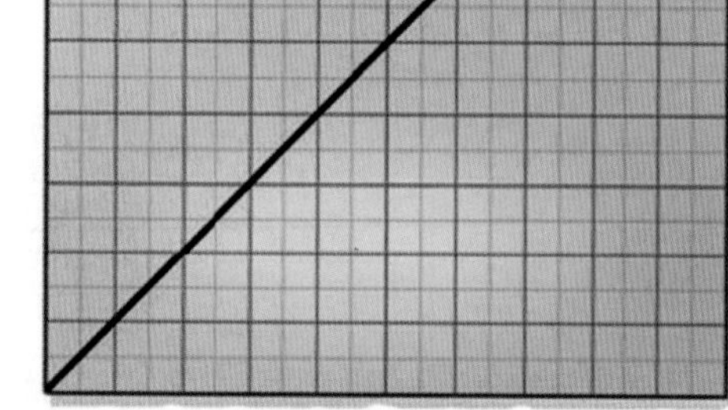

图1-11 钳制

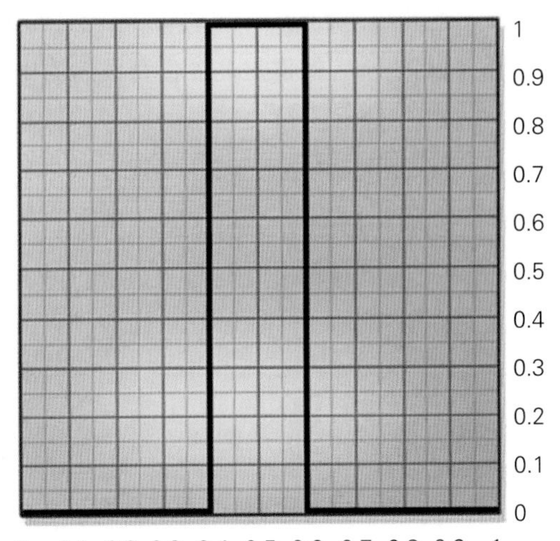

图1–12 “缺口”滤镜过滤

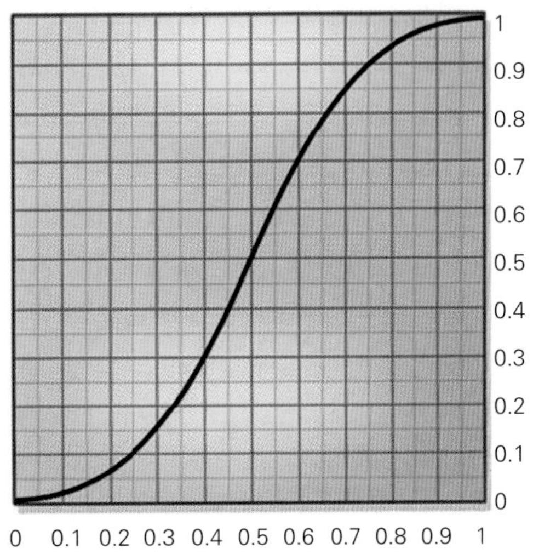

图1–13 特殊曲线

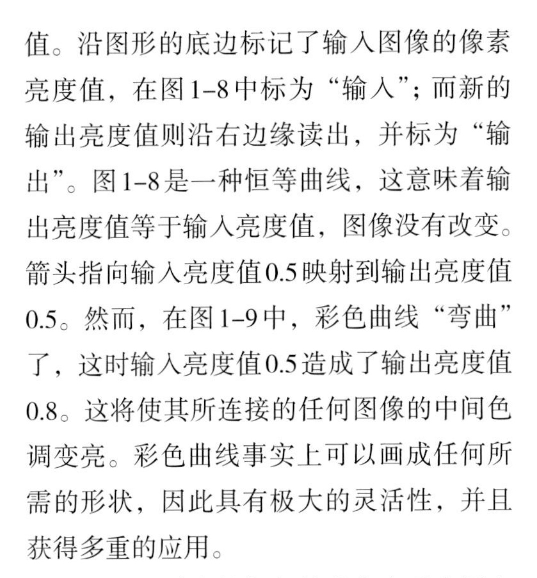

值。沿图形的底边标记了输入图像的像素亮度值，在图1–8中标为“输入”；而新的输出亮度值则沿右边缘读出，并标为“输出”。图1–8是一种恒等曲线，这意味着输出亮度值等于输入亮度值，图像没有改变。箭头指向输入亮度值0.5映射到输出亮度值0.5。然而，在图1–9中，彩色曲线“弯曲”了，这时输入亮度值0.5造成了输出亮度值0.8。这将使其所连接的任何图像的中间色调变亮。彩色曲线事实上可以画成任何所需的形状，因此具有极大的灵活性，并且获得多重的应用。

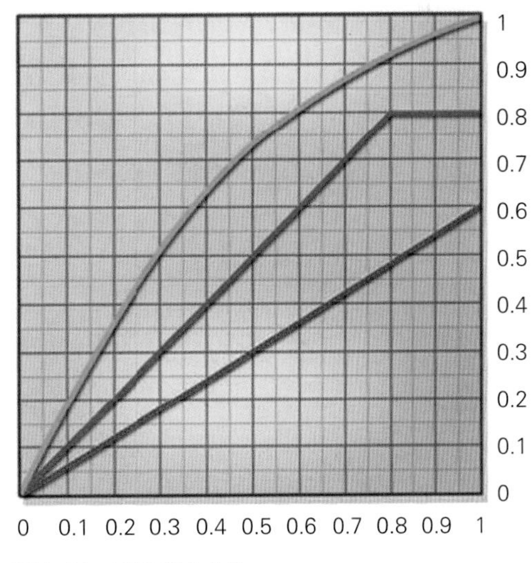

图1–14 RGB彩色曲线

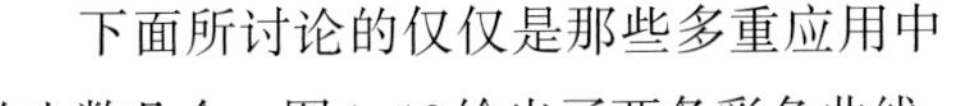

下面所讨论的仅仅是那些多重应用中的少数几个。图1–10给出了两条彩色曲线，一条将像素亮度值放大，而另一条将像素亮度值缩小。对于“放大”的曲线，输入像素亮度值0.6变为输出像素亮度值1.0，在所有的像素亮度值上，缩放比率都是（1.0 ÷ 0.6=）1.67。换句话说，它是执行相同的操作，即“RGB缩放节点”设置为1.67所要做的操作。还要注意：它将所有大于0.6的输入亮度值都限幅了，就像一个RGB缩放节点会做的那样。“缩小”曲线将输入像素亮度值1.0映射成输出像素亮度值0.6，它将所有的像素亮度值都缩小至0.6倍。当然，这些缩放操作假设彩色曲线是一条直线。图1–11显示了一条对图像实施钳制，限制其视亮度值的彩色曲线。这是一条限幅到输入亮度值0.7的恒等曲线，所以，在0和0.7之间的所有像素都不改变。然而，所有大于0.7的输入亮度值，输出时都被钳制为0.7。

接着来看复杂一些的情况。图1–12表示使用一条彩色曲线来创建一个"缺口"滤镜过滤。0.4到0.6之间的输入像素亮度值成为1.0的输出亮度值，而其他所有的像素亮度值都钳制为0。图1–13显示了一条"特殊"的曲线，这是一条复杂的非线性曲线。这个特殊的例子将提高一个图像的对比度，但在黑与白的部分并不实施限幅，如同典型的对比度操作那样。

当然，彩色曲线在三通道RGB图像上是适用的，如图1–14所示。在这个例子中，红色通道缩小至0.6倍，绿色通道的中间色调变亮了，蓝色通道则钳制在0.7。稍后你将看到，当试图对一个蓝幕图片进行预处理，以便抽取一个更好的遮片时，这种对三个通道分别进行处理的功能，是非常方便的。

1.4.4 数据变换

今天，一个现代化的合成包可以在各种不同的数据格式下工作，如8比特整数或16比特整数，或者浮点格式。当我试图在书中给出一个例子时，这会有些麻烦，因为一个8比特的鲜亮色彩可能有220的码值，但在16比特时，就成56320的码值了。如果每种可能的格式都给出一个示例，就会乱了套。为了避免出现这种情况，全书通常都会使用浮点数据。这就意味着，在8比特数据和16比特数据中，数值0也是浮点中的零，但8比特的最大码值255和16比特的最大码值65535，都映射成1.0的浮点值。一个0.5的浮点值将是8比特码值中的128，或者16比特中码值中的32768，依此类推。

要进行任何合成，第一个步骤都是抽取遮片（matte）。尽管你的软件或许有一两个优秀的抠像键控器（keyer），比如Ultimatte抠像键控器，但很多情况下，这些抠像键控器不能够很好地起作用，或者根本不适用。本章描述了好几种制作遮片的替代方法，其中一些适用于蓝幕，还有一些适用于随意的背景。这样做的目的，是为你尽可能地提供更多不同的用于合成或要素隔离的方法，也就是将尽可能多的箭放入你的箭袋。没有一种遮片提取程序能够适用所有的情况，因此，你掌握的不同方法越多，你能够迅速地制作出好遮片的可能性就越大。随后的几章将讨论如何优化遮片和消溢色，以及合成操作本身。

需要记住的非常重要的一点是，哪怕是从一个完美拍摄的蓝幕图像来抽取遮片，那也是个聪明的骗局，靠数学是算不出来的。如果一个方法在绝大多数情况下使用得相当好，可有时却存在根本性的缺陷，这种情况是很典型的。所以，当事情不顺利的时候，没有什么可大惊小怪的，本该习以为常。在技术上，遮片应该是图像内受关注前景物体的“不透明贴图”。遮片的混合边缘应该和其他任何部分透明的区域，都正确地表现出半透明度。在色差遮片一节，我们将知道为什么甚至最好的蓝幕遮片，也只是勉勉强强算是符合了这个定义。由于遮片的提取过程在本质上无法避免出现一些缺陷，因此，要想真正有效，就有必要详细地了解它的工作原理，以便针对过程中不可避免的失败来设计有效的应对措施。下面的技术将有希望为你提供各种各样的方法，帮助你解决个人工作中所碰到的问题。

2.1 亮度抠像遮片

在遮片提取技术的排行表中，排在首位的是日益流行的亮度抠像。亮度抠像遮片得名于视频领域，在该领域中，视频信号自然而然地分解为亮度（luminance）和色度（chrominance）。视频的亮度（简称视亮度[brightness]）部分普遍用来创建遮片（视频领域中称为“抠像”[key]），以便将一些景物分离出来，做特殊处理。在数字合成中，这可能与创建亮度遮片指的是同一个过程，然而，大多数合成包都将这个节点称为亮度抠像节点。无论你赋予其何种称谓，其在两个领域中的工作原理是相同的。图像的亮度中，有一部分用来创建遮片。然后，该遮片（亮度抠像）能够以任意多的方式来使用，以便将关注的对象分离出来，再进行选定的操控。

亮度抠像遮片的创建方法简单，使用灵活，因为关注对象与画面的其他部分相比，常常会暗一些或亮一些。本节会描述亮度抠像遮片的工作原理、它们的长项与弱点，以及如何使用你自己制定的方式来解决特殊的问题。

2.1.1　亮度抠像遮片的工作原理

将亮度抠像键控器（luma-keyer）接入一个RGB图像，并计算出它的亮度形式，即一个单色（单通道灰阶）图像。设定一个阈值，并将所有大于或等于该阈值的像素值都设定为100%的白，将所有小于该阈值的像素值都设定为黑。当然，这种设定产生一个有硬边的遮片，而这样的遮片是什么用途也没有的，于是有些亮度抠像键控器提供另一个阈值设定值，以便使遮片形成一个软边。

我喜欢这样来使亮度抠像形象化：将亮度图像想象成平铺在桌面上，各个像素高低起伏的山脉。每个“山脉”的高度是由像素的视亮度值的大小来决定的。明亮的像素形成高耸的山峰，中等灰色的像素形成起伏较低的丘陵，而暗的像素则形成了山谷，如图2-1所示。这种用二维图像来表示三维的方法，对于全面考察RGB图像来说，是一种非常有用的方式，本书会大量使用该方法。

现在，你可以将阈值点想象成一个将山峰削去的限幅平面（clipping plane），如图2-2所示。白色区域为限幅平面切削山峰的区域，由此形成亮度遮罩。

通过这种比喻，我们可以了解很多有关亮度遮片的趣事。最明显的首要问题是，会有好些不同的山峰被阈值点限幅平面切削到，而不仅仅是我们关注的山峰被切削到。这意味着亮度遮片将“伤及”画面中的无辜区域。必须设计出某种方法，只将我们关注的对象分离出来。另一个问题是，如果降低阈值点（限幅平面），切削区域将会如何变大；如果提高阈值点，切削区域将会如何变小，由此会导致遮片的尺寸出现怎样的扩展或收缩。

如果伤及的区域大于你所要的区域，对这样的问题有两种解决的方法：第一种方法是制作冗余遮片（garbage matte），使遮蔽的区域大于关注的区域。这种方法虽然粗糙，但是有效，如果制作冗余遮片不需要花太多的时间的话；第二种方法需要在亮度图像中改变山

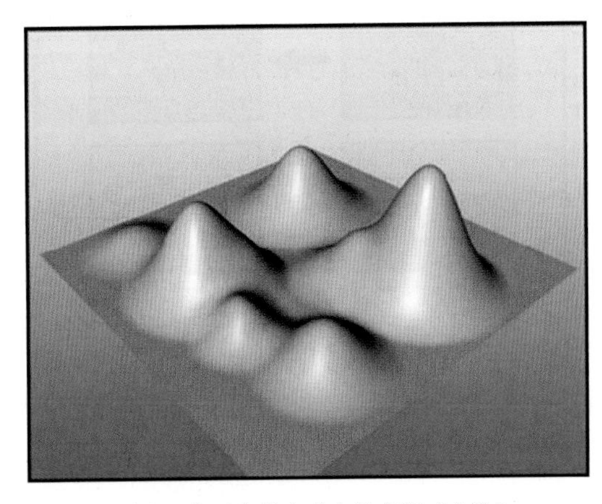

图2-1　单色图像形象地表现为视亮度“山脉”

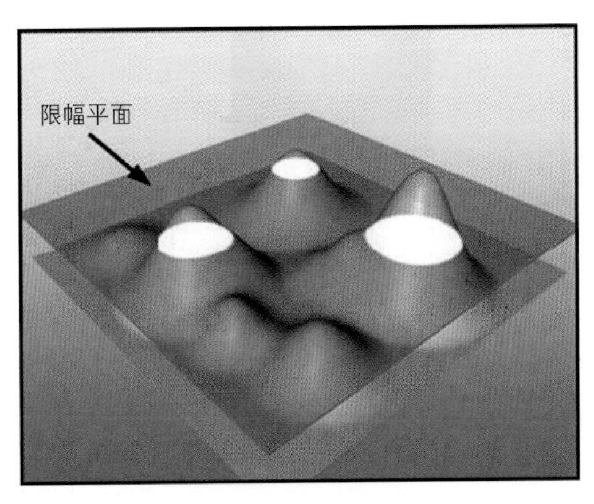

图2-2　限幅平面切削最高（视亮度最高）的山峰

峰的高度，从而使你所关注的对象是最高的。相关内容见随后的“制作你自己的亮度图像”一节。

以单一的阈值对图像实施纯粹的二值化（将图像仅仅分为白像素亮度值和黑像素亮度值），会创建一个边缘非常硬的遮片，而大多数应用需要的是软边。软边问题的解决方案是在亮度抠像键控器的设定中，设定两个阈值，一个设成100%密度的内边，另一个设成0%密度的外边，两边之间有一个梯度。如果转换成图2-3中的“山峰”的截面，你就可以看出，内边设定和外边设定是怎样创建出软边遮片的。所有大于内边阈值的亮度值，都被提升至100%白；所有小于外边阈值的亮度值，都被压低至零黑。这两个值之间的像素形成各种各样的灰色阴影，从而形成了山峰带有一圈镶边那样的软边遮片。

2.1.2 制作你自己的亮度图像

关于亮度抠像键控器内部生成的亮度图像本身，有两件重要的事情需要明了：第一件事是计算该亮度图像有各种各样的方法，其中一些方法会比默认的方法能够更好地分离你所关注的对象；第二件需要明了的事是，它根本无须是亮度图像。你的亮度抠像键控器除了输入RGB图像以外，还非常有可能接受单色图像。我们可以认真地利用这一事实，为其馈送一个能够更好地分离关注对象的自定义单色图像。如果它不接受单色输入，那我们便制作自己的亮度抠像控制器。

2.1.2.1 亮度公式的种种变型

使用亮度图像的一般想法，是将三通道的彩色图像变换为单色图像，并使单色图像与彩色图像的表观亮度一致。和通常情况一样，这实际做起来会比乍看上去要复杂。仅仅从三个通道中的每一通道各提取三分之一，然后再相加在一起，这种做法看似理所当然，却

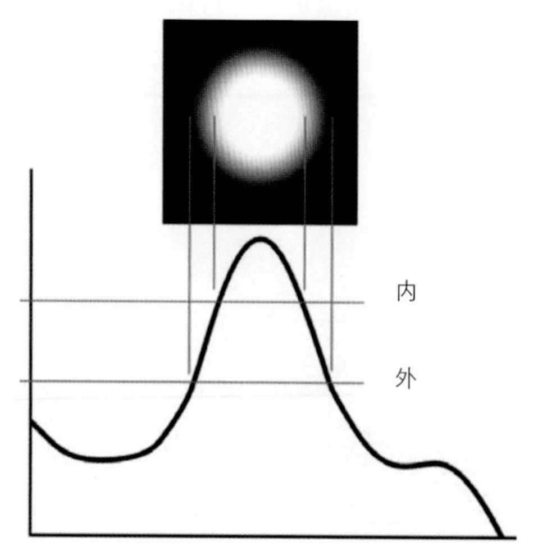

图2-3 软边遮片的内边阈值和外边阈值

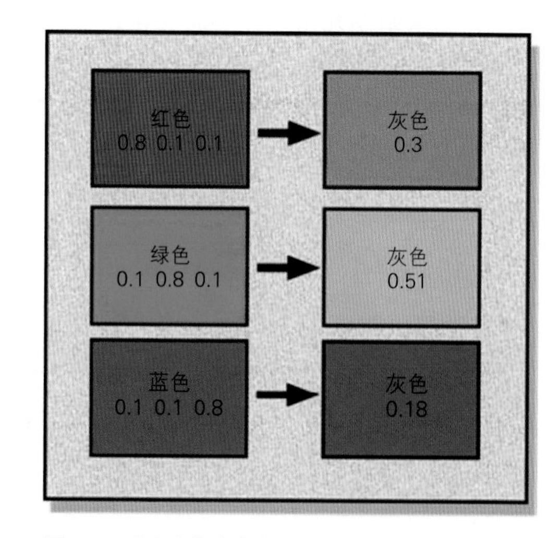

图2-4 彩色变换为亮度

行不通，因为眼睛对三原色中各个颜色的敏感度是不同的。眼睛对绿色最敏感，所以绿色看上去要比等值的红色或蓝色明亮得多。

图2–4以一组三个色块为例，显示了眼睛对于三原色具有怎样不同的响应，该组色块由80%的一种原色和各10%的其他两种原色组成。红色块的RGB亮度值为0.8、0.1、0.1，变换为亮度时，形成了0.3的灰色亮度值。绿色块具有完全同样的RGB亮度值（只不过当然是以绿色为主色），但其灰色亮度值为0.51，比红色亮了很多。最差的是蓝色，几乎形成不了什么亮度，只具有微不足道的0.18的灰色亮度值。

关键在于：如果你没有能够以正确反映眼睛灵敏度的适当比例的红、绿、蓝亮度值来创建亮度形式，形成的亮度图像看上去将会是不对的。例如，如果所有三个颜色都各取三分之一，蓝色的天空将会显得过亮，因为蓝色表现过度了；绿色的树林将会显得过暗，因为绿色的表现不足。在彩色监视器上创建一个亮度图像，有一个标准的公式，其RGB亮度值的混色比例是：

$$\text{亮度} = 0.30\ R + 0.59\ G + 0.11\ B \qquad (2\text{–}1)$$

这意味着，每个亮度像素都是30%的红加59%的绿加11%的蓝。需要提醒的是，准确的比例随着你工作在哪个色空间而略有区别，因此，这些可能不是你使用的亮度抠像键控器的精确值。而且，如果媒介不是彩色监视器的话，这些百分比混合也是不同的。如果你的软件具有一个通道数学节点（channel math node），那么你可以用这个节点，通过使用公式2–1来创建你自己的亮度图像。

但制作看上去正确的亮度图像，并非是这里的目的。我们真正想要的，是制作一个能够最好地将关注对象从周围画面中分离出来的亮度图像。了解了这一点，你现在就可以考虑“开始你自己的”能够更好地分离关注对象的亮度图像了。一些亮度抠像键控器允许你在亮度比上搞些把戏。尝试不同的设定，使你的关注对象更好地从背景中凸显出来。如果你的亮度抠像键控器不允许你对亮度公式做出调整，那就用其他方法（例如允许你调整混合比例的单色节点）从外部创建一个亮度图像，将这个图像馈送给它。

Adobe Photoshop用户：你也可以使用通道混合器，通过制作一个自定义的灰度图像来创建自己的自定义亮度图像。转到Image（图像）＞Adjustments（调整）＞Channel Mixer（通道混合器），检查对话框“Output Channel goes to ‘gray’”（输出通道去“灰色”）底部的“Monochrome”（单色）复选框，然后拨接你自定义的颜色混合，以制作你自己的亮度图像。

Tip!

如果你的单色节点不允许你改变RGB混色比例，那就可以用另一种方法来“开始你自己的”亮度图像，即用彩色曲线节点的方法。图2–5中的流程图给出了操作过程。RGB图像转入彩色曲线节点，各色通道在那里缩放至图2–6所示的理想混合比例值。三通道输出转入一个通道分裂节点，于是R通道、G通道和B通道可以分离开来，然后再混合在一起，创建具有你所需属性的自定义亮度图像。然后，该亮度图像连接到亮度抠像节

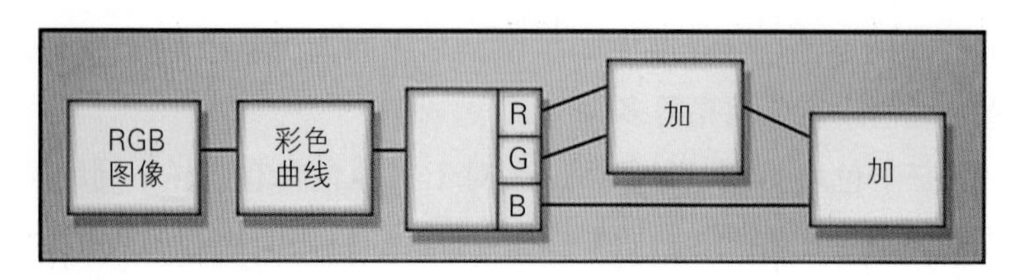

图2–5 生成自定义亮度图像的流程图

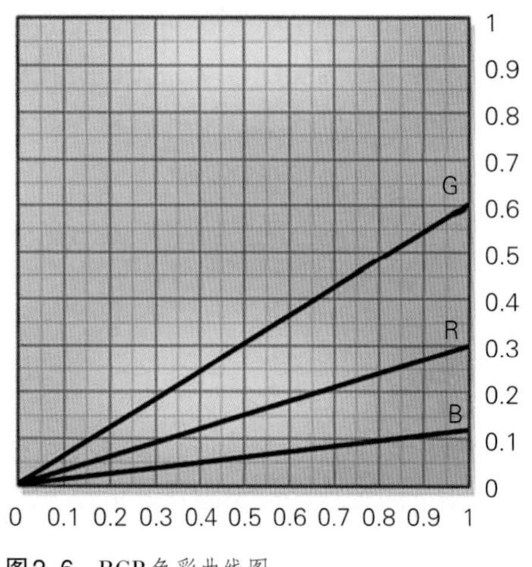

图2–6 RGB色彩曲线图

点上，以抽取实际的遮片。

Adobe Photoshop用户：亮度图像指的是“灰度”图像。你可以使用Channel Mixer（通道混合器）来混合你自己灰度图像（Image［图像］> Adjust［调整］> Channel Mixer［通道混合器］）。单击单色按钮，并依次调整每个色通道的混合百分比。

2.1.2.2 单色非亮度图像

Tip! 另一种方法是根本不使用亮度图像。亮度抠像法完全是以单色图像中的亮度值为基础的。这种单通道图像通常通过制作彩色图像的亮度模式来创建，但排除以其他的方式来制作单通道图像。例如，只是将绿色分离出来，并将其送入亮度抠像键控器。或许蓝通道能够更好地将关注对象从剩下的画面的其中分离出来，或者也可能50%的红通道和50%的绿通道分离的效果更好。这完全取决于你关注对象和周围像素的色内容。遗憾的是，一个图像的RGB色空间非常复杂，以至于你不能通过简单的分析来确定哪种方法最好。经验与不断摸索是绝对有必要的。幸好，不断摸索的过程非常短暂，一般花上几分钟的时间，你就可以发现好的方法。

2.1.3 制作你自己的亮度抠像遮片

或许你正在使用一些没有亮度抠像键控器的基本软件，或者出于政治上的或宗教上的原因，你不想使用你的亮度抠像键控器。或许你只是想演示一下你控制像素的才能。那好，你可以使用一个彩色曲线节点——这个节点什么软件包都有——来制作你自己的亮度抠像键控器。第一步，先用前面描述过的技术中的一种，制作你最好的单色图像，将关注对象从背景分离出来的。然后，将其传递到一个彩色曲线节点，并缩放成一个高对比度遮片。

图2–7演示了如何来设定彩色曲线。关注对象是左面标靶图像中的白色字母“A”（这个标靶是供演示用的，所以故意做得很简单）。标有“硬限幅”（hard clip）的彩色曲线，使用单一的阈值，但这形成了一个具有锯齿状边缘（为演示的目的，效果被夸大了）的硬遮片（hard matte）。标有“软限幅”（soft clip）的彩色曲线，显示彩色曲线中引入了斜坡，以

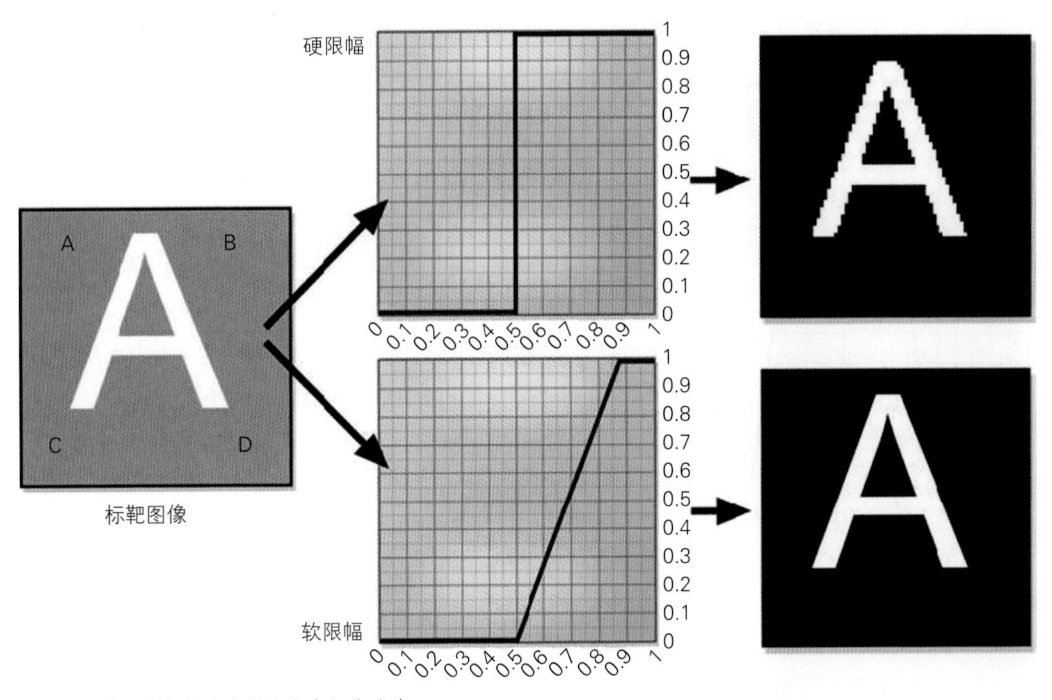

图2-7　使用彩色曲线来制作亮度抠像遮片

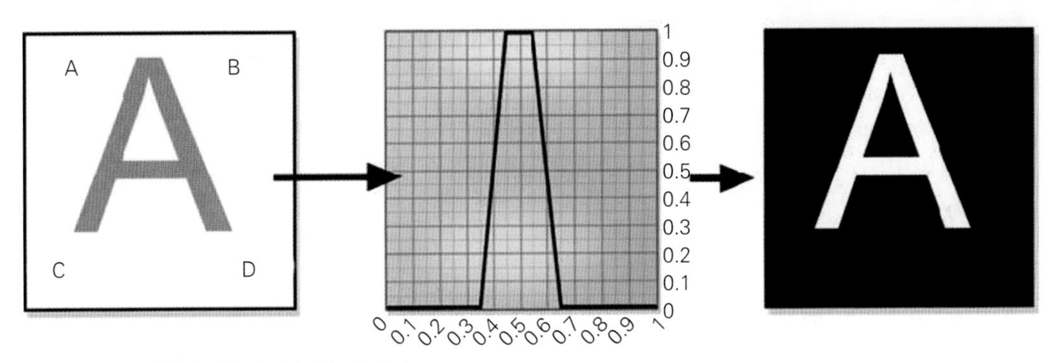

图2-8　适于中等灰色标靶的亮度抠像遮片

使遮片形成软边。曲线的斜坡越是平缓，遮片的边缘就越软。当然，不是说标靶物体非得是白色物体不可，黑色物体也可以是标靶，这种情况下，彩色曲线的设定会将所有比标靶亮的像素都拉成100%白。这样，就形成了一个白色背景下的黑色遮片，如果需要的话，以后可以逆转。另一种方法是，彩色曲线可以将黑像素拉升至100%白，而将其他所有像素拉低成黑，以便直接产生一个黑背景下的白色遮片。

标靶物体是中等灰色的情况，像图2-8中所示的那样，也是很常见的。标靶物体的像素亮度值被彩色曲线拉升至100%白，而所有高于和低于标靶的像素亮度值都被拉低成黑。倾斜的侧边确保遮片有很好的软边。偶尔情况下，亮度抠像是从画幅中最亮的或最暗的元素中抽取，以便使用图2-7中所示简单的软边。但最常见的还是本例中某种中等的灰色，这时你就必须将比标靶中亮的像素和暗的像素都抑制下来。

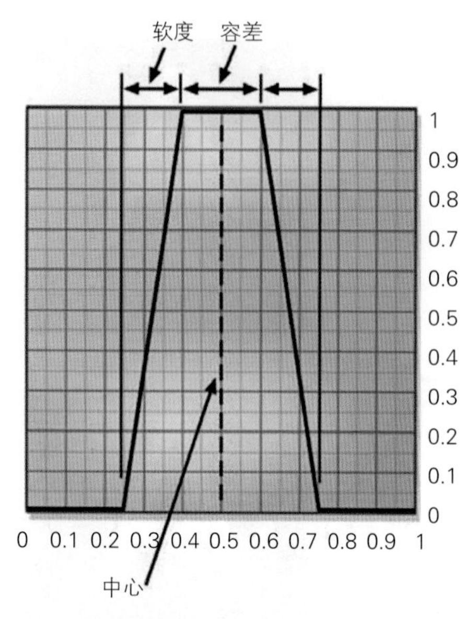

图2-9 亮度抠像缩放操作的细节

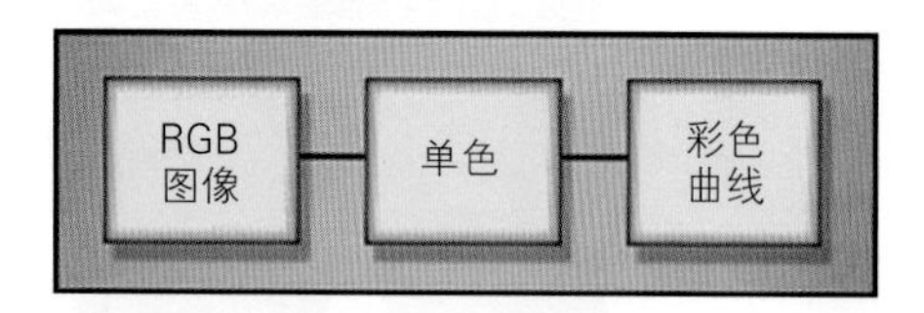

图2-10 亮度抠像操作的流程图

图2-9显示了在彩色曲线节点中，用一条曲线来整理遮片形状的细节。“中心”（center）代表标靶的平均亮度值。“容差”（tolerance）是指在形成的遮片的最高密度区中，亮度范围结束得有多宽。“软度”（softness）反映了黑与白之间斜坡的陡度，斜坡的陡度越高，遮片边缘越硬。要调整容差和软度，你只需要有四个控制点。测量少数几个像素亮度值将给你提供一个起始点，但你最终或许还是要一边调整四个控制点，一边注视着形成遮片的情况，以便看清所做的更改对容差和软度有什么影响。

练习2-1

下面对自己制作亮度抠像的方法做一个总结，图2-10给出了前面描述的各操作的流程图。将RGB图像传递到一个“单色”节点中，该节点制作出彩色图像的亮度版本。但愿你的节点中有一些内部设定控制，以便调整出最好的结果来。然后，将单色图像传递给一条彩色曲线，将其缩放成最后的高对比度遮片。另一种方法是，不使用单色节点，而是使用RGB图像中的一个单一通道，或者你按照前面描述的方法，使用两个通道的混合通道来制作你自己的亮度抠像。

2.2 色度抠像遮片

色度抠像遮片（chroma-key matte）也得名于视频工作，在该领域，视频信号自然而然地划分成亮度信号和色度信号。视频的色度（颜色）部分用于创建遮片（抠像），以便将某些景物分离出来，进行特殊的处理。数字合成中使用了同样的原理。因为色度抠像是以一个物体的颜色为基础的，所以它可以比简单的亮度抠像更有选择性，因而也更灵活。色度抠像也有诸多的局限性和缺憾，本节除了研究一些应对方法，以及如何制作你自己的色度抠像类型遮片以外，也要研究它的局限性和缺憾。

2.2.1 色度抠像遮片的工作原理

色度抠像键控器节点取得RGB图像，将其变换成内部表示的一种类型，即HSV（色相、饱和度、亮度值，如果你喜欢的话，可以叫做颜色、饱和度、视亮度）或HSL。之所以其内部不使用原始的RGB形式，是因为抠像键控器需要区分例如饱和度的水平这类非RGB属性，而是HSV属性的值。设定一个起始RGB亮度值，以代表色度抠像遮片的“中心值”；然后设定附加的容差，以允许遮片中可以包括一定的饱和度范围和亮度值范围。好的色度抠像键控器还将允许进行某种类型的“容差”设定，以实现软边适当的过渡。

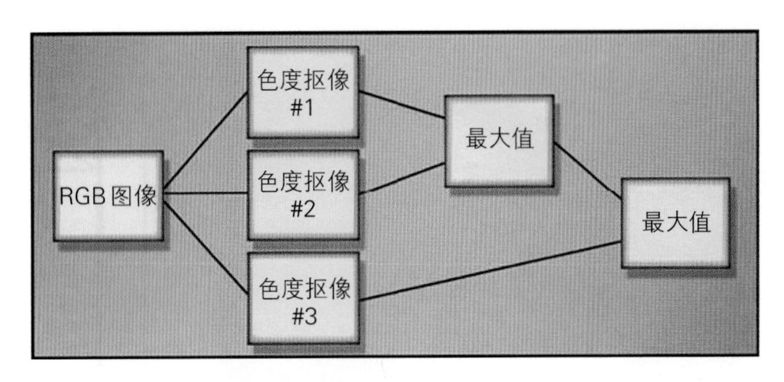

图2-11　多个色度抠像相结合的流程图

造成色度抠像非常灵活有两个重要的原因：首先，它允许你在任意颜色下进行，没有必要一定在精心控制的蓝幕前进行；其次，它有一定的饱和度范围和亮度值范围，扩展了收纳的窗口，从而适应真实表面在颜色上的自然变化。例如，如果你仔细观察皮肤的颜色，你会发现，阴影部分不仅变得暗了一些，而且饱和度也降低了。因此，要在皮肤上抽取遮片，你需要的不仅是选择你为皮肤主色调选定的RGB颜色，还要适应阴影部位饱和度和亮度值降低的变化。

所有这些讲过之后，我还要说，色度抠像不是一种质量非常高的遮片。它生成的遮片容易有硬边，需要尝试通过模糊、侵蚀（eroding）以及其他的边缘处理来予以清理。对于半透明的区域，它的效果也不怎么好。对于蓝幕工作，除了准备制作更复杂的遮片提取处理而抽取冗余遮片以外，你也一定永远不要用它。在蓝幕工作中如果出现了边缘混合的像素，例如一缕金发与蓝幕混合在一起，那可就糟透了。

练习2-2

通过抽取好几个色度抠像遮片，然后将它们合在一起“选出最大值”，可以弥补色度抠像的一些缺点。也就是说，使用最大值操作（maximum operation），将几个色度抠像遮片合并在一起，如图2-11中的流程图所示。每个色度抠像都从一个略微不同的色空间区域中抽取一个遮片，从而当结合时，它们就会覆盖整个关注对象。

Adobe Photoshop用户：“Magic Wand Tool”（魔墙工具）实际上是一个手工操控的色度抠像工具。

2.2.2　制作你自己的色度抠像键控器

这里有一个关于色度抠像键控器很有意思、很灵活的变型，你可以在家里制作。尽管它的原理完全不同于传统的色度抠像键控器——后者将图像变换成一种HSV类型的表示形式以便操控——但它仍然是基于关注对象的特定颜色，而不仅仅是它的亮度。由于它是基于为任意颜色制作的遮片，所以我将其归类为色度抠像类别。色度抠像键控器实际上是一种使用高度简化形式的Primatte抠像键控器操作原理的三维颜色抠像键控器。

你或许知道，任何给定的像素都可以通过其RGB亮度值，在RGB空间中找到其位置。

图2-12 绿幕图片

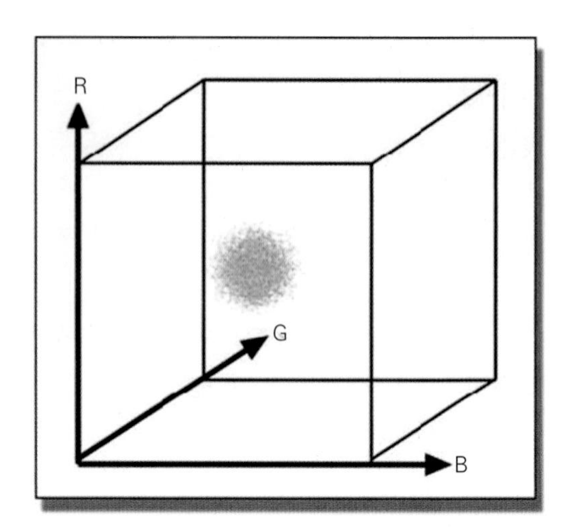

图2-13 画在RGB色立方体中的背衬绿像素

如果我们想象一个普通的三维坐标系统标注成RGB，而不是XYZ，我们就可以想象，任何给定的像素都可以通过使用其RGB亮度值作为XYZ定位坐标，找到它在“RGB立方体”中的位置。于是，我们可以取一幅如同图2-12中的那样的绿幕图片，并在该RGB立方体中仅仅标示出背衬绿像素的位置。由于画面中绿色背衬部分的所有像素都具有非常相似的RGB亮度值，因此它们会群集在一起，形成一个轮廓模糊的圆斑，就像图2-13的RGB立方体中所示的绿色圆斑那样。

现在，如果我们能够将这一小群绿像素分离出来，会出现怎样的情况呢？假定我们通过选择适宜的RGB亮度值，在绿像素群的中心拾取了一个点，然后测量该中心到图像中的所有像素的距离。所有的背衬绿像素全都聚集在临近中心点的位置，因此到这些像素的距离将是0或接近于0。其他所有像素的位置全都距离中心点很远，致使它们的距离远远大于0。

接下来，假定我们创建了一种显示每个像素到该中心点距离的新形式绿幕图像——我们称之为距离贴图（distance map）。非常靠近中心点的诸像素将是黑色的，因为它们到中心点的距离为0或接近0。因此，整个绿色背衬区将为黑色，而皮肤像素距离更远，将会有一些阴影。我们所得到的是同一画面的灰度图像，每个像素的亮度表示它到标靶颜色的距离，就像图2-14中的距离贴图那样。像素距离中心点越近，像素就越黑。我们通过使用一条彩色曲线，将距离“近”的黑色像素与距离“远”的灰色像素分离开来，便可以制作出像图2-15所示的高对比度遮片。

这种三维色遮片可以为任意的RGB亮度值创建，而不仅仅是绿幕或蓝幕，因而像色度抠像一样灵活。标靶颜色的RGB亮度值用作中心点，于是距离贴图是相对于标靶颜色而创建的。如果皮肤色调用作中心点，那皮肤就将是黑的，而其他所有像素在灰度值上都会偏移，以反映它们在色立方体中到这个新中心点的“RGB距离”。

Tip! 下面到了令人讨厌的数学部分了。计算3D空间中两点之间的距离，全靠三角公式。回想一下你偏爱的三角课程，对于位于x_1、y_1、z_1的点1和位于x_2、y_2、z_2的点2，

图2–14　绿幕图片的距离贴图

图2–15　距离贴图的高对比度形式

点1和点2之间的距离是:

$$距离=[(x_1-x_2)^2+(y_1-y_2)^2+(z_1-z_2)^2]的平方根 \quad (2–2)$$

将这个公式应用于我们的遮片，点1就成了中心点RGB亮度值，点2就成了图像中每个像素的RGB亮度值，且所有的RGB亮度值都归一化为0至1.0之间的值。这意味着我们可以得到的最小距离为0，最大距离为1.0。将三角公式改形为RGB空间，就变成了:

$$灰色亮度值=[(R_1-R_2)^2+(G_1-G_2)^2+(B_1-B_2)^2]的平方根 \quad (2–3)$$

式中: R_1 G_1 B_1是中心点的归一化值，也就是你要分离的颜色; R_2 G_2 B_2是图像中每个像素归一化的值。这个公式可以在一个数学节点上输入，或者以其他的表达格式输入，然后你就可以创建自己的三维色遮片了。祝你狩猎成功!

练习2–3

Adobe Photoshop用户: 很遗憾，Photoshop不支持编写自己的数学公式这种功能。算你走运。

2.3　差值遮片

差值遮片（difference matte）是那些在你尝试之前，听起来实在是很棒的事物之一。在大多数情况下，它们并不怎么好用，而且在几乎所有情况下，都不会有利索的边缘。它们最适合的用途通常是制作冗余遮片（garbage matte）。然而，偶尔会有帮助的情况下，也会用到差值遮片。

2.3.1　差值遮片的工作原理

差值遮片是通过检测两幅图片之间的差异来起作用的: 一个图片有要分离的关注对象

（标靶），另一个是没有要分离对象的纯净背景图片（clean plate）。例如，一个是场景中带演员，而另一个是同一场景中不带演员。很明显，这需要对场景拍摄两次，而且要锁定摄影机的位置；如果需要摄影机运动的话，则使用一台运动控制摄影机来拍摄两次。在真实的世界中，后一种情况是鲜有发生的，但在一些情况下，你可以通过将好几个画幅粘贴在一起来创建你自己的纯净背景图片。即使如此，你还是需要纯净背景图片。

图2–16给出的背景映衬下的标靶，是一个单色图像。用这个简化的示例来对过程进行解释，将比用具有复杂内容的彩色图像容易得多。斑驳的区域是背景，深灰色的圆是标靶，用圆来替代演员。图2–17给出了纯净背景图片。为了创建差值遮片，你要取得标靶图片和纯净背景图片之间的差值。对于两个图片共享背景的那些像素，差值是0。那些标靶之内的像素，与纯净背景图片有一定的差值。该差值可大可小，取决于标靶相对于纯净背景图片的图像内容。

在真实的世界中，标靶图片和纯净背景图片中的背景区域实际上是永远不可能一样的，因为胶片存在着颗粒，而纯净背景图片中也存在一些微小的变化，例如照明变了、风吹落叶或摄影机被撞。这会表现为在黑色的背景区域出现污染。

差值操作所产生的原生差值遮片（raw difference matte），可以在图2–18中看到。请注意：那不是一个拿起来就能用的100%白的完美纯净背景遮片。遮片之中存在各种各样的变

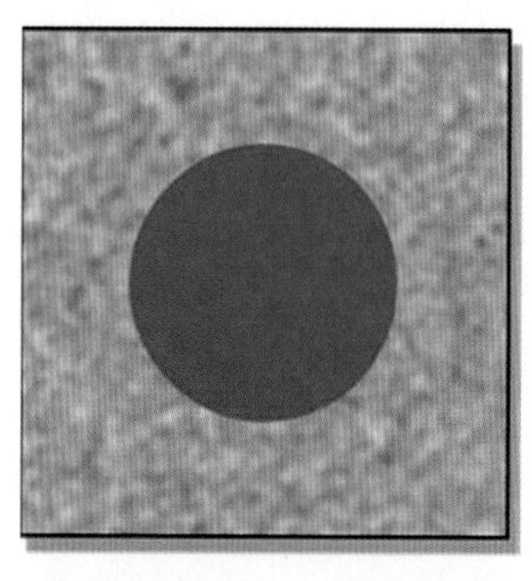

图2–16 标靶图片

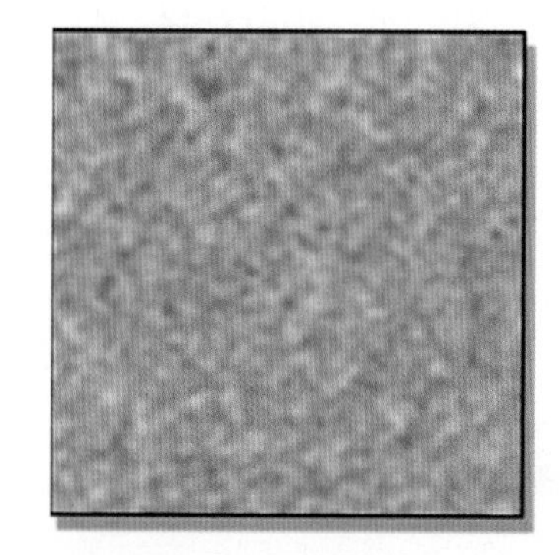

图2–17 纯净背景图片

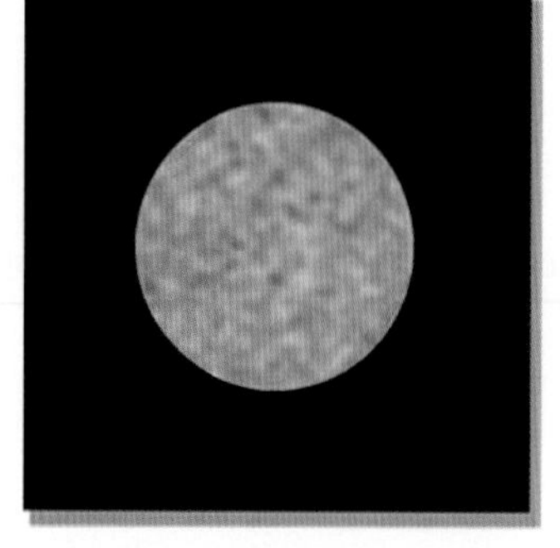

图2–18 原生差值遮片

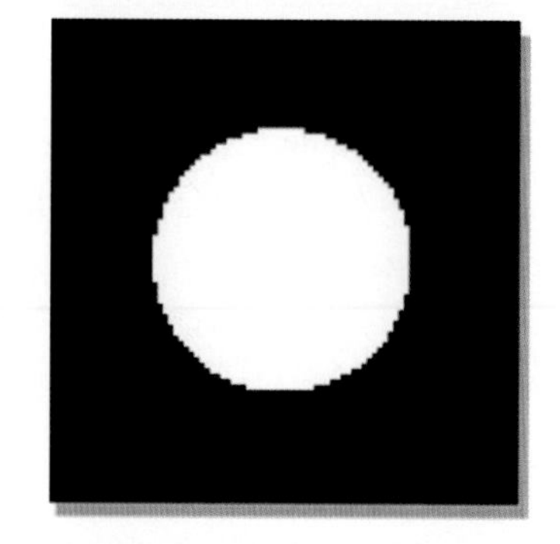

图2–19 二值化的高对比度差值遮片

图2-20　复杂的标靶

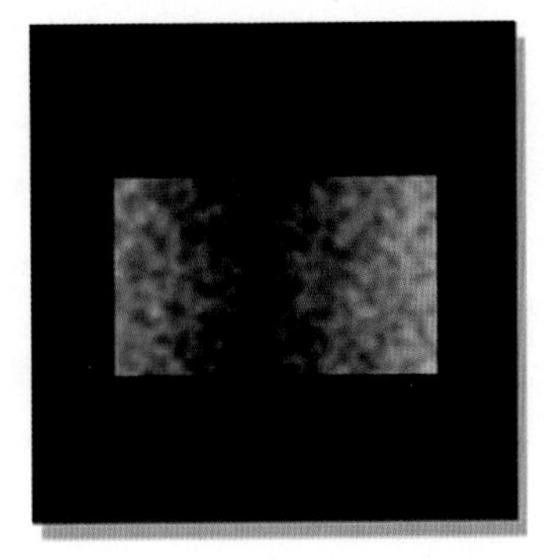

图2-21　原生差值标靶

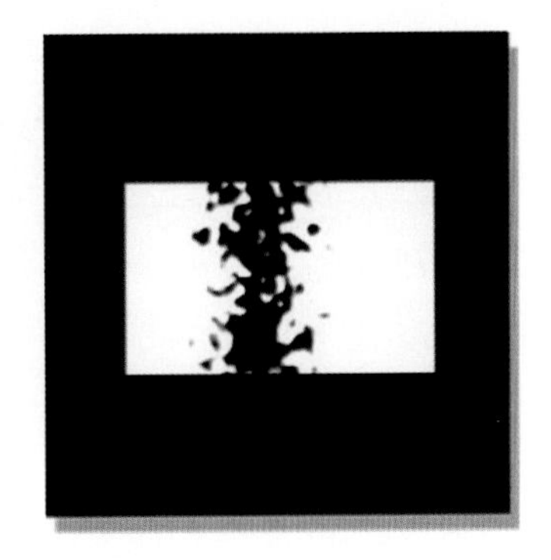

图2-22　高对比度差值遮片

化，因为背景像素具有各种各样的亮度值，前景像素也有各种各样的亮度值。要将低密度的原生差值遮片变换为图2-19那样的高对比度实体遮片，一般是要围绕一个阈值来进行“二值化”。将图像二值化的意思，就是依据某一阈值将图像分划为两种（二进制）亮度值——0和1。达到或高于该阈值的所有像素全部划为100%白，低于的则全部划为0。当然，这种单阈值方法将产生具有锯齿样硬边的遮片。具有像素价值的差值遮片节点将有两个你可以调整的阈值设定值，用以选择遮片相对于背景的差值范围，以便生成一个软边遮片。

下面就是坏消息了。还记得前面提到过的标靶中亮度值接近纯净背景图片中像素的那些像素吗？它们及其附近的像素糟蹋了差值遮片。从图2-20可以看出为什么会这样，而该图代表了略微复杂一些的标靶。该标靶中，比背景亮的和比背景暗的两种像素都有，而且还有一些与背景亮度一样。当原生差值标靶提取出来以后（图2-21），沿中心有一个黑色的条带，因为标靶中那些接近背景中像素值的那些像素，造成了差值等于0或接近于0。左右两端都更亮，因为它们要比背景暗得多或亮得多，从而造成了更大的差值。

当原生差值遮片经过缩放，形成图2-22所示高对比度实体遮片时，遮片中有一个严重的“孔洞”，这就是差值遮片的问题所在。标靶物体有非常接近背景的像素，从而造成遮片中出现孔洞的情况是很常见的。原生差值遮片通常必须经过放大硬化，以便为这些小差值像素生成实体遮片，而这就生成了总体非常硬的遮片。然而，偶尔也会有差值遮片使用效果很好的情况，所以也不能全然摒弃这种遮片。

2.3.2　制作你自己的差值遮片

Tip! 出于现已众所周知的原因，很多软件包不提供差值遮片功能，但你可以制作自己的差值遮片。为了创建差值遮片，标靶图片和纯净背景图片要经过两次减法，然后求两次减法结果的和。需要经过两次减法的原因，是由于标靶像素中有一些的亮度会高于背景，而有一些会低于背景。在“像素数学”中，通常不允许出现负的像素值。如果你试图做（100–150）的减法，你得到的输出将为0，而不是–50。我们想要为我们的遮片得出这个–50像素，但像素数学运算却将其限幅为0。除非你的软件有“绝对值”算符，否则

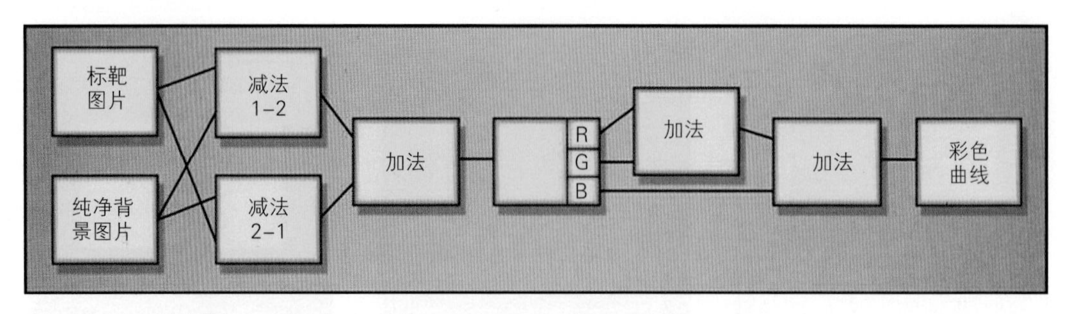

图2–23 自行制作差值遮片的流程图

它会进行两次减法，以便将两组像素都纳入遮片中。所以，我们的数学运算将会是下面的样子：

原生差值遮片 =（标靶图片 – 纯净背景图片）+（纯净背景图片 – 标靶图片）　　（2–4）

在第二次减法（纯净背景图片 – 标靶图片）中，将会得到大于纯净背景图片中的背景像素的标靶像素。在第一次减法（标靶图片 – 纯净背景图片）中，将会得到小于纯净背景图片中的背景像素的标靶像素。然后，求这两组像素的和，以制作原生差值遮片。如同你前面看到的那样，任何等于背景的像素都将在遮片中以孔洞的形式显现出来。至于标靶周围的背景，理论上这些像素在两个图片中是相同的，所以它们的差值变成了0。理论上是这样。

你将肯定是在三通道彩色图像上，而不是在单色示例上进行这样的运算。你可以在全彩色图像上执行图2–4中所示的两个减法运算和一个加法运算，所用的加法节点和减法节点如图2–23中的流程图所示。然而，当这两个减法相加在一起时，你将得到一个需要变成单通道图像的三通道图像。你只要将三个通道分开，再将它们相加在一起，就可以制作单通道的原生差值遮片了。然后你再使用一条彩色曲线，将其放大成高对比度遮片。

Tip! 如果你有一个通道数学节点，整个运算就可以用下面的公式输入到一个节点中：

原生差值遮片 =（R_1–R_2）的绝对值 +（G_1–G_2）的绝对值 +（B_1–B_2）的绝对值　　（2–5）

式中：R_1 G_1 B_1是一个图片的RGB亮度值，而R_2 G_2 B_2是另一个图片的RGB亮度值。哪个是图片1、哪个是图片2，这无关紧要。而且，该原生差值遮片必须用一条彩色曲线来放大，以制作最终的高对比度遮片。祝你好运。

练习2–4

Adobe Photoshop用户：你可以使用Calculations（计算）命令（Image［图像］> Calculations［计算］）。“Difference”（差值）混合模式使用的数学模式与这里描述的不一样，因而制作的差值遮片没有那么优秀。然而，偶尔也有可能效果不错，因此值得一试。在Photoshop中，你唯独不得不考虑的是一帧，而非一个序列的活动帧，所以，魔杖在这里是你最好的朋友。

2.4　凸凹遮片

这里有一个可爱的小东西，一年里或许只有那么一两次，你将觉得它是不可或缺的，但当你需要它的时候，又没有什么别的办法。情况就是：你要在从一个粗糙表面——点绘的天花板、有纹理的草坪、粗糙的树皮，等等——的凸起上，抽取一个遮片。你想要将凸起的点点块块分离开来予以处理，或许是要让它们变暗或变亮。甚至当它们是在一个不平坦的表面之上的时候，凸凹遮片（bump matte）都将给你一个仅仅凸起部分的遮片，而这正是其可爱之处。亮度遮片则做不到。因为图片亮度不一致，凸起的尖端很多都比表面较明亮的区域要暗。你需要有一种方法，能够仅仅将凸起提升出来，而不管其亮度如何。凸凹遮片是以紧邻每个凸起周围区域的局部亮度为基础，所以它要不断地适应画面中各个位置的局部亮度。

想法是制作一个标靶图片的亮度版本，使凸起尽可能地凸显出来。于是生成了标靶图片的一个模糊版本，而这个模糊版本是从亮度版本减出来的。凡凸起在模糊图片以上的部分突出出来，你将得到一个遮片点。这和执行边缘检测的结果是完全不同的。边缘检测实际上是围绕所有的凸起画一些圆圈，而凸凹遮片实际上是得到凸起本身。

图2–24代表了一个一般性的凸凹不平的表面。请注意：左边是一种中等的亮度，朝向中心时逐渐变亮，然后朝向右边时又变得很暗。这不是一个受到均匀照明的平坦表面。图2–25给出了图2–24中的原始凸凹不平表面的模糊版本，图2–26给出了形成的模糊遮片。请注意：每个凸起是怎样变成了一个遮片点，即使表面的照明是不均匀的。好像是有人将凸起从图2–24中的主表面上“削掉”了，然后将其放在了一个平坦表面上。

这些过程可以在图2–27中的切片图形中看清楚，这是横跨图2–24中的凸凹不平的标靶图片水平地画了一条切线。图像中的凸起形成了隆起的切线。图像进行了模糊处理后，凸起全都被平滑掉了，但表面的总体轮廓在切线中得到了保留（标有“模糊后的”）。模糊后的图片事实上是凸凹不平表面的平均值。当模糊后的图片从凸凹不平的图片上减出来时，所有高出模糊版本的凸起全都保留下来，作为图2–27最下面的凸凹遮片。

图2–28显示了遮片的一项重要的改善——在减出图片之前，首先略微降低一些模糊图片，以提高遮片点。只要从模糊的图片中剪掉一个小小的恒定值（例如0.05），就可以将其降低，使剩余的凸起升高。形成的遮片既有较大的遮片点，也有“较高的”（更亮的）遮片点。

图2–24　标靶凸凹不平的表面

图2–25　模糊后的凸凹不平的表面

图2–26　形成的凸凹遮片

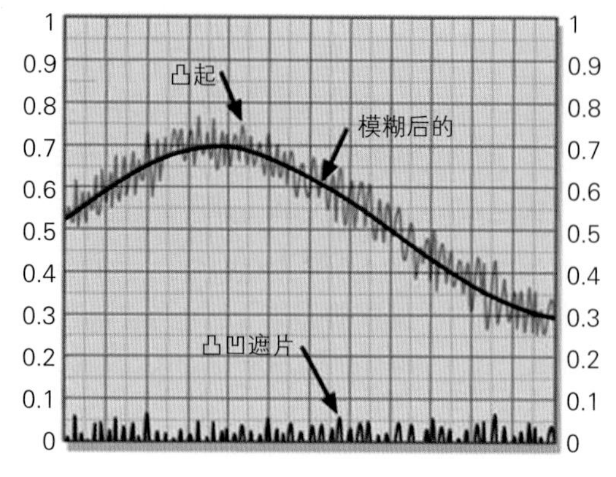

图2-27 凸凹遮片

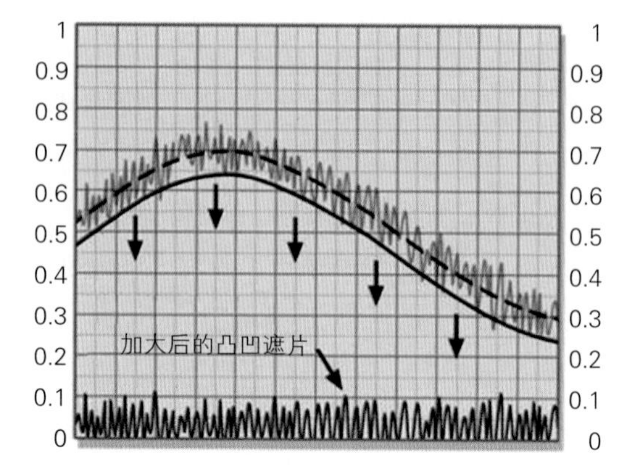

图2-28 提升后的凸凹遮片

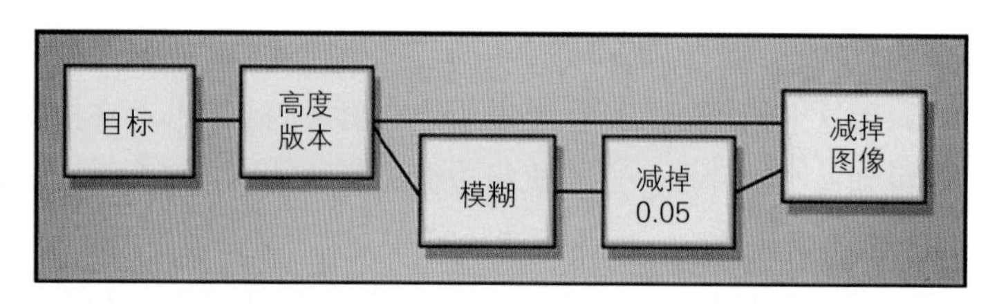

图2-29 凸凹遮片流程图

模糊数量的加大或减少是另一项重要的改善。模糊数量越大，陷入凸凹遮片的凸起就越大。

练习2-5

图2-29画出了模糊遮片操作的流程图。从左面的标靶图像开始,创建出亮度版本。接下来是进行模糊处理，然后可以从其中减掉一个小小的恒定值（如0.05），以加大映射中的凸起尺寸。如果你想要减小凸起的尺寸，那么你就要加上一个恒定值。然后将调整后的模糊图像从标靶图片的亮度图像上减掉。

2.5 抠像键控器

市场上有好几种第三方的高质量“抠像键控器”，如Ultimatte、Primatte和Keylight。它们共有的特点，是都为蓝幕合成提供一种一条龙的解决方案。你将前景图片和背景图片连接到抠像键控器节点上，调整遮片属性和消溢色属性的内部参数，于是它们就产生一个消溢色的完成合成。Ultimatte和Keylight都使用色差原理，而Primatte则使用一种非常复杂的三维色度抠像键控器。那么，你可以无论何时只用其中一种键控器来抽取自己的遮片。

可能的原因有好几个：你可能正在处理一些引起抠像困难的问题元素，因而你可能不得不帮助抠像键控器对蓝幕图片进行预处理，以便通过一些设定，来实现更好的抽取；另一个问题是消溢色操作出错了。有数量惊人的边缘变色伪像（edge discoloration artifacts）是由消溢色操作失误造成的。由于那是抠像键控器内部的事情，所以如果你不能排除问题，你就没有办法来以一个不同的消溢色操作来替代。如果你不能使用抠像键控器中的消溢色，那么你就不能使用抠像键控器。你将被迫分开来抽取遮片，使用其他一些不会造成伪像的消溢色操作（见第四章“消溢色”），然后自己来完成最后的合成。

有的时候，内装的色校正解决不了色校正的问题。另一个问题可能是内装的色校正功能可能不足以应对某些情况。在消溢色之后、合成之前，你可能必须对前景做其他一些操作。在将原生的蓝幕图片交付给抠像键控器之前，你不应对其进行色校正，原因有几个：第一个大问题是，如果以后必须对色校正进行修改，所有的抠像键控器设定就必须全部重来；其次，色校正版本可能会对各通道之间的关系产生干扰，从而降低遮片抽取的质量，或者降低消溢色的质量，或者兼而有之。

练习2-6

万一你发现偏爱的抠像键控器干不了这项工作，但它仍然可能对抽取原始遮片是有用的，那么就在外部来进行消溢色与合成。几乎所有的抠像键控器都将输出它们内部研制的遮片。该遮片在必要的时候可以进行进一步的优化，并用于一个常规的合成节点，来执行实际的合成。尽管这种方法对于解决问题来说可能是必要的，但你务必始终首先要力图在抠像键控器内来完成合成，因为通常这样会出色地完成任务，而且速度要比创建你自己的色差遮片快很多。

2.6　色差遮片

色差遮片（color difference matte，不要与“差值遮片”[difference matte]混淆）是适合蓝幕的最好的遮片提取方法之一，因为它具有优异的边缘质量与适中的半透明特性。如前所述，Ultimatte方法事实上是一种复杂的色差遮片提取与合成技术。在本节中，你将看到如何“制作你自己的”色差遮片。尽管色差遮片技术最初是为蓝幕遮片提取而想出来的方法，但它常常用来从具有单一主色的物体（例如红衬衫、蓝天）抽取遮片。

本节的重要性是双重的：首先，通过理解色差遮片方法，在你偏爱的抠像键控器遇到麻烦的时候，你将能够“帮助”它；其次，如果你不能使用抠像键控器，无论是因为你的软件没有抠像键控器，还是因为抠像键控器在蓝幕图片上出了问题，你总是可以制作你自己的色差遮片。这里概括介绍的方法，可用于任意合成软件包，甚至Photoshop，因为它们是基于执行一系列普遍可以完成的简单处理操作的软件。

本节色差遮片的内容很多，原因有二：首先，它是唯一最重要的遮片提取方法，因为在最常见和最苛刻的应用中，即在蓝幕遮片提取和绿幕遮片提取中，它的效果最好；其次，与其他遮片提取方法相比，它也更复杂，更难于理解。尽管该类镜头无论实际使用了什么颜色的背衬，一般的术语都叫它“蓝幕”镜头，但在本节中，大多数示例都使用了绿幕，仅仅是因为绿幕正在逐渐成为用得最普遍的背衬色。精明的读者将能够很容易地看到，这些原理同样适合于其他两种原色——蓝色和红色。是的，你可以拍摄蓝幕和绿幕，也可以拍摄红幕，这些都可以获得同样好的结果——当然，这要假定前景物体没有与背衬色同样的主色。

2.6.1 提取色差遮片

第1小节讲述如何使用为避免出现问题而过分单纯化的测试图片，来提取（extract）或“抽取”（pull）基本的色差遮片。在明白了遮片提取的工作原理之后，以后的诸小节则是关于如何解决在现实世界的遮片中必然会出现的所有问题。

2.6.1.1 理 论

参看图2-12，绿幕图片是由两个区域组成的——准备合成的前景物体和背衬区域（绿幕）。从绿幕创建色差遮片的整个想法是，在绿色的背衬区域，绿记录与其他两种记录（红与蓝）之间的差异相对很大；但在前景区域，却是0（或非常小）。利用这样的差异，便可以得到在背衬区域具有部分密度（0.2至0.4），而在前景区域具有0密度（或接近于0的密度）的原生遮片。

这两个区域的不同密度（视亮度），可以在图2-30中的原生色差遮片中看出来。然后，从绿幕的背衬色衍生出来的具有部分密度的深灰色，被放大成1.0，即全密度的白色，如图2-31中的最终遮片所示。如果遮片的前景区域中有一些不是0的像素，这些像素便被拉低至0，以便得到一个实体的前景遮片区域。这样形成的遮片，原本前景物体的区域就成了实体的黑色，原本背衬色的区域就成了实体的白色。一些软件包需要对此进行一个逆转，以白色来对应前景区域，以黑色来对应背衬区域，因此，在必要的时候，只要将最终的遮片反转过来就可以了。

2.6.1.2 抽取原生遮片

处理的第一步是抽取原生遮片（raw matte）。其做法是在三色通道之间进行几次简单的数学运算，可由任何软件包使用简单的数学算符来完成。我们首先看一个简化版本的处理，

图2-30 原生的色差遮片

图2-31 最终的色差遮片

图2–32　绿色背衬下的灰色的圆

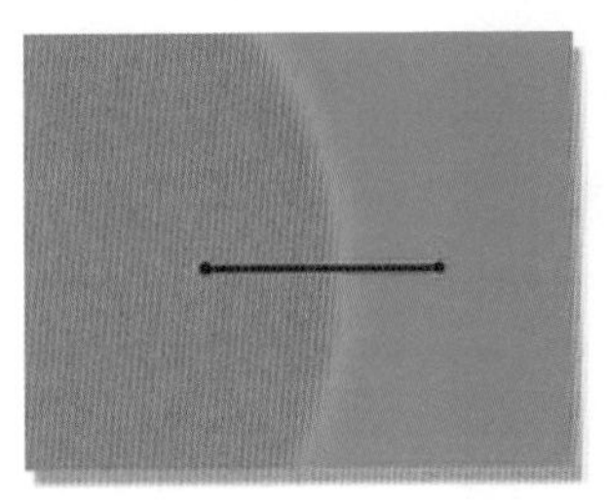

图2–33　切线在边缘过渡区域的特写

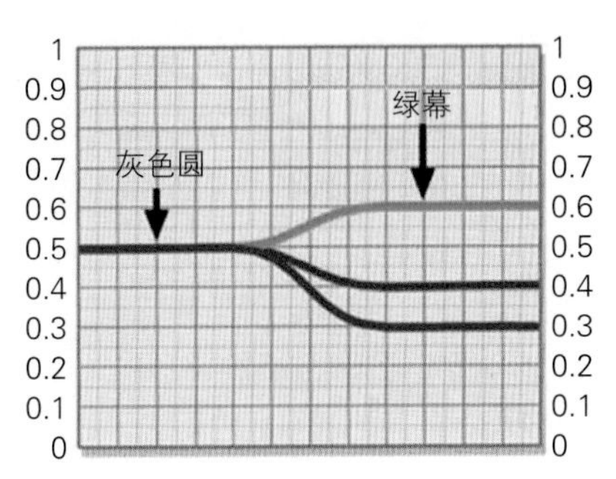

图2–34　灰色圆边缘过渡区域的切片图形

以便有一个基本的了解，然后再看一个披露全部算法的更真实的案例。最后，将有一个现实世界的复杂示例供考虑。

2.6.1.3　简化的示例

图2–32是我们的绿幕简化测试图片——在绿色的背衬下，有一个灰色的圆。我们将图片的绿色部分看成是背衬区域，因为它具有背衬的绿颜色；将灰色的圆看成是前景区域，因为它是我们希望提取出来供合成的“前景物体”。注意边缘是软的（有些模糊）。这是一个重要的细节，因为在真实的世界中，实际上所有的边缘都表现出一定程度的软，而我们的方法必须很好地适应软边。在视频分辨率的情况下，锐利的边缘可只有一个像素宽，但在电影故事片的分辨率的情况下，“锐利的边缘”一般有3至5个像素宽。当然，在影视节目中也有一些实际的边缘有运动模糊和景深（散焦）的情况，此外还有像头发细丝和半透明元素之类出现部分覆盖的情况。正是这些软边和过渡的情况，致使其他的遮片提取程序失去了效力。事实上，正是由于色差遮片的优异功能能够应对这些软性过渡和部分透明的情况，才使得色差遮片变得这么重要。

图2–33是图2–32中绿幕图片的一个特写，横跨图片有一条切线，图2–34画出了切线的图形。图2–33中的切线从灰色圆的左侧开始，跨越边缘过渡区，然后切到一部分绿色屏幕。图2–34中的切片图形画出了切线之下，也是从左到右的像素亮度值。从左向右来看一看切片曲线，首先看到在灰色圆上的像素亮度值为0.5、0.5、0.5（中性灰），所以三条线都是相互重合的。然后，图形向绿幕的背衬色过渡，从而可以看到RGB亮度值开始发散。最后，跨越绿色背衬区域的样点显示出背衬色的RGB亮度值为0.4、0.6、0.3。所以，绿色的背衬具有高的绿色亮度值（0.6），较低的红色亮度值（0.4），以及更低一点的蓝色亮度值（0.3），正如我们预期的饱和绿色所应该的那样。

要制作首个简化的色差遮片，我们必须做的全部工作就是从绿通道减去红通道。请看图2–34中的切片图形，我们可以看到，在前景区域（灰色圆），RGB亮度值都是相同的，所以绿减去红将等于0，也就是黑色。然而，在背衬的绿色区域，绿色的记录具有0.6的亮度值，而红色的记录具有0.4的亮度值。在这个区域中，当我们以绿减去红时，我们将得到

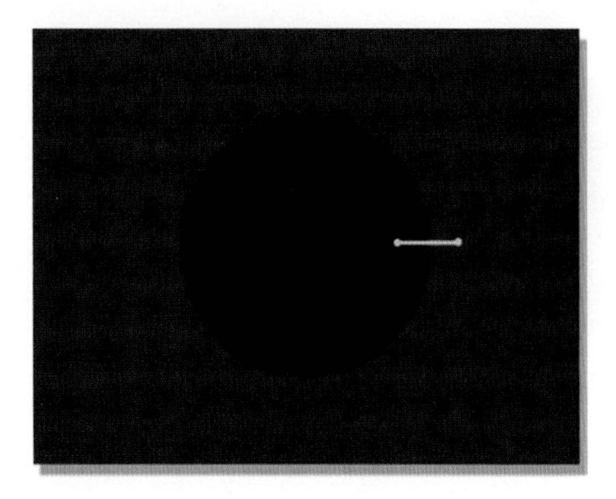

图2-35 带有一条切线的原生色差遮片

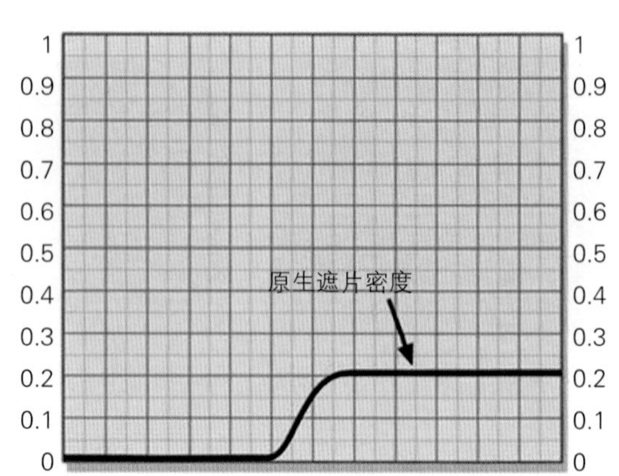

图2-36 原生色差遮片的切片图形

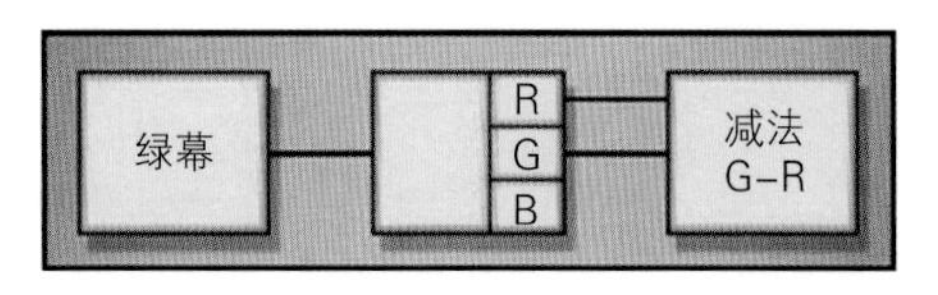

图2-37 简单的原生遮片流程图

（0.6–0.4）=0.2，并非是0。换句话说，我们得到了一个0值黑来对应前景区域；还得到了一个密度0.2，即深灰色，来对应背衬区域。一个简单的色差遮片就这样粗略地开始了。用数学公式来表示，原始遮片密度为：

$$原生遮片 = G-R \tag{2-6}$$

公式的意思是："原生遮片的密度等于绿色减去红色。"这里以术语"密度"（density）来替代术语"视亮度"，完全是因为我们正在讨论的是遮片的密度，而不是图像的视亮度。对于遮片，关注的是它的密度，或者说它的透明程度如何。完全同样的像素值落到RGB通道中后，忽然就是指视亮度了。

通过绿色减去红色的数学运算而得到了原生色差遮片，如图2–35所示（外加了另外一条切线）。我们之所以称其为"原生"遮片，是因为它是通过初始的色差运算而生成的原生遮片密度，还需要经过缩放运算，才能变成最终的遮片。在绿色背衬区域，从绿色中减去红色，得到的结果是0.2，是一个深灰色的区域。在前景区域，同样的运算得到的结果为0，这是中央的黑色圆。我们从一个公式得到了两个不同的结果，是因为在每个区域有不同的像素值。在图2–36中，原生遮片的切片图形显示了红色切线画过原生遮片位置的像素值。在背衬区域，原生遮片密度为0.2；在前景区域，密度为0；且在两个区域之间，有一个很好的逐渐过渡的部分。这个逐渐过渡的部分是软边遮片的特征，这种特征使得色差遮片非常有效。

练习2–7

图2–37是原生色差遮片简单的G–R运算流程图。从绿幕图片（GS）起，红通道与绿通道连接一个减法节点。减法节点的输出是图2–35中的单通道原生色差遮片。

2.6.1.4　一个略微真实的案例

真实图像明显具有比单纯灰色更复杂的颜色。让我们审视一个略微真实一些的案例，为更复杂的前景颜色抽取遮片。我们下一个测试图片是图2–38，这是一个在绿幕背衬下的蓝色的圆，而切片图形则在该图旁边的图2–39中。通过查看切片图形可以看出，前景元素（蓝色的圆）的RGB亮度值分别是0.4、0.5、0.6，而同样的绿色背衬的RGB亮度值前面已经有了，为0.4、0.6、0.3。这种情况下，简单地用绿通道减去红通道的办法是行不通的，因为在前景区域中，绿记录大于红记录。对于前景区域，绿减红（0.5–0.4）的简单法则将得到0.1的遮片密度，与理想的零黑差得远呢。

在这个示例中，要是我们用绿记录减去蓝记录，结果会是怎么样呢？在前景区域中，绿减去蓝（0.5–0.6），将等于–0.1，这是个负数。由于不允许有负的像素亮度值，该值在前景区域中被限幅为0，这个结果不错。在背衬区域，绿减去蓝（0.6–0.3）等于0.3，这是一个很好的原生遮片密度，甚至于比我们第一个简单的示例还要好。简单地将绿减红的法则改为绿减蓝的法则有一个问题，那就是现实世界中前景的颜色分散在整个色空间内。在前景的一个区域内，红色可能是主色；但在另一个区域内，蓝色又可能是主色。一个简单的法则在一个区域内可能有效，但在另一个区域内可能就无效。需要的遮片提取法则是，无论前景碰巧是什么样的像素亮度值，它都能够改变并适应。

下面有一个法则，能够适应那些分散的难以捉摸的像素值——绿通道减去红与蓝中的较大者。用更简明的数学形式表达，就是：

$$\text{原生遮片} = G - \max(R、B) \tag{2–7}$$

该式的意思是："原生遮片密度等于绿减去红与蓝中的最大者。"如果我们结合这个法则来审视图2–39中的切片图形，我们会看到，当我们从前景区域移向绿色背衬区域时，图形中间发生了切换。在前景（蓝色的圆）中，蓝大于红［max（R、B）］，所以原生遮片是绿减去红（0.5–0.6），结果为–0.1，继而限幅为零黑。到此为止，没有问题。我们让前景区

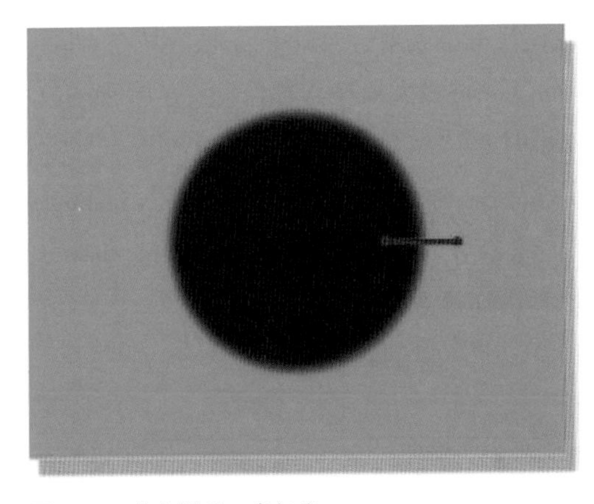

图2–38　蓝色圆及一条切线

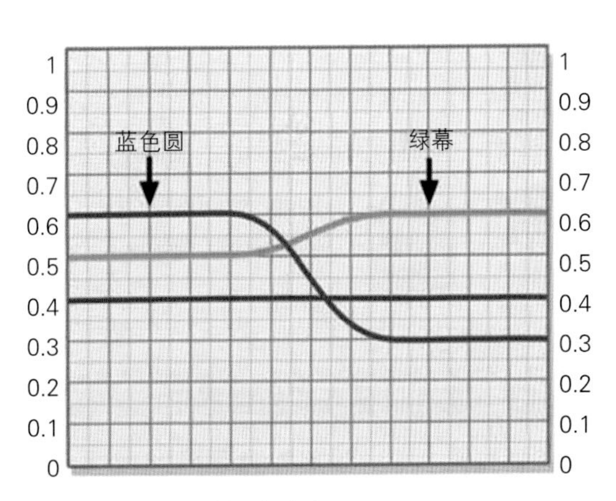

图2–39　蓝色圆的切片图形

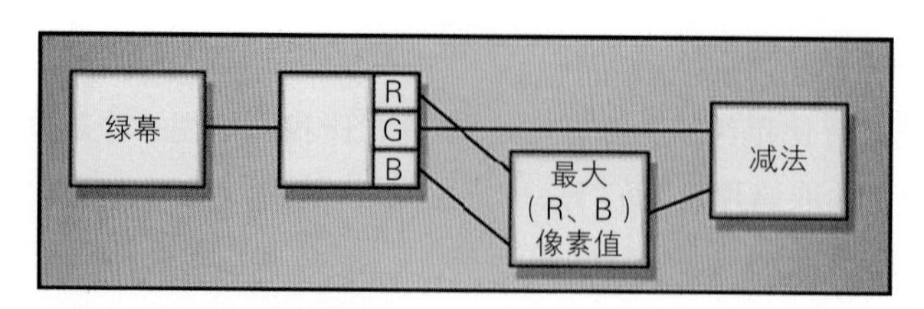

图2-40 复杂的原生色差遮片流程图

图2-41 现实世界画面

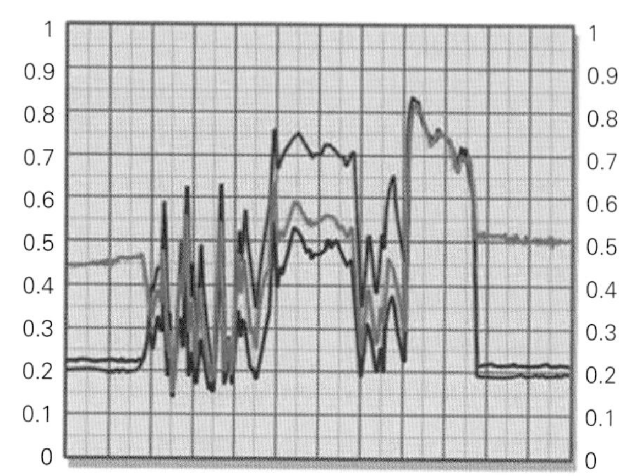

图2-42 现实世界画面的图形

域具有了很好的实体黑色。沿着图2-39中的切片图形继续向右，我们看到，在边缘过渡区域蓝像素直落而下，掉到了红像素的下面，因此，最大的色通道在过渡到背衬区域时切换为红通道。这里，原生遮片密度变成了绿减去红（0.6–0.4），结果为0.2的密度。答案就是：从改编后的遮片提取出的算法能够根据像素亮度值的大小来进行切换。

图2-40显示了将创建一个更复杂的原生色差遮片的改进了的新流程图。红通道和蓝通道转向一个基于逐个像素进行比较来选择哪个通道更大的最大值节点。这时，减法节点将从绿通道中减去这个最大的（R、B）像素值，进而创建原生遮片。这个阶段称之为原生遮片，是因为现在它还不能使用。它的密度现在只有0.2，需要放大到完全不透明（白色，即1.0）之后，才能用于合成，但我们为此还没有准备好。这个程序很容易在Adobe Photoshop中实现，只要你知道，Adobe Photoshop将最大值操作称作“变亮”（lighten），将最小值操作称作“变暗”（darken），就可以了。

练习2-8

练习2-9

Adobe Photoshop用户：在Photoshop中，最大值操作称作“变亮”（Lighten）混合模式。在Photoshop中，你完全可以像在合成程序中那样，抽取优秀的色差遮片。练习2-9将显示给你该怎样去做。

2.6.1.5 现在该是真实的世界了

当我们拿起一幅图2-41那样的现场表演的真实的绿幕图像，并跨越前景到绿幕画一个切片图形（图2-42）时，我们立刻就会发现，真实的现场表演与我们简单的测试图形之间，存在一些差异。首先，我们现在有了颗粒（grain），这会造成我们试图抽取的遮片出现边缘质量降低的现象；其次，绿幕的照明不够均匀，所以色差遮片在跨越整个背衬区域上，将不够均匀一致；第三，前景非背衬色（红与蓝）跨越背衬的绿色区域时，在不同的边缘位置出现了不同的值，这导致了过渡区域（边缘）的宽度变来变去；第四，前景物体中的绿色记录事实上在某些区域内有可能比其他两种颜色更大一些，从而造成了遮片前景区域内的污染。所有这些问题，最终都必须加以解决，才能创建出高质量的遮片。

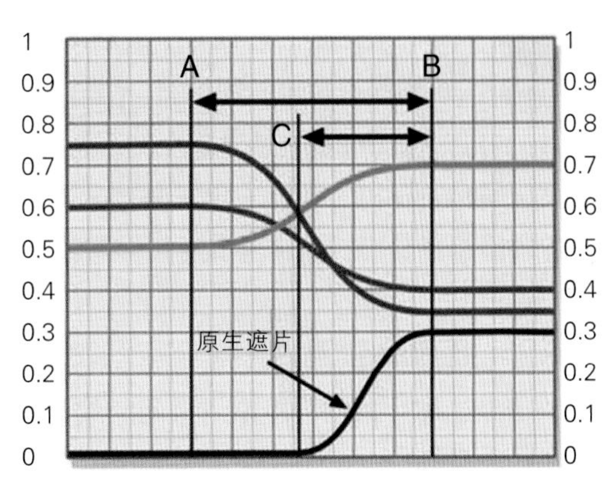

图2–43　遮片边缘的亏欠

2.6.1.6　遮片边缘渗透

还有另外一个现实问题需要了解，那就是遮片通常并不像理论上应该的那样，深入地渗透到前景中。图2–43给出了一个跨越前景与绿幕背衬区域之间的边界的切片图形——前景在左面，绿色背衬在右面——下面还给出了形成的原生遮片。标有A和B的两条垂线标出了前景与背景之间的过渡区域。前景值自垂线A起，就开始逐渐向绿幕值演变，而一直到垂线B处，才变成了完全的背衬色。

在理论上，我们准备将这个元素与其合成的新背景，也将自垂线A起开始混合，且到垂线B处过渡到100%背景。显然，遮片也应自垂线A开始，且在垂线B处结束。但如同你可以看到的那样，原生遮片要迟很久，直到垂线C处才开始。

通过审视切片图形的RGB亮度值，再回想一下原生遮片的公式，就很容易看清这种亏欠的原因了。由于从绿中减去红与蓝中的最大值，而绿值在到达垂线C之前，一直是小于红与蓝的，所以在垂线C之前，原生遮片密度将一直为0。亏欠的程度到底有多少，取决于前景颜色和背景颜色的具体RGB亮度值是多少。当前景颜色是中性灰时，遮片实际上确是一直都在渗入，根本没有亏欠。事实上，给定的前景颜色越是不饱和（越是发灰），遮片渗入的程度就将越深。通过审视图2–33中的切片图形——该图显示了一个灰色的前景混入一个绿色的背衬中——你或许能够想象出来个中缘由。请从左向右查看图形，在不多的几个关键位置上查看一下密度，看看是什么结果。

然而，当前景RGB亮度值不是中性灰的时候，总会有一种类似于图2–43中那样的遮片边缘亏欠，而那很有可能就是过渡区域的实际宽度，有时甚至还要更宽。不仅如此，亏欠的数量会围绕着前景元素的边缘变化不定，这完全取决于混入绿色背衬之中的局部RGB亮度值。换句话说，根据局部像素亮度值的不同，跨越过渡区域时，前述垂线C会来回偏移，而且除了前景是中性灰的情况以外，没有一个地方是对的。

练习2-10

好的消息是，它通常不会造成严重的问题（注意这里使用了“通常”和“严重”这样留有余地的词汇）。色差遮片方法是非常“宽容的”。后面你将会明白如何去过滤（filter）原生遮片，而这种过滤所做的事情之一，就是将遮片的内边缘拉向前景区域的更深处，以便有助于补偿亏欠。在其他的一些章节中，你还将了解如何将这个过渡边缘移进移出，而这将解决很多问题。

2.6.2 缩放原生遮片

当原生遮片最初被提取出来的时候，它的密度完全没有达到最终遮片的标准。最终遮片的标准是要让背衬区域达到100%白，让前景区域达到零黑。做法就是对原生遮片的密度进行缩放。我们必须同时朝两个方向来缩放遮片密度——既要放大，也要缩小。基本的想法就是，使用彩色曲线工具，将白提升至完全透明，并将黑压低至完全不透明。必须放大一些深灰色的像素，使之超出黑色的前景区域，从而将其清除出去。这种做法是很常见的，因为前景中常常会有一些颜色，其绿色通道略微大于其他两种通道的颜色。让我们看一看为什么会是这个样子。

图2-44给出了一个绿幕图片，在其前景有两处污染区域——A区和B区。A区在头发上有一处高光，B区在肩膀上有一些绿光污染。在图2-45中的切片图形中，可以看到这两

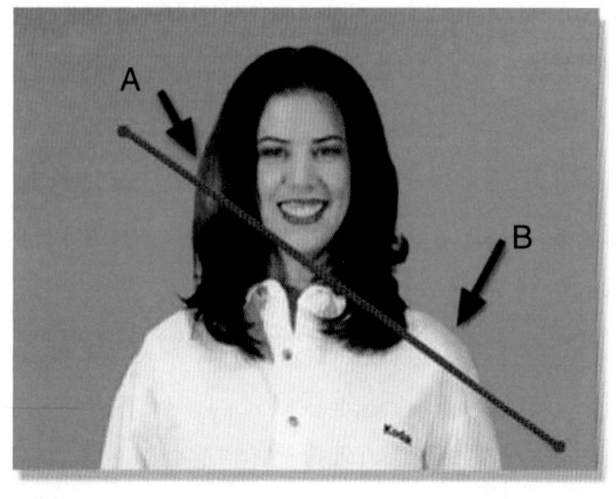

图2-44　有问题的绿幕图片

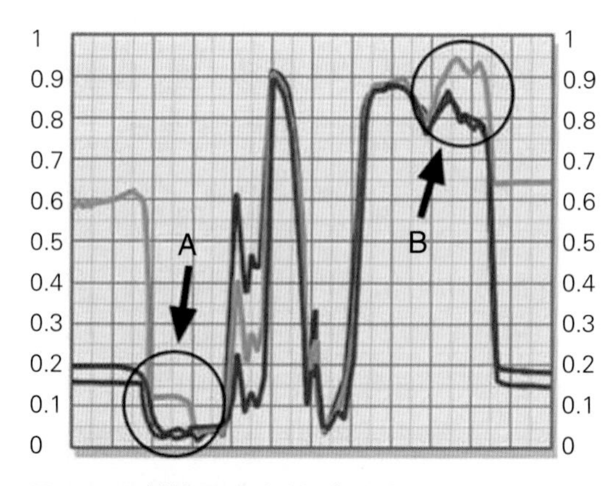

图2-45　跨越问题区域的切片图形

图2-46　原生遮片

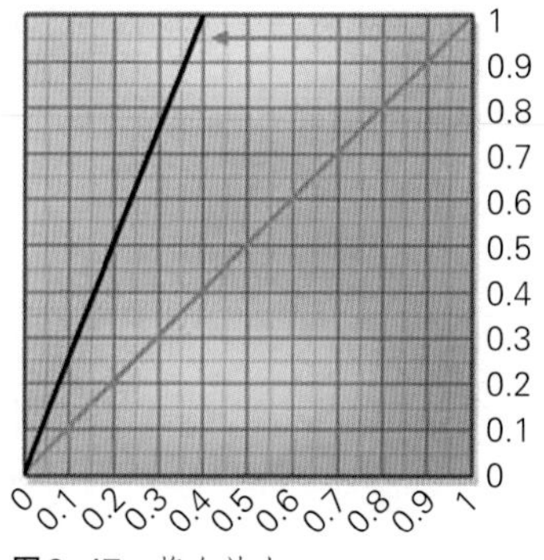

图2-47　将白放大

图2-48　白经过放大后的遮片

个区域中绿记录的提升。由于在这两个区域中，绿记录明显比另外两个记录都要大，所以将在前景区域中“残留”下少许我们不想要的原生遮片密度。这种残留密度污染，可以在形成的原生遮片中清楚地看到，如图2-46所示。前景区中的灰色残留是具有部分透明的区域，并将在合成的时候，在前景中形成“孔洞”。因此，它们必须予以终止。

第一步是将原生遮片密度放大至全透亮度，即密度为1.0（100%白）。同样，如果有必要的话，遮片以后也可以反转。图2-46是从图2-44中有问题的绿幕图片提取出来的原生遮片，它显示了原生遮片的起始状态。按图2-47所示，将彩色曲线图形的“白端”（顶部）向左移动，每次移动一点儿，原生遮片密度将逐渐地变得越来越浓厚。当密度达到实体的1.0时，停止移动，如图2-48所示。务必将白只提升至获得实体白所需要的程度，而不要超过这个程度，因为这种操作会硬化遮片边缘，而我们想要保持一个绝对最低值。在放大白的过程中，前景中的非零黑污染像素的密度也将略微提高，对此，我们稍后进行处理。此时，我们已将背衬区域遮片密度调整为100%白，并且随时可以将前景区域设定为零黑了。

为了将前景区域设定为完全不透明，将彩色曲线的“黑端”（底部）向右滑动，如图2-49所示，从而在黑值上“拉下”。这个过程将黑中的前景污染缩小到0，并从画面中清除出去，如图2-50所示。在弄清楚所有像素最低需要缩小多大的数量时，这一操作也要一次调整一点儿地进行，因为它也会硬化遮片的边缘。当你在黑值上拉下时，你可能会发现，背衬区域中有少量的白像素变暗了一点点。回过头来抬高一点点白值。经过白值与黑值之间反复几次的少量调整，直至得到一个经过最少量缩放的实体遮片。

被迫大量放大白值是常事，因为我们或许是从0.2到0.5的原生遮片密度开始的，而为了制作出一个实体白色的遮片，就不得不对该密度进行2至5倍的放大。然而，黑值应

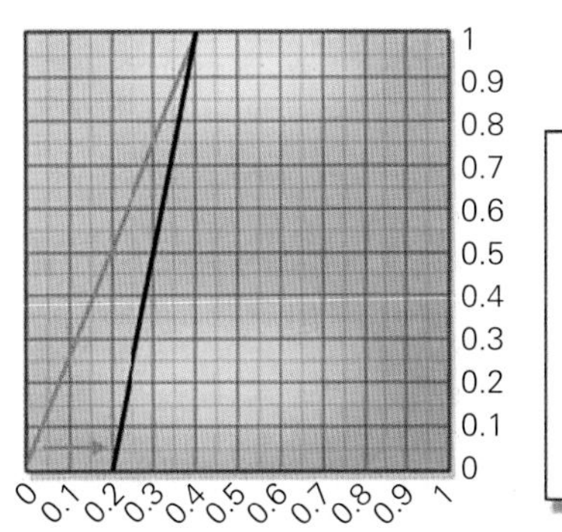

图2-49 移动彩色曲线以缩小黑值

图2-50 经过缩小的黑值

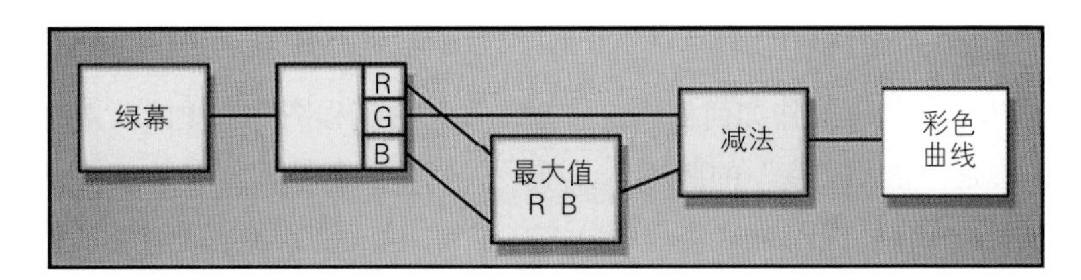

图2-51 添加了彩色曲线缩放操作的流程图

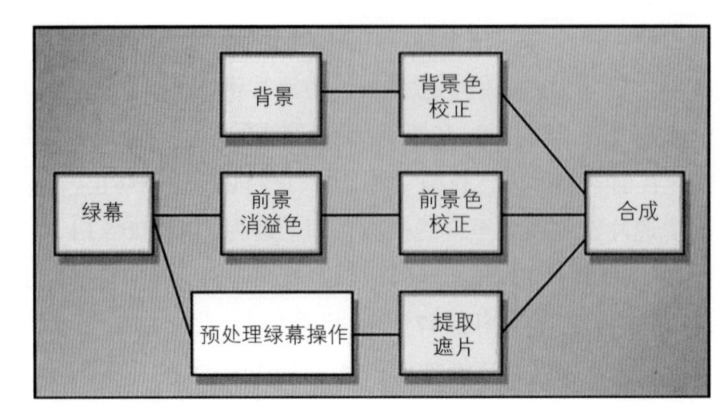

图2–52 预处理绿幕操作

该只需要经过稍稍的缩小，就可以将前景清为不透明。如果原生遮片的前景区域里含有大量的污染，那它就需要做大量的缩小，才能将黑值拉下来，而这样并不好，因为会过度地硬化边缘。这样的极端情况，将需要你大胆地去抑制前景像素，以避免整个遮片受到严重的缩放。

练习2–11

图2–51给出了一个新的流程图，该流程图在我们的序列逐渐增多的操作上，又添加了彩色曲线节点，用于进行缩放操作。

2.6.3 优化色差遮片

到目前为止，你已经看到了提取或“抽取”色差遮片的基本技术，但当用于真实绿幕上的现实世界时，且不说边缘问题，前景区域和背衬区域中的所有问题都会显现出来。在本节中，你将看到如何优化基本的色差遮片，以控制出现的各种伪像，并最终做出最好的遮片，供合成使用。

2.6.3.1 预处理绿幕镜头

作为一项广泛的策略，如果通过对绿幕镜头进行某种预处理，以便获得更好的色差遮片而来进行设定的话，你几乎总是能够改善原生遮片结果。顺便说一下，所有这些预处理技术也都可以用来帮助Ultimatte，因为它基本上也是一种色差遮片技术。在你自己的色差遮片上有用的东西，在Ultimatte也将是有用的。基本的想法是先在绿幕图片上进行某些操作，然后再抽取遮片，从而或者改善背衬区域中的原生遮片密度，清除前景区域中的孔洞，或者改善边缘特性，或者上述二者兼而有之。这样的操作有很多，使用哪几种则取决于问题出在什么地方。

图2–52给出了预处理操作如何加入总体操作序列的流程图。这里的关键点在于，预处理过的绿幕镜头是一个“突变”的版本，其唯一的用途就是抽取更好的遮片，但并不用在实际的合成当中。未经处理的原始绿幕用来进行实际的前景消溢色、色校正以及最终合成。在本节中，我们将研究好几种在不同环境中有用的预处理操作。至于哪些技术在给定的镜

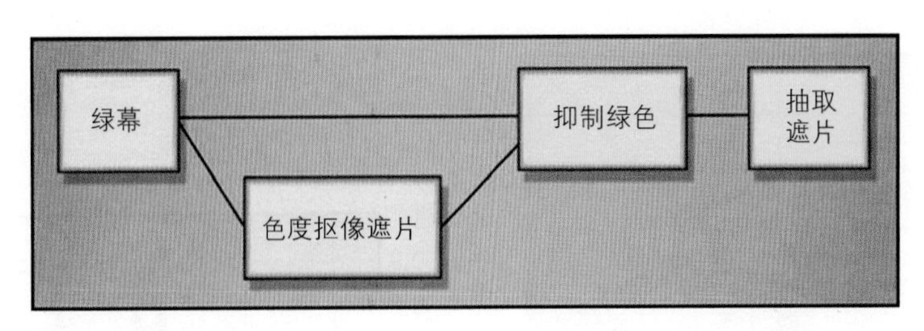

图2–53　用于局部抑制的色度抠像流程图

头上将是有效的，完全取决于前景图片中出现的实际颜色。于是，那些有效的技术就是本章开头暗示过的“英勇”的补救技术。你可以在给定的绿幕上使用其中的一种或全部。

2.6.3.2　局部抑制

Tip! 如我们所知，前景区域中的问题区是由于绿记录在局部区域爬到了其他两种记录之上造成的。作为另一个总体性的策略，我们愿意避免对问题采取一些“全局性的”解决方案（例如将黑值更大幅度地缩下来），因为那样会影响整个遮片，有可能带来其他区域的问题。仅仅影响问题区域的外科手术式的方法则更被看好。理想上，我们愿意在问题区内只将绿记录稍稍压下一点儿，问题解决了，却又不影响绿幕图片的其他区域。有时是有可能两全其美的，而且轻而易举。

使用色度抠像工具，从原始的绿幕图片创建一个覆盖问题区的遮罩（mask）。用这个色度抠像遮罩和一个色调整工具来降低遮罩下的绿记录，降低的幅度要刚好能够将问题区从前景中清除掉，或者降至可接受的程度。或许被摄者有一双绿色的眼睛，因而在该区内，绿色的成分将明显地高于红色和蓝色。那就为双眼制作一个色度抠像遮罩，稍稍抑制一点儿绿。或许在一些闪亮的黑鞋上，有一些深绿色的磕痕，这些磕痕也会在遮片的前景区域中形成孔洞。那就制作遮罩，加以抑制。图2–53给出了一个一般性的操作序列流程图。如果标靶项目在颜色上过于接近背衬，就可能会有一些背衬在色度抠像遮片中显露出来。可能需要用一个活动的冗余遮片，将标靶项目从背衬中分离出来。

2.6.3.3　通道钳制

Tip! 让我们研究一个应对图2–44中的问题绿幕的更复杂些的解决方案，该问题绿幕在头发处有绿色的高光，在肩膀上有一些绿色溢色。我们重新审视一下图2–45中的切片图形。标有A的图形区显示出绿记录高出红记录大约0.08，这是头发中的绿色高光造成的。标有B的图形区显示出，由于肩膀上有绿色溢色，绿记录已经升至红通道之上。它已经到达了高达0.84的值，背衬绿通道的平均值降至0.5附近。我们要做的是偏移色通道（color channel），使这两个区域内，绿记录等于或低于红记录，而又不影响画面中的任何其他部分。我们可以向下移动绿记录，也可以向上移动红记录。在本案例中，我们可以两个都做。

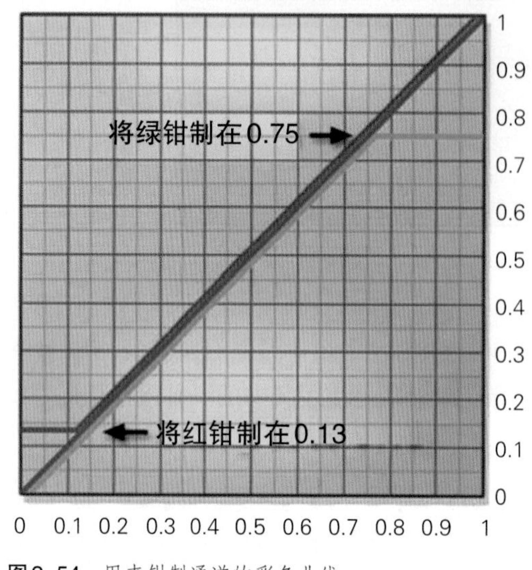

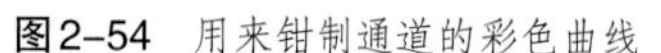
图2–54 用来钳制通道的彩色曲线

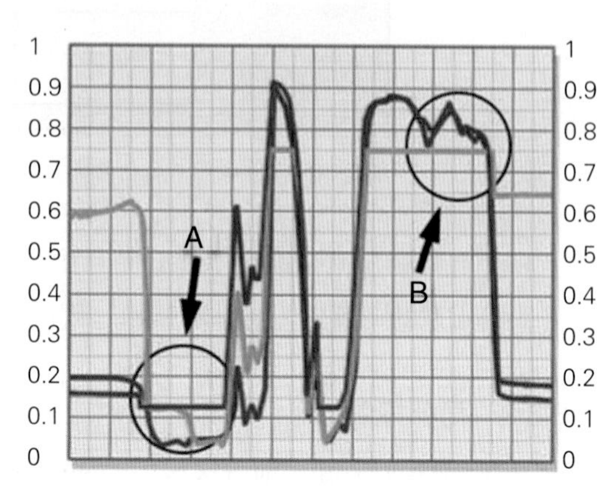

图2–55 受到彩色曲线钳制的红通道与绿通道

参看图2–54中的彩色曲线。红曲线已经调整，将红通道提升钳制在0.13，因此不会有红像素落在该值以下。其结果，A区内头发高光中的红通道已经“提升”到与绿记录相等，从而消除了原生遮片该区中的污染。图2–55中形成的切片图形显示了A区红通道与绿通道之间新的关系。与此类似，通过使用图2–54中的同样的彩色曲线，在绿记录上进行钳制，将其限制在0.75的亮度值，B区中的问题也得到了解决。这样做，将其降到了红记录以下，从而清除了该污染区。

同样，我们只需要将绿记录保持在红记录或蓝记录之下（或者近乎之下），就可以清除前景遮片中的污染。这意味着或者降低绿记录，或者提升另外两种颜色中的一种。无论哪一种方法都是有效的，关键是偏移量要尽可能少。然后检查一下，看是否有其他区出现了什么新的问题。要记住：下这一“网”，可能会捕到画面中的其他部分，从而又引出了其他的问题。改动要小，然后检查原生遮片。

2.6.3.4 通道偏移

Tip! 这里有一个极好的技术，有时候你将能够用得着，但这同样取决于绿幕的实际彩色内容。只要提升整个的绿记录，你就可以加大原生遮片密度，从而获得具有更佳边缘的更好的遮片。首先从图2–56中的切片图形开始，背衬区域中绿通道与红、蓝通道中的最大值之间的差值大约是0.3。我们还可以看到，绿记录比前景区域中的红、蓝记录都要低很多。如果如图2–57中所示的那样，将绿记录提升0.1，就可以将原生遮片密度从0.3提高到0.4，这就使原生遮片密度大大提高了33%！只要提高的幅度没有使其超过红记录或蓝记录，就将不会使前景出现孔洞。当然，在真实的世界里，你将难得能够将绿记录提高这么多，但哪怕提高一点儿都有帮助。

方法是：通过对绿通道添加一个小的值（本示例中添加了0.1），以稍稍提高一点儿绿记

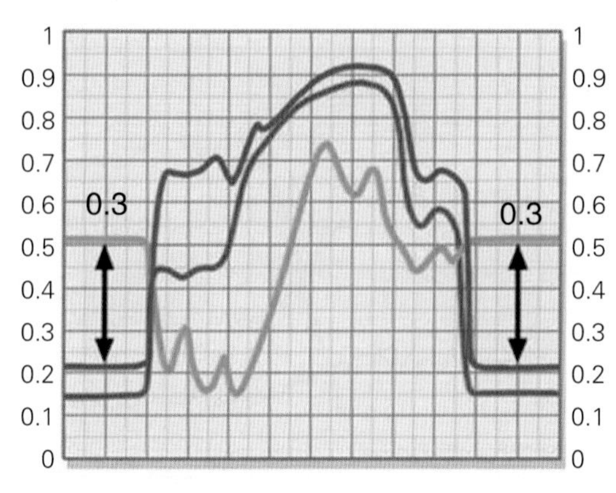

图2-56　原始的原生遮片密度

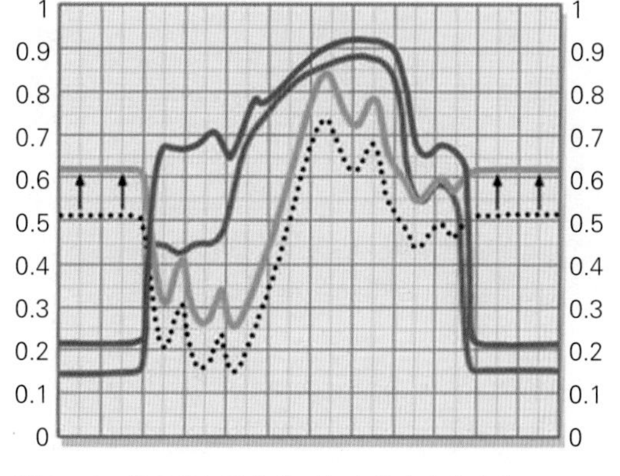

图2-57　绿通道经过偏移以加大原生遮片密度

录，然后再次抽取原生遮片，查看前景中是否出现了新的污染。如果一切看来不错，就再次提高一点儿绿记录，然后再次查看。相反，你也可以试着从红记录和蓝记录中减去一个恒定的值，以降低这两个记录。这些技术有时能够解决遮片提取过程中的大问题，但有时却付出了带来其他问题的代价。关键是怎样搞好这笔交易：既解决了棘手的大问题，又只带来了可以解决的小问题。例如，如果只是出现了不多的几个孔洞，你总是可以用局部抑制的技术，或许只用不多的几个快速遮罩绘制（roto），就可以将这些孔洞重新填平。

除了对个别的记录做恒定数量的添加或减掉，以使通道之间更加分开，从而获得更好的原生遮片以外，你也可以使用彩色曲线工具，对个别的通道进行缩放。利用“创造性的彩色曲线”在选定的区域改变色记录的高低，以获得尽可能最好的遮片，这种做法是绝对无可非议的。始终不要忘记：色差遮片提取的原理靠的只是绿记录与其他两种记录之间的差值，所以，提高或放大绿记录就可以加大差值，但缩小或降低红记录或蓝记录，同样也可以实现这个效果。所以，调整这些记录，看看会有什么结果。

2.6.3.5　去颗粒

所有的胶片都有颗粒（grain）。即便是用摄像机拍摄的视频镜头，也有“视频噪波”（video noise），其影响就像颗粒一样。当胶片在胶转磁机（telecine）中被转成视频时，也还是会有颗粒。重要的是要知道，颗粒对遮片提取过程会有什么影响，以及需要做哪些工作，来降低其对结果的影响。尽管颗粒对所有的遮片提取过程都会有影响，但最重要的是对蓝幕遮片提取的影响，因为那通常是要求最苛刻、最常见的场景。

图2-58是一个绿幕图片的特写，在跨越前景与背衬之间的过渡区域，用一条切线来显示颗粒的情况。颗粒“噪波”很容易在图2-59的切片图形中看出来。无论采取何种遮片提取方法，由抠像键控器或者你自己的遮片提取程序生成的第一个东西，就是原生遮片。在缩放成供使用的全密度之前，这是初始的色差密度，此时颗粒有着很大的影响。

图2-60代表了从图2-58中的绿幕特写创建的原生遮片。你可以看到，胶片的颗粒已经

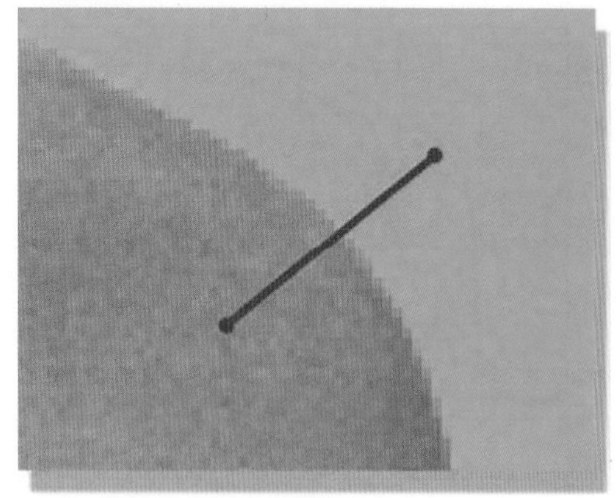

图2-58 绿幕颗粒的特写

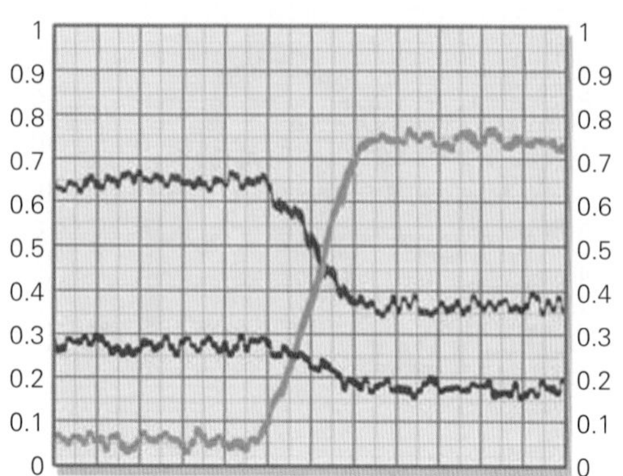

图2-59 绿幕噪波的切片图形

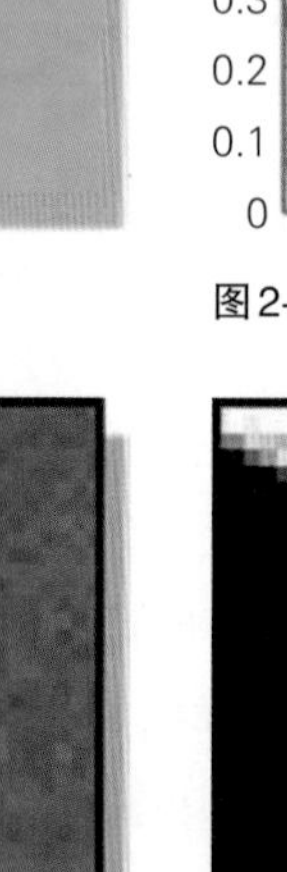

图2-60 原生遮片

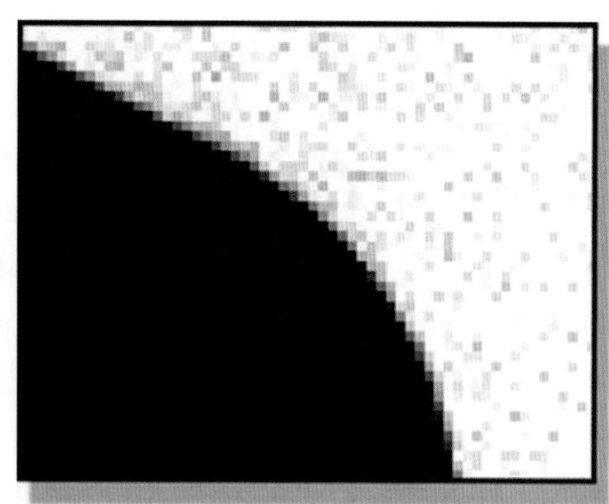

图2-61 放大的遮片

“压印”到原生遮片当中，成为“噪波”。我之所以称之为“噪波”，是因为它不再真的是颗粒，而是胶片的两三种色记录的颗粒之间的交互作用。好消息是，形成的原生遮片“颗粒噪波”，并不比三个颜色通道中任何一个通道中的噪波（颗粒）大。换句话说，颗粒绝没有堆积或积累。在遮片提取过程中，凡是在计算中将蓝通道包括进来的地方，最终会将蓝通道的颗粒“压印”到原生遮片之中，而蓝通道的颗粒比绿通道或红通道多得多（绿通道与红通道彼此相类似）。蓝颗粒不仅在直径上要比红颗粒和绿颗粒大，而且在幅度上也要比红颗粒和绿颗粒要大。

另一个问题是，原生遮片的密度必须由0.2或0.3的典型值放大到1.0的全密度值，放大倍数为3至5倍。这显然也会将遮片噪波放大3至5倍。除此之外，如果原生遮片密度是一个平均值（比如是0.2）的话，那么我们将其放大5倍的话，就可以得到1.0的密度。但是，0.2是一个平均值，所以，当遮片放大时，有些像素并没有使其成为100%白。这就在背衬区域中留下了一些如同撒了“胡椒盐”般的污染，如同图2-61中放大的遮片所示。

如果大多数颗粒损失是由来自蓝通道的颗粒造成的，那么，在抽取遮片之前，只要去掉蓝记录的颗粒，就往往非常有效。如果实现不了高质量的去颗粒操作，那么，就不得不实施中间值过滤（median filter）或轻度模糊。关键在于这只是在蓝记录上实施。这种做法利用了胶片的以下两个重要特点：

胶片的重要特点

1. 大多数颗粒噪波来自蓝通道。
2. 大多数图像细节是在红通道与绿通道之中。

利用这两个碰巧并存的特点，只要将蓝通道平滑好，就可以实现大多数的降噪，而遮片细节的损失又可以最小。

练习 2–12

蓝记录颗粒对绿幕和蓝幕的影响是不同的。对于蓝幕，蓝记录是遮片的主色，因此所有的遮片计算都是以蓝记录为基础的。其结果，会有过度的颗粒压印到遮片边缘，从而使得蓝幕遮片“发燥”。然而，蓝幕的消溢色操作是以与红、蓝二通道的比较为基础的，所以，对消溢色的影响并不严重。对于绿幕，蓝记录仅仅在一定的区域内是色差遮片计算的一部分。对于那些区域，蓝记录的颗粒将会存在，而对于遮片的大多数区域，蓝记录并不存在。其结果，绿幕遮片将会具有比蓝幕“安稳”的边缘。然而，绿幕的消溢色将参考蓝通道，而较重的蓝颗粒常常变成“压印”到红记录或绿记录当中。当然，这一定是发生在面孔平滑的肤色上——这恰恰是你不需要的。

2.6.4 绿幕照明不佳

摄影指导的整个目的是确保每个场景都得到适当的照明和正确的曝光（哦，对了。还有非常好的构图和令人惊叹的摄影角度！）。绿幕的整个目的是要照明均匀，曝光正确以及颜色正确——你知道，就是要绿色！不是青色，也不是法国察特酒的那种黄绿色，而是绿色。不晓得是什么缘故，这种问题太过频繁地发生在片场。人家笑呵呵地交给你一些照明糟糕、颜色不正的绿幕镜头，希望你抽取出极好的遮片，并从这些废弃的图片制作出美丽的合成图片来。身为数字合成师，我们成了我们自己神奇才能的牺牲品。数字效果最近变得不可思议——无论镜头在片场拍得有多差，“平头百姓们”（非数字型的）都相信我们什么都能够搞定。问题在于，我们太过频繁地能够做到，其结果，我们就是在鼓励电影摄制组那方面养成坏习惯。

对客户的标准说教是：“绿幕照明不佳降低我们所能提取的遮片的质量。为了力图恢复损失的一些遮片质量，将需要做额外的工作，但这将既提高了制作成本，也降低了制作的质量。”遗憾的是，你可能永远找不到机会去进行这番说教，或者监督绿幕的拍摄。大部分情况下，当你第一次知道有关镜头的情况时，那已经是数字化的胶片画面交到了你手上的时候，而那就太晚了。这时你必须应付了。绿幕照明不佳事实上是最常见也是最难应付的问题。在照明上有好几件难办的事有可能会出错，因此，我们将依次审视每一类问题，并讨论其对形成遮片的影响，以及可能的应对措施。但那并不是什么好景致。

2.6.4.1 过 亮

用胶片的时候，很少出现绿幕过亮的情况，纯粹是因为那或者是需要有大量的光（而这是很昂贵的），或者是由于光圈过大而曝光过度（除了最愚蠢的摄影指导以外，很少有人犯这样的错误）。胶片的动态范围相当大，即便是曝了大量的光，也仍能将各个颜色的记录分解开来。当然，除非你没有使用胶片的全动态范围，而令人奇怪的是，多数制片厂都没有。

当胶片数字化为Cineon 10比特对数格式时，胶片的全动态范围得到了保留。如果Cineon对数图像以后还要变换为线性的话，那么白和黑都要被限幅。如果胶片数字化为8比特线性的话——或者是用胶片扫描仪，或者是用胶转磁机——画面在白和黑上也都要被限幅。有关这迷人话题的详细内容，见第十四章“对数与线性”。另一方面，由于画面在白上受到了限幅，所以过亮的绿幕也可以被限幅，目前说到这些也就足够了。

图2-62代表了一个中央有一个“亮斑”的绿幕，那个亮斑是由于绿通道的视亮度高于白的限幅点，致使曝光过度而形成的，这在胶片转视频的转换中，并不鲜见。绿记录在中央一个平坦区域内受到了限幅。图2-63中的切片图形显示了所发生的情况。当红记录与蓝记录在A附近形成高峰的同时，绿记录被限幅成平坦状态。这些丢失的数据是无法恢复的。最重要的，是要注意到在限幅区域内A点处绿记录与红记录之间的差，以及正常曝光区域内B点处绿记录与红记录之间的差。对绿记录的限幅，降低了红—绿之间的色差，从而在这个区域内，原生遮片值将明显小于未限幅的区域。现在，遮片密度在限幅的区域将较薄。

Tip! 那该怎么办呢？出现这种问题的问题是关键数据已经丢失了——不是压缩了、违规使用或再定位，这些都是可以恢复的，而是消失了。在Cineon对数图像转为线性的情况下，唯一的解决办法是重新变换原始的胶片扫描数据，将白点提升至略微高于最亮的绿值。这将稍许压暗图像的总体亮度，以后在合成的时候，还要回过头来再进行色校正。但在绿幕镜头中，涉及的是遮片，所以我们必须有一个完全的数据集，才能抽取出好的遮片。其他的事以后可以搞定。如果绿幕图片是由胶片转成的视频，那么胶转磁必须重来，既然

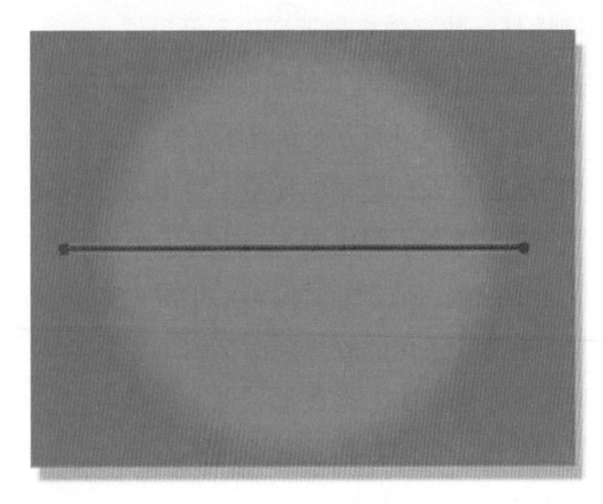

图2-62 受到限幅的绿幕

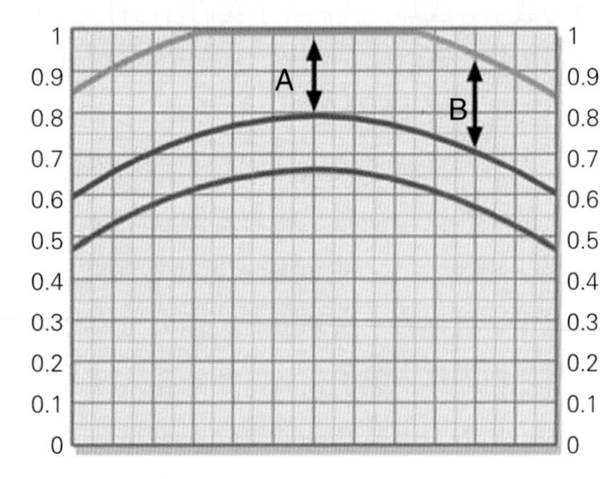

图2-63 受到限幅的绿幕的切片图形

有可能的话。如果是用视频拍摄的，那么原始视频受到了限幅，你就要为此受到责难。

下面我有一个蛮不错的把戏给那些将Cineon对数图像变换为线性的胶片使用者，假定前景物体没有随背衬色一起被限幅。在合成时，以原始被限幅的版本来用作前景元素，但需要自重新变换的版本抽取遮片。这样，你就可以保持二者都是最好的。使用磁转胶机将胶片变换为视频的人有一个很棘手的问题。胶片可以再一次变换为视频，其间进行色调整，以降低绿幕值，使其不再被限幅，但除非两个版本（较暗的版本以抽取好的遮片，"曝光过度"的版本及其前景元素用于合成）都是用带有定位针的胶转磁机变换的，否则两组画幅将会出现"片门晃动"（gate weave），而且相互之间将无法套准。

2.6.4.2　过　暗

绿幕过暗是因为曝光不足。在发誓为摄影指导的测光表购买新电池之后，我们可以在原始色差遮片上，检查曝光不足的有害影响。

图2-64显示了一个绿幕左面曝光正确、右面曝光不足的情况，跨越这两个区域还画了一条切线。如同你在图2-65的切片图形中可以看到的那样，在绿幕曝光正确的那一侧（左侧），绿通道与红通道之间的色差将为0.3（0.7–0.4），属健康状态；而在曝光不足的那一侧，色差将为0.15（0.35–0.2），属"贫血"状态。换句话说，曝光不足的那一侧，原生遮片密度是曝光正确那一侧的一半！原因可以从切片图形上清晰地看出。随着曝光量的降低，RGB记录不仅降低，而且彼此还越来越靠近了。越来越靠近的结果是降低了它们之间的差异，从而导致原生遮片密度的降低。其结果，原生遮片"越薄"，就越需要放大倍率以获得全密度。

现在停下来上一堂课。这个情况很容易让人"徒劳无功"——这是我的说法。我的意思是说，给问题找了一个事实上看似有益、实则无益的解决方案。下面就是本案例中的一个"徒劳无功"的例子。让我们试着解决我们绿幕曝光不足的问题，方法是在抽取我们的原生遮片之前，先聪明地加大绿幕图片的总体亮度，试着以此来解决我们曝光不足的问题。这就是说，我们将对RGB亮度值进行高达2.0倍的放大——瞧！原生遮片密度从0.15跃升至

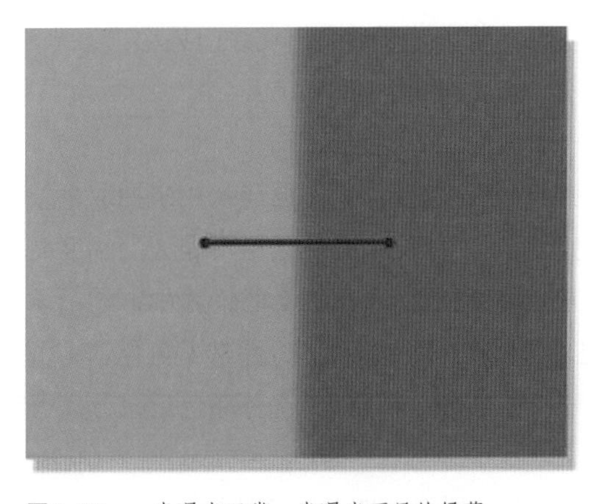

图2-64　一半曝光正常一半曝光不足的绿幕

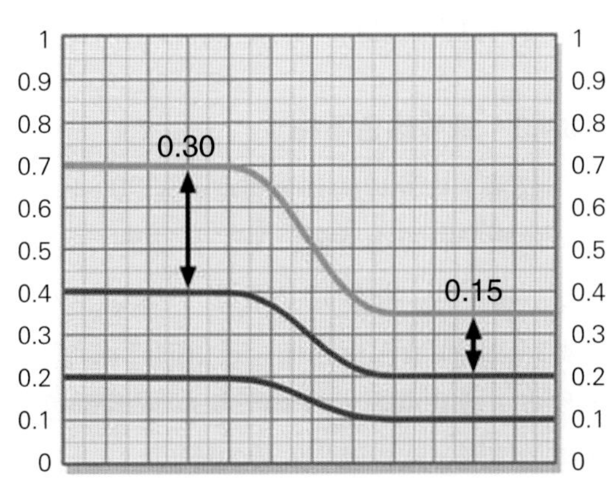

图2-65　一半曝光正常一半曝光不足的绿幕的切片图形

0.30，正像正常曝光的那一侧一样。现在，我们就可以以一个适度的倍数3.3倍，来放大经过改善的全新的原生遮片密度，以产生我们理想的1.0密度，然后自以为聪明地打道回府了。但，是这样吗？让我们再仔细地看一看。

原始的原生遮片密度为0.15，需要经过6.6倍的放大，以获得1.0的全密度。但如果我们将原始的RGB通道放大2倍，以得到改善的原生遮片密度0.3，然后再放大3.3倍，以得到全密度的话，我们还是只不过将原始密度0.15放大了6.6倍（2×3.3）。我们已经浪费了一些时间、一些节点，在乘法的分配率上做了很好的练习，但是我们根本没有改善情况。这就是我所说的“徒劳无功”的意思，并没有真正解决问题。这是我们这类工作中的一个长期性的危险，而了解了我们所作所为后面的原理，将有助于避免这类无功的徒劳。（课程结束）

仍然回到实际的问题来。有一件事是清楚的——我们即将得到一个糟糕的、薄的原生遮片密度，而这个遮片密度将还有着许许多多的颗粒在里面，因为在画面的低密度部分，表观颗粒会增加。我们现在不得不将这个颗粒感很强的原生遮片，以比正常绿幕大很多的倍数进行放大。其结果，我们得到一个有着硬边的、噪波非常大的遮片。这个问题的悲剧在于根本不存在什么数据给我们的原生遮片。但是等一下，是数据不存在于你正在试图处理的数字数据之中，而是存在于底片之中！

Tip! 不错！与从磁转胶机得到的数字文件或从原始胶片对数扫描变换而得到的线性文件相比，底片含有的信息数量是它们的好几倍。像前一节中的曝光过度的绿幕那样，我们可以返回到原始的对数数据文件，并重新将其变换为线性，这一次降低白点，并调整伽马，以获得更明亮的绿幕。这种“注了水的”版本能够用来抽取遮片，然后予以丢弃，而将原始扫描得来的前景元素用于实际的合成。请放心，我们不是在“徒劳无功”。实际上，通过对原始对数扫描进行重新取样，并恢复先前丢弃的数据，我们获得了更多的数据用于处理。这些数据在底片上和10比特对数数据中一直是存在的，但在从对数变换为线性时被丢弃了。然而，曝光不足的胶片将仍然比曝光正确的胶片有着更多的颗粒。

同样的，用胶转磁机从事胶片转视频的人也有一个棘手的问题。如前所述，胶片可以用更好的色校正进行二次胶转磁，但只有使用定位针定位，才能避免出现片门晃动。

2.6.4.3 绿幕颜色不纯

绿幕工作原理的整个想法，是以一种饱和的纯原色为基础。我们已经从用来抽取色差遮片的数学计算中看到，为了获得最大的原生遮片密度，绿记录必须以尽可能大的幅度高出红、蓝记录。按照定义来说，这就是一种饱和的颜色。然而，在真实的世界中，红记录或蓝记录的值有可能不低。过量的红记录或蓝记录会使得绿色“不纯”，而带上黄色调（由于红多）或青色调（由于蓝多），或者颜色变淡（由于红和蓝都多）。这种颜色记录分离得不够的情形，造成遮片质量的降低。

图2–66并排显示了四条绿幕，图2–67则画出了跨越所有这四条屏幕的切片图形。A区

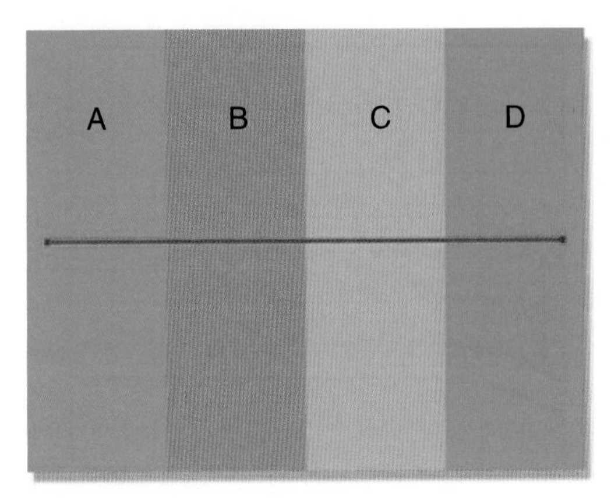

图2-66 绿幕颜色不纯

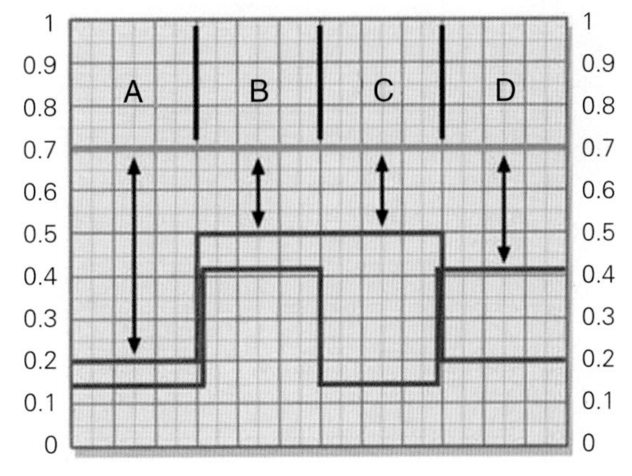

图2-67 颜色不纯的绿幕的切片图形

域是个饱和的绿色，其切片图形显示出将会形成完好原生遮片密度的健康的色差值（黑色箭头）。B区域是个不饱和色绿幕的示例，其切片图形清晰地表明，红值和绿值高，造成原生遮片密度低。C区域也是红值高，又由于色差公式从绿中减掉另外两个通道中的最大值，而红变成了最大值,结果造成原生遮片密度也非常低。D区域只是将问题偏移到了蓝通道上，也造成了类似的不好结果。

Tip! 那怎么办呢？尽管情况很糟，但还不是无可救药。有一种可能性会有帮助——你前面学过的通道偏移技术。选择最讨厌的通道（假设过高的是红通道），在抽取色差遮片之前，你可以首先从绿幕的红通道中稍稍减去一些值，这将整体地降低红记录，但如果你减的量过大，最终也会将非黑色的像素引入到前景区域内。降低一点儿红记录，然后检查遮片的前景像素。再降低一点儿红像素，再进行检查。无论如何在前景中都会出现一定数量的非零像素，但事情并没有到此就结束了。一旦你找到了红通道的极限，就以蓝通道重复这个过程。幸运的话（这取决于前景的RGB实际内容），你将能够通过只是稍稍加点前景的黑值来显著提高原生遮片的总体密度。如果前景仅在一两处受到污染，可以通过一些局部抑制来解决。如果开始大面积地增加密度，那就是处理的极限了。

2.6.4.4 照明不均匀

这是绿幕问题中最常见也是最不易察觉的问题。之所以是最常见的问题，纯粹是因为在一个宽阔的表面上，要想照明得既明亮又均匀，是一件非常难的事。人的眼睛适应性强得要死，会使一切都显得照明完好均匀，尽管事实并非如此。胶片没有这么好的适应性。站在片场上，看着绿幕，从左到右、从上到下，显得亮度非常均匀。但当胶片从洗印厂返回来的时候，忽然在中央出现了一个亮斑，在四角也变成了暗绿色。而你现在不得不在这样的色差基础上来抽取遮片。让我们来看一看会是怎样的结果。

首先，这里有个特好的消息。即便是绿幕的左边（比如说）明显变暗了，当你抽取色差遮片的时候,它也不会像原始胶片图片那么不均匀！“这怎么可能呢？”你觉得不可思议。

图2-68　照明不均匀的绿幕

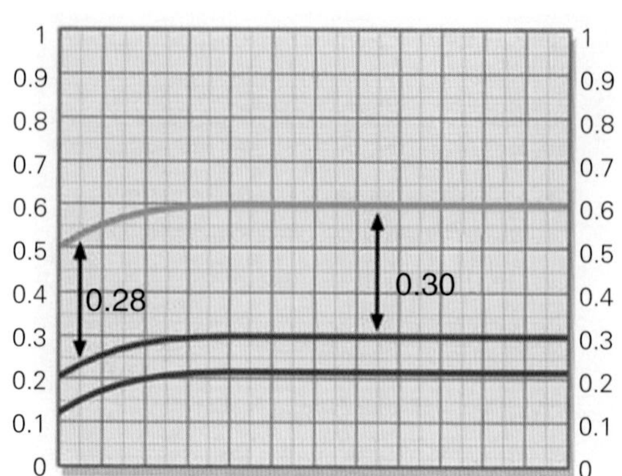

图2-69　照明不均匀的绿幕的切片图形

图2-70　不均匀的绿幕

图2-71　不均匀的原生遮片

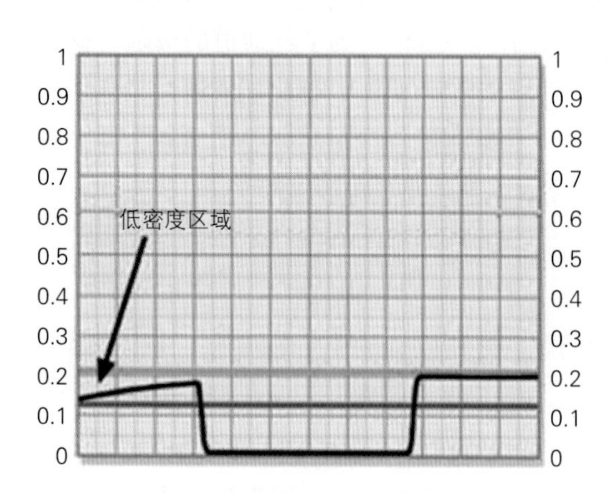

图2-72　原生遮片的切片图形

这是色差遮片技术与色度抠像技术（比如说）相比不可思议的长处之一。要想知道为什么会是这样，请参看图2-68和图2-69。前者显示了左边发暗的绿幕，后者显示了该绿幕的切片图形。

从切片图形可以看出，绿幕的亮度在左边大幅度地下降。与适当照明的区域相比，图形左边的RGB亮度值下降了将近20%。但请仔细观察红通道与绿通道之间的差异。三个通道全都一起下降了，所以它们之间差异的变化幅度并没有那么大。在适当照明的区域内，原生遮片密度大约为0.30，而在暗区大约为0.28，仅仅小了一点儿。尽管绿通道大幅度降低了，红通道也大幅度降低了。事实上，它们是一起大幅度降低的，所以，它们之间的差异仅仅受到了轻微的影响。与其他遮片提取方法相比，色差遮片对照明不均性的容忍度相当高。然而，今天的好消息到此为止了。接下来，我们将看一看照明不均匀的绿幕是怎样影响遮片的，以及对此可以做些什么。

练习2-13

图2-70显示了一个照明不均匀的绿幕以及前景元素，二者都是左边变暗了。旁边的图2-71是使用标准的色差遮片提取方法［G－max（R，B）］形成的原生遮片（未予以缩放）。沿原生遮片的左边，可以看到有一个低密度区域，如果我们对其不做任何处理的话，该区域将成为一个部分不透明的区域。图2-72中的不均匀遮片的切片图形显示，左边背衬区域中的密度较低（为清晰起见予以夸张了）。切片图形上还添加了一条红色的参考线和一条绿色的参考线。绿线代表理想的位置，经过缩放操作后，一般将提升为100%白。如果进行了这个操作，左边的背衬区域在处理过程中将仍保持部分不透明，因为不会将其提升为100%白。通过对遮片进行更大幅度的放大，从红线标出的非常低的位置一直将其提升为100%白，我们可以用这样的方法来解决这个问题。但是，这样会将遮片边上的一些细节削掉，并硬化边缘，而这两种情况都不是我们想要的。我们需要的是某种能够使绿幕变得均匀的方式。

2.6.5　屏幕调平

Tip!

屏幕调平技术是我偏爱的技术之一。它的用途，比起仅仅将不平的绿幕搞平来说要多得多。不过，把这个技术说成是“将不平的绿幕搞平”，倒也没什么错。想象一下，将一个绿幕图片翻转过来，从边上来观看它。你可以将三个通道想象成三个带色的塑料“平面”。均匀照明的绿色背衬可以看成是一个很平的绿色表面。这种“从边上”看的方法，对于理解屏幕调平来说，是非常有用的，而且它也是切片图形的“视点”。

这里有一个概念模型将有助于让你想象出来屏幕调平的原理是什么。图2-73显示了一个完全平坦的“绿幕”，并有一个“前景物体”坐落在它上面。只用一个阈值（这种情况下是0.45），就可以轻而易举地将前景物体与绿幕表面分开。0.45以下的都是绿幕，0.45以上的都是前景物体。这个阈值代表了放大到1.0，在背衬区域内获得原生遮片全透亮度的位置。

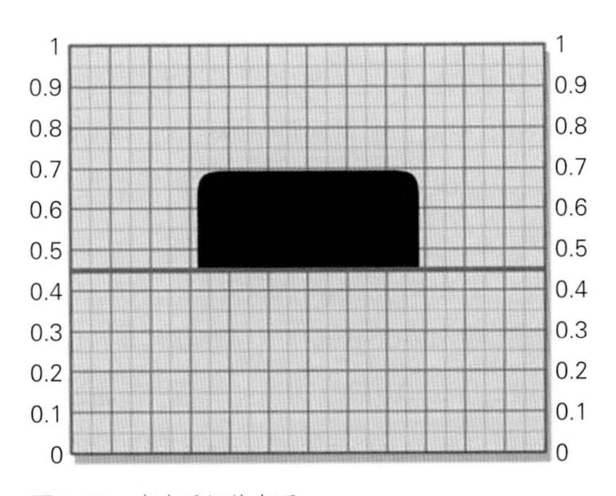

图2-73　完全平坦的表面

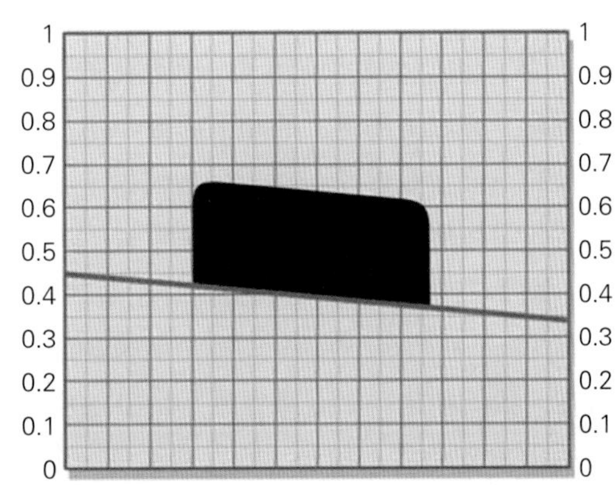

图2-74　不平的表面

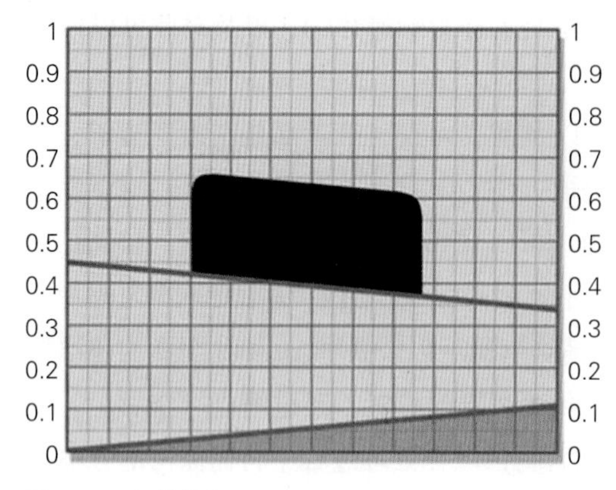

图2-75 补偿梯度

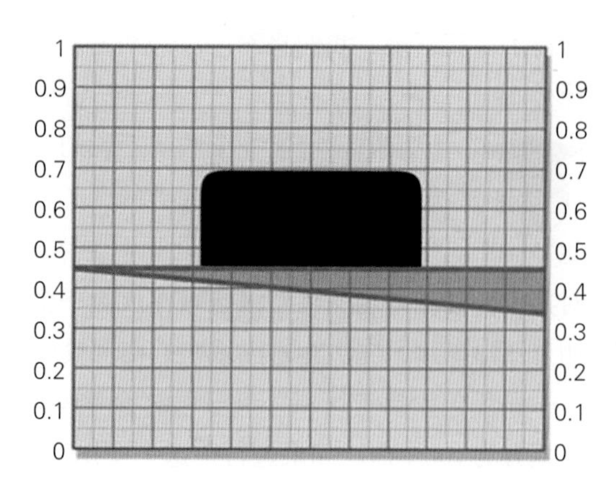

图2-76 经校正的表面

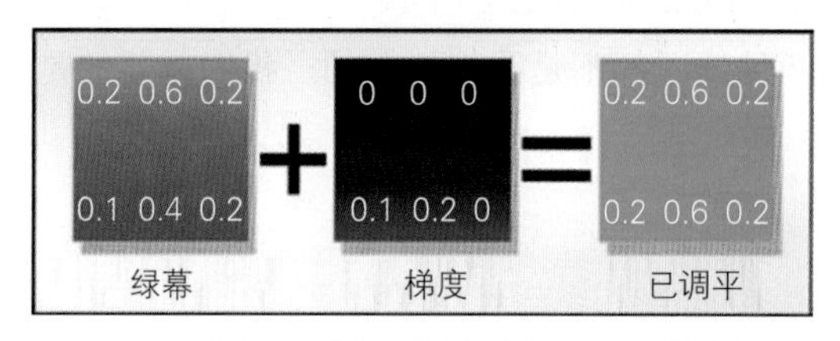

图2-77 调平一个绿幕

然而，在真实的世界中，绿幕从来都不是完全平坦的。它势必会照明不均匀，就好像形成了图2-74中那样的一个"斜坡"（在本示例中，越向右越暗）。其结果是，原生差值遮片在跨屏幕上将没有一个相同的值，尽管色差遮片对照明的不均匀性有一定的容差。现在，试着只用一个阈值来将前景物体与绿幕分开。那是做不到的。无论你选择怎样的阈值，它都会漏掉一些前景物体，包括一些绿幕，或者二者都有。

但是，如果我们能够将绿幕"搞平"，使其变平坦，那又会怎样呢？在图2-75中，在图形的底部有一个"斜坡"，左端从0起始，右端直到0.1，形成了一个补偿梯度。如果这个梯度能够合到（加到）绿幕图片上，它将一起提升背衬和前景物体的低端，恢复一个像图2-76中那样的"平坦"表面，这时就可以用单一的阈值来分开了。如果色差遮片从"调平"的绿幕提取，原生差值遮片将会平坦得多。原生遮片抽取后，你就不能对其使用这种技术了。其原因在于，你用以调平原生遮片的梯度也将会加到前景的零黑区域，在那里引入部分的透明。你必须在抽取遮片之前来对绿幕图片进行调平。

为了将这种技术应用于一个简化的测试案例，假定我们有一个从上到下逐渐变暗的绿幕图片。方法是测量上部和下部的RGB亮度值，两组值相减，即得出屏幕从上到下RGB亮度值的下降量是多少。然后，我们做一个"反梯度"，即顶部为零黑，而下部为任意差值。最后我们将反梯度图片添加到绿幕上，以便将其调平。

图2-77给出了一个示例。最左面的正方形代表一个RGB亮度值上部为0.2、0.6、0.2，下部为0.1、0.4、0.2的绿幕图片。两组RGB亮度值相减，我们发现下部比上部暗0.1、0.2、0.0。现在，我们创建一个上部为黑（0、0、0）、下部为0.1、0.2、0.0的反梯度。注意：各通道之间的RGB差值将不相同，所以它不是一个灰色的梯度，而是一个各通道有不同值的带颜色的三通道梯度。当我们将这两个图片加在一起时，新的绿幕将从上到下具有同样的值——

这时它就“调平”了。这时，我们就可以抽取一个干净得多的遮片了。因为补偿梯度是以绿色为主色，而且也添加到了前景区域，所以会略微提升前景区域中的绿记录。有时，这会使前景添加一点儿污染，这取决于其颜色成分如何，但由于改善了背衬的均匀性，所以是值得的。我们以产生尽可能少的前景污染这样一个小得多的问题为代价，换取解决了绿幕背衬不均匀这样一个大问题。

练习2-14

另一方面，让我们回到真实的世界中，你将不会有一个像前面示例那样仅仅是从上到下照明不均匀的绿幕，而是从上到下、从左到右都有变化，中央明亮，而且就在演员肩膀的左侧有一个暗斑，从而形成一个不规则“扭曲的”、复杂得多的绿幕。你的软件包或许有，或许没有适当的工具，可以用来创建这些复杂的梯度。关键在于要尽你之所能，尽可能地调平屏幕，而且要知道，无论你能够做些什么，都会有所帮助，但并非必须完美——只要有所改善即可。至于原生遮片密度，每一点儿改善都是有用的，因为原生遮片将会进行很多倍的缩放，即便是0.05的改善，也意味着最终结果会有10%或20%的改善。

2.6.6 屏幕校正

绿幕遮片提取最难解决的问题之一，是背衬材料存在缺陷。这些缺陷可以是接缝、折痕、破口、补丁、胶条以及背衬材料上其他明显颜色不纯或不匀的问题。这些背衬缺陷变成了遮片缺陷，并在前景物体在它们前面移过的时候（不可避免地要这样做），尤其麻烦。图2-78中，绿幕的背衬材料上有一个很宽的折痕，图2-79显示，形成的遮片在背衬区域内出现了折痕造成的相应缺陷。放大遮片中的白，当然会清除背衬区域中的缺陷，但代价是严重硬化整个遮片的边缘。

Ultimatte对这个问题设计了一个近乎魔幻的解决方案，他们称之为“屏幕校正”（screen correction）。基本的想法是：除了原始的绿幕以外，还要拍摄一个不带前景物体的纯净背衬

图2-78 原始的绿幕

图2-79 形成的有缺陷的遮片

图2-80 纯净绿幕

图2-81 纯净绿幕遮片

材料，用它来作为校正原始绿幕中缺陷的参考。图2-80给出了这种纯净绿幕的示例。当从纯净绿幕提取遮片时（图2-81），它将具有原始绿幕的所有缺陷，包括那些被前景物体遮住的缺陷。纯净绿幕及其遮片用来创建原始绿幕背衬材料的“缺陷贴图”（defect map），然后用这个“缺陷贴图”来填充“坑洼”，使之成为均匀的绿色。除了用于Ultimatte以外，你也可以进行自己的屏幕校正用于其他的抠像键控器，或者用来抽取遮片。

2.6.6.1 用Ultimatte进行屏幕校正

Ultimatte很乐意建议你，将你的纯净绿幕图片连接到Ultimatte节点的屏幕校正输入端上。当然，你所需要的只是一个纯净的绿幕图片。另一方面，回到真实的世界，你将几乎永远得不到一个纯净图片。或者是没有时间，或者是没有资金，或者是没人想到这个。不仅如此，那只会对精剪掉的摄影镜头有益，而如今大多数导演更愿意避免将镜头精剪掉。如果摄影机在移动，拍摄到与绿幕匹配的纯净绿幕的唯一办法是使用运动控制装置。是的，这样的情况就要出现了。

那么，既然提出了屏幕校正的话题，还称赞了它的优点，可为什么又说你或许不能使用它呢？原因有几个：首先，你对它有所了解之后，你可能会要求为你下一个工作拍摄绿幕的纯净图片。虽未可知，却有可能发生；提出这个话题的第二个原因是，创建你自己的纯净绿幕以进行屏幕校正是完全有可能的，而且，尽管拍摄这些尤其困难的镜头会带来一些麻烦，那也是很值得的。

Tip! 为了创建你自己的纯净绿幕图片，你或许能够选出一帧原始绿幕镜头来，并且绘出前景。另一种方法是，你或许能够从一些图片中剪出一些东西来，将它们贴到一起。如果摄影机在移动，那情况就复杂了。那将不得不创建一个超大尺寸的纯净背景图片，这个图片要覆盖拍摄过程中绿幕的整个曝光区域，然后通过运动跟踪，来实现与摄影机的运动匹配。物镜畸变限制了这种方法的使用，因为静态的纯净背景图片中的缺陷，会发生相对于移动画面的漂移。显然，只有当你在一个真实重要的镜头上碰到了一些非常严重的问题需要解决时，这些措施才是值得的。

2.6.6.2　做你自己的屏幕校正

假定你不管通过什么手段已经有了一个纯净的绿幕背景图片，并准备用它来屏幕校正一个满是缺陷的绿幕镜头。这不是一个简单的过程，所以，除了一个步骤一个步骤地叙述之外，还在图2-82中以图画的形式给出了一个流程图，在图2-83则给出了一个一般的流程图，以帮助我们阐述清楚。一般的流程图显示了要使用哪一个操作，图画的流程图显示了你将看到的图像进展情况。这个过程最终将创建一个新版本的原始绿幕镜头，称作“经校正的绿幕镜头”，在其上面的所有背衬缺陷都已经被清除。然后，用你选择的抠像键控器或自己的遮片提取方法，从经校正的绿幕镜头抽取一个纯净遮片。经校正的绿幕镜头的制作过程是，首先创建一个校正帧，这是一个有着填充原始绿幕中的那些讨厌孔洞所需全部像素的RGB图像。然后，校正帧与原始绿幕镜头求和，以使之平滑均匀。让我们再次参考图2-82和图2-83，看一看它是怎样做的。

步骤1-GS（绿幕镜头）遮片：用你最好的方法，从原始绿幕图片抽取一个遮片。它当然会有原始绿幕镜头的缺陷。必要时反转（invert）遮片，以获得如图所示的以白衬黑的遮片。

步骤2-纯净的GS遮片：使用与原始绿幕遮片完全相同的方法和设定，从纯净的

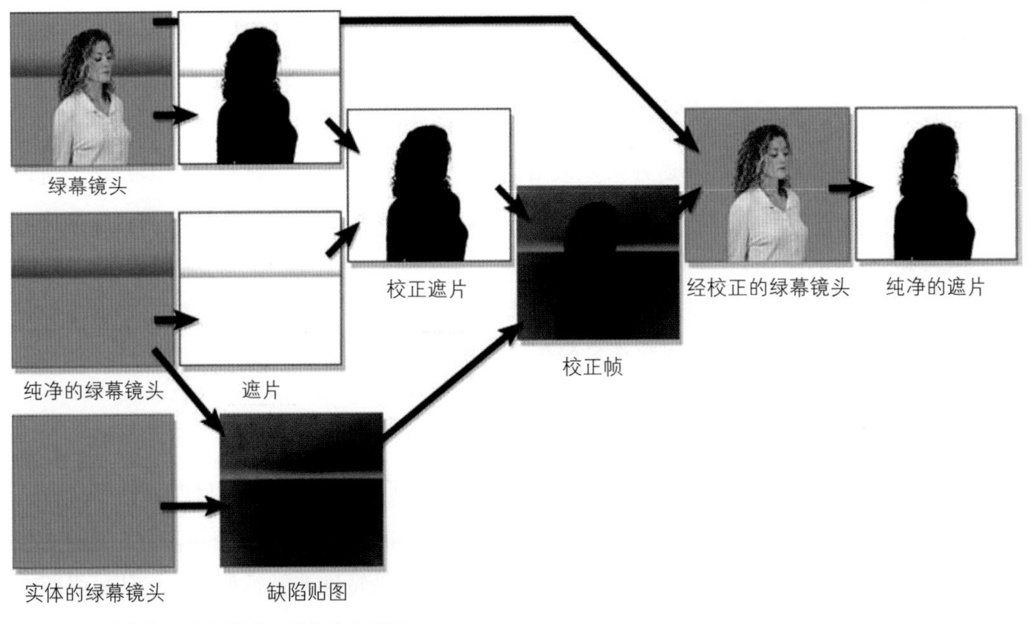

图2-82　屏幕校正过程的图画形式的流程图

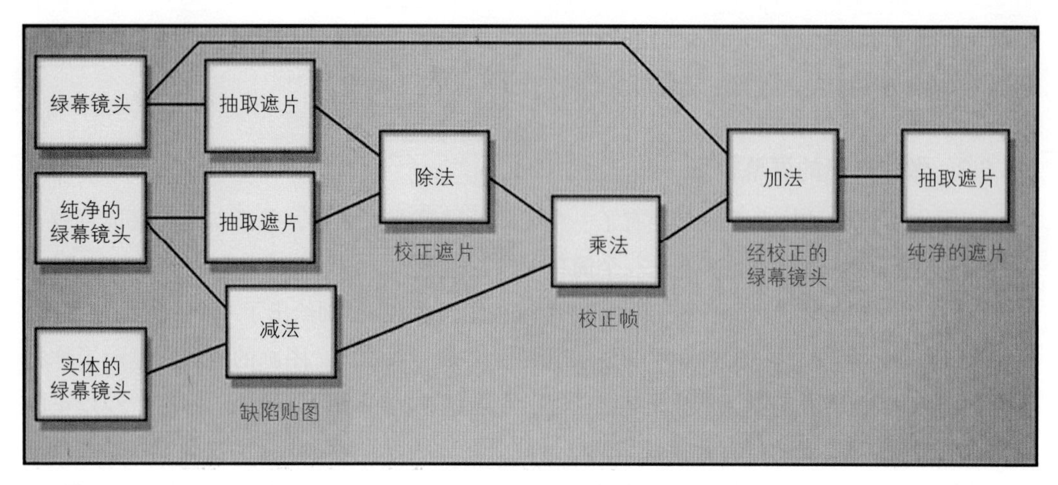

图2–83 屏幕校正过程的流程图

绿幕图片抽取一个遮片。该遮片必须与GS遮片在各个位置都相同，唯一的差异是有没有前景物体。该遮片也必须是以白衬黑的形式。

步骤3–实体的GS：这只是一个以原始背衬色填充的实体颜色节点，并代表一个完全实体的绿幕。原始背衬中的像素最终将全都被提升到该水平。原始背衬各处的RGB亮度值将是不一样的，所以，务必将实体的GS设定到原始绿幕中所看到的最亮的（最大的）RGB亮度值。

步骤4–缺陷贴图：从实体的GS减去纯净的GS，以制作缺陷贴图。它代表了实际背衬与均匀背衬之间的差异，通常十分暗。然而，前景物体的区域必须先清除至零黑，才能够使用。

步骤5–校正遮片：使用一个数学节点，用原始GS遮片除以纯净的GS遮片。它们匹配的缺陷将神奇地消掉，只留下一个均匀的背衬区域，同时前景物体将保持零黑。同样，这个步骤中两个输入遮片都必须是以白衬黑。

步骤6–校正帧：校正遮片乘以缺陷贴图，以制作校正帧。该操作的工作是，通过将前景物体缩放至0，将其从缺陷贴图中“打掉”。该校正帧将用来填充原始绿幕中的缺陷。

步骤7–经校正的GS：将步骤6得到的校正帧添加到原始绿幕镜头上，以创建经校正的绿幕镜头。现在，使用你选定的任意抠像键控器或遮片提取方法，在经校正的绿幕镜头上抽取一个纯净的遮片。

练习2–15

显然，如果你正在自己抽取遮片的话，你必须给抠像键控器以校正的绿幕镜头，从而使它可以抽取自己的遮片，尽管如此，你或许刚好能够使用步骤5创建的校正遮片。校正遮片是一个非常好的遮片，其边缘特性非常类似于你将从最终版本的经校正的绿幕中得到的纯净遮片。

图2-84 蓝幕镜头

图2-85 蓝通道

图2-86 经反转的蓝通道镜头

图2-87 缩小至0的黑色阶

图2-88 红通道

图2-89 Adobe原生色差遮片

Adobe Photoshop用户：Photoshop中没有除法运算，所以你永远不能使用这一技术。然而，你也用不着，因为你总是可以将任何缺陷画掉——在合成500帧的时候。这实际上是无法使用的备选方案。

2.7 Adobe After Effects（后效）遮片

早前我们看过了，通过找出背衬色与另外两种颜色通道的最大值之间的差值，可以生成一个传统的色差遮片。Adobe已经开发出一种相当不同的原生遮片生成方法，该方法非常简单，而且坦率地说，效果比想象得还要好得多。它只用蓝通道和红通道，而传统的方法使用所有三个通道。对于蓝幕，将蓝通道反转，然后将黑缩小至零。然后，用红通道对其结果进行屏蔽（sreen），以创建原生遮片，而该遮片再通过缩放，制作一个实体的白色内核与零黑背衬（屏蔽操作在第六章中描述）。让我们从头到尾看一个示例，并且看它为什么起作用。

将蓝通道从图2-84中显示的蓝幕中分离出来，得到图2-85。由于蓝幕的背衬区域在蓝通道中有着非常高色阶的蓝，所以，围绕着前景物体的背衬区域是明亮的，而前景本身是暗的。当蓝通道反转时，暗也就反转了，如图2-86所示。现在，背衬区域成了暗，前景成了亮，此时开始有个遮片的样子了，但我们需要背衬区域为零黑，前景区域为100%白。下一步是将黑缩小至零，从而纯净了背衬区域，如图2-87所示。然而，在遮片的面孔区有严重的暗区，必须予以填充。

图2–90 经缩放的Adobe遮片

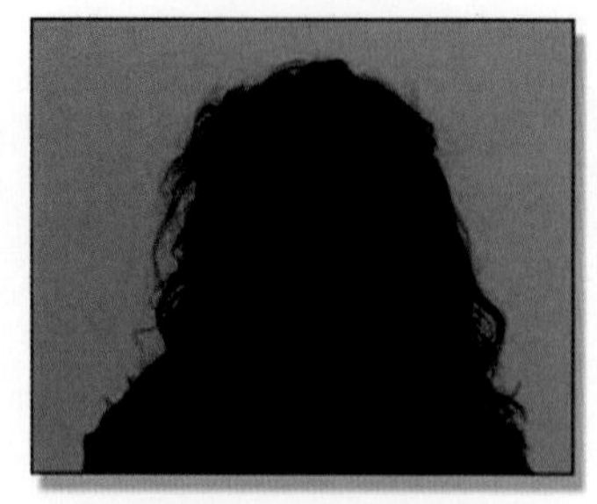

图2–91 传统的原生色差遮片

图2–92 经缩放的经典遮片

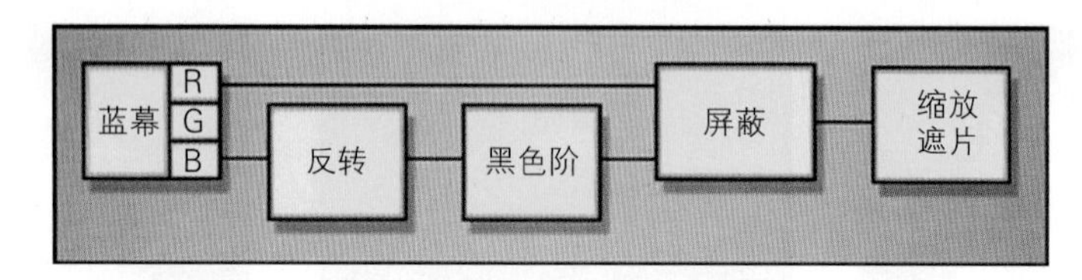

图2–93 Adobe色差遮片流程图

红通道用来填充这些区域，因为在皮肤和头发之类的物品中，红色的成分通常很高。另外，在背衬区红通道应当相当暗，因为那是蓝幕的区域。我们将图2–88中的红通道与图2–87中经过反转和缩小的蓝通道进行比对，会发现红通道在面孔处最亮，这恰好是蓝通道的暗部。我们可以通过使用图2–87中经反转的蓝通道来屏蔽这个暗区，用红通道来填充这个暗区并屏蔽操作的结果，生成图2–89所示的Adobe原生色差遮片。前景的面孔和其他区域这时已经从红通道拾取了非常有用的光亮。当然，背衬区域也从红通道的背衬区域拾取了一些光亮，但这个问题我们可以解决。

Adobe原生遮片现在只需要缩放成实体的黑与白，以获得图2–90所示的结果。如同缩放传统的原生色差遮片那样，缩放操作必须非常仔细地去做，以免过度缩放遮片，否则会硬化边缘。当你缩放任何原生遮片的时候，务必使用第三章开头描述的遮片监视器，以便能够准确地看到你是处在缩放过程中的什么位置。

为了进行对比，用传统的色差遮片方法从同样的蓝幕来抽取图2–91所示的原生遮片。将其与图2–90中的Adobe原生遮片进行对比，你可以看到，它们产生了截然不同的结果。然而，一旦它缩放成图2–92中实体的黑与白，经缩放的传统遮片就与图2–90中经缩放的Adobe遮片难以置信地相像了。但它们是不一样的。

图2–93给出了Adobe色差遮片技术的流程图。第一个节点代表原始蓝幕。蓝通道转向一个与图2–86相关联的反转节点。黑色阶用下一个节点调整，以将其背衬区域缩小至0，然后用来自原始蓝幕图像的红通道来屏蔽其结果。屏蔽节点生成图2–89中所示的Adobe原生遮片。最后的节点只是对遮片进行缩放，以确立图2–90中所示的完成遮片的零黑色阶与100%白色阶。

以下是Adobe色差遮片技术的一些变化，你或许会觉得有用：

使用绿通道。在用经反转的蓝通道屏蔽了红通道之后，重新将黑降低至零，然后在绿通道中屏蔽。这时将形成的遮片缩放成零黑和100%白。

使用蓝通道和红通道上的彩色曲线，上下偏移它们的中点，以纯净问题区，或扩展和紧缩边缘。

红通道可以添加而非屏蔽。在某些情况下，它有可能更好。

如果前景物体绿内容高、红内容低（例如绿色植物），则使用绿通道而不使用红通道。

使用第二章中描述的任何一种或所有的预处理技术，来改善原始绿幕，以便更好地提取遮片。

当然，该技术很容易适应在绿幕上抽取遮片。只是要使用绿通道和红通道，而不使用蓝通道和红通道。

我们现在已经有了两种强有力的色差遮片提取方法，即Adobe方法和传统的方法。那么，哪一个方法更好呢？事实上，没有一个是更好的。如同你在第二章的引言中所看到的那样，色差方法是一个聪明的骗局，存在着根本性的缺陷，到处都有伪像。唯一的问题是，在一个给定的合成中，这些不可避免的伪像是否会产生明显看得出来的问题，这取决于给定镜头的图像内容，哪一种方法都有可能被证明更优秀。

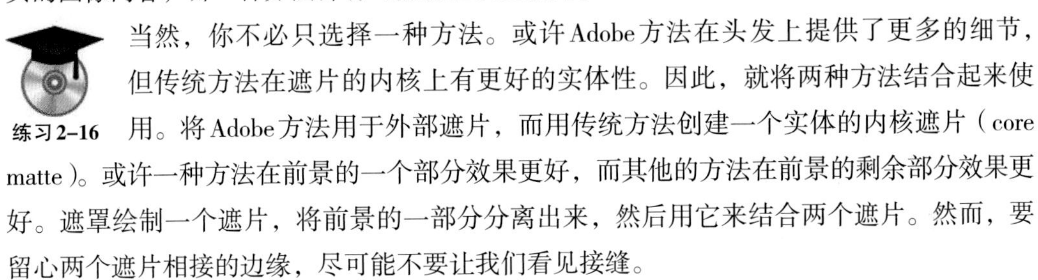

当然，你不必只选择一种方法。或许Adobe方法在头发上提供了更多的细节，但传统方法在遮片的内核上有更好的实体性。因此，就将两种方法结合起来使用。将Adobe方法用于外部遮片，而用传统方法创建一个实体的内核遮片（core matte）。或许一种方法在前景的一个部分效果更好，而其他的方法在前景的剩余部分效果更好。遮罩绘制一个遮片，将前景的一部分分离出来，然后用它来结合两个遮片。然而，要留心两个遮片相接的边缘，尽可能不要让我们看见接缝。

第三章

优化遮片

地心历险记（*Journey to The Center of the Earth*，2008）

无论使用什么方法来抽取遮片，都有各种各样的操作可以用来优化遮片的品质。本章要研究好几种用来降低颗粒噪波、软化边缘，以及扩展或紧缩遮片的尺寸的操作（除了其他一些事情之外），以获得更好的合成。

3.1 遮片监视器

Tip! 在我们开始之前，这是介绍遮片监视器的一个大好时机，而这个遮片监视器是可以用你自己的彩色曲线工具来制作的。各种各样的遮片提取方法当中，很多方法提取出的原生遮片都必须放大到全密度。当放大原生遮片到全密度时，无论是遮片的白区，还是遮片的黑区，都存在一些本来很难看到的散落的像素，却突然在合成中变得很容易看出来。你需要有一种方式，能够看到你的黑和白都是实体无污染的。这里有一个小工具，你可以用彩色曲线工具制作出来，有了这个工具，那些讨厌的像素就会凸显出来，让你很容易看见，并将它们搞定。

图3–1给出了一个在白区与黑区都隐藏了一些坏像素，却被误以为是“纯净的”遮片。图3–2显示了该如何调整彩色曲线工具，以制作一个遮片监视器。将一个彩色曲线节点连接到经过充分缩放的遮片上，或连接到抠像键控器的遮片输出上，以便对调整的结果实施监视。然后，如图3–2所示，添加两个新的点，将这两个点移至如图所示非常靠近左右边缘的地方——瞧！坏的黑白像素突然看得见了，就像图3–3中的那样。零黑像素和100%白像素必须保持不受影响，因此务必保持两个端点都正好是在0和1上。

该彩色曲线的所作所为，就是找到白中的那些非常接近于白但难于看见的像素，并将它们推至远离纯白像素的位置，使之成为浅灰色。同样，在黑色中，彩色曲线将任何非零像素推至远离真正的零黑像素，使其可以被看到。在经过了遮片缩放操作，核实了已经将所有这些可疑像素都清除掉之后，你马上就可以终止这个节点。当然，输出图像只是为了诊断观看使用，而不是用于实际的合成。如果你用的是代理副本（proxies），这是个需要以全分辨率来处理的操作。“代理副本”是全分辨率帧的低分辨率副本，电影合成师创建这个副本，是为了避免使用更大（因而更慢）的全尺寸帧，以便加快镜头的进展。

图3–1　“纯净的”遮片

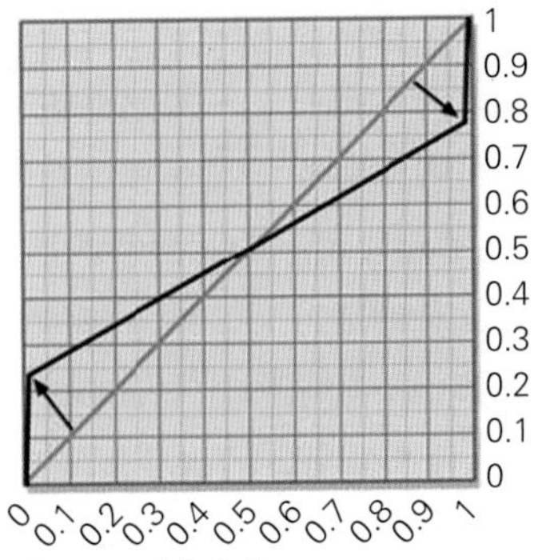

图3–2　彩色曲线

图3–3　揭示出来的像素

图3–4　原始蓝幕镜头

图3–5　冗余遮片

图3–6　冗余遮蔽的蓝幕镜头

3.2　冗余遮片

几乎任何蓝幕镜头遮片提取处理首先要做的预处理操作之一，都是对背衬色进行冗余遮片的提取。基本的想法是用一个纯净均匀的颜色，来替代一直延伸到画幅边缘的背衬区域，从而当提取遮片时，背衬区域一直延伸到画幅边缘将都是纯净的、均匀的。这一操作有两个重要的准则：第一，它以离开前景物体边缘一个安全的距离来取代蓝幕镜头。你必须确保关注前景物体边缘的是遮片提取过程，而非提取冗余遮片；第二个准则是它不会花太多的时间。

图3–4给出了一个背衬色不够均匀，越接近画幅的上部越暗的原始蓝幕镜头图片。图3–5是准备使用的冗余遮片，图3–6是形成的冗余遮蔽的蓝幕镜头。此时，背衬区域已填充了均匀的蓝色，为提取遮片做好了准备。还要注意，冗余遮片距离前景的边缘不要太近。

生成冗余遮片的方式基本上有两种：程序化（procedurally）的方式（使用若干规则）和手工方式（遮罩绘制——rotoscope）。显然，优选程序化方式，因为它花的时间非常少。作为一种开场的策略，试着用一个色度抠像节点，在背衬色上提取一个简单的色度抠像遮片。如果出于某些原因，色度抠像不是一个有效的解决方案，你总是可以使用第二种方式——手工绘制一个冗余遮片，这显然要花费更多的时间。由于我们试图不要距离前景物体的边缘太近，所以遮罩绘制可以松散些，或许每10帧左右画一个。这两种方式也可以结合起来使用，背衬区域大多使用色度抠像遮片，而给屏幕的最外边缘一个冗余遮片，这些边缘常常照明很差，或者根本没有蓝幕。

无论你使用怎样的方式来创建冗余遮片，一旦这个冗余遮片创建好了，就将前景物体合成到一个实体的蓝色图片上。但用怎样的蓝呢？在图片的表面，各处背衬的RGB亮度值都不一样。如同你在图3-6中经冗余遮片遮蔽的蓝幕镜头所看到的那样，与剩余的蓝幕相比，在填充的区域上有的地方暗一些，有的地方亮一些。你应该在接近画面形象最重要的部分来采集实际蓝幕镜头的RGB亮度值——如果图片中有一个人的话，一般是围绕着头部。这种方式将会在画面形象最重要的部分产生最好的遮片边缘。

冗余遮片可以按另一种方式来使用。不是将其直接用于纯净蓝幕背衬区域，而是可以将其用于纯净已经提取出来的遮片。同样，这些冗余遮片也可以是手工遮罩绘制的遮片、程序化绘制的遮片或这两种技术混合绘制的遮片。图3-7给出了一个有问题的初始遮片，其在遮片的背衬区域和内核区域都存在着问题。由于原始蓝幕的均匀性差，造成背衬区域出现了某些污染，没有形成四周都是纯净的黑的情况。内核遮片也有一些低密度区，这些低密度区将会造成背景图片透过前景物体显露出来。这些问题我们必须解决。

图3-8是通过在背衬区域使用简单的色度抠像，以程序方式创建的冗余遮片。进行色度抠像时使用了精密的设定，从而只有蓝幕被抠掉了。它还经过了膨胀（dilate），以便从原始遮片中提取出来的时候，不会触及遮片边缘的任何部位，或者意外地将遮片的边缘修掉。图3-9给出了用冗余遮片纯净背衬区域的结果。完成这项工作的方法之一，是使用一个受冗余遮片遮罩的亮度操作，从而只有背衬区域缩放成黑。你能够想到另外的方法吗？

有了图3-9中对背衬区域的良好控制，我们可以将注意力转到纯净内核遮片上。图3-10给出了一个能够以两三种方式来使用的冗余内核遮片（core garbage matte）。我们或者可以将背衬区域冗余遮片反转收缩，或者以更宽的设定来抽取一个新的色度抠像，以“吃”进内核图像。该冗余遮片必须完全进入到原始的内核遮片中，而且还不能触及遮片的边缘。合成完的就是边缘，所以，凡是会破坏我们最终遮片边缘质量的事，我们都不想去做。

练习3-1

然后使用“最大值”操作来填充低密度区域，使冗余内核遮片与图3-9中的遮片结合。凡是遮片中有暗斑的地方，冗余内核遮片的纯白色区域将填充这些地方。现在，我们就有了纯净的背衬区域，还有一个图3-11所示的边缘极好的实体内核遮片。

3.3 过滤遮片

在本节内，我们将研究如何用一个模糊过滤器（blur filter）或中值过滤器（median filter）来过滤遮片。用过滤器来过滤遮片的原因有两个：首先，这样可以将不可避免的噪波平滑掉，从而可以一定程度地降低之后为了消除完成遮片中的“孔洞”而放大遮片的幅度；其次，软化了遮片的边缘。从图像提取的所有遮片都有一个倾向，即边缘太硬。这个问题我们可以解决，但首先让我们仔细观察一下过滤对实现我们的目标有什么帮助。始终不要忘记，模糊就是损失细节。

图3-7　原始遮片

图3-8　背衬区域冗余遮片

图3-9　纯净后的背衬区域

图3-10　冗余内核遮片

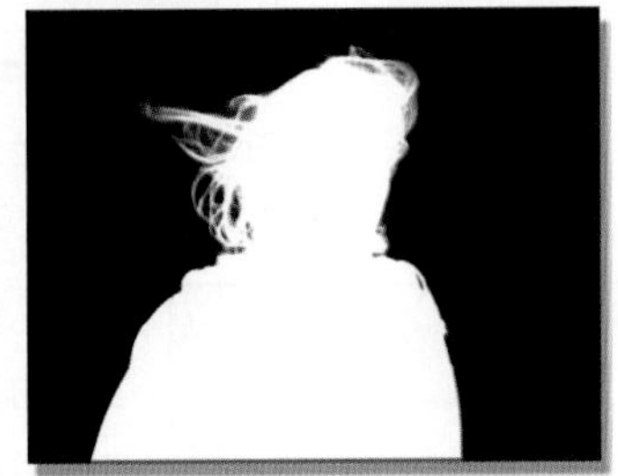

图3-11　纯净后的遮片内核

3.3.1　噪波抑制

即便是在提取遮片之前已经对蓝幕镜头进行了去颗粒的处理，仍然会有一定的残余颗粒噪波。如果颗粒噪波需要进一步的抑制，可以先对原生遮片进行过滤，然后再将其放大至全密度。过滤操作有助于降低最初获得纯净遮片所需的放大量，而尽可能少地进行放大始终是理想的。

图3-12是一个有噪波（有颗粒）原生遮片的切片图形。噪波造成了像素值上下“颤动”。这就很容易将前景区域（大约0.3）与背衬区域（接近于0）之间的可用间隙，缩小到大约只有0.2。如果你试图单纯通过缩放来消除噪波的话，那么这个0.2的区域就是最终经过缩放的遮片所能使用的全部区域了。

练习3-2

图3-13显示了过滤操作的效果。它将背衬区域和前景区域中的噪波都平滑掉了。其结果是，间隙扩大到了0.3，将原生遮片密度范围提高了50%。（为便于演示，所有的数字都有所夸大，你可能获得其他的结果。）如果你从拍摄很好、噪波极低的绿幕镜头提取出遮片的话，你可能不需要在原生遮片上进行这个操作，所以，可能的话，只管跳过这一步。要记住：过滤操作破坏最终遮片边缘的细节，所以要慎用。图3-14给出了一个遮片提取的一般性流程图，其中在遮片缩放操作前，加进了一个用于抑制颗粒的模糊操作。

3.3.2　较软边缘

当我们需要较软边缘的时候，便在最终遮片已经缩放至全密度之后，对其进行模糊操

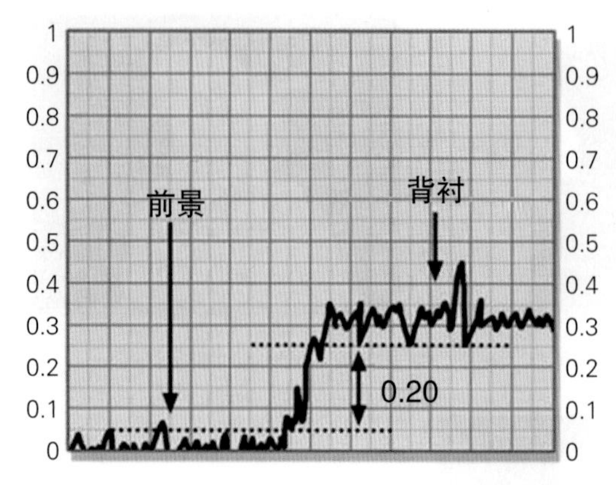

图3-12 有噪波原生遮片的切片图形

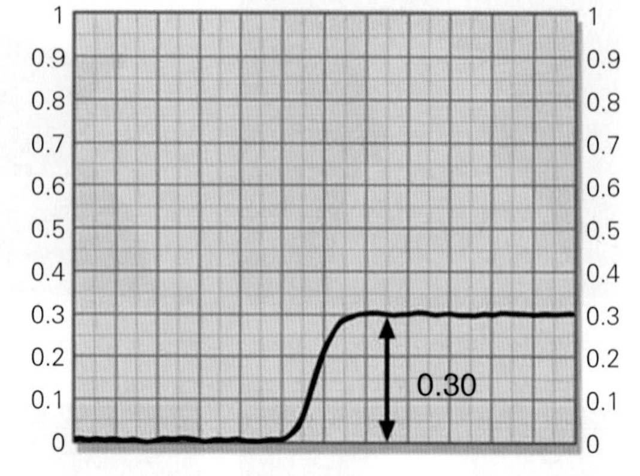

图3-13 经过过滤操作的原生遮片

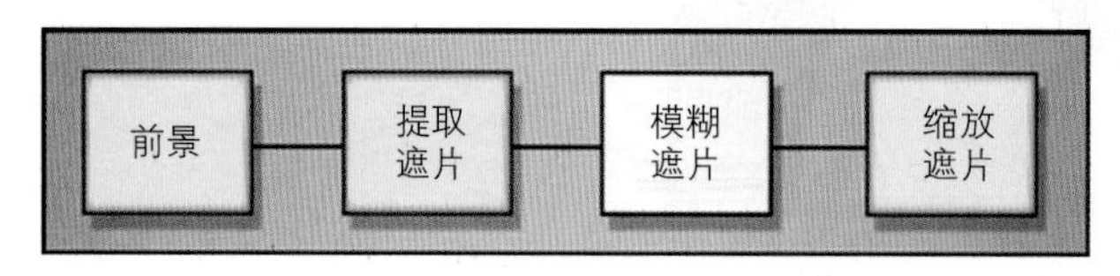

图3-14 在原生遮片上进行模糊操作以抑制颗粒噪波

作。模糊操作以两种方式来软化合成的边缘过渡区：其一，它将任何鲜锐的过渡都圆润掉；其二，它展宽了边缘。通常这样做都很好。然而，重要的是要了解实际的效果如何，这样，当确实出了问题的时候，你将知道该如何应对。

图3-15给出了在白色区域和黑色区域之间遮片边缘过渡区的切片图形。虚线代表模糊操作之前的遮片，图形上方的短箭头标出了边缘过渡区的宽度。虚线的斜坡很陡，表明这是一个硬边。黑实线代表模糊操作之后的遮片，下面的长箭头标明了边缘过渡区的新宽度。虚线的斜坡较缓，表明这是一个较软的边缘。除此以外，这也是一个较宽的边缘。

模糊操作拿出过渡区域的一些灰像素，将它们与来自背衬区域的黑色像素混合起来，从而将它们从黑色提升起来。同样的，前景区域的白像素与灰色的过渡像素混合起来，从而压低了它们。其结果，边缘向内外两个方向等量地扩展，从而在展宽遮片内核边缘的同时，也紧缩了遮片的内核。

从图3-16可以非常清晰地看出这种边缘扩展效应。图中的上一半是原始的边缘，下一半是模糊处理过的边缘。边缘的“边界”在两个模式中都做了标记，模糊处理后的边缘显然要宽得多。这种边缘扩展常常有助于最终的合成，但偶尔也会对最终的合成造成伤害。你需要能够根据其需要，加大或减小模糊的数量，并向内向外偏移边缘，而且一切都要有很高的精度和很好的控制。下一节自然而然就要讲述这样的精度和控制。

图3-17给出了为了软化最终遮片的边缘，在遮片缩放操作之后添加了模糊操作的流程图。

3.3.3 控制模糊操作

为了实施尽可能最轻微、却又能够解决颗粒问题的模糊操作，你着重需要了解模糊操

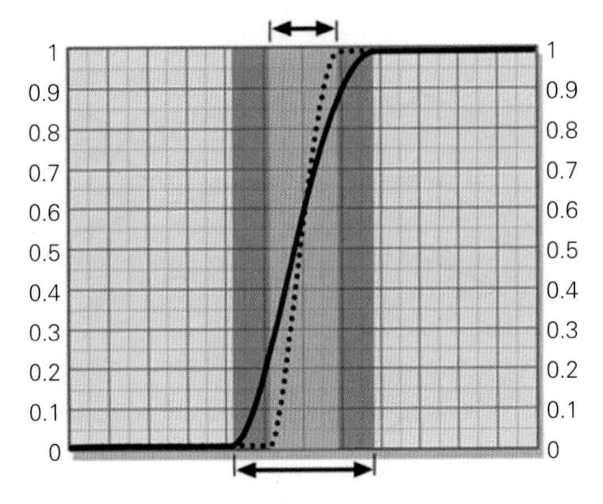

图3–15　经模糊处理后的最终遮片的切片图形

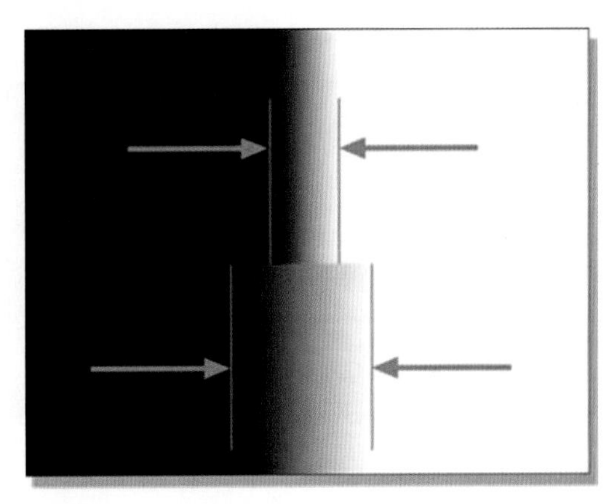

图3–16　模糊操作前后的边缘宽度

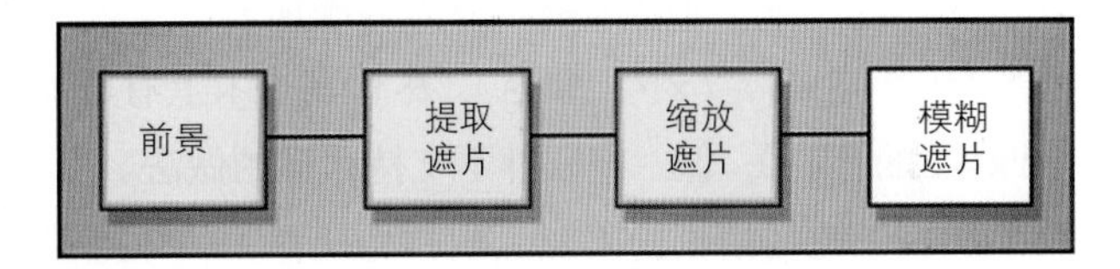

图3–17　对最终遮片进行模糊操作以软化边缘

作的工作原理。调整模糊操作效果所用的参数（控制器）一般有两个：模糊“半径”（blur“radius”）和模糊“百分比”（blur“percentage”）。而现在，我们转而去玩一下术语的游戏。尽管大多数软件包将模糊半径称作“半径”（radius，少数几个将其称作“核心尺寸”[kernel size]），但我称之为模糊“百分比”，这个参数却有许许多多的名称。你的具体的软件包可能称之为“模糊因子”（blur factor）或“模糊量”（blur amount），或者别的什么名称，甚至于像是“更模糊”之类用处不大的说法。让我们看一看这两个参数——半径和百分比——看一看它们各自对模糊操作有什么影响，以及应如何设置它们，才能获得最好的结果。我们这里要解决的主要问题是，如何才能既消除了颗粒，又不会损失想要保留的其他重要遮片细节。这需要巧妙的处理。

3.3.3.1　模糊半径

模糊操作是对图像中的每个像素以其紧邻的一个平均像素来替代。第一个问题是：何谓紧邻？模糊半径参数就和这个问题有关。半径越大，“紧邻”所指的范围就越大。举一个浅显的例子。半径3的模糊，将围绕当前像素朝各个方向延伸3个像素，求出所有这些像素的平均值，然后将求出的结果放在当前像素的位置上。半径10的模糊，将朝各个方向延伸10个像素，以此类推。并非所有的模糊操作都使用简单的平均值。有许多种模糊算法，各自都有略微不同的模糊效果。用你的模糊操作做几个测试，看一看效果如何，是值得的。

那些称之为“核心尺寸”的软件包，是以当前像素为中心，谈论一个正方形的像素区域，如图3–18所示。例如，一个7×7的核心，是将当前像素放在一个7×7阵列的中心，也就

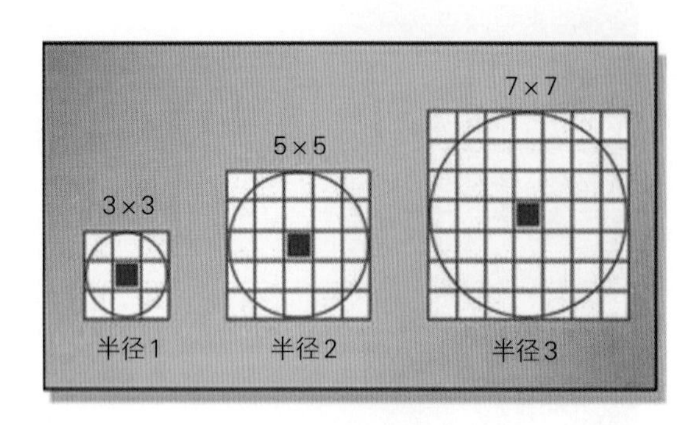

图3–18 模糊半径与模糊核心的对比

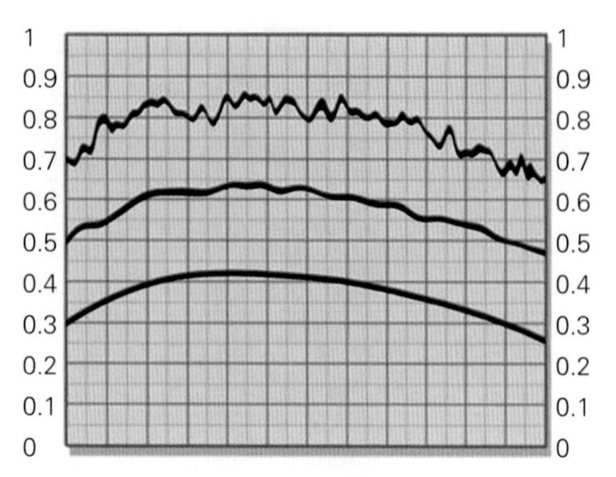

图3–19 加大模糊半径造成的平滑效应

是朝各个方向各延伸3个像素。换言之，等效于半径3。请注意：由于核心总是将当前像素放在中心，并通过朝周围各个方向各添加另一个像素来得以扩大，所以，它将只有奇数尺寸（3×3、5×5、7×7，等等）。尽管在技术上有可能创建具有非奇整数尺寸的核心（例如4.2×4.2的核心），但一些软件不支持这样的做法。

那么，改变模糊的半径（或核心尺寸）的效应是什么？它将怎样影响我们有噪波的遮片呢？模糊半径越大，受到“捶打”（平滑）的细节就越大。颗粒是小的细节，因此我们需要小的模糊半径。如果你从事视频工作，“颗粒”尺寸或许将缩小到只有一个像素左右，所以需要寻找0.4或0.7之类的浮点模糊半径。以胶片分辨率工作时，颗粒尺寸有可能在3到10个像素大小的范围内，所以模糊直径将按比例地加大。

图3–19显示了一个图像以各种模糊半径处理的切片结果。为了便于阅读，每个模式的图形都下移了。最上面的一条线代表了一个具有噪波的原生遮片。中间的那条线显示了小半径模糊的结果，最高的“鞋钉”被平滑掉了，但仍有一些局部变化被保留了。最下面的一条线使用了大一些的模糊半径，使得局部的变化也被平滑掉了，只留下了大的总体变化。

问题是，常常有一些需要的遮片边缘细节等于或接近我们试图消除的颗粒尺寸，因而随着颗粒的消除，需要的细节也消除了。因此，我们需要既能解决颗粒问题、运气好的话又保留了所需细节的最小模糊半径。

3.3.3.2 模糊百分比

第二个模糊参数我称之为模糊百分比，可以想象成“返回混合”（mix–back）的百分比。其过程是这样的：取一个图像，并制作一个模糊拷贝。这样，你就有了两个图像——原始图像和模糊图像。接下来，在模糊图像和原始图像之间做一个叠化（dissolve），比如一个50%的叠化。这时你是在用50%的模糊图像返回混合到原始图像中，因此是一个“返回混合”百分比。这就是事情的全部。现在，如果你的软件包不提供“百分比”参数（用这个或别的什么名称），你知道如何造出你自己的百分比参数。使用叠化操作，创建你自己的“百分比”参数，如图3–20所示。这将添加一个额外的节点，但也多给了你一个控制模糊程度的手段，而控制才是这里的关键。

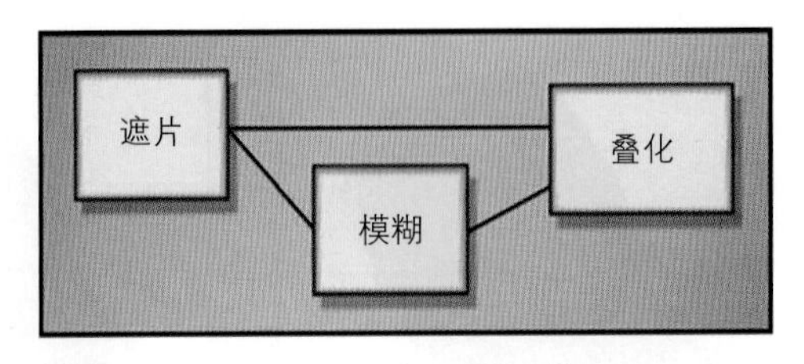

图3–20　创建你自己的模糊百分比特征

Tip! 如果你没有叠化操作，那么就将未模糊的模式放大30%（比如说），将模糊的模式放大70%，然后用一个加法节点，求二者的和，形成100%。改变比率（当然总和始终是100%），就可以得到任意范围的模糊百分比。

3.3.4　模糊选定的区域

即便是最小的模糊数量，有时也会破坏遮片边缘中的细微细节。这时，唯一的解决方法是执行一个受遮罩的模糊操作，将具有细微细节的区域保护起来，使其免受模糊操作的影响。例如，如果模糊操作要将头发混掉了，可以创建一个遮罩，沿头发周围将模糊隔离掉。遮罩可以用手工创建（遮罩绘制），也可以用程序创建（例如色度抠像）。现在，除了头发区域以外，整个遮片就都模糊了。除了模糊整个遮片（除隔离掉的遮罩区域）以外，你也可以通过创建一个能够只模糊一个选定区域的遮罩，来实现反遮罩。比如说合成测试显示，颗粒只在一件深色衬衫的周围边缘是有害的，就可以为深色衬衫创建一个遮罩，并只激活该区域中的模糊。

Tip! 那么，你的软件包不支持可遮罩的模糊操作吗？没问题。我们将使用一个合成替代品，来创建我们自己的方法。我们以头发的隔离遮罩作为想要保护免受模糊操作影响的区域为例。首先，制作整个遮片的模糊版本；然后，使用头发遮罩，将未经模糊的遮片合成到模糊版本的遮片上。其结果是，头发遮罩之内的区域没有被模糊，而遮片的其余部分被模糊了。

3.4　调整遮片尺寸

常常有这样的情形，围绕着的完成的遮片周边“过大”，导致围绕完成的合成出现了暗边。这里的解决方法是，将边缘向中心移动，以此来侵蚀（收缩）遮片。很多软件包有一个“侵蚀”（erode，或收缩［shrink］）和“扩展”（expand，或扩大［dilate］）操作。有的话你就用，但要记住，这些边缘处理节点也会破坏边缘细节。这些节点是一些边缘处理操作，通过在围绕遮片边缘“行走”，添加或减掉一些像素，以此来扩展或收缩区域。尽管这些操作的确保留了遮片的软边特征，但要记住，边缘细节还是会有所损失。图3–21显示了随着遮片侵蚀量的加大，边缘细节逐渐损失的情况。

Tip! 如果你没有这些边缘处理节点，或者边缘处理节点只能够以无法接受的大整数（整个像素）量来移动，以下的一些应对措施会有帮助。这些措施显示了如何非常精

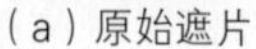
(a) 原始遮片

(b) 做了一些侵蚀

(c) 做了更多的侵蚀

图3-21 边缘细节随着遮片被侵蚀而逐渐损失

图3-22 软的遮片

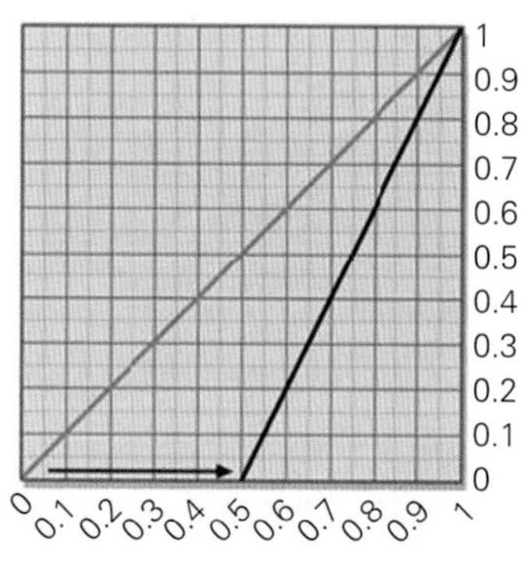

图3-23 彩色曲线

图3-24 收缩后的遮片

细地、有控制地来扩展或收缩一个软边的遮片。图3-22代表一个需要某些优化（或是扩展，或是收缩）的完成遮片。边缘已经做得非常软，以便让结果更明显。下述技术显示了如何将灰色的边缘像素变换为黑色透明区域或白色不透明区域，从而扩展或侵蚀遮片。

3.4.1 通过模糊或缩放来收缩遮片

图3-23显示了如何通过调整彩色曲线来侵蚀（收缩）图3-22中显示的软边遮片，侵蚀的结果如图3-24所示。通过将黑下拉，作为边缘一部分的灰色像素变成了黑色，现在成了黑色透明区域的一部分。仅仅略微移动彩色曲线，便能够实现对遮片边缘进行非常细微的调整。前景区域已经收缩了，遮片的周边各个方向上都收拢了，但边缘也变得更硬了。如果边缘较硬是个问题，那就退回到原来的模糊操作，再将模糊略微增加一点儿。这将再度略微加宽一点儿边缘过渡区域，让你有更大的余地来收缩遮片，而且还能在边缘上留下一定的软度，代价则是损失一定的边缘细节。注意侵蚀操作之后图3-24中的细节损失。内角（分出枝丫处）比原来更圆了。这就是为什么为了实现理想的结果要尽量少使用该操作。

为了看清使用边缘处理操作和使用彩色曲线工具来侵蚀遮片这两种方法之间的差异，图3-25给出了一个已通过边缘处理操作予以偏移的软边遮片的边缘切片图形。你要注意边缘是怎样向里移动，但又保留了它的坡度，表明原来边缘的软度得到了保留。比较一下图3-26，我们用之前描述过的彩色曲线法对同样的边缘进行了缩放。尽管遮片的确收缩了，

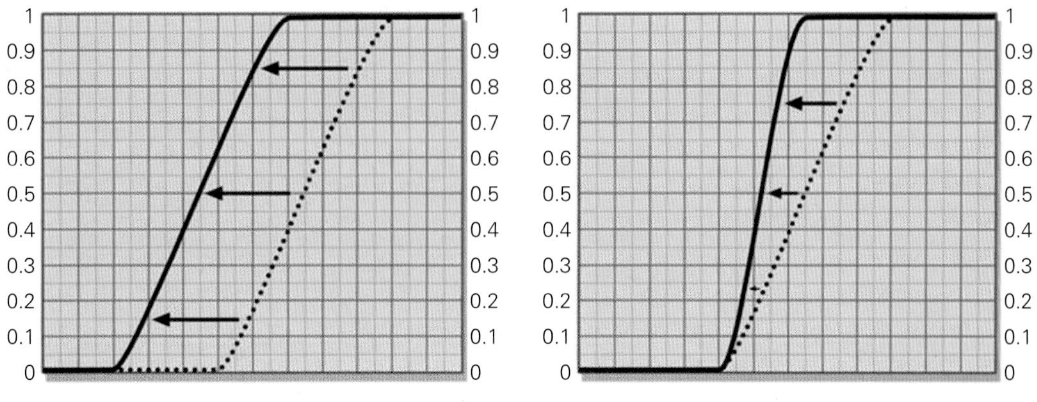

图3–25　边缘处理操作造成的侵蚀

图3–26　缩放操作造成的侵蚀

图3–27　软的遮片

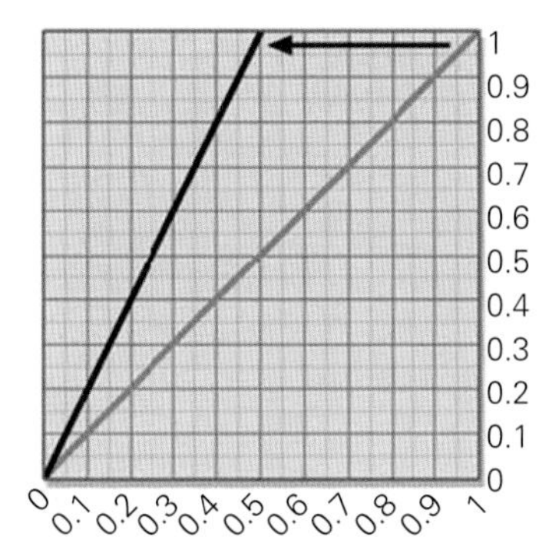

图3–28　彩色曲线

图3–29　经过扩展的遮片

但坡度也加大了，因而硬度也加大了。一般来说，你只需要做很小的改变就可以解决问题，所以边缘硬度的加大通常不会是个问题。然而，如果可以进行边缘处理操作，而且提供必要的精细控制，那它就是完成工作的最好工具。

3.4.2　通过模糊和缩放来扩展遮片

图3–28显示了如何通过调整彩色曲线来扩展图3–27中的软边遮片（与图3–22中相同的遮片），调整的结果如图3–29所示。通过“向上”提拉白色，使得作为内边一部分的灰色像素变成了白色，成为白色不透明前景区域的一部分。不透明区域扩展了，边缘变得更硬了。同样的，如果边缘变硬是个问题，就退回去，略微加大一点儿模糊。同样还要观察细节损失的情况。注意星星的尖端现在变得比原来更圆了。

练习3–3

我们将前面的操作描述成对遮片的侵蚀和扩展，但实际上侵蚀和扩展的是白色，而这种情况下，白色碰巧是前景遮片的颜色。如果你是在处理黑色遮片，例如当提取你自己的色差遮片时，那么彩色曲线操作就需要予以逆转，或者将遮片反转。

盗梦空间（*Inception*，2010）

当拍摄绿幕前的一个物体时，照得明亮的背衬绿幕以各种各样的方式污染前景物体。受镜头的限制，前景物体的边缘不是完全清晰的，于是边缘就与绿色的背衬混合在一起。也可能有一些半透明的元素，诸如烟雾或玻璃，以及无时不在的一缕缕头发。有可能有一些闪亮的元素会反射绿色的背衬，无论喷多少消光雾（dulling spray）也没有用。于是乎，就有了无处不在的眩光（flare）和溢色（spill）。

眩光是画幅中笼罩着所有物体（包括你试图从绿色背衬中隔离出来的前景物体）的一种绿色“薄雾”，造成眩光的原因是绿光进入了摄影机，并在机内四处反射而形成散射光，使得整个底片都轻微地曝了绿光。第二种污染是溢色。这种污染源于这样的事实：绿色的背衬实际上发射出大量的绿光，其中一些直接照到了前景物体能够被摄影机拍到的区域。

图4–1中的示例为一个绿幕和一些金发的特写镜头。下一个示例即图4–2揭示了，如果前景图层没有经过任何的溢色消除处理，便与一个中性灰的背景合成，绿幕就会对前景图层形成污染。要让合成看上去没有问题，就必须将所有这些污染都清除掉，而完成这项工作，靠的就是消溢色操作（又称“溢色抑制”[spill suppression]）。本章解释消溢色的工作原理是怎样的，以及同样重要的是，消溢色又是怎样带来伪像的。除了了解你的软件中的消溢色节点的内部操作以外，你还将看到，万一没有消溢色节点的话，你该如何进行自己的消

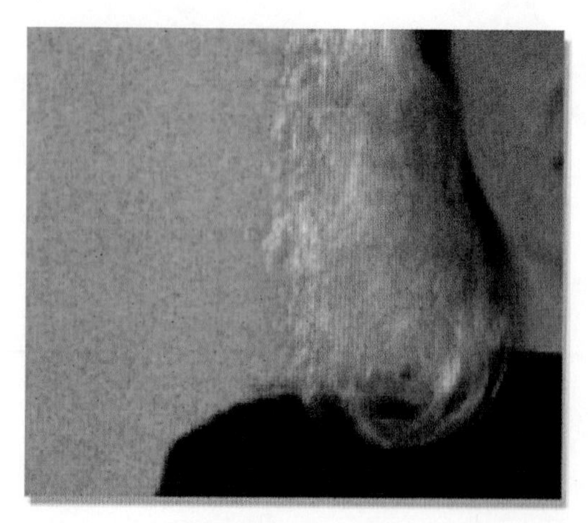

图4–1 绿幕图片的特写镜头

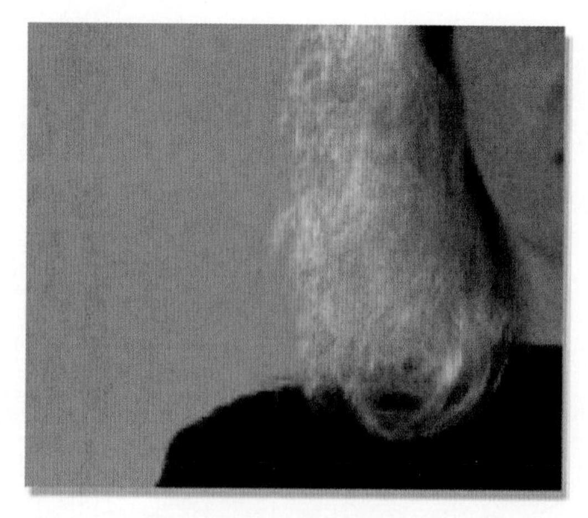

图4–2 未消溢色时有绿色溢色残留

图4–3　绿幕图片

图4–4　消溢色后的绿幕镜头

图4–5　合成后的图片

溢色操作，以及如何解决一些一定会遇到的特殊问题。在本章中，我们还是将通篇使用绿幕来代替蓝幕。

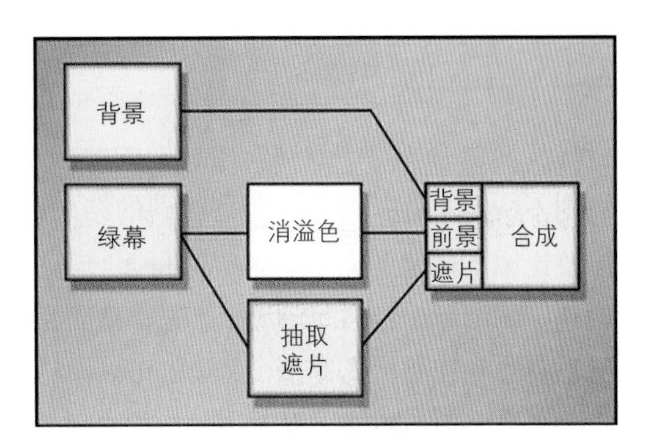

图4–6　带消溢色操作的合成流程图

消溢色处理是又一个无法用数学算出来的作假的例子。理论上正确的消溢色处理，需要借助大量的无关场景中物体及其照明光源的信息，而这些信息是完全不切合实际。我们所有的，不过就是几种简单的技术，这些技术多数情况下用起来效果相当不错，但在某些情况下却会产生严重的伪像。

即便是像Ultimatte这样功能非常强大的现成的抠像键控器，有时也会产生溢色伪像。尽管它们采用了经过多年测试和改进的非常复杂的算法，但它们仍然会有问题。这种情况下，唯一的办法是掌握尽可能多的可以支配的消溢色方法，从而让你可以换用不同的算法，以弄清楚哪一种算法不会给你的特定场景内容带来伪像。

Adobe Photshop用户：本章描述的所有消溢色操作，你都可以完成。对于那些在数字效果工作室中准备蓝幕和绿幕测试合成镜头，以确定效果镜头外观的美术师来说，这尤其有用。

4.1　消溢色操作

消溢色操作有很多规则，从中选出某些规则，并基于这些规则，以宽的笔触将过量的绿色从绿幕图片上清除掉。然后，将消溢色后模式的绿幕镜头作为合成的前景图层。

操作顺序自图4–3中的原始绿幕图片开始。经过图4–4中消溢色操作之后，绿色的背衬已抑制为深灰色，而且绿色的炫光已经被清除掉了。然后，将消溢色后的版本作为最终合成镜头中的前景图层，如图4–5所示。

图4–6给出了整个操作顺序的简化流程图。绿幕图层分成两个分支。一个分支用于抽取遮片，另一个分支进行消溢色，用于合成。

将消溢色操作引入合成的方式有三种：如果是使用现成的抠像键控器，其内部有溢色操作和遮片提取操作。美术师可以调整消溢色参数后，将其引入。这种方法的问题是，消溢色后的前景图层势必需要色校正，而抠像键控器有可能不提供这一选项。你实在是不想在绿幕镜头进入抠像键控器之前，就对绿幕镜头进行色校正，因为那将严重干扰遮片提取操作和消溢色操作；为合成添加消溢色操作的第二种方式，取决于你的软件是否有消溢色节点；第三种方式是开发你自己的、具有离散节点的消溢色操作，对此我们将进行详细讨论。

4.2 消溢色伪像

消溢色有一定的规则，而这样的消溢色规则可能非常简单，也可能非常复杂。最好的规则不一定是最复杂的，而是得到的结果最好而伪像又最少。问题是，消除溢色的规则一定要比原本创建的光学规则单纯得多。其结果是，任何简单的溢色消除都会一定程度上错误地影响图片中的各个地方。根据场景的内容，各处的错误程度有可能只是一点点，因而结果还是相当可以接受的。而在别的情况下，在关键区域的错误程度又有可能很严重，从而产生了严重的伪像，以至于不得不采取某些措施。

涉及颜色的消溢色伪像主要有两种：色相偏移（hue shift）和视亮度下降（brightness drop）。造成色相偏移的原因是，由于只有一个通道即绿通道被修改了，而在RGB三原色中，改变任何一个值,都会造成色相偏移。有的时候,色相偏移看上去非常轻微,人们不会注意到。但也有的时候，绿色去除的量相对于另外两个通道很大，明显偏移了色相，从而破坏了镜头。造成视亮度下降的原因是，对绿幕来说，除掉的是绿色，而绿色是人眼视亮度感觉的主要成分。当围绕边缘除掉了一些绿色时，一些亮度也除掉了。就这方面而言，可能蓝幕略具优势，因为蓝色对人眼的视亮度感觉影响最小，因此，蓝通道的降低将不会像绿通道那样造成视亮度表观的明显下降。

消溢色操作有可能造成胶片元素出现的另一种伪像是颗粒性增高。胶片蓝通道的颗粒性要比红通道和绿通道高得多，而这种过高的颗粒性甚至在胶片转视频之后仍然残存。一些消溢色算法将用这个高颗粒的蓝通道作为绿通道的限制器。其结果是，蓝颗粒可以“压印”在绿通道上，为皮肤色调添加上一种吓人的疱疹状。这一问题的解决方案当然是有的，但这首先需美术师了解是什么原因造成了这一问题。不幸的是，视频有自己的视频噪波形式的“蓝颗粒”问题。如同胶片那样，在视频的三原色中，蓝色的噪波也是最严重的。

4.3 消溢色算法

消溢色操作的问题是，色彩空间是巨大的，而消溢色操作不过是一种图像处理的简单把戏。也就是说，没有一种消溢色算法能够解决全部问题。如果在抠像键控器内使用消溢

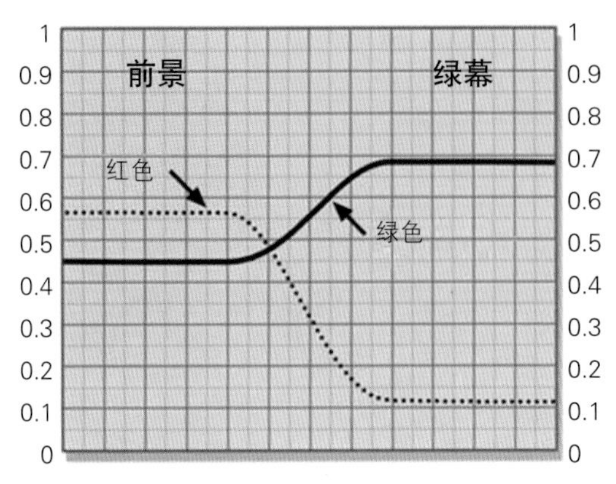

图4–7　原始绿幕图片

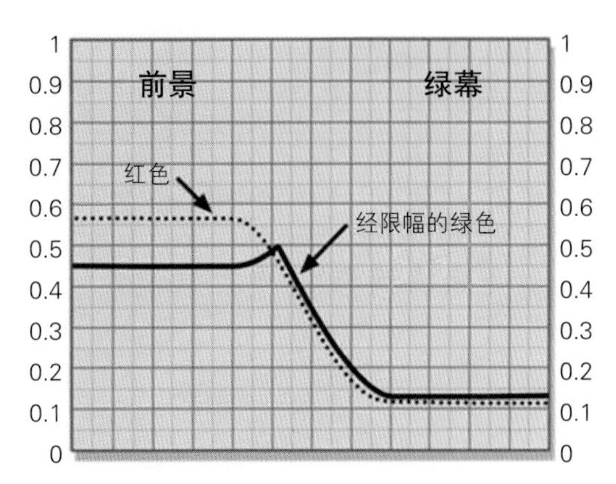

图4–8　消溢色后的幕图片

色操作，通常不能改变消溢色算法。你所能做的只是调整设定值。有时这样不能解决问题，这就需要有解决问题的大胆之举。本节描述各种不同的消溢色算法，但有可能更重要的是，它为针对你的特定问题来开发自定义的解决方案打下基础。

4.3.1　以红限制绿

这是所有可能的消溢色算法中最简单的一种，可令人惊奇的是，其也常常是能给出最好结果的算法。规则仅仅是“限制绿通道不要大于红通道”。对于每一个像素，如果绿通道大于红通道的话，就将其限幅为等于红通道。如果小于或等于红通道，就不要去改变它。

图4–7给出了一个切片图形，该图形仅给出了绿幕图片中跨越前景（FG）物体和绿色背衬区域之间一段过渡区域的红通道和绿通道（本案例未涉及蓝通道）。在前景区域中，红通道大于绿通道——例如，对于皮肤色调，我们可以预料到是这样的——于是，当图形过渡到绿色背衬区域内时，绿通道就成了主色。我们可以从图4–8中看出，“以红限制绿”消溢色操作的结果。凡绿通道大于红通道之处，就进行限幅，使其等于红通道（为清晰起见，绿线画在了红线的上面，实际上二者具有同样的值）。

从图4–9开始，给出了一个现实工作中的消溢色操作示例，该示例中添加了一条从绿幕背衬深入金发的切片图形。图4–10中形成的切片图形显示了所有三个颜色的记录，以及绿通道怎样成了主色，即便是进了头发以后也是这样。当然，根据图4–2给出的绿溢色的示例，我们预想会是这样。

然而，经过了消溢色操作之后，图4–11中的头发就没有过多的绿色了，其切片图形（图4–12）显示出现在绿通道已经“修正”到红通道的水平。那些在绿通道原本小于红通道的部位并没有受到影响。为便于比较，经过消溢色的绿通道画在了红通道的下面。实际上，除了真正落在其下面的部位以外，其余部分都是完全相互重叠的。

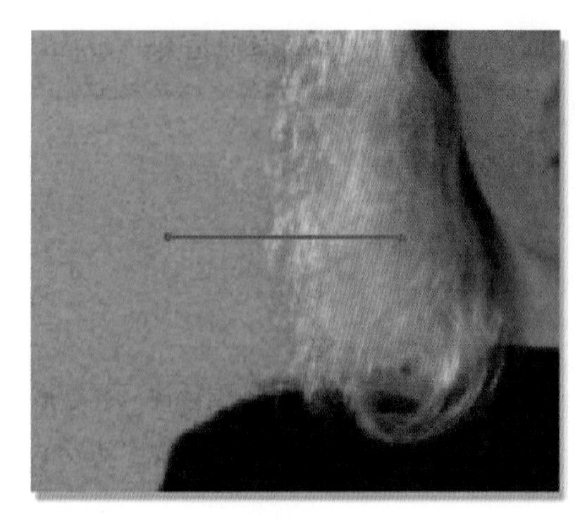

图4-9 原始绿幕图片上的切片图形

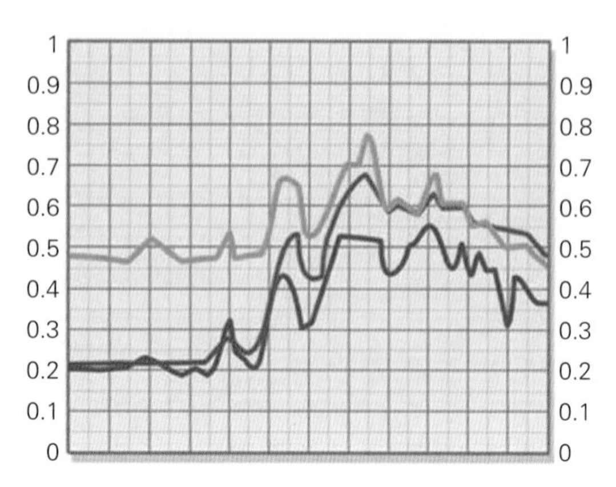

图4-10 显示原始绿通道的切片图形

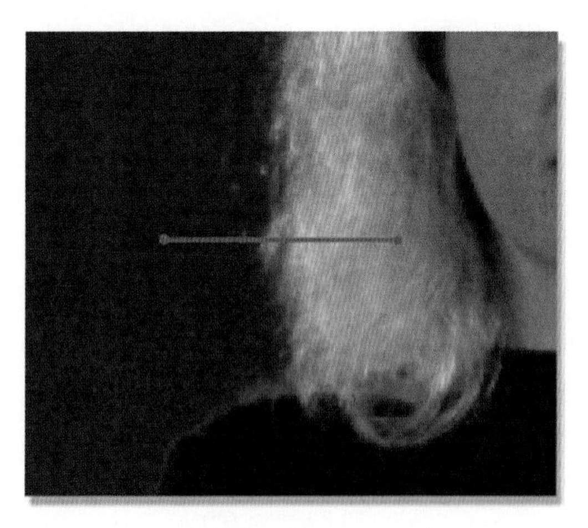

图4-11 经过消溢色的绿幕图片上的切片图形

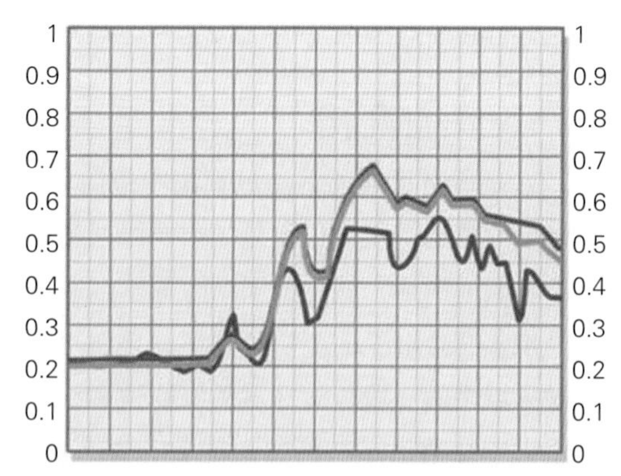

图4-12 显示经消溢色绿幕图片的切片图形

4.3.1.1 实施算法

Tip! 在你的软件中实施这个消溢色计算的方式有两种。你可以使用通道计算节点，或者用一些简单的离散数学运算节点来搭建。如果你有一个通道数学节点，而且对它很熟悉，则公式如下：

$$\text{消溢色后的绿} = \text{若}\ G > R\text{，则}\ R\text{；其余}\ G \tag{4-1}$$

该式的意思是：“如果绿大于红，则使用红；其余使用绿。”红通道与蓝通道不予触动。如若发现绿像素值更大，则以红像素值来替代绿像素值。当然，你将不得不将这个公式变换成特定通道数学节点的特殊文法。

你们当中有些人可能没有通道数学节点，或者虽然有却不喜欢用。那好吧，等效的处理可以用两三个减法节点来完成。由于流程图节点不支持类似“若/则”之类的逻辑试验，

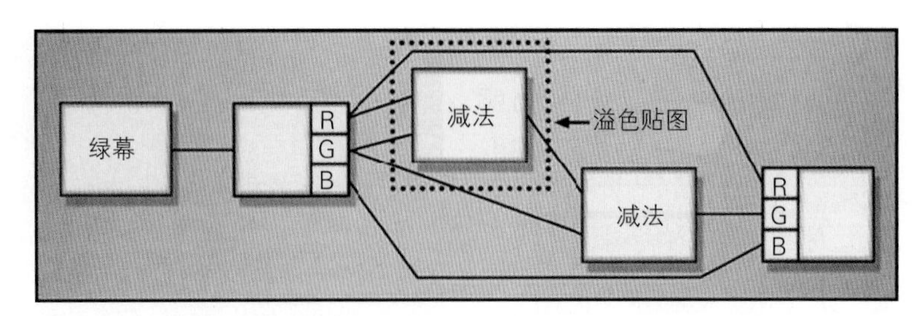

图4-13 消溢色流程图：以红限制绿

所以离散节点的方法需要多经过几个步骤。

图4-13给出了该消溢色的流程图。从左面开始，绿幕（GS）图片转向一个通道分配器。第一个减法（sub）节点做G-R，生成“溢色贴图”（spillmap）——含有所有的绿色溢色（任何超过红色的绿色）。过一会儿还要更多地讨论这个溢色贴图。下一个减法节点用原始的绿通道减去这个溢色贴图，这样便从原始的绿通道中减去了过量的绿色，使其等于红通道。该减法节点的输出是经过消溢色的绿通道。最后的节点仅仅是将消溢色后的绿通道与原始的红通道和蓝通道重新组合起来，以生成最终经消溢色的绿幕图片，于是你就可以去做色校正与合成去了。

4.3.1.2 溢色贴图

溢色贴图是一种单色图像，它包含了原始绿幕图片中所有过量的绿色。只要从绿通道中减掉溢色贴图，就将产生消掉溢色的图像。事实上，前面简短讨论过的种种消溢色方法，确实就形成了不同的溢色贴图生成方式。一旦你有了溢色贴图中所有过量绿色的贴图，无论贴图是怎样生成的，你都有了消溢色操作的办法。当然，那些选择了使用通道数学节点或者不生成单独溢色贴图的抠像键控器的人，就这一点来说，他们是有一点不利。你可以用溢色贴图做一些很酷的事，对此稍后将进行研究。

图4-14中的切片图形显示了从被摄者的皮肤色调到绿色背衬区域过渡的情形。阴影区域显示了将要清除且通过G-R减法操作置入溢色贴图中的过量绿色。在前景（FG）区域，皮肤色调以红为主，从而没有过量的绿。其结果是，溢色贴图将在这个区域内具有零黑色。当你从皮肤减掉溢色贴图的这个部分时，将不会去掉任何绿色。在绿幕背衬区域内，绿通道远大于红通道，所以G-R的结果为溢色贴图生成了大量的过量绿色残留。

图4-15显示了用于图4-4中的消溢色绿幕图片的实际溢色贴图。如同预料的那样，绿色背衬区域具有大量的过量绿色。然而，还有别的一些什么。它还显示出在头发上和毛线衣上有过量的绿色。头发上出现绿色溢色，我们可以将就，除掉溢色实际上就是个改善，但毛线衣怎么办呢？即便毛线衣不是原计划解决的绿色溢色中的一部分，可在溢色贴图中也还是凸显出来了，而其原因仅仅是它是浅黄色的，其绿色通道大于红色通道。不幸的是，当从原始的绿幕图片中减掉这个溢色贴图时，毛线衣的黄色也损失了一些绿色，使得色相向橙色偏移了，这从图4-3与图4-4的比较中，很容易看出来。这恰恰就是4.2节中描述过

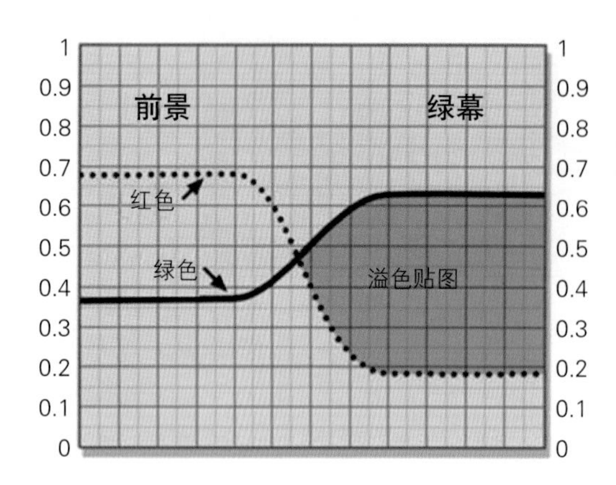

图4–14 溢色贴图区域的切片图形

图4–15 从图4–3中的绿幕图片得到的溢色贴图

的那种伪像，即“溢色伪像”。

Tip! 这个问题是否是个严重问题，非得全部解决不可，要取决于环境如何。有可能这只是场景中的一个女演员，她的毛线衣的颜色其实无关紧要；也有可能是个毛线衣广告，毛线衣的颜色恰恰就是插播广告的关键之所在。如果非得解决不可，则有两种途径：第一种途径是将有麻烦的区域遮罩起来，使其避开消溢色操作；第二种途径是另外选择一个不会干扰毛线衣的消溢色公式。当然，它有可能干扰到别的什么，但那些是完全可以接受的。检查溢色贴图，查出非零像素在何处，将揭示出画面的哪些部分即将受到消溢色操作的影响。

Tip! 图4–14中的溢色贴图切片图形揭示了消溢色操作的另一种伪像，对此你应当有所了解。在切片图的中间三分之一处，你可以看到前景混入图形绿幕部分中的全部过渡区域。然而，溢色贴图在靠近该过渡区域的中间部位开始，红通道与绿通道实际上在那里相交。如要完全正确的话，应该从过渡区域的起始处开始，还要更靠左。换句话说，溢色贴图没有渗透到过渡区域真实边缘的深处。在画面的其他一些部分，溢色贴图将渗透得更深，而在其他部分则渗透得不那么深。这意味着过量的绿色将只从前景区域的最外边缘被清除，而“外”到何种程度，将根据围绕在前景物体的周边、局部的RGB亮度值而变化。这通常不是一个显眼的问题，但偶尔也会变得碍事，所以，重要的是你要有替代的方法可供使用。

练习4–1

4.3.2 以蓝限制绿

这当然与稍早前描述过的以红抑制绿的算法是一样的——仅仅是以蓝通道替代红通道作为绿的限制器。用于通道数学节点中，公式变成：

$$\text{消溢色后的绿}=\text{若}G>B\text{，则}B\text{；其余}G \quad (4\text{–}2)$$

当在流程（图4–13）中以离散的节点来实施时，只要将连接到两个减法节点的红替换

图4–16　绿幕测试图片

图4–17　以红消除绿的溢色

图4–18　以蓝消除绿的溢色

成蓝即可。然而，像这样地改换消溢色规则，会产生完全不同的结果。

使用胶片画格，蓝通道具有比另外两个通道严重得多的颗粒，不仅直径更大，而且幅度也更大。当以蓝通道作为绿通道的限制器时，绿通道将会随着由颗粒造成的蓝通道变动而起伏不定，就好像是蓝颗粒“压印”到了绿通道中似的。这种情况的应对措施是，对蓝通道进行去颗粒处理，4.4节“优化消溢色”中将讲述相关的内容。

图4–16是一个特殊的绿幕测试图片，上面有三个前景彩色竖条。左边一条是一种典型的皮肤色，中间一条是一种黄色，右边一条是一种浅蓝色。绿色的背衬也有三个水平的区域，这些区域的绿色调相互之间略有区别。所有三个背衬条都具有相同的高强度的绿色，但上面的一条有较多的红色，下面的一条有较多的蓝色，而中间的一条有等量的红与蓝。让我们看一看，如果我们比较一下以红限制绿和以蓝限制绿这两种方法，三个色条和三种背衬绿色会发生怎样的情况。

图4–17是通过以红限制绿来消除溢色的。皮肤色调和黄色条没有受到影响，但蓝色条损失了一些绿，使其颜色变深，而且蓝色在色相和亮度上都发生了偏移。还要注意，经过消溢色操作后，三个绿色背衬条又发生了怎样的变化。上面的一条原本有较多的红，因此绿受限于这种较高的红值。消溢色后的背衬呈现了这种残留颜色，因为它有着等量的红成分与绿成分，以及较少的蓝成分，所以使其成为深橄榄色。中间一段是均一的灰色，因为红和蓝是等量的，所以消溢色的版木就有了等量的红、绿、蓝，也就是灰色。下面一段原本有较多的蓝，但绿又被降到了红的水平，现在这段背衬区就有了等量的红与绿，但还有更多的蓝，于是就变成了深蓝色。

图4–18仍然是图4–16中的测试图片，这次是通过以蓝限制绿来消溢色。皮肤色调的那条与黄色的那条出现了明显的色相偏移，蓝色的那条则没有受到触动。与以红限制绿来消溢色相比，三个背衬色区域中，有两个色条也呈现出不同的残留颜色。上面原本有较多红色的那条，已将绿降到了蓝的水平，但红要比蓝和绿都要高，所以成了深褐红色。下面的那条原本有较高的蓝成分，从而蓝和绿现在相等了，而红要比两者都要低，所以生成了深青色。然而中间那一条没有改变，这是因为红通道与蓝通道是同样的，无论我们使用怎样的规则，都没有关系，因为我们在这里仍然会得到等量的红、绿、蓝。之所以让大家看一看背衬色不同色调的绿色会发生怎样的变化，是因为合成期间，它会使前景物体的边缘带

有一定的颜色，而你需要知道它是从哪儿来的，以便予以解决。后面我们将了解如何利用这些残留的背衬色。

练习4–2

做这个小演示的目的，不是为了打击你们的情绪。我知道，这个小演示让人觉得这两个消溢色操作都不可救药地破坏了绿幕图片的颜色，但这是一个精心设计的最坏情况的场景。设计这样的场景，是为了演示两个要点：第一，消溢色操作确实带来了伪像；第二，改变消溢色算法大大改变了那些伪像。好消息是，很多情况下，以红限制绿的消溢色使用效果出奇的好，还有很多复杂的消溢色算法可供我们使用，而且还有一些优化操作，我们可以逢山开路、遇水搭桥。

4.3.3 绿取红与蓝的平均值

头两种消溢色算法非常简单，所以下一种方法我们搞得稍微复杂一点：用红通道与蓝通道的平均值来限制绿色。如同你前面看到的那样，全红和全绿的方法有可能问题很大，但如果先求出二者的平均值的话，情况又会是怎样呢？这样在红与绿这两个方向上就都会减轻了伪像，而且取决于你的画面的内容如何，有可能就是你所要的结果。对于通道数学爱好者来说，新的公式是：

消溢色后的绿＝如果G＞R与B的平均值，则R与B的平均值；其余G　　（4–2）

该式的意思是："如果绿大于R与B的平均值，则使用R与B的平均值；其余使用绿。"通过求出红通道与蓝通道的平均值，而不是取二者中的一个，绿色限制器很好地将伪像分散到更多的颜色上，从而较轻地影响到某一特定的颜色。如果在流程图中以离散的节点实施，将如图4–19所示。

从左面开始，绿幕图片转向一个通道分配器节点，然后红与蓝连接到一个平均（avg）节点上求取平均值。几种求取平均值操作的方法稍后将予以描述。在第一个减法节点中，从绿记录中减去平均值，形成溢色贴图。在第二个减法节点中，从绿通道中减去溢色贴图，形成消去溢色的绿通道。消去溢色的绿通道反过来在末尾的通道结合节点中与原始的红通

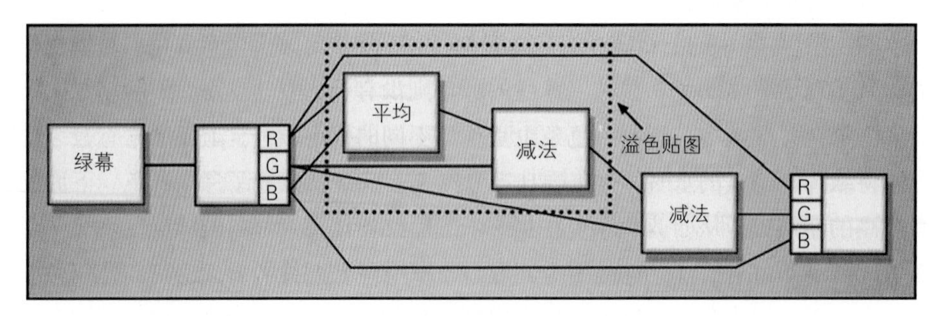

图4–19 消溢色流程图：以红与蓝的平均值来限制绿

道与蓝通道合并，完成前景图片后的消去溢色。

练习4-3

实施流程图中标明的求取平均值操作有几种方式：可以用一个亮度节点将红通道与蓝通道缩小50%，然后二者相加，即得到平均值；可以用一个彩色曲线节点将红通道和蓝通道缩小50%，然后相加；最酷的方式是使用一个交叉叠化（cross-dissolve）节点，这种节点几乎任何软件都有。它有两个输入（这种情况下是红通道和绿通道），然后你可以调整二者之间的混合程度。如果你将混合百分比设为50%，你便将获得与前面两种方法同样的平均值。然而，这时你就可以很容易地尝试不同的混合百分比，看一看它对消溢色结果有什么影响。或许20/80的混合更好，或者有可能60/40的混合将能够消除那些讨厌的伪像。设为一个极端时，就是以红限制绿的消溢色；设为另一个极端时，就是以蓝限制红的消溢色。现在，你就有了可以调整的消溢色方法了。

4.3.4　以其他配比限制绿

由于消溢色操作实际上并不合理，所以保证你永远不会得到完美的结果。幸好残留的变色通常都在客户察觉能力的阈值以下（例如英雄的衬衫比在景内稍微黄一些）。当变色令人不快时，我们可以随意探究各种全新的消溢色配比，因为我们知道任何配比都有问题。只不过是要找到一个配比，这个配比处在你眼下正在处理的特定镜头的关键性区域内，且问题不是很明显。以下是随意找出的几个说明一些不同替代方法的例子。

4.3.4.1　将绿限制在红通道的90%

这是图4-13中以红来限制绿的消溢色流程图的一种变型，而且说明创建变化无穷的消溢色操作是何等的容易。同样顾名思义，从绿通道减掉一个数后，生成一个溢色贴图，这便将产生我们想要的结果。如果我们要将绿色限制在红通道的90%，而不是全部红通道，那么红通道就要将绿通道“咬掉一大口”。为此，我们只需要先将红通道缩小0.9倍，然后再从绿记录中将其减掉，以形成溢色贴图。这将形成一个“胖”10%的溢色贴图，而这个溢色贴图在被减掉的时候，又将从绿记录中“咬掉”一大口，从而将绿通道限制在红通道的90%。

图4-20显示了经过改善的新的消溢色完整流程图。在溢色贴图区域添加了一个节点（缩小0.9倍），将红通道缩小到其原始值的90%。在下一个减法节点中，当从绿通道减掉这个缩小的红值时，便得到了“较胖的”溢色贴图。在随后的减法节点中，这个较胖的溢色贴图要从原始的绿通道中减掉，从而与单纯地将其限制为红记录相比，要缩小10%。

4.3.4.2　将绿限制在高出红与蓝的平均值10%

这与图4-19所示的将绿限制在红与蓝的平均值的消溢色相比，略有变化。要记住，消溢色操作中即便是略有变化，也有可能造成消溢色后图像的外观出现很大的变化。这种情况下，我们想要的是一个绿通道比红通道和蓝通道的平均值高出10%的溢色贴图。这意味着溢色贴图需要比单纯的红与蓝的平均值“瘦”10%。如果我们先将红与蓝的平均值放大

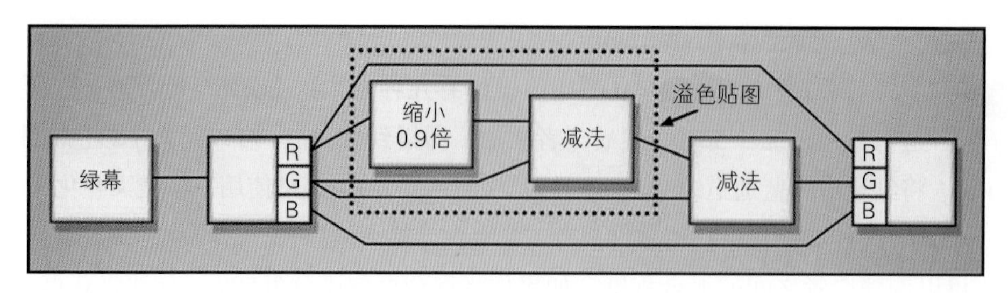

图4-20 消溢色流程图：将绿限制在红的90%

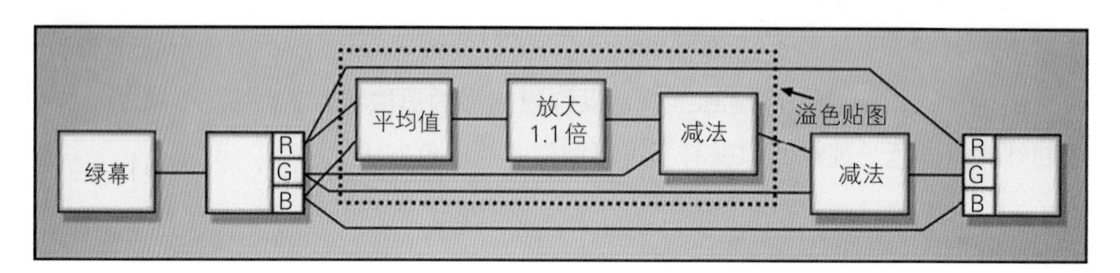

图4-21 溢色流程图：将绿限制在高出红与蓝的平均值10%

10%，然后再将其从绿通道减掉，减法的结果将会变小，形成我们想要的“较瘦的”溢色贴图。

图4-21显示了新的巧妙的消溢色完整流程图。在溢色贴图区域添加了一个节点（放大1.1倍），将红/蓝平均值放大了10%。在下一个减法节点中，当从绿通道减掉这个放大的值时，便得到了我们所需要的“较瘦的”溢色贴图。在随后的减法节点中，这个较瘦的溢色贴图要从原始的绿通道中减掉，从而与红通道与蓝通道的平均值相比，该值要提升10%。

到目前为止，所讨论的消溢色算法绝不意味着是全部的算法。Ultimatte对其消溢色算法没有做很多的说明，但他们确实为蓝色消溢色安排了一个精心的构想。该构想是基于这样的观察：自然界中，非常饱和的蓝色是罕见的。他们的蓝色消溢色“法则”如下：

> 如果绿等于或小于红，则将蓝保持在绿的水平；如果绿大于红，则让蓝超过绿的水平仅为绿超过红的量。

由于我自己已经这样做过了。所以我可以确保，即使是这个很绕的消溢色算法，也可以用流程图中的一个通道数学节点中或几个离散的节点来实施。举出这个神秘示例的目的是想要指出，实际上存在着多得无法计数的、可能的消溢色算法，并且鼓励你去探索和试验。溢色贴图才是关键。想出一种创建你自己的溢色贴图的新方法，然后从绿通道中将其减掉，以创建你自己定制的消溢色算法。

练习4-4

Adobe Photoshop用户：将所述的以红与蓝的平均值来限制绿的消溢色操作包括进来后，本章所描述的各种消溢色算法，你们都能够在Photoshop中实现。练习4-4将告诉你们如何来实现。

4.4　优化消溢色

一旦找到了给定画面内容的最优消溢色算法，你就有了另一层操作可以进行，甚至可以进一步优化和改善这些结果。下面收集了一些优化的方法，需要的时候，你可以试一试。记住：这些方法全都可以相互结合着来使用。

4.4.1　通道偏移

通过加减一个很小的值（如0.05），上下偏移起限制作用的通道（红或蓝）。这种方法不仅具有提高或降低溢色贴图亮度，从而加大或减小消除溢色程度的效果，而且还具有使溢色膨出或缩入边缘的效果。

4.4.2　溢色贴图缩放

使用RGB缩放节点或彩色曲线，放大或缩小溢色贴图，以加大或缩小溢色消除的程度。这种方法与通道偏移的方法相似，但效果略有不同。

4.4.3　混合消溢色

实施两种全然不同的消溢色操作，然后用一个交叉叠化节点，将二者混合起来。于是你就可以来回地改变混合百分比，以找到一种混合百分比，使令人讨厌的伪像缩到最小。

4.4.4　分而治之

你无法找到一种适用于整个画面的消溢色操作。一种消溢色操作非常适用于头发，但另一种则适用于皮肤。创建一个活动遮片（traveling matte），将这两个区域分离，再将一个区域的有用部分与另一个区域的有用部分合成。分而治之，各个击破。

4.4.5　蓝色去颗粒

前面提到，任何用蓝记录来限制绿色，都会将过大尺寸的蓝通道颗粒“压印”到绿通道中。出于某种原因，这种现象似乎非常多地发生在漂亮女人的光滑皮肤上。这种方法只去掉用于溢色贴图计算的蓝通道中的颗粒。当然，在最后的合成中，不要使用去掉了颗粒的蓝通道。如果你没有真正的去颗粒操作可供使用，中等的过滤器或小半径的高斯模糊（Gaussian blur）可能会有帮助。

4.5　除溢色操作

到此为止，在所有的示例中，采用的策略一直是创建一个绿色的溢色贴图，然后将其从绿通道中减掉，以将过量的绿色从绿幕图片中除掉。这种从图像中明显除掉了一些绿色的方法，是我们想要的；但我们不想要除掉绿色后图像变暗。它也造成了色相偏移，而这是我们最不想看到的。减掉过量的绿肯定会去掉绿，但还有另一种方法——我们完全也可以添加红和蓝。两种方法都除掉了绿。由于将减掉绿称作消溢色，所以我将添加红和蓝称作“除溢色”（unspill），以便区分这两种方法。这种技术可以解决一些用其他方法解决不了的消溢色问题。

4.5.1 怎样着手去做

基本的想法是创建你最好的绿色溢色贴图，将其稍微缩小一些，像通常那样将其从绿通道中减掉，但也将缩小了的溢色贴图添加到红通道与蓝通道上。事实上，溢色贴图对每个通道都经过了适度的缩小。由于添加一些红与蓝，所以我们并不想如之前那样抽出那么多的绿，我们不能在绿通道上尽“全力”使用原始的溢色贴图。例如，它可能缩小到原始视亮度的70%，准备从绿通道中减掉；然后缩小到30%，准备添加到红通道上；然后缩小到20%，准备添加到蓝通道上。准确的比例完全取决于画面内容和创建溢色贴图所使用的方法。

图4–22显示了除溢色操作的流程图。从左边开始，绿幕图片进入一个通道分离器节点。分离后的通道用你选择的方法来创建溢色贴图，该贴图用“溢色贴图”节点来表示。然后，形成的单通道溢色贴图馈入一个通道的所有三个输入端，节点结合以创建一个三通道版的溢色贴图。现在我们就有了一个三通道图像，而在这个图像的所有通道中，都复制了同样的溢色贴图。这样做，就是为了便于将“三通道溢色贴图”馈入一个“缩放贴图”节点，而在这个节点，每个通道都能够单独地进行缩放。缩放可以由一个RGB缩放节点或一条彩色曲线来完成。然后，用下一个通道分离器节点将“除溢色贴图”重新分离成三个单独的通道，从而使原始绿幕图片的每个通道都能够以其自己的“除溢色贴图”缩放版本来完成其自己的加法操作或减法操作。然后，“除溢色”处理过的通道在最后的节点中重新结合，以制作最后的三通道除溢色版本的绿幕图片。

尽管这样做看上去像是一个消溢色操作（对不起，是“除溢色”操作）用了很多的节点，但当你无法消除金发上的那些粉红色边缘的时候，你会觉得麻烦些还是值得的。你或许能

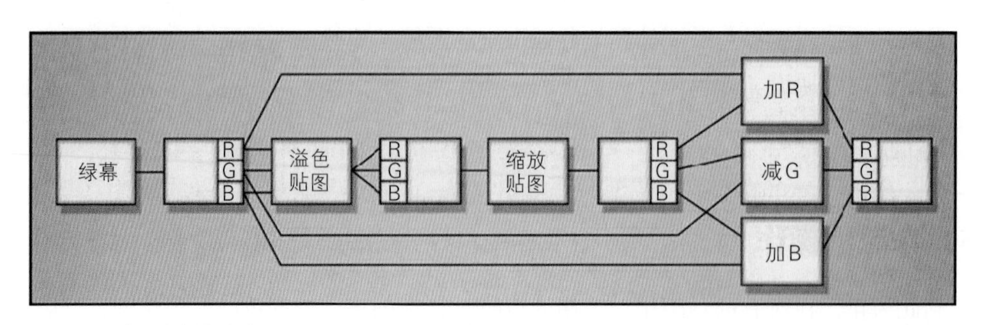

图4–22 除溢色操作的流程图

够将除溢色方法用于整个图片，或者你可能发现，对于这种特殊的处理，仅仅将其用来遮掉画面的麻烦区域更为有效。

4.5.2　背衬色的调节

合成一个画面后，你却发现在前景物体的周围有一个令人讨厌的带色“边纹”，这样的情况你碰到了多少次？或许当你将前景合成到一个暗背景上时，你得到一个“鲜艳夺目的”浅灰色边纹；或者当你将前景合成到一个亮背景上时，你得到一个深色的边纹。你很可能着手侵蚀遮片，将带色的边纹修正掉，却发现重要的边缘细节随着边纹一起消失了。还有另一种方法可能有所裨益，或许有可能改变边纹的颜色——例如，可能是较浅的或较深的灰色，或是某种特殊的颜色——使其与背景更好地混合起来。

还记不记得4.3.2“以蓝限制绿”一节中讨论过的图4–16，图中三色色条叠放在三个略有差别的绿背衬色上？实施消溢色操作时，三个略有差别的绿背衬色突然变成了三种非常不同的背衬色，而背衬色的差别，又取决于所用的消溢色方法（图4–17和图4–18）。那些“残留的”背衬色与前景物体的边缘混合，并以它们的色相来“污染”前景物体。如果将绿幕照得明亮，边缘就很亮；如果绿幕比较暗，边缘就很暗。合成后，你看到的边纹就是这个样子。如果我们能够改变背衬的残留颜色，我们就会改变边纹的颜色。

练习4–5

你能够使用除溢色方法，将残留的背衬色改成你想要的任意颜色。这是由于除溢色方法既降低了背衬区域中的绿通道，又提升了背衬区域中的红通道和蓝通道。通过适当地为每个通道缩放溢色贴图，背衬区域中的红、绿、蓝通道能够调整成实际上你所想要的任意颜色（或者是中性灰色），这是你箭袋中的另一支箭。

KEEP OFF THE

我们已经抽取好了遮片，对其进行了优化，又消除了前景图层的溢色。现在到了将所有这些都聚合在合成中的时候了。本章在合成操作中详细地审视这三个步骤，还要注意在典型的合成节点中，会发生怎样的情况。在你清楚地了解了合成操作之后，还要介绍一些如何利用边缘混合（edge blending）与光环绕（light wrapping）来优化和改善所有合成画面整体外观的制作窍门。还要讨论如何利用软合成（soft comp）/硬合成（hard comp）技术来巧妙地解决不同遮片提取情况下带来的边缘问题。

遮片技术由来已久，而且已为多个不同专业学科所使用。当然，每个群体都会为它起个专属名称。考虑到合成涉及了不同的学科，本书采用了下面的约定：如果我们谈论的是一个用来将两个图层合成到一起的遮片，例如讲一个蓝幕镜头，那就把它称作遮片。如果我们谈论的遮片是正在为合成用四通道CGI图像进行渲染，那就把它称作 α 通道（或者干脆称作“α”）。如果我们谈论的是用于合成视频内容中的两个图层，那就把它称作抠像。名称变了，但功能不变。它仍然仲裁合成图像中前景和背景的相对比例。

合成技术中新的大趋势之一是立体合成，那就是将一个立体（3D）项目的左眼图像和右眼图像合成。在简短介绍了立体视术（stereoscopy）的理论知识之后，我们将考察显示立体图像的红青双色法（red and cyan anaglyph），了解它的弱点和局限性。立体中的一个大趋势是将原本用“平面”方法拍摄的电影，在后期制作中将其转换为立体的。这将成为立体合成师未来职业中的丰富资源，所以我们将对这个困难的工艺进行考察。我们将讨论有关立体场景中物体深度设定的技术问题，以及人们从事立体工作需要熟悉的一些特殊工具。

Adobe Photoshop用户：你的“α”通道是在图层调色板中用“添加图层遮罩”（Add Layer Mask）操作创建的。在使用你最好的方法来生成一个遮片之后，点击“添加图层遮罩”图标，以将“α 通道”添加到所选图层。将你的遮片复制和粘贴到图层的“遮罩”通道中。Photoshop实际上在每一个图层中都已经隐藏了一个遮片。当你创建一个新的图层，然后以“正常”（Normal）模式在其上面绘画时，就有一个遮片生成，以便使用本章给出的方程式，将新的图层合成到下面的图层上。正是由于Photoshop替美术师隐藏了这些遮片，才使你的生存变得更容易。当你将一个图层的透明度加载到一个选中目标的时候，你实际上是加载了该图层的遮片。

5.1　合成操作

合成操作是数字合成的，好吧，图像合成的基本操作。即便是用光学方法来完成，这个过程本质上也是相同的——有一个前景图层、一个背景图层、一个用来确定哪个区域是哪个区域的遮片，以及最终的合成结果。除了限定前景和背景出现在画幅中位置以外，遮片还控制前景透明度的程度。图5-1给出了一个基本合成镜头的关键元素。

合成操作包括三个步骤。前景由遮片来缩放（相乘），背景由遮片的反面来缩放，然后将结果加在一起。对每一种操作都将予以详细的探讨。事实上，这些操作今天都是用数字方式来执行的，这提供了空前的控制能力和质量。

5.1.1　合成操作的内情

这一节将“窥视”一个典型合成节点的“内情”，以便了解它的内部行为。如果了解了该过程有哪些数学运算和操作，你将大大提高自己得出应对措施和迅速解决问题的能力。

（a）前景

（b）背景

（c）遮片

（d）合成的结果

图5-1　合成镜头的元素

本节结束时，你将能够用一些简单离散的算法节点来制作自己的合成节点。你当然并不是一定要那样做，但如果做了，那对于掌控该过程来说将是一次非常有意思的锻炼。

Tip! 还要对那些用对数图像工作的人说几句。合成操作是必须在线性空间中完成的操作之一。你必须将两个前景图层和背景图层都转换成线性（但不是指遮片，因为遮片已经是线性元素了），然后再将合成的结果转回到对数空间。这也同样适用于CGI图像。

5.1.1.1 前景图层的缩放

前景图需要将可见的背景区域做成透明的，将任何半透明的区域做成部分透明的，这其中包括前景物体（图5-1的情况下就是女人）周围的混合像素。需要变成“透明的”像素只是被简单地缩小到零，而半透明像素则部分缩小到接近于零。这是通过前景图层的三个通道分别与单通道遮片相乘而实现的。这里假定是一个“正”遮片，即前景需要是不透明的区域为白色区域，而且假定像素值已经归一化，即白为1.0，而非255。前景图层与遮片通道相乘，使得前景中的每个像素都缩放了与其匹配遮片像素值的倍数。让我们仔细地考察一些像素，看一看由遮片通道缩放时，这些像素有怎样的表现。

图5-2给出了三个遮片像素的案例，它们分别是100%的不透明度、部分的透明度以及100%的透明度。遮片像素为100%不透明是1.0，50%透明是0.5，100%透明是0。当RGB图层中的一个像素由遮片通道缩放时，所有三个通道均乘以一个遮片像素值。

图5-2中的前景是用三个相同的像素来表示的，这三个像素代表了一种皮肤色调，其RGB亮度值为：0.8、0.6、0.4。开始的时候是三个相同的皮肤像素，基于遮片像素的值，这三个皮肤像素最终将成为三个截然不同的像素值。由此而产生的三个前景皮肤像素缩放成三个不同的值：0.8、0.6、0.4为100%不透明的皮肤（没有改变），0.4、0.3、0.2为50%透明的皮肤（其中所有的值都经过0.5倍的缩放），而0、0、0为完全透明的皮肤（全都是0像素）。这是一个前景像素值向黑色缩放的过程，这个过程使前景像素逐渐显得越来越透明。

图5-3说明了对前景图层进行遮片乘法操作，以产生缩放后的前景图像的过程。为清楚起见，这里给出了一个原生蓝幕图片，而在现实世界中，这将是一个消溢色的前景。凡是遮片通道为零黑的地方，缩放后的前景图层将是零黑。凡是遮片通道为1.0的地方，前景图层不变。0与1.0之间的任何遮片像素都会成比例地缩放前景像素。

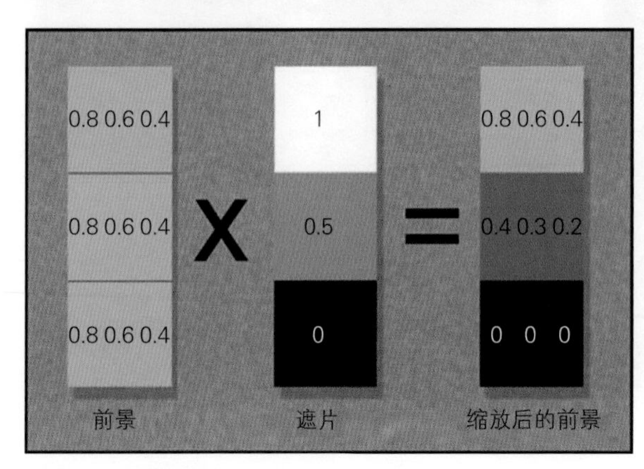

图5-2 用遮片乘以前景

5.1.1.2 背景图层的缩放

前景图层现在有了将要能够看到背景的黑区，而背景现在需要有能够看到前景的黑区。你可以把它想象

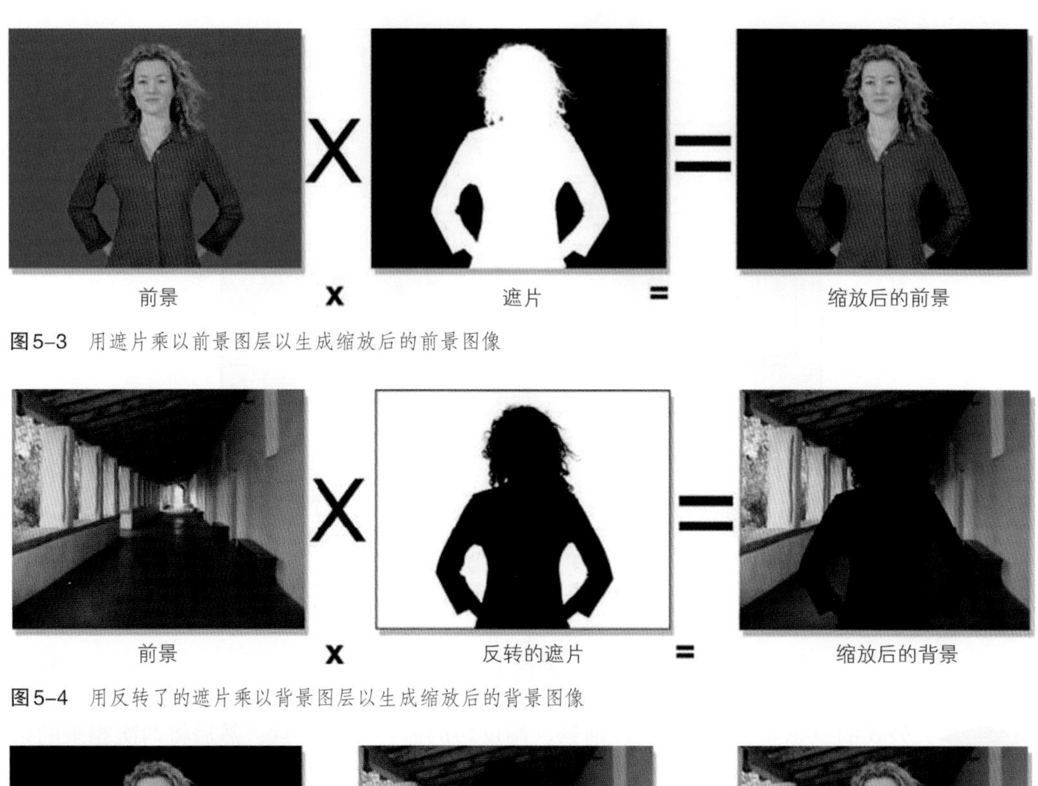

图5–3　用遮片乘以前景图层以生成缩放后的前景图像

图5–4　用反转了的遮片乘以背景图层以生成缩放后的背景图像

图5–5　缩放了的背景和缩放了的前景相加以创建合成

成在背景上打个“黑洞”，在这个区域将要看到前景物体。在背景上需要完成一个类似的缩放操作，以抑制前景后面的像素，使其变黑。不同的是，遮片在乘法操作之前，必须先反转，以便使透明的区域逆转。

图5–4说明了背景图层是怎样与反转了的遮片相乘，以生成缩放后的背景图层的。背景图层现在有了一个零黑像素的区域，这个区域的前景将会隐去。

5.1.1.3　前景与背景的合成

一旦前景和背景层已经由遮片通道适当地缩放，二者就可以合在一起，来制作合成，如图5–5所示。

图5–6显示了由离散的简单节点来构建你自己的合成的流程图。为清楚起见，省略了消溢色操作。前景图层乘以遮片（仍然假定是一个白色遮片）以制作缩放后的前景。背景

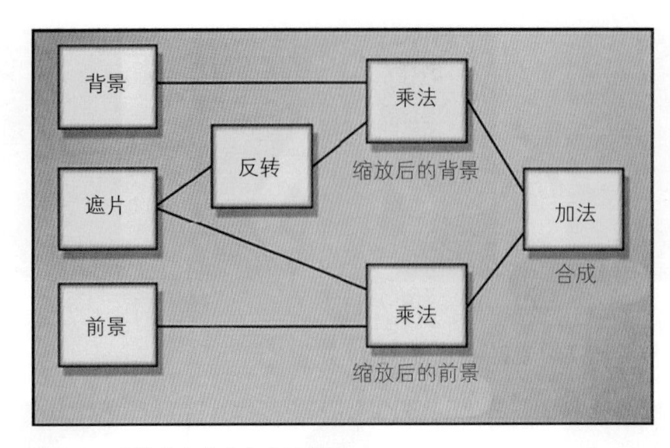

图5-6 离散的合成节点的流程图

图层乘以反转了的遮片以制作缩放了的背景。然后，缩放后的背景和缩放了的前景只要在加法节点相加就可以了。

整个操作顺序也可以从合成的正式数学公式中看出来，如公式5-1所示。

$$合成=(遮片\times前景)+[(1-遮片)\times背景] \tag{5-1}$$

练习5-1

公式的意思是：用遮片乘以前景，用反转的遮片乘以背景，然后将两次相乘的结果加在一起。可以将公式（5-1）输入到一个通道数学节点中，然后按所述方式实施合成。

5.1.2 制作半透明的合成

常常有制作一个半透明合成的需求——或者是为两个图层做一个部分混合，或者是实施一个渐显或渐隐。为了实现一个部分合成，只需将遮片从100%的白部分缩小即可。遮片变得距离100%白越远，合成就越透明。只要制作遮片放大或缩小的动画，即可创建渐显或渐隐。

注意：在图5-7中缩放了的前景遮片在白色区域看起来就像一个50%的灰色。你可以看到这个部分的密度是怎样在部分缩放了的前景和后景中反映出来的，而这在最终的合成中又以半透明的形式显示出来。

图5-8显示了如何修改流程图，以将半透明操作或渐变操作引入流程。我们添加了“缩放”节点以便将遮片上的白度降下来，这控制了透明的程度。然后，缩放后的遮片在乘法节点中用来缩放前景和背景。

$$合成=[(z\times遮片)\times前景]+[1-(z\times遮片)\times背景] \tag{5-2}$$

练习5-2

公式添加了透明度缩放因数（用字母z表示）。当z为0时，前景为全透明。当z为1.0时，前景是完全不透明的。当z为0到1之间的一个数时，将会产生部分透明。

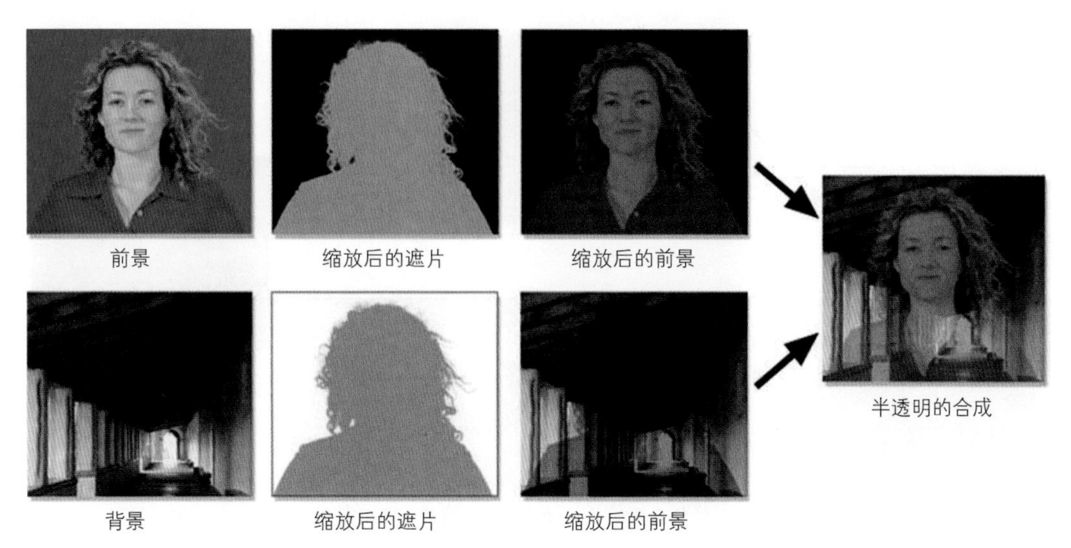

图5-7　半透明的合成

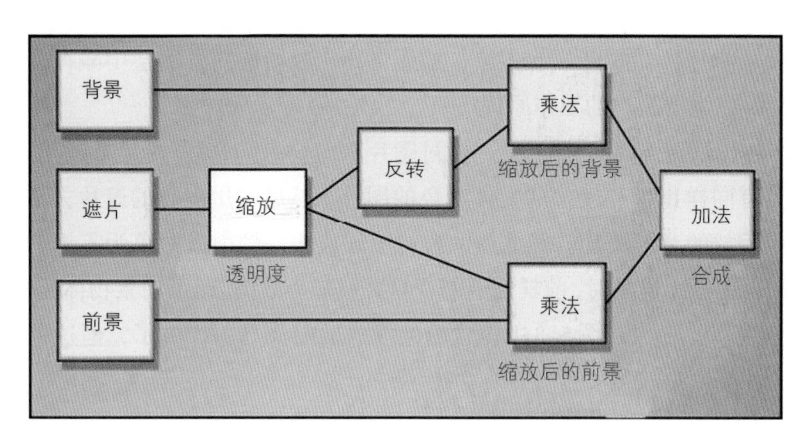

图5-8　半透明合成的流程图

5.2　已处理前景法

前一节展示了传统的合成方法——用遮片去乘前景图层，用反转的遮片去乘背景图层，然后求二者的和。但还有另一种方式，一种完全不同的方式，在某些情况下可能会得到更好的结果。这种方法称作已处理前景法（the processed foreground method），是因为它照搬了Ultimatte的同名方法。其主要优点是在大多数情况下，生成的边缘会比传统合成方法更好。其主要缺点是，更容易受照明不均匀的蓝幕的影响。

5.2.1　创建已处理前景

已处理前景法本质上是另一种用遮片来缩放前景，以将周围背衬色像素清为0的方法。它使用传统的合成公式，用前景图层的遮片去乘前景图层，以生成经缩放的前景。使用已处理前景法是要创建一个单独的图片，我们称之为背衬图片，它的颜色与背衬色是一样的。

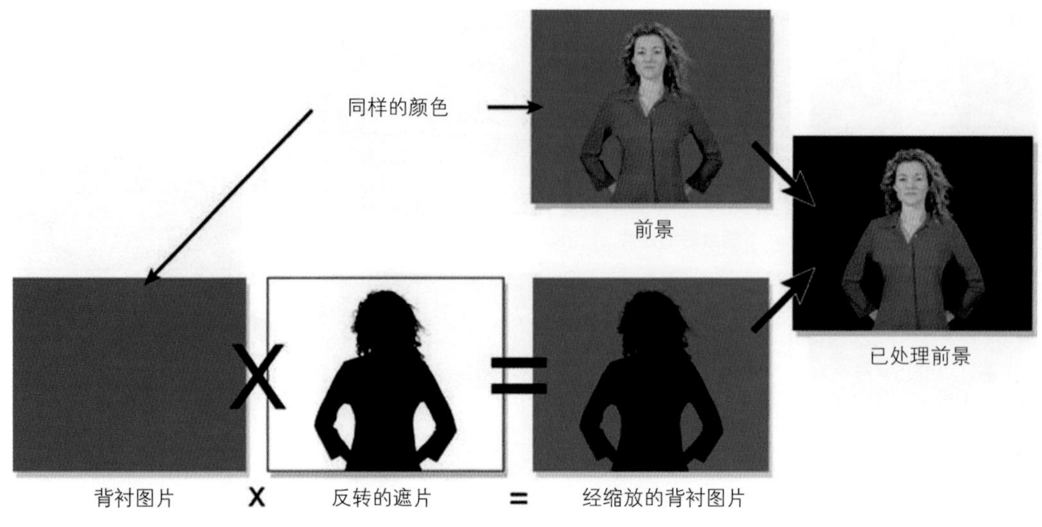

图5–9 创建已处理前景

遮片用来将前景物体所在的区域清为黑，然后将其从原始的前景图层中减掉，而这又将背衬区域清为黑。以下便是它的工作原理。

参看图5–9，第一步是创建一个“背衬图片”，这只不过是一个与前景图层的蓝（或绿）背衬色具有同样RGB亮度值的实体颜色的图片。然后，用反转的遮片去乘这个背衬图片，以创建经缩放的背衬图片。经缩放的背衬图片代表一帧前景原色为零黑的背衬色。当从原始前景图层中减掉这帧时，前景图层的背衬区域降为零黑，留下前景物体元素不受触动。已处理的前景现在看上去与图5–3中创建的经缩放的前景是一样的了，但这种表象可能带有欺骗性。

如果你使用的是完全同一个遮片来制作经缩放的前景和已处理前景，然后这二者做一番比对的话，你会发现，已处理版本的前景经历了更友善、更温和的边缘处理。与已处理版本的前景相比，经缩放版本的前景要暗一些，细节也少一些。通过取一个遮片值为0.5的边缘像素的样本，可以弄清其的原因。就经缩放的前景来说，边缘像素的RGB亮度值将被乘以0.5，从而使像素值减半。就已处理前景来说，同样的0.5遮片值将被用于缩放背衬图片颜色，使其减半，然后，再从原始前景的RGB亮度值中减掉这个亮度值。两种情况下，这都将使前景RGB亮度值的降低量少于缩放操作，从而造成已处理版本具有更亮的像素值。因此，边缘不那么暗。

图5–10中显示了用于创建已处理前景的流程图。从前景开始，用你最好的方法抽取一个遮片，然后将其反转。通过用背衬色的RGB亮度值填充一个实体色的节点，来创建一个背衬图片。然后，用反转的遮片去乘背衬图片，再将乘的结果从前景中减掉。

5.2.2 合成已处理前景

当使用已处理前景的方法时，合成的操作本身必须加以修改。使用传统的合成方法，

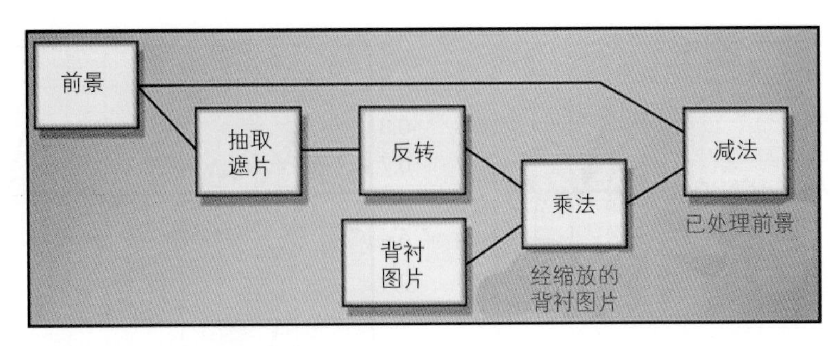

图5-10　用于创建已处理前景的流程图

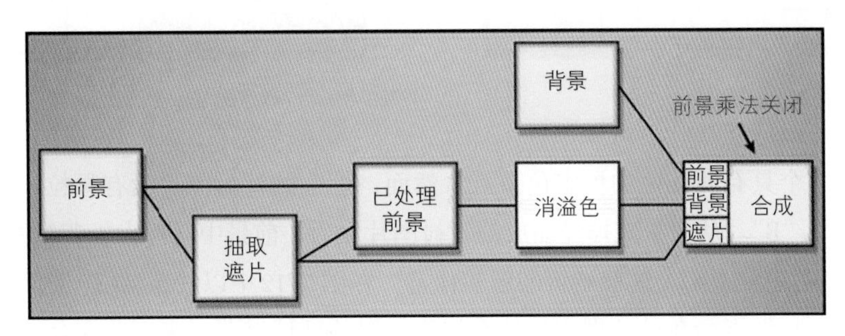

图5-11　已处理前景合成的流程图

合成节点给了原始前景图层，在合成节点中对原始图层进行缩放，以创建经缩放的前景。使用已处理前景法时，前景图层已经经过了“缩放”，在合成节点中不再需要对其进行缩放。这意味着前景缩放操作必须在合成节点中关掉。

另一个问题是应该将消溢色操作放在哪里。已处理前景将会除掉大量的边缘污染，但仍然会有溢色杂光（veiling）需要处理。消溢色操作放在了已处理前景之后、合成节点之前，如图5-11所示。同样，在合成节点中一定要关掉前景的乘法运算，以免出现对前景图层进行双重缩放，以及引入一些非常令人不快的暗边。

5.2.3　一些问题

虽然已处理前景的方法具有软化边缘的优点，但是它也有自己的问题和局限。它的一个问题是，会使背景图片带上一些残留的颗粒，这些颗粒是从前景图层的背衬区域“继承”下来的。另一个限制是，它不大能容忍蓝幕照明不均现象的存在。传统的经缩放前景的方法不会出现这些问题，是因为无论前景图层中背衬区域的像素值是多少，整个背衬区域都已基于遮片的值而缩小至0。使用已处理前景方法时，背衬区域的像素值确实会影响结果。

5.2.3.1　残留颗粒

图5-12中的切片图说明了为什么在合成之后，来自背衬区域的残留颗粒最终将会在背景图片中形成。标有“A”的锯齿线代表典型的前景图片背衬区域颗粒模式。标有“B”的平直线代表为其创建的背衬图片。前景图片的平均RGB亮度值取样自背衬区域，然后用这

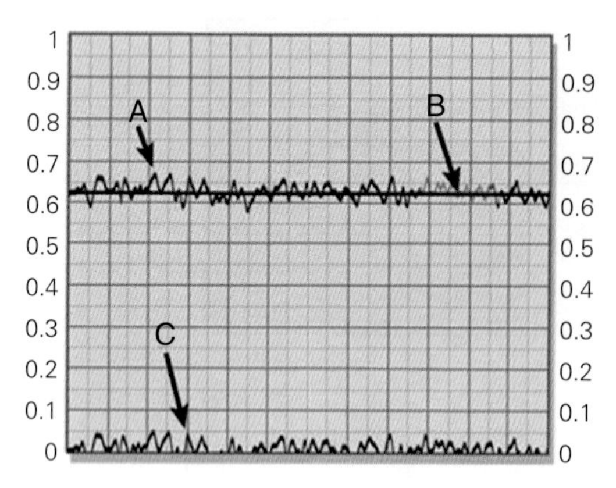

图5–12 残留的颗粒

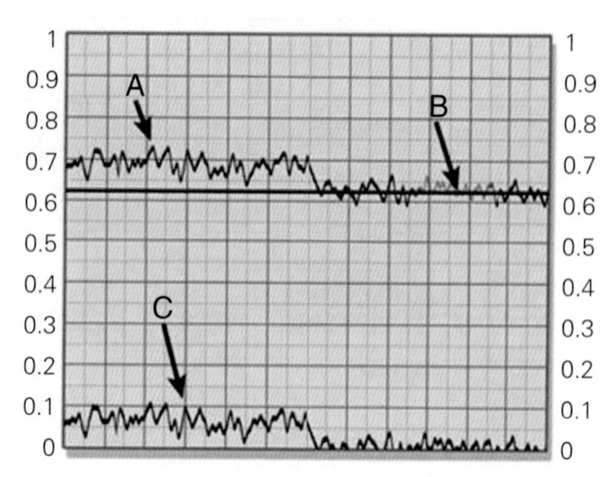

图5–13 不均匀背衬残留

些值来填充一个具有匹配色的恒定色节点。然而，综合的背衬图片没有颗粒，因此得到完全平直的线条“B”。从前景减掉经缩放的背衬图片之后，前景中任何大于背衬图片（B）的颗粒像素（A）会留下来。这些残留的颗粒像素，在图5–12中以线条“C”来代表。

残留的颗粒像素会在已处理前景的看似为零黑的区域潜藏下来，并在合成后变得很明显。最终它们将会出现在背衬图片内所有背衬区域用于前景图层中的地方。Ultimatte也有这种现象，其原理也是一样的。适量的残留颗粒不是一个问题。如果其成为一个麻烦，可以将背衬图片的RGB亮度值提升一点儿，这样它们就会从前景图片减去更多，留下更少的残留颗粒。因为蓝通道中的颗粒最多，所以其将最需要被提升。务必确保只以将残留颗粒降低到可接受水平所需的最低数量来提高RGB亮度值。背衬图片RGB亮度值的提升量越大，边缘的质量就会越低。

5.2.3.2 背衬色不均匀

已处理前景法可能会发生另一个问题，就是因蓝幕不均匀而造成的背衬区域残留。例如背衬区域照明不均匀，构成背衬区域的几块颜色不一样。图5–13中的切片图显示了左侧一块较亮的情况。切线“A”显示了背衬区域两种水平的视亮度，而“B”仍然显示了背衬图片平直的RGB亮度值。当从前景图片减掉缩放后的背衬图片时，较亮的区域将留下较大的残留，如“C”处的切线所示。这种残留最终也将加到最后合成的背景图层上。这也是Ultimatte法的一个特点。

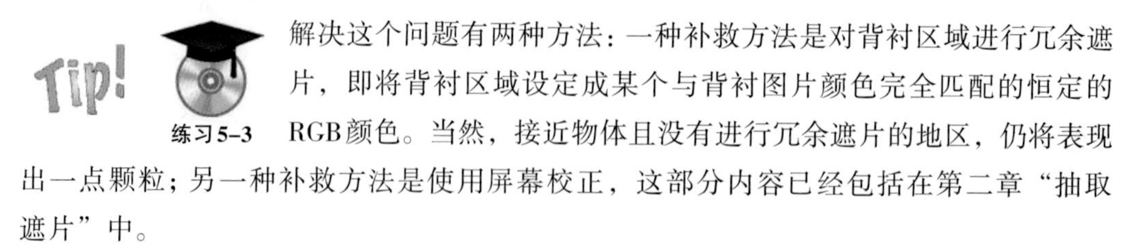

练习5–3

解决这个问题有两种方法：一种补救方法是对背衬区域进行冗余遮片，即将背衬区域设定成某个与背衬图片颜色完全匹配的恒定的RGB颜色。当然，接近物体且没有进行冗余遮片的地区，仍将表现出一点颗粒；另一种补救方法是使用屏幕校正，这部分内容已经包括在第二章“抽取遮片”中。

5.3　相加—混合合成

相加—混合合成（add-mix composite）是普通合成算法的一种变型，当合成烟雾之类的轻薄纤细的物品和激光束之类的光发射源，以及清除其他合成周围的暗边时，相加—混合合成特别有用。除了谈到前面一节中描述过的用遮片来缩放前景和背景的时候以外，相加—混合合成在各方面与普通的合成都是一样的。普通的合成，是用同样的遮片来缩放前景图层，然后先将其反转，再对背景图层进行缩放。相加—混合合成，是用彩色曲线来制作两个不同版本的遮片：一个用于前景图层，另一个用于背景图层。

那么，相加—混合合成的工作原理是什么，以及应该何时使用呢？它的工作原理很难形象化的予以描述。彩色曲线既不会影响遮片的100%透明区域，也不会影响遮片的100%不透明区域。它仅影响遮片的部分透明像素，这意味着它在两种区域内会影响合成：半透明区域和围绕遮片边缘防混叠的（anti-aliased）像素。效果是根据彩色曲线调整的状况来改变前景部分透明像素和背景部分透明像素的混合比例。不是恰好成为互易的关系（比如50/50或80/20），而是生成一些可变的混合比例（比如50/40或80/50）。

5.3.1　何时使用

使用相加—混合合成方法的场合之一是当合成一些比如烟雾或薄雾之类的纤细元素的时候。图5-14显示了一个烟雾元素，它经过了自遮片（self-matted）后，再合成到一个城市夜景上。烟雾是几乎看不见的。在图5-15中，用一个相加—混合合成使烟雾上的遮片变薄，而不使城市元素上的遮片变薄，从而凸显了烟雾图层的存在。这一次又是取得了与仅仅调整一个普通合成中的遮片密度完全不同的结果。

另一个使用相加—混合合成的方法会有所帮助的场合，是合成激光束或爆炸之类的“光发射源”的情况。图5-16中的示例展示了由恶魔星球蒙哥向我们珍贵岩石资源发动怯懦的激光攻击的又一个例子。无论光束元素是CGI部门渲染的，还是由另一个图片提取的，都可以用相加—混合合成方法来调整边缘属性，以赋予元素以更有趣味、更多姿多彩的外观，如图5-17所示。注意，边缘没有失去它们的透明度，或以任何方式变硬。

图5-14　烟雾图片叠加到城市夜景的普通合成

图5-15　相加—混合合成使得烟雾图层凸显出来

图5-16 光束元素以普通合成的方法叠加到背景图片上

图5-17 相加—混合合成使得光束更“有生气”

图5-18 前景图层和背景图层之间的暗边的特写

图5-19 相加—混合合成清除了讨厌的轮廓

Tip! 相加—混合合成方法另一种更常见的应用，是清除那些经常发现潜藏在合成周围的讨厌的暗边。关于这些情况，有很多成因和对策（对此我们将在后面的若干节中予以讨论），而那些对策之一，便是相加—混合合成。图5-18给出了一个前景与背景之间的暗边特写，图5-19显示了合成是怎样将这些暗边很好地清除掉的。

5.3.2 创建相加—混合合成

要创建相加—混合合成，需在遮片用于前景和背景上做乘法运算之前，将彩色曲线节点添加到遮片上，如图5-20所示。将这个图与图5-6中的普通合成的流程图相比较。这里的关键是，遮片的调整对前景和背景可以是不同的，这就是全部的秘密。对于传统的合成操作，一条彩色曲线可以在缩放操作之前添加到遮片上，但缩放前景和背景用的都是相同的遮片。在这里，对于前景缩放操作和背景缩放操作，遮片是不同的。

你将碰到的问题是，必须在合成操作的内部来使这些彩色曲线反转，而无疑有一个合成节点是你不能走进去修改的。有不多的几种合成系统的确是有一个相加—混合合成节点，如果你的合成系统确实具有这样的节点，那你真是幸运中的幸运。如果没有，那你可以使用图5-20中的流程图，自己去创建。

Tip! 这里要提醒一个词，这个词就是“限幅”。相加—混合合成中使用的数学，可以允许合成的像素亮度值大于100%白，而这种情况下将被限幅，看上去将很糟糕。

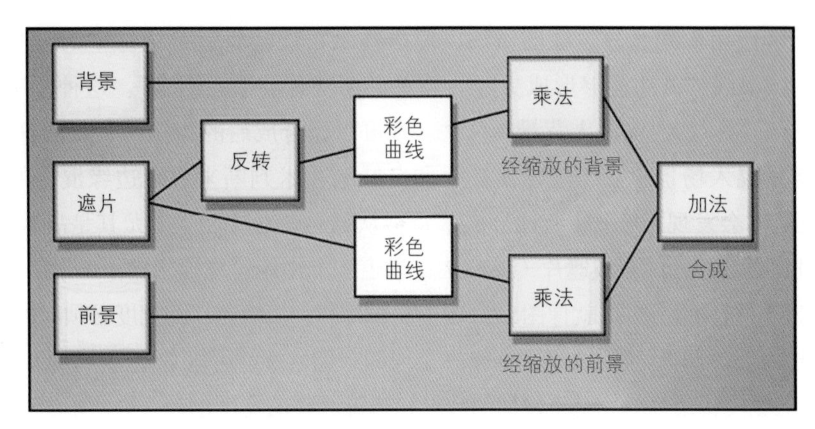

图5-20 相加—混合合成操作的流程图

使用标准的合成将不会发生这种情况，因为即使是合成两个100%白的物品，如果一个遮片像素亮度值比如说是40%，那么经缩放的前景RGB亮度值将变成40%，而经缩放的背景RGB亮度值将变成60%。它们的和不会超过100%，所以不会限幅。

练习5-4

然而对于相加—混合合成方法，原始遮片像素值有可能是40%，但在经历了彩色曲线的处理之后，就有可能出来变为60%，所以经缩放的前景RGB亮度值就变成了60%。同样是40%的遮片像素，现在去了另外的彩色曲线处，出来就成了比如说是70%，所以，经缩放的背景RGB亮度值就变成了70%。现在，当它们相加时，60%加上70%等于130%的合成像素的RGB亮度值，这是不允许的，所以要被限幅。这意味着你不仅必须在用来建立相加—混合合成的那一帧上检查限幅情况，还必须检查镜头中的每一帧，以免它们中的某些帧变得比你看的那一帧更明亮。

5.4 优化遮片

本节研究一些能够在合成操作期间和之后进行，以进一步优化质量的处理。即使是在进行了最好的遮片提取和遮片优化之后，最终的合成在前景和背景之间往往还会有不那么漂亮的边缘过渡。最终的合成之后稍稍做一点儿边缘混合，将会更好地整合合成的图层，改善完成镜头的外观。本节还披露了光环绕技术（light wrap technique）有助于进一步将前景整合到背景中。软合成/硬合成技术是一种显著改善有问题的遮片边缘质量和密度的双重合成策略。这利用了两种不同的遮片：一种具有最佳的边缘，另一种具有最好的密度。与此同时，还保留了两个领域最好的一面，并不会引入任何自身的伪像。

5.4.1 边缘混合

在电影合成中，"清晰的"边缘可以是三至五个像素宽，而软边受景深或运动模糊的影响，可以相当得宽。一个令人信服的合成，其边缘特征必须与画面中的其他部分相匹配。抽取出来的遮片边缘通常都会比想要的硬得多。将CGI合成到现场表演上尤其会是这样。

尽管我们通常使用模糊遮片边缘的做法，但这样做可能会将遮片边缘中的一些细节也模糊掉。有一种不同的方法能够形成更好的外观，那就是“边缘混合”。这种方法在最后合成之后，将前景物体的边缘混入背景图片中。它可以让合成后的物体具有非常自然的边缘，这有助于将其混入场景中。当然，你必须靠良好的艺术判断来决定边缘混合的程度应该是多少，但是你会发现，几乎所有的合成都将会从这种优化中受益，尤其是故事片的工作。

这个过程是在原始的合成遮片（或CGI α 通道）上使用边缘检测操作，来创建一个新的遮片，这个遮片只有遮片边缘，就像图5-21中的示例那样。边缘遮片的宽度必须经过精挑细选，但对于2K电影或高清晰度电视来说，通常三个或四个像素宽就可以了，但对于视频工作来说，明显窄得多的宽度将是好的。至于模糊的数量，边缘遮片的宽度也是一种艺术的判断。

Tip! 边缘遮片本身需要有软边，这样模糊操作才不至于在边缘处戛然而止。如果你的边缘检测操作不具有一个软度参数，那你就先在边缘遮片上使用一个轻微的模糊，然后再使用它。另一个关键是边缘遮片必须跨越前景物体的合成边缘，就像图5-23的示例那样。必需这样做，才能使边缘混合模糊操作将来自前景的像素和来自背景的像素混合在一起，而不是只模糊前景的外边缘。

（a）原始遮片

（b）边缘遮片

图5-21 由原始合成遮片创建的边缘混合遮片

图5-22 原始的合成图像

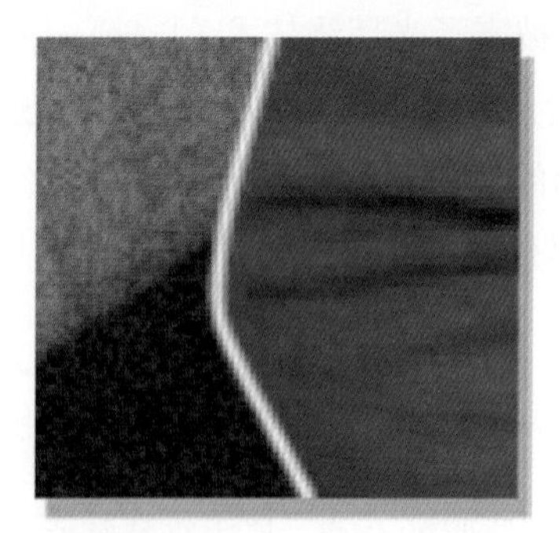

图5-23 边缘遮片横跨合成边缘

图5-24 形成的混合边缘

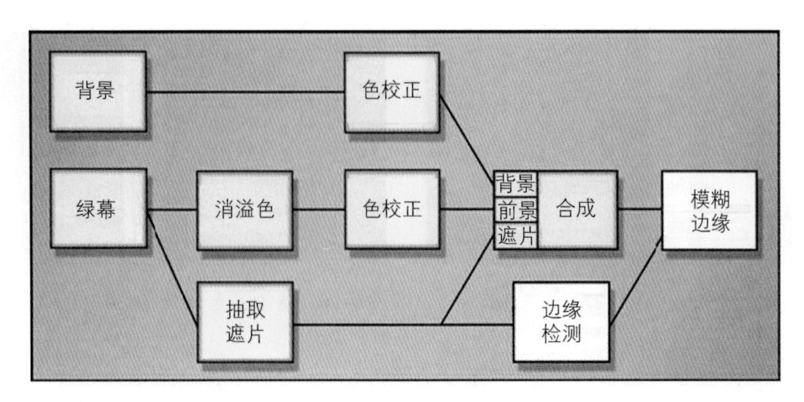

图5-25　边缘混合操作的流程图

图5-22是具有硬的遮片边缘线的原始遮片的特写。图5-24显示了模糊操作后形成的混合后的边缘作。模糊操作一定要轻，模糊半径要小，一两个像素即可，以免弄脏了边缘，使整个前景的周围带上一个雾蒙蒙的轮廓。如果混合边缘明显缺少颗粒，可以用同样的边缘遮罩来使其重新带有颗粒。

练习5-5

图5-25是一个在典型的蓝幕合成上的边缘混合操作顺序流程图。我们先将边缘检测用在合成遮片上以创建边缘遮片。然后，在合成之后，再用边缘遮片，遮罩一个轻微的模糊操作。

5.4.2　光环绕

在现实世界中，当人们在一个前景物体的实际环境中拍摄这个物体时，会有一些来自环境的光线溢到前景物体的边缘上。这样，围绕前景物体的整个边缘就增加了一缕（wisp）环境光的颜色，而这缕颜色将会在合成中丢失。可以用合成的方法，通过围绕前景物体的边缘溢出一些来自背景的光线，以此来增强合成画面（无论是蓝幕镜头还是CGI镜头）的照片般真实感。其做法可以是使用“光环绕”技术，让来自背景图片的光“环绕”在前景物体的边缘上。

基本的想法是从前景物体的遮片创建一个特殊类型的边缘遮罩，然后仅仅用这个遮罩将背景图片中前景物体的外边缘部位稍稍屏蔽掉一点儿。屏蔽操作是一种非常有用的图像混合方法，它的一些吸引人的细节将在下一章予以描述。你将需要知道它是如何工作的，以便对其予以控制。所以，务必尽快研究一下有关屏蔽操作的问题。同时，你的合成软件可能有一个你可以直接插入的屏蔽节点。

让我们考虑一下图5-26所示的这样一种情况：打算将一个灰色的球（精心挑选了一个没有颜色的物体）合成到一个彩色背景中（精心挑选了鲜艳的颜色）。第一步是创建一个内边缘遮罩，该遮罩在前景遮片的外边缘是浓密的，向内经过不多的几个像素，就衰减为黑色，如图5-27中的特写所示。创建这样一个遮罩是轻而易举的，只要模糊了遮片，将其反转，然后用原始遮片与之相乘即可。

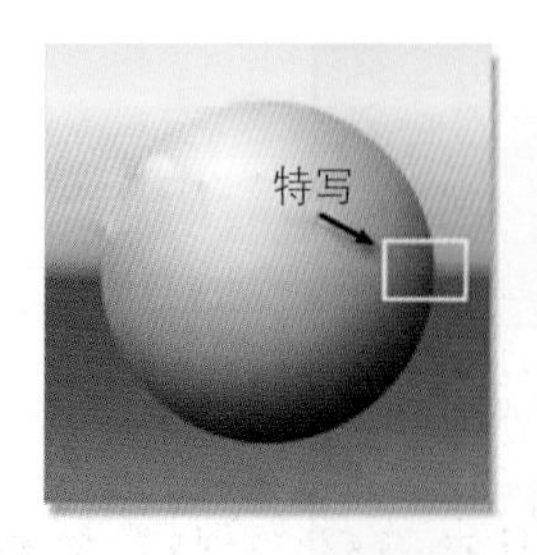

图5-26 前景与背景

图5-27 内边缘遮罩

图5-28 背景溢色边缘的一缕照明

图5-29 前(右侧)后(左侧)两个版本的特写

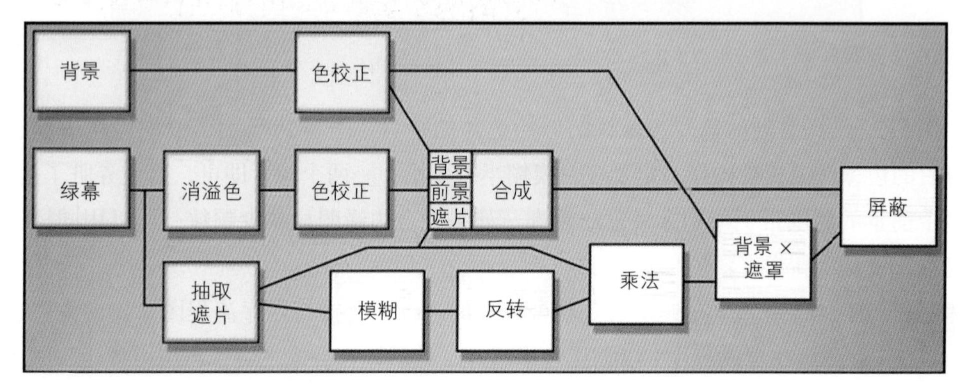

图5-30 光环绕操作的流程图

这个内边缘遮罩然后乘以背景图片，结果形成了背景图片的一缕，该缕将覆盖前景物体的外边缘，如图5-28所示。就是这缕背景“光”从合成镜头上被屏蔽掉了，所以前景物体将有一缕边光添加到它的周边上。这是一种细微的效果，在全尺寸的图像上是很难看出来的，所以在图5-29中并列地给出了球的前（右侧）后（左侧）两个版本的特写。

Tip! 在前面一节中，你已经知道了如何去做边缘混合，现在我们又有了边缘光环绕。那么，这两件事应该按怎样的顺序来做呢？先做光环绕，然后再做边缘混合。请记住：这两项操作都要做得很细微，千万别做过头。我们可不愿意忽然看到一连串边缘闪闪发光、模模糊糊的合成镜头。

练习5-6

图5-30是一个光环绕过程的流程图，该流程添加到了一个典型的绿幕遮片提取与合成流程图上。这种技术同样适用于CGI图像和它们的 α 通道。首先，遮片被模糊和反转了，然后用原始遮片去乘，以生成内边缘遮罩。然后，背景图片与该遮罩相乘，再用完成的合成对乘积进行屏蔽。

5.4.3 软合成/硬合成

对于长期困扰的遮片质量不好的问题（这当然是由于蓝幕镜头拍摄不好造成的），软/硬合成是最考究的解决方案之一。我们对遮片似乎始终有两种相互冲突的需求：一方面，你想让边缘有大量的细节；但另一方面，你也想让前景区有100%的密度。很多情况下，这些

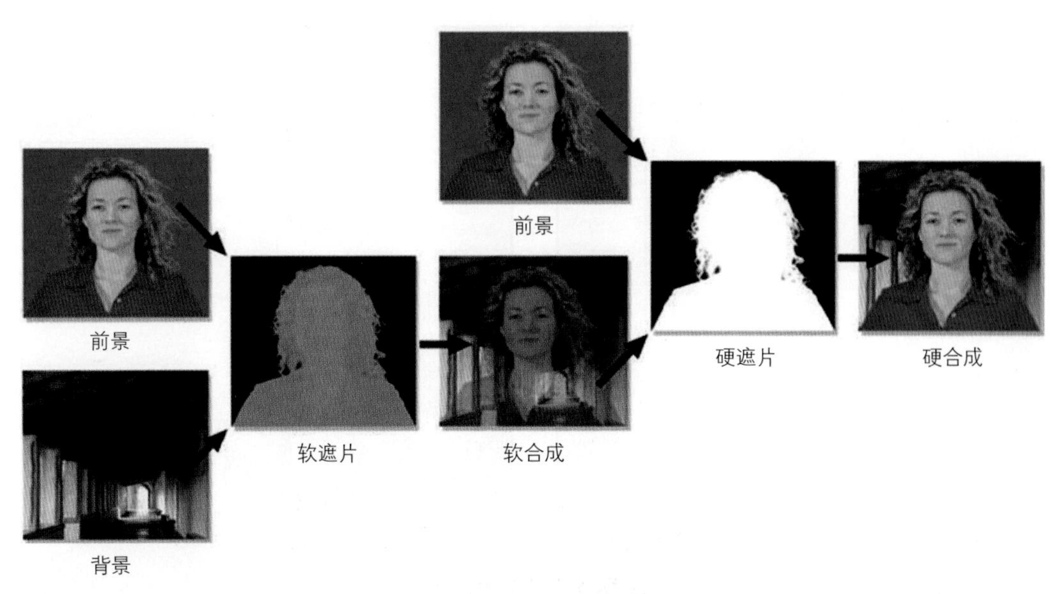

图5–31　软合成/硬合成的操作顺序

需求是相互排斥的。你可以抽取一个在围绕边缘处有大量优质细节的遮片，但遮片的密度不够充分，做不到完全不透明。当你硬化遮片，以获得你需要的密度时，边缘细节又消失了，而且围绕边缘出现了锯齿状。软合成/硬合成法为这种问题提供了一个很好的解决方案，而最重要的是，它是为数不多的几个不会引入任何新伪像的程序中的一个，那真是干净利落。这种技术也可以非常有效地与Ultimatte之类的抠像键控器一起使用。

基本的想法是抽取两个不同的遮片，并做两个合成。第一个遮片是“软”遮片，该遮片具有所有的边缘细节，但在前景区域缺乏制作实体合成所需要的密度。这种软遮片首先用于将前景合成到背景上，即便是前景元素将是部分透明的。然后，通过放大白色、拉低黑色，使遮片“硬化”，并稍有紧缩。这就生成了一个具有实体内核（略小于软遮片，并镶在软遮片之中）的硬边遮片。然后，这个硬遮片第二次用于与同一前景图层进行合成，但这一次将前面的软合成用作背景图层。硬合成“填充”到软遮片半透明的内核之中，而软遮片为总体的合成提供优质的边缘细节。这是强强联合。图5–31说明了软合成/硬合成的整个过程。

以下是执行软合成/硬合成程序的几个步骤：

步骤1：创建“软”遮片。它有很棒的边缘细节，但内核没有足够的密度。

步骤2：制作软合成。用软遮片将前景合成到背景上。在这个阶段，预计得到一个部分透明的合成。

步骤3：创建“硬”遮片。它可以通过硬化并紧缩软遮片来制作，或者通过抽取一个新的照片，即使用更严格的遮片提取设置来得到一个更硬的遮片。无论是哪种方式，硬遮片必须是100%的实体，而且略小于软遮片，这样它才不会覆盖住软遮片的边缘。你或许甚至想要利用模糊操作来使之稍稍软化一些。

图5-32 前景叠加到背景上未经整合

图5-33 前景整合到背景中

步骤4：制作硬遮片。重新合成同一前景，但使用软合成作为背景。硬遮片填充了前景的实体内核，而软合成处理了边缘细节。

练习5-7

在一个特别困难的情况下，你可以考虑一个三图层合成，其中逐次地一个图层比一个图层“硬”。当然，任何边缘混合都将只能是在最外层来做。

5.4.4 图层整合

前面两节从纯粹的技术视角讲述了合成优化的问题。下面，我们将从艺术的视角来讨论该问题。在后面的几章中，我们将研究如何对不同的图层进行色匹配处理、照明和其他方面的问题，以便使它们好像是处在同一个光空间中，从而更好地混合在一起。但是，就在我们研究合成操作的时候就应该指出，有这样一个合成步骤可以帮助我们“推销”合成——那就是将前景图层整合或“夹”到背景图层当中，而不是仅仅把前景浮搁在背景的表面。

图5-32展示了将前景图层简单地粘贴到背景上的情形。在这个例子中，灯塔是一个前景图层，它是作为一个三维CGI元素而创建，然后又被合成到现场表演的背景中。尽管合成画面看上去很好，但如果将灯塔“夹”到背景的诸元素之中，使它整合到背景当中，合成本身就可以做得更让人信服。

在这个例子中，从背景图片中隔离出来一丛灌木，然后再将这丛灌木放回到图5-33所示的灯塔根基处。此外，从另一个现场表演的图片中，挪过来几只飞翔的鹈鹕，将它们放在了前景中，以加强深度感，并将灯塔整合到场景中。当然，所有这些绝不意味着各个图层无需进行色校正以使颜色匹配，但通过将前景元素放入背景中，更会让人觉得合成的画面是一个整体。这是感知的事。

5.5　立体合成

电影故事片行业中的一个大趋势是立体故事片（stereo feature）。不幸的是，长期以来人们一直将其错误地称作“3D电影”（3D movie），以至于现在无法指望将其纠正过来了。它们不是3D电影。《怪物史莱克》（*Shrek*，2001）是3D电影，即用3D动画制作的电影。《博瓦纳的魔鬼》（*Bwana Devil*，1952，又译为《非洲历险记》）是立体电影，是用两台立体偶（stereo pair）摄影机拍摄、两台立体偶放映机放映的电影。然而，合成软件正确地称其为“立体合成”（stereo compositing），这是没错的。底线是，如果和一般人说，你或许应该用“3D电影”这个词；但如果和专业人士说，就称其为“立体”。由于在这儿我们都是专业人士，所以本节我们称其为“立体”。

立体电影的迅速崛起，是由数字编辑、数字中间片和数字电影的意外结合而促成的。如果你试图用35毫米胶片来剪辑一部立体电影，并为其彩色配光，那就是梦魇般的经历。胶片是双倍的，冲洗成本是双倍的，印片成本是双倍的，剪辑时间是双倍的。如果在计算机中用数字方式来做，剪辑了左眼，就自动剪辑了右眼。如果数字剪辑之后，再用数字中间片工艺来完成电影的彩色配光，比起用输片齿轮和滑轮来传输胶片，让其通过酸浴、定影液和干燥箱来，同样是要简单、可靠得多。

然而真正让立体崛起的，是数字电影。试图让两台放映机实现同步，并正确地会聚且同样地聚焦，同样是一个梦魇般的经历。如果一只眼的胶片断了，就要剪辑另一只眼的胶片，以使二者匹配。使用数字电影的方式，电影是作为一组数字文件来交付的，而数字文件是用高分辨率的放映机来放映的。数字放映结合了几大技术突破，以偏光镜和滤光器取代了过时的红青双色眼镜，为人眼分别放映出左眼视图和右眼视图，在图像质量上，在银幕视亮度上，以及在色保真度上，都提高了一大步，与此同时，还大大减轻了眼疲劳和眩晕。

以立体的方式拍摄电影，既困难又昂贵，所以，电影可以拍成“平面”的，然后在后期制作中再转成立体的。当前制作的故事片只有不多的几部经过了转换。然而，如果你考虑到成千上万部老电影制片厂的片库里，如果能够以立体的方式重新发行，重获新生，那立体合成工作岂不是有着非常光明的前景。近期的技术发展表明，用不了多久，我们就可以开始在家用电视机上看立体节目，这将又一次引发立体工作的爆炸。

无论立体偶是胶片拍摄的或磁带拍摄的，还是渲染而成的，或者是在后期由平面转成立体的，其合成都必须以立体流程的形式进行，以便管理左眼图像和右眼图像。越来越多的合成软件都支持立体工作流程，甚至某些编辑系统也在添加立体工作流程。好莱坞现在没完没了地谈论着立体电影令人兴奋的未来。

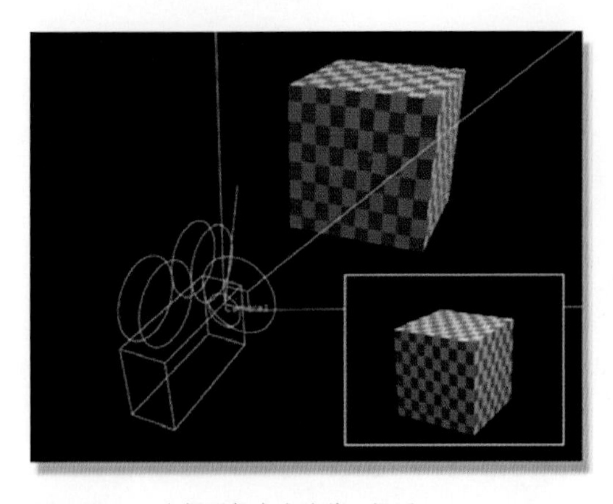

图5-34　一台摄影机产生的单一视图

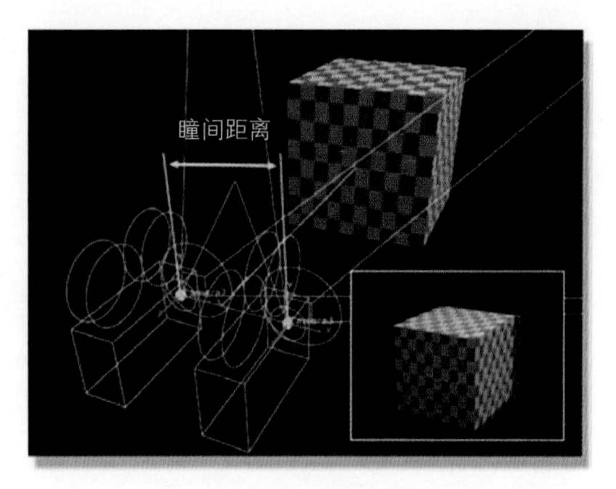

图5-35　两台摄影机产生的立体视图

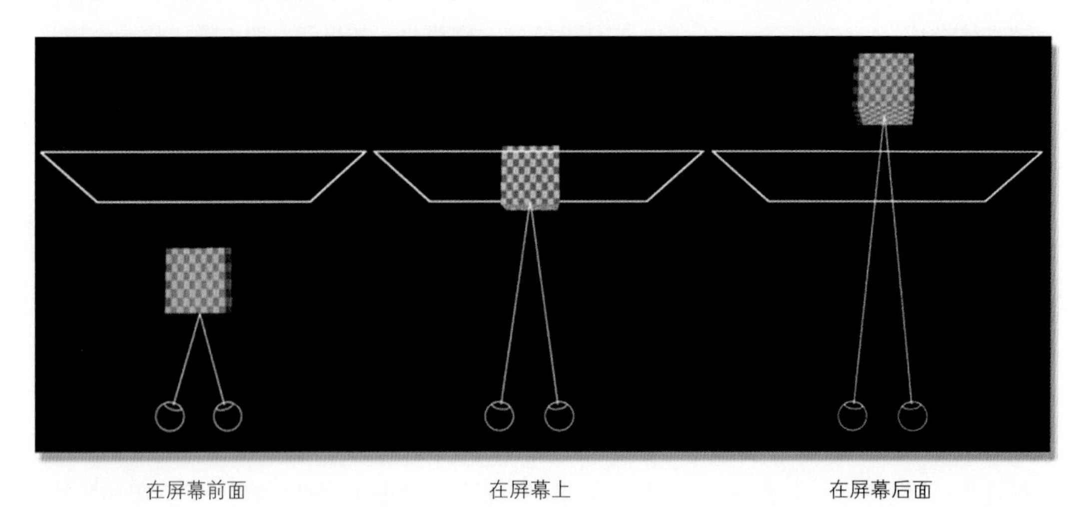

图5-36　像素视差怎样从前面移到了后面

5.5.1　体视术

体视术即创建和显示立体图像的技术，有它自己的技术和词汇，所以，有几个概念和术语你需要熟悉。普通的摄影术使用一台摄影机（相当于一只眼睛）来记录场景，从而生成一个“平面的”画面（图5-34）。体视术使用两台摄影机，从略微不同的角度来捕获场景的两个视图（view），以生成立体偶图像（图5-35）。如果立体偶能够以某种放映方式将这两个对于每只眼睛略有不同的视图呈现出来，画面就会产生深度错觉。

视差（parallax）指的是两个视图的区别有多大。如果物体距离观察者很近，差别就会很大（有很大的视差）；如果物体离得很远，差别就会很小（有很小的视差）。影响视差的另一个因素是图5-35中标出的瞳间距离（IPD）。对于人来说，这是我们两个瞳孔之间的距离（成人平均为2.5英寸，约63.5毫米）；对于立体摄影机来说，这是摄影机两个镜头中心之间的距离。加大瞳间距离，也会加大视差。

像素视差（disparity）是对一个物体的左视图与右视图之间像素偏移（pixel offset）的

图5-37　双色眼镜

图5-38　双色画面

量度。图5-36显示了随着物体开始从幕前逐渐移动到幕后，像素视差是怎样变化的。该图还显示了随着物体表观深度（apparent depth）的改变，眼睛的会聚度（convergence）发生怎样的变化。左边的示例是物体在屏幕的前面，呈现出很大的像素视差，而且红色视图移到了右侧。右边的示例是物体在屏幕的后面，红色视图现在移到了左侧。注意中间的示例是物体位于屏幕的深度上，根本没有像素视差。

5.5.2　双色法

如同我们已经看到的，立体画面的原理，就是向每一只眼睛呈现场景略有偏移的视图，欺骗眼睛来看到深度。在真实的世界中，做到这一点的方法是，让双眼从略微不同的角度来观看场景。制作立体画面的难点不仅在于同一屏幕上显示两个不同的视图上，还在向每只眼睛只显示两个视图中的一个口。事实证明，做到这点是很难的。最早的可行方法之一是红青双色法，即使用人们熟悉的红色与青色的双色眼镜。

图5-37显示了一种现代风格的双色眼镜，图5-38显示了一个典型的双色画面。如果你手头有一副红青双色眼镜，你可以戴上它，看一看这个画面。双色法将其中一个视图呈现为红色，另一个视图呈现为青色，并将两个偏移的视图合并成一个图像。双色眼镜的红色镜片和青色镜片只允许眼睛看到它想让你看到的视图，并阻止另一只眼睛看到这个视图。

双色法的问题在于存在重影（ghosting）、彩色质量低以及视网膜竞争（retinal rivalry——每只眼睛看到的视亮度不同）。这确实不是让每只眼睛只看到相应视图的好办法。在电影院，使用了高科技的偏光显示系统和眼镜，可以产生好得多的质量，对大量的观众来说，成本也低。然而，在制作单位，最常见的是主动遮光器系统。这种系统使用与显示器同步、迅速闪动的LCD（液晶显示器）眼镜，这种眼镜迅速地交替闪现左眼视图和右眼视图。

5.5.3　转换法

正如我们在立体合成引言一段看到的那样，一些立体电影是从平面格式转换而来的。如果你考虑到制片厂库房内存放了大量的资料影片，你就会明白，转换将是未来制作立体电影的一个非常重要的方法。那么，就让我们看一看这吓人的转换方法是怎么一回事。饶

图5-39 立体左眼视图

图5-40 立体右眼视图

有兴味的是，转换一部影片既需要3D也需要合成，二者兼而有之，不偏不倚。

某些转换方法使用原始图片作为左眼图像，然后再拼出右眼图像。其他方法实际上将一个镜头中的所有元素都分隔开来，然后重新构造左眼图像和右眼图像。考虑一下图5-39中的示例。为了制作右眼图像，你必须先将男孩分隔出来，让他向左偏移一些，然后重新合成到背景上。在图5-40中，你可以看出男孩在位置上的偏移。当然，为了合成右眼图像，将不得不绘制或合成背景，以取代原先被男孩挡住的那些已曝光的像素。问题在于，如果两个背景的像素之间存在细微的变化，就会产生重影，看上去很不舒服。最终证明，实际上好得多的做法是：先将男孩分隔出来，制作一个纯净的背景图片，然后再将两个略有偏移的男孩合成到同一个背景上。背景上没有丝毫差异，因而就没有伪像。但这样做显然要更费时费钱。

上一段我顺口说出“必须将男孩分隔出来”，这显然是说，如果你想要制作一个偏移合成图像的话。遗憾的是，这通常是一项非常艰难的任务。考虑一下图5-39中的男孩。首先，我们将需要围绕他的外边缘做出严丝合缝的遮罩绘制。由于纤细的发丝是无法遮罩绘制的，所以或者用绘画的方式，或者用抠像的方式来制作。抠像是个严重的问题，因为这显然不是绿幕镜头，所以非常难抠，而绘画既费时间，又难画得自然。不要忘记，这不过是一个人们认为很容易的镜头。如果是一对跳着吉特巴舞[①]，裙子飘摆、长发飞扬的人，那又该怎么办呢？如果是一个暴民的场景，那又该怎么办呢？就立体转换来说，物体的分隔是劳动强度最大的活儿之一。

一旦遮罩绘制、抠像和绘画遮罩完成之后，下一个步骤就是按深度来划分各个元素的图层。图5-41显示了一个3D布局的俯视图，这个图显示了镜头是怎样被划分成若干图层的。但等一下，还有别的事情。如果图层是一些用硬纸板剪成的纯粹平面的图案，那在立体图像中看到它时，就完全是原来的那个样子。每个物体都必须投射到一个某种类型的三维网

① 吉特巴舞（jitterbug），二十世纪初期流行于美洲的一种摇摆与爵士的混合舞蹈。——编者注

图5-41 3D深度视图

图5-42 3D网格视图

格上，靠这个网格来使它呈现出图5-42所示的天然圆度。这里所示的网格，实际上是为了说明的目的而大大简化。真正的网格会具有多得多的细节，以反映眼睛、鼻子、脖颈以及衣衫的不同深度。当然，由于角色要四处移动，这个网格也必须通过手工来实现动画效果，以便匹配，而这是一项劳动强度更大的工作。

事情还没有完。一种新的美术师——立体师（stereographer）现在加入到项目中，来进行“深度调控”（depth grading）①，他的工作是确定场景中不同物体的相对深度。深度调控是一门大学问，需要了解的技术问题很多，下面我们就逐一进行研究。

5.5.4 深度调控

在合成一个立体镜头的时候，很有可能你得做你自己的立体师，自己来做深度调控。立体图像的问题之一是看起来很不自然。真实的世界中，人眼以会聚和聚焦这样两种方式来调节一个场景中深度。会聚，就是指双眼向内转动，根据关注对象的距离不同，来将视线相交在不同的距离处。立体电影或立体电视的观看屏幕距离观众一个固定的距离，所以没有聚焦的变化。深度信息完全来自于会聚，而这对于眼睛来说，是不自然的。有些观众因为这种不自然的行为，而出现眼睛疲劳。以下是为立体镜头做深度调控时应知晓的一些问题。

5.5.4.1 场景过渡

如果一个场景中聚焦的物体突出在屏幕以外，然后一个动态剪辑，切到下一个场景，聚焦的物体远在屏幕的后方，这在视觉上是很不舒服的。因此，深度调控过程的一个极为重要的部分，就是考虑场景到场景的过渡，以及从一个场景到另一个场景中，同一个物体的深度位置要保持一致。正如电影制作中的其他方面一样，这里也有不同的美学观念学派。

① TM：Depth Grading（深度调控）是In-Three公司（立体转换方面的一家领先公司）注册成商标的术语。

图5-43 浮动窗口（图片来自美国国家航空航天局）

图5-44 解决了浮动窗口的问题（图片来自美国国家航空航天局）

有些人偏爱大景深，让观众可以聚焦在场景中他们所关注的对象上。另有些人偏爱浅景深，只让关注的对象焦点清晰，以使观众的注意力始终是在导演希望的位置上。有些人愿意将所有聚焦的元素都会聚在屏幕深度上，另有些人则将前面的事物向后挪。

5.5.4.2 仪表盘效应

仪表盘效应说的是突然改变场景深度后，人的双眼很难重新会聚。从看你汽车的仪表盘，到看地平线，这样来回地变换视线，就是一个例子。视觉系统需要经过一定的时间，才能适应新的深度。对一个镜头做深度调控的时候，前一个镜头和后一个镜头都必须考虑进去，以免让观众的视线在屏幕的里面和外面突然地跳来跳去，迅速地改变会聚度。

Tip! 如果两个镜头之间在会聚度上必须有大的差异，在做深度调控时，可以随时间的进展，在会聚度上逐次做出些微的偏移，就像平面镜头中的“跟焦”那样。

5.5.4.3 浮动窗口

如果一个物体经过深度调控，看上去比屏幕更近，却又受到了画幅边框的切割，发生这种现象时，在视觉上就会感到困扰。由于物体触及到了画幅的边框，双目之一会失去其深度线索，从而产生能够干扰观众视觉的像素视差。这个问题可以通过将一个画幅切掉一部分来解决，以避免出现像素差异，但这带来了“浮动窗口”（floating window）效应，此时，物体似乎浮出了屏幕。在图5-43的右下角可以看到这样的例子。

Tip! 针对浮动窗口效应，你可以通过深度调控，将物体放到屏幕平面的后面。此时，当物体触及画幅边框时，就像平时透过窗口观看一样，因而显得完全自然了。图5-44显示了通过调节深度调控来解决浮动窗口的问题。

5.5.4.4 缩小模型化

如果瞳间距离太大了，就会出现缩小模型化（miniaturization），场景中的物体就会莫名其妙地显得非常小。这儿有一个特棒的故事：几年以前，我参加了一个立体项目的投标，一位客户讲述了制作一部立体电影的恐怖经历，其中有一段大峡谷低空编队飞行。导演想要切切实实地夸大立体效果，于是就把两台摄影机架在直升机上，相隔有10英尺（约3.05米）远。飞机飞翔在大峡谷的上空，拍摄了数小时。但当电影以立体的形式放映出来的时候，大峡谷看上去就像个缩小的模型玩具布景！根本没有导演想要的那种令人震撼的效果。根本原因是大脑里知道人瞳孔间的距离，以及它和物体尺寸之间的关系。由于大脑知道人不会有

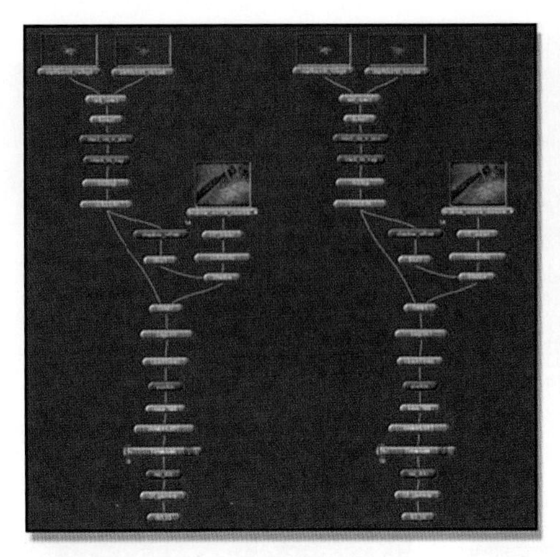
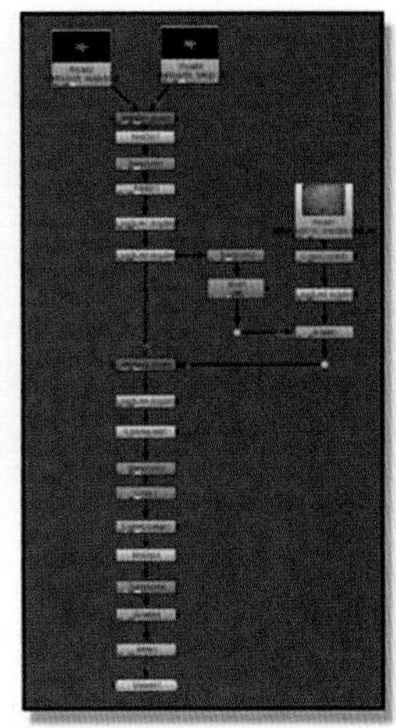

图5-45 合成工作流程的比较

20英尺(约6.1米)的头,所以它认定,大峡谷只能是非常小的。大自然母亲你是愚弄不了的。

5.5.4.5 视线发散

视线会聚是说当双眼向内倾斜,视线会交在观众前面的某一点上。当观看无限远处的某一物体时,双眼的视线就是平行的。自然情况下,双眼的视线是不会向外倾斜的。但如果立体像素视差设置不当,双眼视线实际上也会被迫向外发散,这是一种完全不自然的行为。

5.5.5 立体合成

一些合成程序支持立体工作流程,另一些则不支持。搞一个立体项目,如果使用的合成软件不支持立体,倒也不是不行,但那就太痛苦了。那将需要两个并行的合成流程图,一只眼需要一个,而且你还要不停地想着在两个流程图之间复制每一个节点设置。如果你调整了左眼的模糊量,你就必须对右眼做出同样的改变。支持立体工作流程的合成程序会为你自动更新另一只眼。从图5-45中的两种不同的合成程序中,你可以看出流程图的比较。左边成对的流程图说明了不支持立体合成的程序(如Shake)是怎样合成一个镜头的。右边那个单一的流程图说明了用Nuke(它支持立体合成)是怎样合成同样的立体镜头的。

5.5.5.1 双视图显示

由于立体合成需要一个镜头有两个视图,所以,不仅需要有某种有效的方法,能够同时观察到立体偶的两个图像,而且还需要有某种方式,能够立体地观看这些图像。图5-46显示了一种合成显示软件(compositing viewer),它不仅能够并排地显示两个立体偶图像,还能够迅速地切换成双色呈现方式,以有助于诊断和设置。当然,如果合成工作站有立体观看用的遮光器眼镜,而不是采用双色法,那就要好得多了。

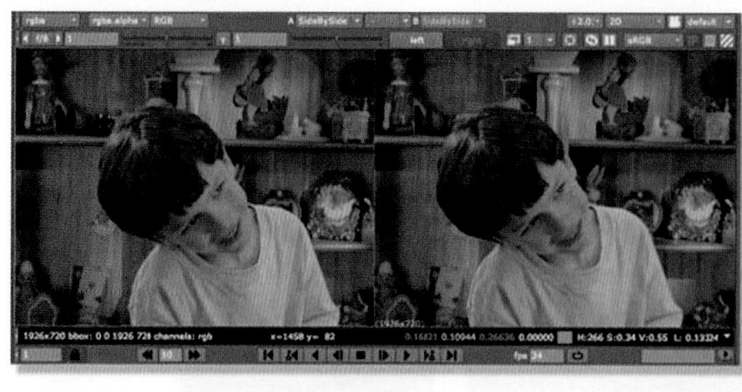

并排法

双色法

图5–46 用合成程序来观看立体图像

图5–47 立体偶

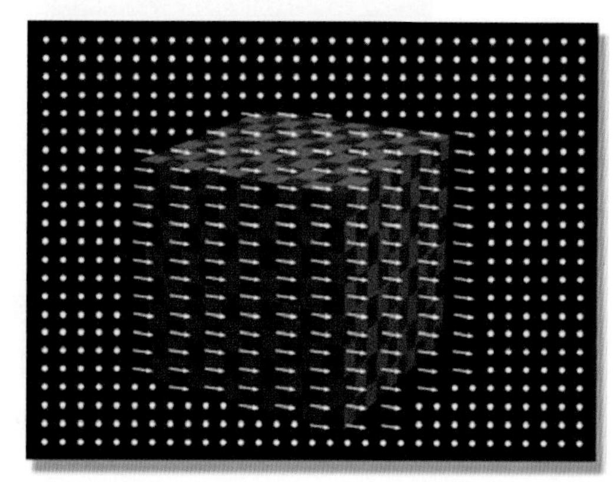

图5–48 像素视差图

5.5.5.2 分割与并接视图

尽管变一下就能看到一个视图，而且另一个视图会自动更新，这对生成效率是一个大的提升，但仍然不时地会碰到这样的情况：你需要只对一个视图做出特殊的处理。对于这类情况，合成程序就必须支持“分割与并接视图”（split and join views）的特点，允许你轻而易举地将视图之一分离出来，进行特殊的处理。

5.5.5.3 像素视差图

像素视差图（disparity map）记录了同一画幅（一个立体偶）的左右两个视图之间像素存在怎样的偏移。与屏幕处于同一距离的物体，将根本不存在偏移；位于屏幕前的物体，将沿一个方向偏移；而位于屏幕后的物体，将沿相反的方向偏移。图5–47显示了一个物体的立体偶，图5–48显示了形成的像素视差图。图中给出了一个视图，以便于参考。箭头即矢量显示了两个视图之间像素偏移的方向；点代表了长度为0的矢量，该处根本不存在偏移。

像素视差图是由一些复杂的软件生成的，这些软件对场景中的各个物体在两个视图之间出现了怎样的偏移，进行逐帧的分析。分析类型与光学流程的类型相似。然而，光学流程的关注点在于物体在画幅之间是怎样移动的，而像素视差图的关注点在于物体在同一画

幅中的两个视图之间是怎样移动的。那么,用像素视差图你能做什么呢?能做的很多,即有:

遮罩绘制:比如你需要遮罩绘制某个东西。如果你有了像素视差图，你只要为一个视图绘画遮罩绘制图就可以了。而后，像素视差图会自动为另一个视图重新绘画遮罩绘制图。

绘画:或许某个东西需要绘画。像素视差图能够偏移绘画笔的笔划，从一个视图覆盖另一个视图。

运动跟踪:你可能需要做某种运动跟踪。你可以只跟踪一个视图，然后使用像素视差图来偏移跟踪数据，与另一个视图相关联。

像素视差图可以大幅度地节省时间和提高生产效率。然而，在处理任何形式的前景/背景混合像素（例如透明物体、运动模糊处理过的边缘或纤细的毛发细节）的时候，确实很容易出现故障。

第六章

CGI 合成

雨果（*Hugo*，2011）

合成工作在范式上正在经历一次大的偏移。合成原本集中在蓝幕镜头和绿幕镜头，但由于CGI（计算机生成图像）已经变得越来越如照片般逼真，而且成本效益也越来越高，它已经将主要焦点放在合成上了。这种工艺现在正在加速发展，2D部门正在演变成CGI生产线的后端。这不是在贬低合成，相反，2D部门已经演变成所有视觉效果镜头的“最后精整”部门。其重要影响有二：首先，它节省了材料在CGI部门中的时间，因为元素不必渲染到非常精准的程度，可以在合成期间再进行精整；其次，它使得合成师的工作变得愈发重要，因为我们既精整了镜头，又降低了制作成本。整个的想法是，尽可能多地将镜头制作的工作，从缓慢昂贵的3D部门转移到快速高效的2D部门来。

合成CGI的时候，一些非常困难的问题是有别于绿幕镜头的。一个根本的但又令人困扰的问题是预乘/解预乘的问题，所以我们将首先解决这个问题。另外，CGI元素现在是分多个单独的光通路（light pass）来渲染的，如环境（ambient）光通路、定向高光（specular）通路、反射光（reflection）通路、闭塞（occlusion）通路等。现代合成师需要了解应如何使用这些多通路（multi-pass）的CGI渲染。除此之外，还越来越需要了解应如何处理高动态范围（High Dynamic Range，缩写为HDR）图像。

或许合成中影响最深远的变化，就算是3D合成了。这里说的不是合成3D图像，这里说的是将实际的3D物体（几何体、灯光、摄影机等）合并到2D合成当中。大多数高端合成程序现在都支持3D合成，所以，本章中有一大部分是专门讲这方面的。对于合成师来说，3D是一个全新的世界，为了帮助2D美术师，本章包含了一节有关3D的讲述。在那一节中，你将学到3D合成所需要的一些核心术语和概念。后面一节将使用这些信息，来显示3D合成是如何用于运动匹配镜头（matchmove shot）、摄影机投影（camera projection）、布景延伸（set extension）、摇摄拼贴镜头（pan and tile shot）等的。

vid

光盘6-1

左边这个图标提醒你，在本书的DVD中，包括了一些特殊的3D动画视频。尽管本章用了大量的画面和示意图来予以图解，但3D这个专题实在是太需要通过使用活动图像来解释了。为此，在本书的DVD中，有7个QuickTime格式的电影，用来图解各种各样的3D合成技术，这些电影放在了VIDEOS文件夹里。

6.1 预乘与解预乘

当合成CGI图像时，与蓝幕合成及绿幕合成相比，有一个全新的考虑因素，而且这是预乘图像与解预乘（premultiply and umpremultiply）图像非常基本的问题。合成师必须正确地处理这些问题，否则会产生两种恶劣的后果：首先，围绕合成的CGI物体的周围，会产生暗边；其次，色校正操作之后会出现边缘伪像。而且，当解预乘了半透明的CGI后，会产生可怕的伪像。下面几节将解释这些问题，以及如何处理这些问题。

6.1.1 预乘的CGI图像

当我们研究第五章中的合成操作的时候，你们已经了解了在合成节点内，是怎样用遮片预乘前景图层，以生成经缩放的前景图层的。预乘的（缩放的）前景图像的标志是前景物体被黑色包围了，因为"非前景"像素都被缩至零了。CGI图像被称为"预乘的"图像，因为RGB图层已经被其遮片（α 通道）乘过了，不可以再用其遮片去乘了。问题在于这个预乘操作是在合成节点之内进行的。

如果一个预乘的CGI元素在合成期间再次由其遮片去缩放，那所有 α 半透明像素（任何 α 值并不正好都是0或1.0）以上的RGB像素，都将被缩小，并且变得更暗。α 半透明像素出现在三个地方：环绕物体边缘的防混叠像素、玻璃之类的半透明物体以及运动模糊的边缘。所有这些像素都将会比它们应该的样子更深，这就会使你的CGI合成的周围带上一圈丑陋的边纹。你的任务是要确定你的合成操作是否有一个"开启/关闭"开关，用于前景缩放操作，以便使你可以中止它在CGI合成中的应用，以及开启正常的蓝幕合成。

练习6-1

这里有一个非常简单的测试，你可以用它来确认是否已经为CGI图像设置了正确的复合操作。将CGI元素合成到零黑的背景图片上，然后在合成的CGI版本与原始的CGI元素之间"拴牢"。如果一切都正确地设置了，两个版本将是相同的。如果你是在又一次缩放CGI图层，当你切换到合成版本时，你会看到边缘变暗。

练习6-2

Adobe Photoshop用户：这里，当你试图将一个典型的CGI图像合成到一个背景上的时候，你会碰到一个问题。正如你在前面看到的那样，CGI图像已经被它的 α 通道乘过了。如果你试图通过选择并加载CGI α 通道，或通过将 α 通道复制到一个图层遮罩（Layer Mask）中，来使周围的黑色区域变为透明，Photoshop将再次以 α 通道去乘CGI。这会使黑边和半透明地区变暗，从而破坏了合成。你的合成看上去将不会像用常规合成程序做的。然而，用"人工"制作合成的方法，有可能胜过Photoshop。练习6-2将向你展示该如何去做。

6.1.2 解预乘操作

预乘形式的CGI图像在需要进行色校正的时候，会带来一些特殊的问题。色校正与半透明像素之间的相互作用，会干扰一个像素的RGB亮度值与其相关的 α 像素之间的关系，从而会导致颜色异常。如果这个问题出现了，色校正之前必须先解除CGI图像的预乘。然而，解预乘操作本身有可能带来问题。在描述解预乘操作之前，我们将首先研究一下用原始的CGI预乘图像工作会带来哪些问题。由于数字美术师需要决定是用预乘的版本工作，还是用解预乘的版本工作，所以在本节的最后，你将知道应如何做出决断。

6.1.2.1 零黑的 α 像素问题

当CGI元素的 α 通道有一个零黑像素时，这通常意味着最后合成图像的这个部分应该是背景，所以，在这个区域的RGB像素值也应该零黑。某些色校正操作可以将这些黑的RGB像素提高到零以上，赋予那些本该是零黑的地方以某种颜色。在正常情况下，这本该没有什么问题，因为这些“彩色化的”黑像素，在合成操作期间会缩回到零。

然而，如同我们在6.1.1节“预乘的CGI图像”看到的那样，对于预乘的CGI图像，必须将前景乘法运算关闭。这意味着CGI图层中任何“彩色化的”黑像素将不再缩回成黑，所以，它们最终会与背景图层加到一起使其变色。由于我们不能开启前景乘法运算将它们清理出去，以免两次用 α 通道去乘CGI（那可是一件很糟糕的事），所以我们必须在第一个地方就阻止它们出现。

Tip! 这里有两种可能的解决方案。一种是只使用不会影响CGI图像零黑区域的色校正操作，比如一个RGB缩放操作。另一种可能性是使用 α 通道本身作为一个遮罩，来保护零黑像素。根据图像的内容，这种方式常常是奏效的。然而，这仍然不能解决第二个问题：部分透明的 α 像素。

6.1.2.2 部分透明的 α 像素问题

当CGI合成到现场表演（或其他的CGI上，就此而言）时，合成美术师将被责成做一些色校正。然而，部分透明的 α 通道像素会碰到一个小问题，这可能造成色校正无法正常进行，并引发伪像的形成。下面我们予以说明。

在对CGI进行渲染时，α 通道中的像素值将会落入三个范畴之内：100%白（1.0）、100%黑（0）或者0至1.0之间的某个值（比如0.5）的部分透明（半透明）。在这部分讨论中，我们只关心这些部分透明的 α 像素。在CGI渲染中，它们出现在两个不同的地方：在环绕实物边缘的防混叠像素中，还有就是在任何半透明的物体（如玻璃或塑料）中。

让我们看一看CGI渲染是怎样一个过程。先看图6–1，该图代表了某些CGI物体的边缘，本阶段我们不妨称之为“解预乘的”图像。这个名字并不准确，因为它尚未乘以 α 通道。再有，这是在渲染过程之内，所以图像还没有存盘。注意：边缘像素与内部像素具有同样的颜色，而且，图像有“锯齿”（混叠）。图6–2显示了CGI图像相关的 α 通道，沿整个边缘都是部分透明的像素用于防混叠。CGI渲染过程中所发生的是，解预乘的图像用 α 通道去乘（缩放），以生成图6–3中所示的预乘的图像，这就是交付给你用于合成的版本。搞2D的人称

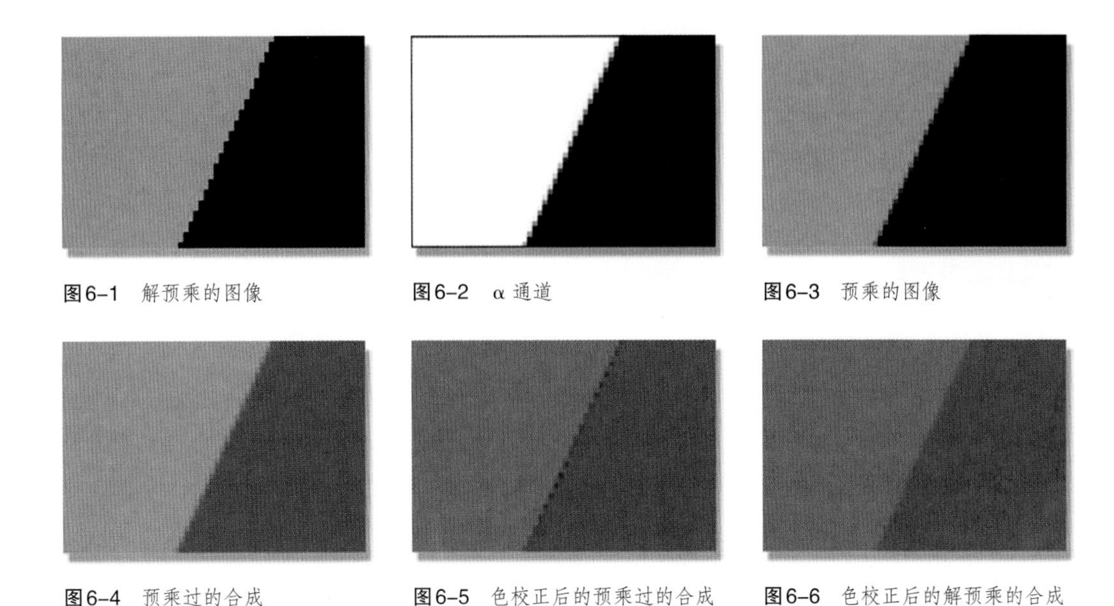

图6-1 解预乘的图像

图6-2 α 通道

图6-3 预乘的图像

图6-4 预乘过的合成

图6-5 色校正后的预乘过的合成

图6-6 色校正后的解预乘的合成

之为“缩放的前景”（scaled foreground）。

接下来，我们从图6-3取来预乘的CGI图像，并把它合成到一个灰色背景上，以生成图6-4中的优良合成。到目前为止，一切还都不错。现在，让我们在合成之前，只是为CGI元素先添加一个小的色校正操作，突然，我们就把图6-5中看到的丑陋边缘引进来了。这里，我们所做的仅仅是对HSV色空间（HSV即色相、饱和度、亮度，英语分别对应Hue、Saturation、Value）中的CGI图像进行了色校正——仅仅将V（亮度）值降低了0.2，使其稍稍变暗了一点儿。如果CGI图像在色校正之前进行了解预乘，色校正后的合成就不再具有边缘伪像了（图6-6）。

图6-5中之所以引入了伪像，是因为受到色校正操作干扰的图像像素的RGB亮度值与 α 通道中的部分透明度值之间的关系很微妙。记住，预乘操作期间，那些RGB像素已经发生了改变（图6-3），已经不再与物体实体部分中的兄弟像素具有同样的颜色了。底线是：在可以对一个CGI物体进行色校正或将其转换到另一色空间之前，你必须解除预乘操作，并将图像恢复到它的解预乘状态（图6-1）。

6.1.2.3 如何解预乘

针对零黑和半透明像素问题，早些时候描述的解决方案是将CGI图像解预乘。事实证明，这很容易做到。所有你要做的，就是把预乘的图像，用其 α 通道去除，就可以将其恢复成解预乘状态。其中的道理显而易见，因为预乘的图像就是用其 α 通道去和它相乘而创建的，所以，用相同的 α 通道去除，理应从哪儿来还回到哪儿去——便得到了解预乘。于是，如果用其 α 通道去除过CGI，你就可以对其进行色校正。然后为了合成，再次用 α 通道去乘（缩放）。

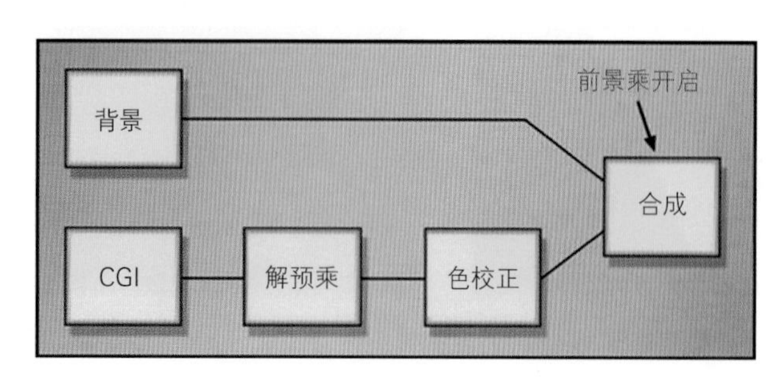

图6–7 CGI元素解预乘合成的流程图

图6–7给出了这种新工作的流程图，问题现在变成了：在什么地方再次用 α 通道去乘RGB图像最好？由于CGI图像已经不再是预乘的了，所以，可以开启前景缩放操作，将其直接发送到合成节点中，就像任何普通的合成操作那样。下面对CGI合成的法则做一个总结：

进行色校正或转换色空间前，先对CGI进行解预乘；
解预乘的CGI：将合成前景缩放设为ON（开启）；
预乘的CGI：将合成前景缩放设为OFF（关闭）。

练习6–3

说实话，如果色校正操作的幅度相对较小，那引入的伪像就不会很明显，整个解预乘的事情就可以忽略。你只有了解了法则，才允许你打破法则。

Adobe Photoshop用户：由于Photoshop没有除法运算，你不能做刚刚描述过的解预乘操作。然而，如果你能够得到解预乘的CGI渲染器，可以按普通的方式，在Photoshop中将其直接用于合成，你也就不需要解预乘了。

6.1.3 高光限幅的解预乘

这里会有我说过的可怕伪像。在某些情况下，预乘操作会限幅定向高光的RGB亮度值。当一个像素的三个RGB亮度值都大于它的 α 像素值时，就会发生这种情形。恼人的是，在CGI元素被合成之前，你是看不到这种限幅的。而当你在一个半透明表面上渲染反射的高光时——例如在玻璃物体上的定向光斑——就会发生这样的情形。图6–8中的示例给出了一个半透明的玻璃球，有一块定向高光从球的顶部反射出来。原始渲染出来的高光显示在(a)图中，合成之后受到限幅的高光显示在(b)图中。限幅使高光的中央出现了一个难看的“平板”光斑。

6.1.3.1 错在何处

以8比特或16比特的整数数据来进行合成，任何像素值如果超过了1.0，就会限幅。在一定条件下，合成期间所做的预乘操作会造成像素值大于1.0的情况，所以会被限幅。当这些受到限幅的像素被合成时，就会在高光部分生成受到限幅的“平板”的光斑。下面我们讲一讲它是如何发生。

对于一个典型的实体甚至半透明的表面，CGI渲染输出一个预乘的RGB像素亮度值小于或等于其关联 α 的像素亮度值，但从来没有更大的。原因很简单：RGB像素亮度值是在0

到1.0之间，而 α 通道像素也是分布在0和1.0之间。当这些值在合成操作期间一起相乘的时候，得到的预乘的RGB亮度值始终会小于或等于 α 通道像素。例如，一个0.8的RGB像素亮度值与一个0.2的 α 像素相乘，会得到的预乘像素值为0.16（0.8 × 0.2=0.16）。请注意：预乘的像素亮度值0.16小于 α 值0.2。

（a）渲染出的高光

（b）限幅后的高光

图6–8　CGI高光

当在该像素执行解预乘操作时，它将被它的 α 像素亮度值去除，以恢复其原始的值0.8（0.16 ÷ 0.2=0.8））。这里没有什么问题。然而，如果同样这个像素是在定向高光中，CGI渲染算法将会使RGB亮度值从最初的0.16，比方说，提高到0.3，但 α 像素还是原来的0.2。现在，RGB的像素值0.3就大于 α 的值0.2了。现在，当RGB亮度值被 α 值除时，得到的结果就大于1.0（0.3 ÷ 0.2=1.5）。于是，问题就大了，因为合成软件将会对像素亮度值1.5进行限幅，使之降至1.0。定向高光于是限幅为一个平板的光斑。记住：这个问题在每个通道上都会发生，所以完全有可能，比如说只是红通道受到了限幅，这就造成了高光向青色偏移。

6.1.3.2　如何纠正

Tip!　消除解预乘高光限幅伪像的方法通常有三种。第一种解决方案是我极力推荐的，那就是将这些高光部分作为单独的图层来渲染，然后再分开进行合成。这种方法简单易行，而且次次见效。它还允许在合成期间，对高光进行单独的控制，而合成以外的其他操作可以用来把它混合进去。然而，有可能你得到的是已经渲染完的图像，高光已经在其中渲染过了，没有机会重新进行渲染了，但你仍然有两个选择方案：第一种方案是将合成数学切换成浮点，就不会限幅了，问题就解决了；但不是每个人都会有一个浮点选项，所以，第二个解决方案是对CGI进行预缩放（prescale）。这种方法有一点儿麻烦，需要运用一些数学。

如前所述，高光像素的根本问题在于它们的RGB亮度值超过了它们的 α 值。这就造成了解预乘的值超过了1，于是就受到了限幅。这个问题可以这样来解决：在解预乘操作之前，先对CGI图层的RGB亮度值进行预缩放，将最大的RGB亮度值降低到等于或小于它的 α 值。如果所有的RGB亮度值都小于它们的 α 值，解预乘操作就不会再产生任何大于1的值了，所以也就不会限幅了。背景图片也必须准确地进行相同数量的缩放，然后再对完成的合成进行“解缩放”（unscale），以恢复它的原始视亮度。当然，α 通道本身不进行缩放。图6–9给出了预缩放的解预乘操作流程图。

练习6–4

假定你必须将RGB通道缩小0.5倍，然后进行解预乘操作，接下来再进行色校正。背景图片也必须缩小0.5倍，然后将这两个图层合成。由于前景现在被解预乘了，所以，缩放前景操作处于ON（开启）状态。于是，形成的合成以原始的缩放倍数的倒数被放大，恢复了所有的视亮度。在这个示例中，就是（1 ÷ 0.5=2.0）。当然，在8

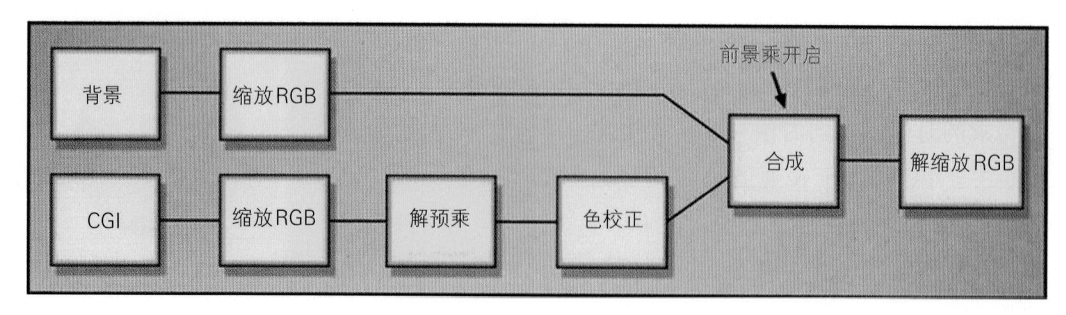

图6-9 预缩放的解预乘操作流程图

比特图像上做这些缩缩放放，不可能不引起严重的条带化（banding）。CGI渲染器和背景图片都必须是16比特的图像。色校正操作（就是它首先带来了解预乘的困扰）像通常那样，被放在解预乘之后、合成之前进行。

6.2 CGI多通路合成

视觉效果中的趋势是将CGI分成越来越多的单独的通路（pass）来进行渲染，再由2D部门来结合。这种趋势将来只会加剧，因为它有好几个固有的优点，既降低了成本，又缩短了进度。在本节中，你将了解到渲染图层（render layer）与渲染通路（render pass）有什么不同，以及它们是怎样合成的。我们还将看到，使用光通路（light pass）具有在合成期间可以更好地控制照明的优点。

为了让合成师对镜头最后的外观进行更多的控制，常规提供了深度Z通路（depth Z pass）之类的数据通路（data pass），而这些通路可以有数不尽的使用方式，让合成的结果更好。3D部门也将提供一些遮片通路（matte pass），从而使合成师能够将CGI物体的各种各样的组成部分各自分割开来，分别予以处理。当然，为了在现代化的视觉效果制作室里高效地工作，你必须了解所有这些不同的通路，以及如何使用它们。

6.2.1 渲染图层

分图层来渲染，只意味着场景中的每个物体都是单独渲染的，以后再合成到一起。在CGI发展史的最初时期，人们发现，如果一次就将一个3D场景中的所有物体全都渲染出来，效率是非常低的，如果有任何一个物体出了问题，整个场景就不得不重新渲染。而3D渲染是非常昂贵的（也就是说是非常慢的）。自从有了这个发现以后，CGI的趋势就是将场景渲染成越来越多的单独图层，合成的时候再合起来。即便是你把所有的东西都合成得很完美了，那些可恶的客户还会过来，要求做出预料中的重新渲染的改动。

除了分成单独的图层可以提高渲染的效率以外，在工作流程上还有一个非常大的优点。我们所合成的CGI，大多是合成到现场表演上。将所有的物体全都单独分出来之后，某些合成就可以对完成的场景逐个项目地施以魔法般的处理，而如果将所有的物体都渲染成一个

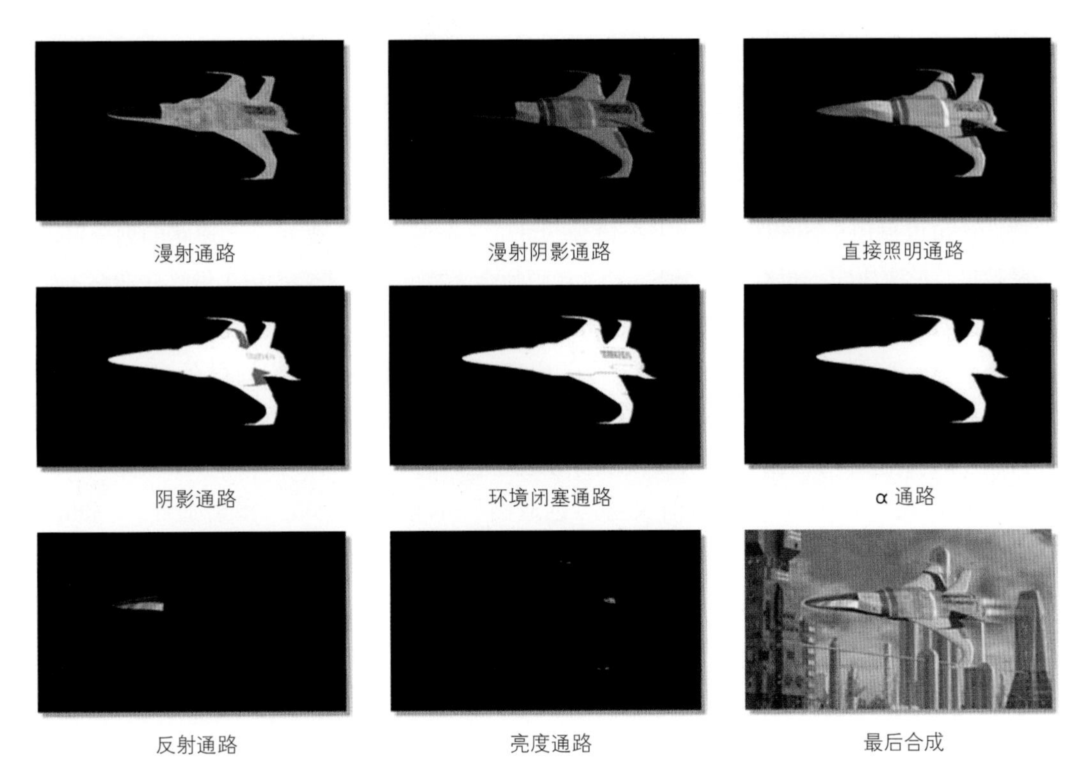

图6-10　多重渲染通路结合成一个合成画面[①]

图像，那就做不到这一点了。除了单独地对每个进行色校正这个明显的问题外，其他的范例还有添加辉光、交互式照明效果、阴影效果、深度雾霭以及景深等，还有很多、很多其他的东西。

6.2.2　渲染通路

分通路来渲染指的是将CGI物体的不同表面属性渲染成单独的文件，而在合成时，可以将这些属性结合在一起。一个CGI物体的表面是由若干不同材料的图层构成的，这些图层结合起来，产生最后的外观。分通路渲染时，这些图层被分开了，你在合成期间可以将它们结合起来。这样做的结果是，合成师可以对每个图层做出调整，以控制最后的外观，而又无需重新渲染CGI。如果反光需要加强，合成师只需加大合成中的反射图层就可以了。除非所需的改动超出了合成中调整的能力范围，否则就无需重新进行渲染。即便是出现了那样的情况，也只需要对有问题的渲染通路重新进行渲染，而不是对整体。事实上，对于CGI部门，工作流程的趋势是有条不紊地迅速渲染出各种各样的通路，然后再靠2D部门来将它们攒在一起，并完成镜头的最后修饰。非常有效。

图6-10仅仅显示了几个渲染通路，这些确实并非仅有的通路，还有可能已经创建了其

① 渲染通路图像来自汤姆·温策（Tom Vincze）的《虚构的画面》（*Imaginary Pictures*，www.imaginarypictures.com）。

他类型的通路。也没有一个预先规定好的常用通路一览表。事实上，每个特定的镜头，都可以创建其独特的渲染通路。在这个示例中，亮度通路（luminance pass）是激光炮尖端的零件和热引擎零件所需要的。

渲染通路的类型有非常多的可能性，而需要划分成哪些通路，则会随着镜头的不同而改变。你可以只用5个通路来合成一个镜头，可下一个镜头却需要20个。通路的划分可由视觉效果总监来决定，也有的情况下，CGI动画师会来找问，你需要为镜头做哪些通路。如果你对此有所准备，碰到这种情况，你就可以避免出现“只顾眼前”的窘境。

下面是一些常用的渲染通路，以及有关应该用哪些操作来将它们堆积在一起的建议。关于渲染通路的类型及其名称，并没有行业标准，所以，各地的叫法会有很多差别。无论你为怎样的视觉效果公司工作，你都要准备好适应他们的习惯。

美观通路（beauty pass）：有时又称“色通路”（color pass）或“漫射通路”（diffuse pass），以带色的纹理贴图（texture map）和照明对物体进行全色的渲染。通常不包括定向高光、阴影或反射，这些都将分出来作为单独的通路。

定向高光通路（specular pass）：有时又称“高光通路”（highlight pass），将其他属性全都关掉，只对定向高光进行渲染。该通路一般对美观通路予以屏蔽或添加（相加求和）。

反射通路（reflection pass）：将其他属性全都关掉，只对反射进行渲染。该通路一般对美观通路予以屏蔽或添加（相加求和）。

闭塞通路（occlusion pass）：有时又称“环境闭塞”（ambient occlusion），物体的全白版本，带有一些暗区，指明环境光在角部和裂缝处是怎样被挡住（闭塞）的。一般用色通路去乘。

阴影通路（shadow pass）：在黑色的背景下有一个白色的阴影，通常作为单通道图像来渲染。可以作为色校正操作的遮罩，将阴影引入合成中，并使其带上一种颜色。

α 通路（alpha pass）：有时又称“遮片”，物体的 α 通道，一般作为黑加白的单独的单通道图像来渲染。

6.2.3 照明通路

照明通路将每束光（或每组光）渲染成单独的通路，从而使光的强度可以在合成时加以控制。当把CGI与现场表演合成在一起时，这尤其有用，因为照明必须随现场表演而变化。照明效果由现场表演来决定并让它动起来，这在2D要比在3D容易得多。另一个重要的使用照明通路情况在当场景中包括了焦散性照明或全局性照明的时候。将没有焦散性照明或全局性照明的各个照明通路分开来渲染，省去了昂贵的重新渲染费用，因为不同的光通路可以予以调整，而不是重新渲染。

图6-11显示了一个简单的CGI物体的渲染，它只有一个主光和一个辅助光。仅在环境通路中，合成师只是渲染了物体的环境表面属性，根本没有打光。辅助光和主光的渲染情形是一样的，两者都没有包括环境。当环境光通路、辅助光通路和主光通路加在一起时，它们的样子与CGI包中所有的照明通路都一起渲染应有的样子会是完全一致的，区别在于

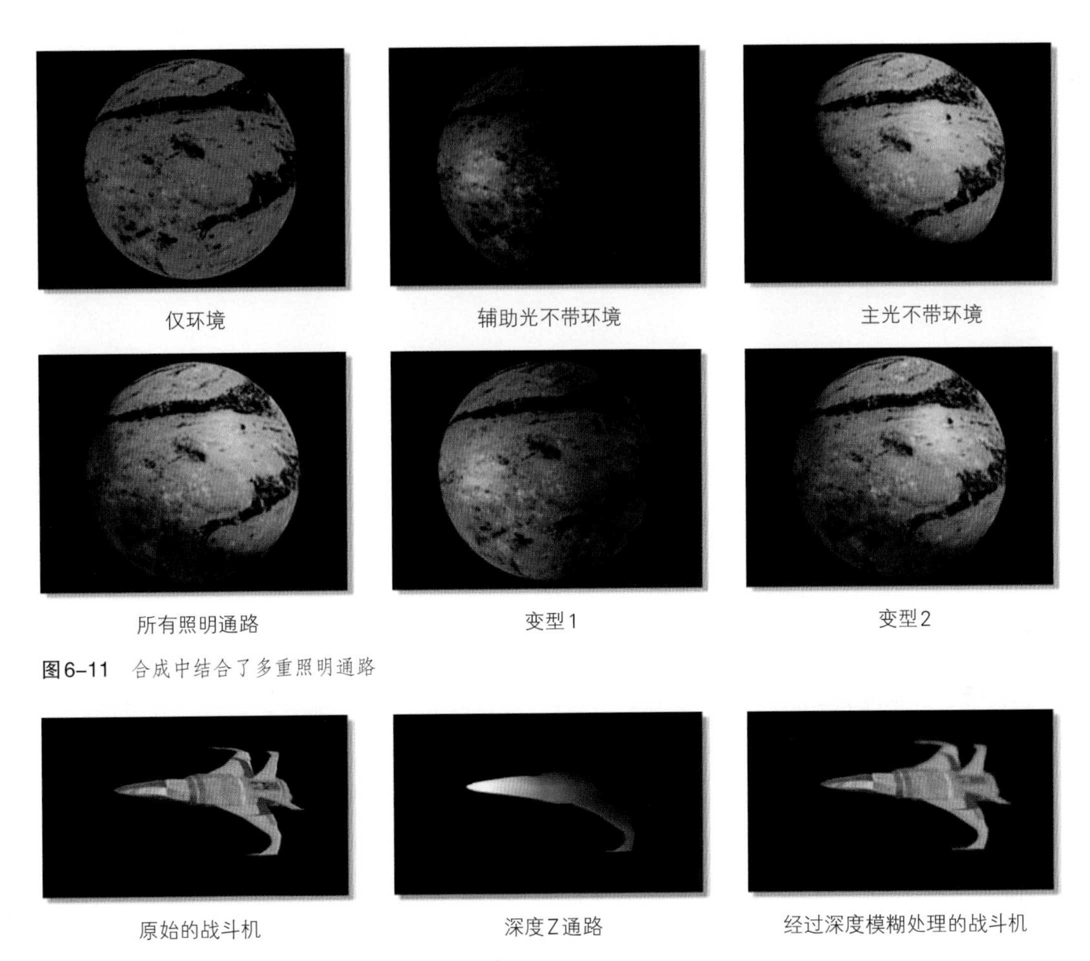

图6-11　合成中结合了多重照明通路

图6-12　使用深度Z通路将景深添加到一个3D图像上

最后这样子可以更容易、更快速地调整，而不需要进行昂贵的重新渲染。变型1只是调高辅助光和调低了主光，就将主光源的方向反过来了。变型2的创建仅仅通过对主光进行了调色便得以实现。

6.2.4　数据通路

在不同的CGI包中，数据通路有不同的名字，但在概念上都是相同的。数据通路只包含相关物体的某种类型的数据或信息，以期在以后合成的时候用来产生好的效果。希望数据采用浮点的形式，但也可以是8比特整数或16比特整数。最常用的数据通路之一是深度Z通路，即图6-12中间那幅图所显示的单通道图像的样子。深度Z通路中的码值代表每个像素到摄影机的表面距离——离得越远就越暗。人们用这些信息可以做很多有意思的事。这些信息可用来添加大气雾霭、控制灯光逐渐变暗的过程，或者添加一些景深模糊的效果，如图6-12的右图所示。

数据通路的另一个例子是运动UV通路（motion UV pass），如图6-13中间的图所示。运

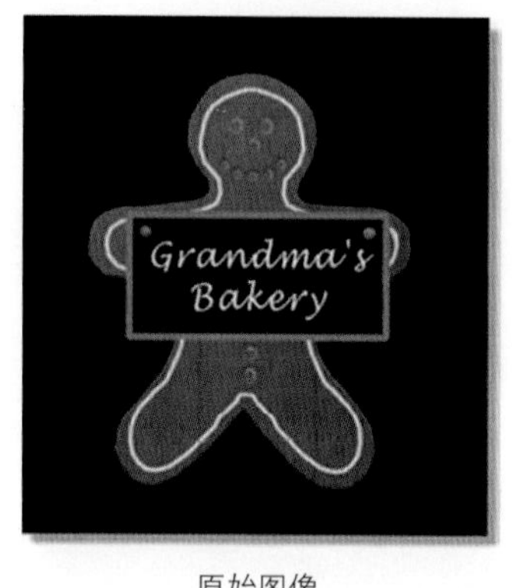

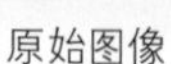
原始图像　　运动UV数据　　经过一定模糊处理的图像

图6-13 使用运动UV通路将运动模糊添加到一个3D图像上

动UV通路是一种二通道图像，它包括了关于物体是怎样运动的逐个像素数据。运动数据需要两个数，一个数一般是存储在红通道中，另一个数则存储在绿通道中，这么做仅仅是为了方便起见。图像的黑色部分不是遗漏数据，它只包含了一些负数，这些负数在观看器（viewer）中显现为黑色。合成软件被告知这是运动UV数据，并用它将运动模糊加到一个静止物体上，就像图6-13中最右面的那幅图那样。以这样的方式添加运动模糊，在计算上要比在渲染器中算出真正的3D模糊便宜得多，而且合成期间也允许拨入。

像渲染通路和照明通路那样，现在并没有一个固定的数据通路列表供大家熟悉和应用。常见的有深度Z通路和运动UV通路，但对制作中的任何特殊的问题，你都可以发明一些数据通路。

6.2.5 遮片通路

遮片通路是为一个物体内部的一些单个的项目而渲染的遮罩，用来处理那些需要予以特殊处理的项目，比如色校正或模糊隔离开来。以图6-14中的汽车为例，侧窗可能需要暗一些，合金的轮子需要反光强一些，为例隔离这些部分，就需要有一个遮罩，遮片通路就是为这个而做的。

想法就是，通过为CGI物体的所有每个部分都提供一个单独的遮罩，来赋予合成师以一定的控制能力，使他对所有部分都能够进行最后的色校正。提供遮罩要远比将物体分成若干块，给每块单独做色校正要有效得多。相反，你是在渲染一系列的遮片，但值得关注的是这些遮片是如何被渲染的。

不是为每个遮罩创建一个单独的文件，而是将好几个遮罩结合成一个文件，因为这样做更有效。由于一个遮罩是一个单通道图像，而一个RGB文件有三个通道，所以每个文件中可以有三个遮罩，如果在每个红、绿、蓝通道内都放入一个遮罩的话。在α通道中，也可以隐藏第四个遮罩。

图6-14显示了作为一个物体来渲染的一个CGI模型。当然，如同我们以前所看到的那样，它将通过多通路来渲染。你可以想象一下，如果将汽车分成数十个单独的块来渲染，每个

图6–14　CGI物体作为一个物体来渲染

图6–15　红、绿、蓝通道中的遮片通路

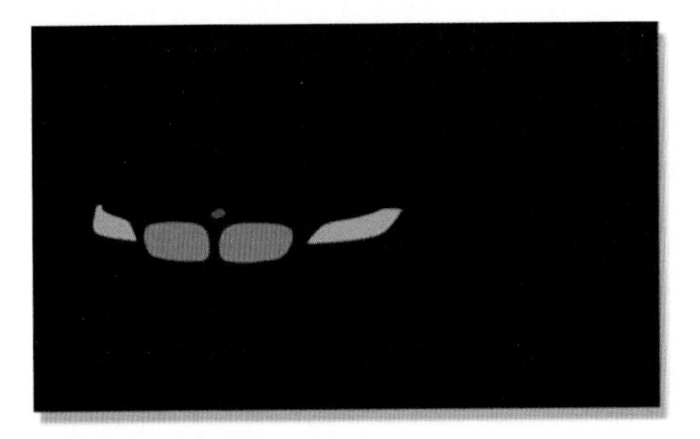

图6–16　遮片通路文件1#

图6–17　遮片通路文件2#

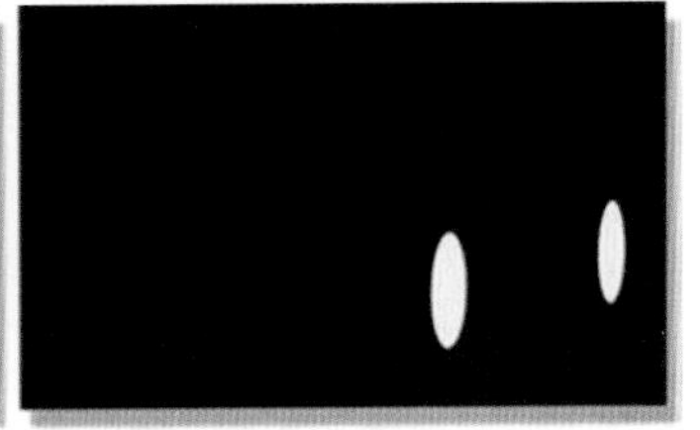

图6–18　分离成三个单通道遮罩的RGB通道

块都要经过所有这些不同的渲染通路，那它所创建的数据还不得成了灾。图6–15显示，总共有六个遮罩要渲染，分成两个不同的文件，每个文件中有三个遮罩。

图6–16和图6–17显示了分别观看的时候,这两个遮片通路图像文件将会是什么个样子。遮罩安排的好处在于每个文件中你都得到了三个遮罩（如果使用了α通道,则是四个遮罩），渲染便宜（也就是速度快），而且渲染文件难以置信得小。这是因为画面内容难以置信得简单，几乎每个通道中全都是实体黑数据或实体白数据，画面内容用无损的行程编码（run-length encoding），比如LZW压缩算法，进行了非常有效的压缩。

图6–18显示了来自图6–17的遮片通路文件2#的红通道、绿通道和蓝通道，这些通道被隔离成单独的通道，以便遮罩。

Tip! 当然，有悟性的合成师实际上不会将它们分成这样的一些单一通道，因为任何可遮罩操作的遮罩输入都可以使用红、绿、蓝通道或者α通道来作为遮罩。

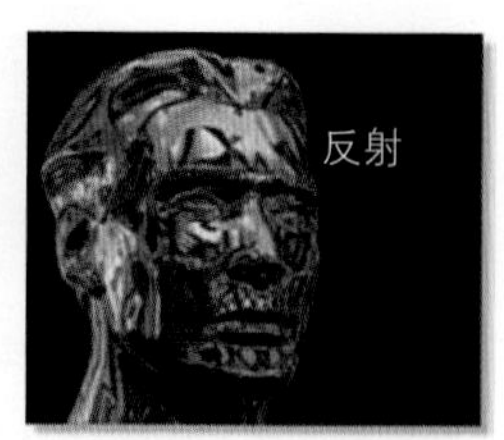

图6–19 带有单渲染通路的多重TIFF文件

6.2.6 多通道文件

对CGI图像单独进行渲染元素数量的激增，导致了每个合成画面所需的文件数量的相应增加。如果一个物体有12个渲染通路、3个数据通路和5个遮片通路，合成师对那个物体就得盯着20个输入文件，因为像TIFF这样的图像文件要占一个图像，或一个渲染通路。图6–19给出了一个非常小的例子，这个例子只有4个渲染通路被安置在4个TIFF文件中。

于是，工业光魔（ILM）带着他们的OpenEXR文件格式来营救业界于TIFF文件的狂潮大浪之中。尽管EXR文件格式有着好几个重要的优点，但与本节讨论关系最密切的是，它是为将多重图像容纳于一个文件之中而设计的。

图6–20说明了四个渲染通路是怎样全都容纳到一个EXR文件之中的。你可以将不同的通路想象成像一个Photoshop PSD文件中的若干图层那样。正像PSD文件那样，一个图层中可以有好几个通道——RGBA，以及别的什么。即便是数据通路，也可以随同图像、遮片、遮罩、示例或其他任何东西容纳在一起。事实上，用户可以在一个EXR文件中定义任何数量的图层和通道，使之非常适合于CGI的多通路合成。如今，几乎所有的3D动画程序都会输出一个EXR文件，而且，几乎所有的绘画与合成程序都会阅读这些文件。

6.3 HDR图像

CGI合成领域中的另一项重大发展，是高动态（HDR）图像使用的迅速增加。尽管常规的浮点图像的范围在0.0至1.0之间，但HDR图像可以具有远远超过1.0的像素码值。图6–21显示了一个HDR图像的特写，并以浮点的形式标出了几个高值像素。原始图像的曝光量在这里已经被大大降低了，以便让人们能够更清楚地观察这些非常亮的像素。

几乎所有的合成程序如今都是以“浮动的”（浮点）形式来工作。但当8比特或16比特整数图像换算成浮点形式时，其值限制在0至1之间。麻烦的是，现实世界可以比1明亮得多。

> **注意：**如果你对8比特图像、16比特图像和浮点图像不熟悉，请参看14.5节中有关这个专题的讨论。

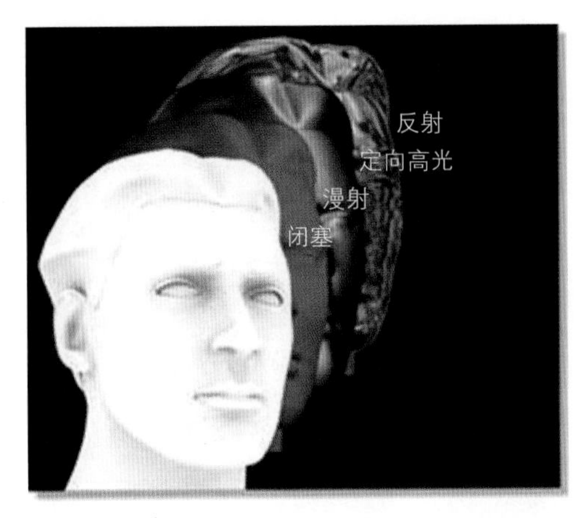

图6-20　带有多重渲染通路的单一EXR文件

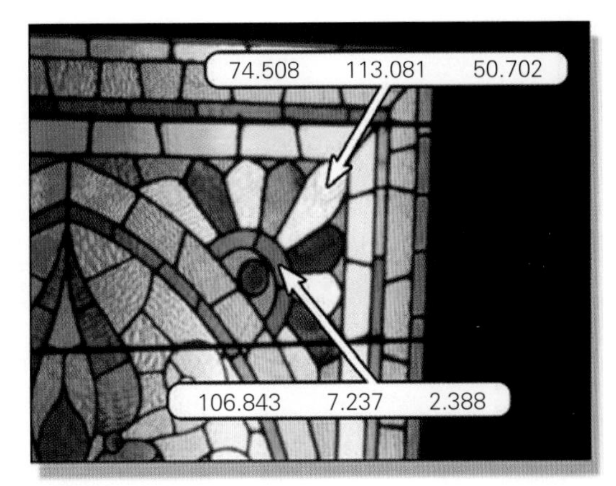

图6-21　HDR像素值

HDR图像之所以重要，乃是因为它们能够容纳这些明亮得多的像素值，而这些像素值绝对是火焰、爆炸、定向高光、太阳以及具有极大对比度的户外景物所必需的。当以动态范围受限的捕获装置（视频、RED摄影机、胶片）来记录高动态范围的场景时，任何超出捕获装置最大响应度的场景部分，都会受到限幅。

这对于CGI来说，同样是个问题。CGI在内部始终是以浮点形式渲染的，但输出的时候，如果转换成8比特或16比特，任何超过1.0的像素值都会当即被限幅为1.0。如果你为了与胶片这样的高动态范围的介质进行合成而试图渲染照片般逼真的图像，就不会有非常好的效果。这个问题是ILM之所以开发了EXR文件格式的主要原因之一。它先天地就容纳HDR浮点图像。很多高端视觉效果制作公司现在都以EXR文件格式渲染HDR图像作为他们的标准做法。渲染成EXR文件格式的CGI图像不会受到限幅。

为了了解HDR图像对CGI渲染与合成造成的冲击，请考虑一下图6-22中的原始图像。当太阳从染色玻璃明晃晃地照进来的时候，它的视亮度要比前景的书桌高出千百倍。原始图像保留了像素值的全部动态范围，并没有限幅，因为这张照片是用一种特殊的HDR摄影方法拍摄的，该法将多重曝光融入了单一的HDR图像中。当然，在这个画面中，染色玻璃看上去被限幅了，仅仅是因为书刊印刷方法（或者你的工作站监视器或电视机）因受到显示介质的限制，不限幅便无法显示一个HDR图像。换言之，HDR图像的显示被限幅了，但图像数据却没有被限幅。

图6-23显示了如果HDR图像数据限幅为1.0，然后将图像压暗，让受到限幅的像素显现出来，会出现怎样的情形。原始图像中所有像素值大于1.0的，现在都限幅成1.0，数据永远消失了。当把图像压暗，受到限幅的区域呈现为一片平板、均匀的灰色。与此相反，图6-24显示了如果原始的HDR图像数据不受到限幅而予以压暗，将会发生怎样的情形。你可以看到，彩色信息还在染色玻璃窗户中。对于那些诸如环境照明之类的照片般逼真的视觉效果来说，这些彩色信息是必需的，因为要用它们来对场景的照明予以正确的塑形。

图6-22 原始图像

图6-23 限幅并变暗

图6-24 没有限幅和变暗

Tip! 10比特对数图像（Cineon和DPX）事实上是HDR图像。它们不是以线性浮点的形式来存储图像数据，而是以对数整数数据的形式存储图像数据。早期有合成师曾经尝试过以这种方式捕获高动态范围场景，同时又以10比特文件格式使文件尺寸不至于过大。当时的问题是对数图像难以使用和处理，所以才开发了EXR文件格式。有关这一迷人专题的更多细节，将在第十五章“对数图像”中予以介绍。

6.4 3D合成

2D部门与3D部门之间日益紧密的关系，已经大规模地引发了另一种重要的趋势，那就是3D合成。但这并不是前面我们看到过的3D图像的合成，而实际上是将有限的3D功能包括到合成程序本身当中，从而能够在快速高效的2D部门直接用它来完成来解决一定级别的3D问题，从而不必再去找缓慢昂贵的3D部门。这种趋势的结果是，合成师也必须变成3D美术师，至少是在一定意义上的3D美术师。在对3D有一个基本的了解之后，现在还希望合成师拥有比以前更好的数学与科学背景。在本节，我们将研究什么是3D，以及它是怎样影响视觉效果生产线和合成师的职业的。

6.4.1 何谓3D合成

3D合成意味着将有限的3D功能包括到一个2D程序当中，从而使3D物体能够与2D图像结合，或者能够将2D图像放置在3D环境当中。添加给合成程序的3D功能必须非常精心地加以挑选，确保它是扩增了3D部门的能力，而不是取而代之。让我们来考察一个“摇摄拼贴”（pan and tile）镜头，这是3D合成的一个经典的示例，这样可以将一般的概念解释清楚。

摇摄拼贴镜头是一种常用的技术，用以替代现场表演图片中的远背景。假设你刚刚拍摄了最新的XZ-9000性跑车，其中有大量的摄影机移动镜头。车和地形很棒，但远处的背

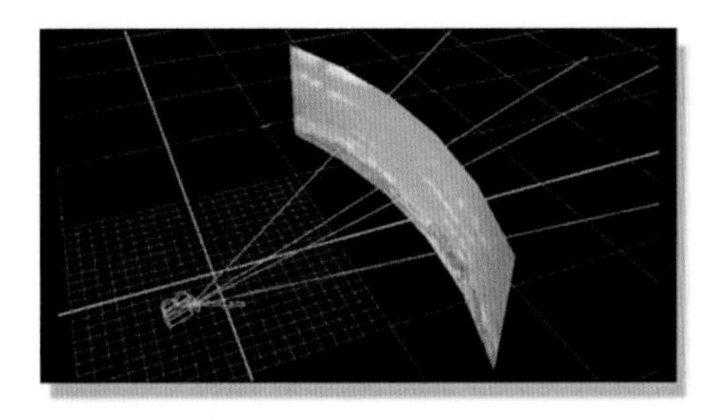

图6–25　用贴片构成的3D场景

图6–26　摄影机的贴片视图

图6–27　现场表演图片

图6–28　合成的镜头

景是无聊的拖车式活动房屋用营地，或者荒凉的沙漠，你必须用某种性感的东西来替代，但现场拍摄的摄影机毫无顾忌地四处飞翔。怎样才能让替代的背景与拍摄现场表演的摄影机有可能同步起来呢？

第一步是将现场表演的图片交给运动匹配部门，他们将使用功能强大的摄影机跟踪软件，为工程师逐帧地反求整个镜头过程中现场表演摄影机的三维位置。后面我们将看到更多摄影机跟踪相关信息。

这些摄影机信息要交给合成师，然后，由他们来使用摄影机跟踪数据和一些具有投影到其上的背景场景的贴片（tile，一些平面卡片），用一台3D摄影机来创建3D场景，如图6–25所示。当摄影机从3D场景中移过时，它从这些贴片上摇摄过去，将贴片上的画面重新拍摄下来。图6–26显示了摄影机的贴片视图的一帧。

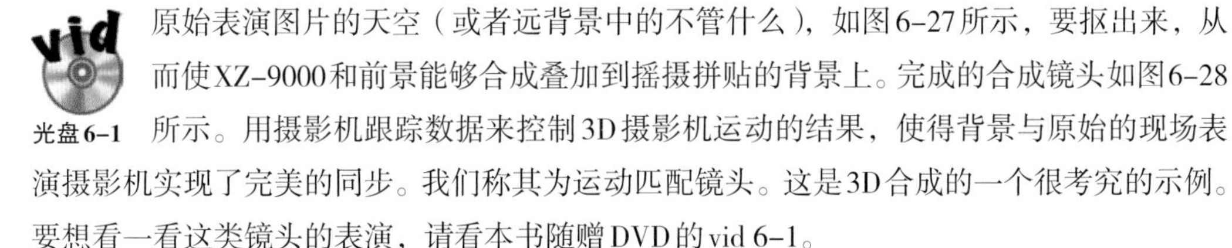

光盘6–1

原始表演图片的天空（或者远背景中的不管什么），如图6–27所示，要抠出来，从而使XZ–9000和前景能够合成叠加到摇摄拼贴的背景上。完成的合成镜头如图6–28所示。用摄影机跟踪数据来控制3D摄影机运动的结果，使得背景与原始的现场表演摄影机实现了完美的同步。我们称其为运动匹配镜头。这是3D合成的一个很考究的示例。要想看一看这类镜头的表演，请看本书随赠DVD的vid 6–1。

6.4.2　3D简明教程

3D合成有大量的术语和概念是一般2D合成师所陌生的，学起来会很困难。在本节中，我们举办一个非常简明的3D课程，让合成师掌握从事3D合成所需要的词汇。3D是个巨大

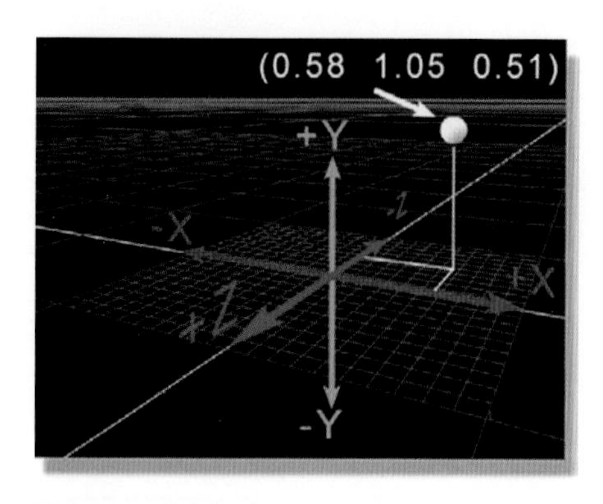

图6-29 3D坐标系

的题目，我们只讲一讲那些对3D合成特别有用的专题。

6.4.2.1 3D坐标系

多数2D合成师已经了解了3D坐标系，但对一些关键的概念做一番简单的回顾，并在名称叫法上做出约定，会是很有益的。图6-29显示了一个为大多数3D程序所使用的典型3D坐标系。Y为纵轴，正的Y朝上；X为横轴，正的X朝右；Z为朝向和背离屏幕的方向，正的Z朝向屏幕，负的Z为背离屏幕。

3D空间中的一个点，可以用代表其在X方向、Y方向、Z方向中的位置的三个浮点数毫无歧义地定位。图6-29中的白点定位于0.58（X方向）、1.05（Y方向）、0.51（Z方向），并按成三个一组的方式写作：(0.58 1.05 0.51)。

合成系统的3D观看部分将展现3D世界的两类视图（图6-30）：透视视图和正交视图。所谓正交，就是垂直的意思。透视视图就像是一个摄影机观察者看到的那个样子。正交视图可以想象成正对3D几何体观看且没有摄影透视关系所看到的样子。这些正交视图实际上就是将所有的东西都完全排齐的样子。正交视图还有三个版本：俯视图、正视图和侧视图。如果你在学校上过制图课，所有这些你都会非常熟悉的。如果你是个纯粹画画的，那就会觉得非常不自然，因为一点儿透视关系都没有。

6.4.2.2 顶　点

顶点（vertex/vertice）是限定几何体形状的3D点。事实上，3D几何就是一个列表，它

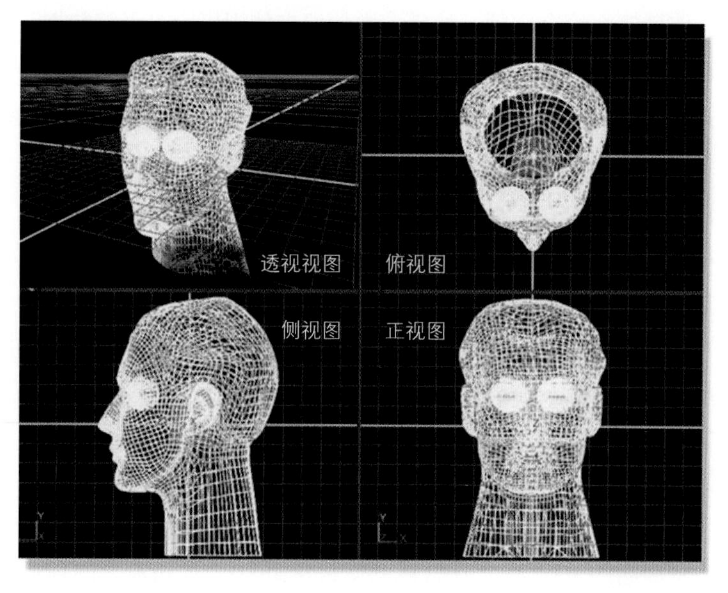

图6-30 透视视图和正交视图

包含了顶点以及有关顶点是如何连接的描述。例如，顶点数1、2、3连接起来形成一个三角形即多边形。图6–31显示了一系列的顶点，以及这些顶点是怎样连接起来而形成多边形的。多边形连接在一起形成表面，表面连接在一起形成物体。

图6–31　顶点与多边形

6.4.2.3　表面法线

表面法线（surface normal）是渲染中的主角。渲染是基于3D几何体、表面属性、摄影机和光线来计算输出图像的过程。当光线添加到几何体上的时候，表面法线用来计算每个多边形的视亮度。请看图6–32中平面明暗（shade）表面。每个多边形都渲染成为一个平面明暗的元素，但这里的关键在于每一个多边形与相邻的多边形相比，在视亮度上有着怎样微小的差别。每个多边形的视亮度都是基于其法线相对于光源的角度而计算出来的。如果是正交，那就是明亮的。如果是有一定的角度，那就渲染得暗一些。人们正是用表面法线来计算图形相对于光线的角度的，所以，表面法线是决定3D物体外观的基本角色。

图6–33中的球体已经把它的表面法线显示出来了。表面法线是一个矢量，即一个小箭头，它的底在多边形的中央，与多边形的表面相垂直地朝外指向。当一个物体垂直于另一个物体时，用技术（如果没帮助的话）术语来说，就是“法线”于该表面。所以，表面法线就是垂直于每个多边形平面的矢量，是计算其与光源之间角度及其视亮度所必需的。如果表面法线沿几何体的表面得到平滑渐变的内插，我们就能够模拟出一个如图6–34所示的明暗平滑渐变的表面。请注意：这纯粹是渲染玩的把戏，因为表面看上去是平滑渐变的，但其实它不是。事实上，如果你凑近去看，你还是能够看到，围绕球的外缘是一小块一小块的多边形。

6.4.2.4　UV坐标

纹理贴图（texture mapping）是将画面包裹在一个3D几何体外面的过程，就像图6–35和图6–36中示例的那个样子。然而，名字叫得有点儿怪怪的。如果你实际上想要将一种纹

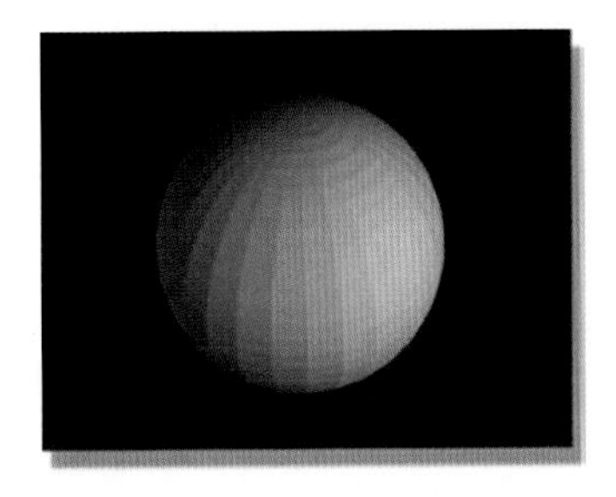

图6–32　平面明暗的表面

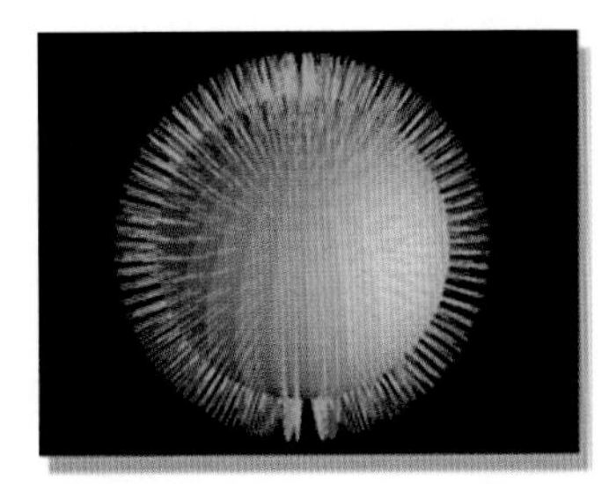

图6–33　表面法线

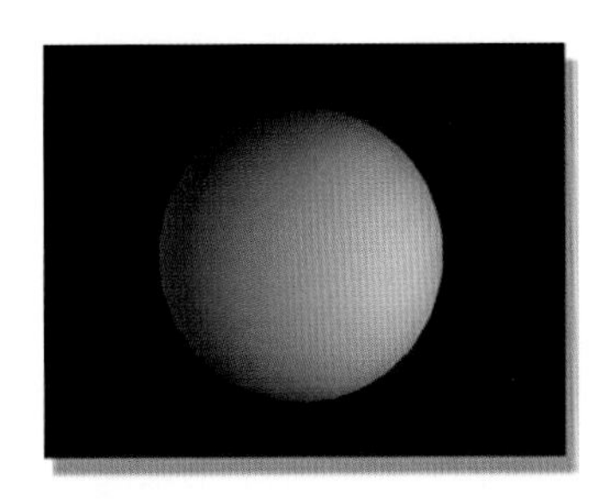

图6–34　明暗平滑渐变的表面

图6-35 纹理贴图

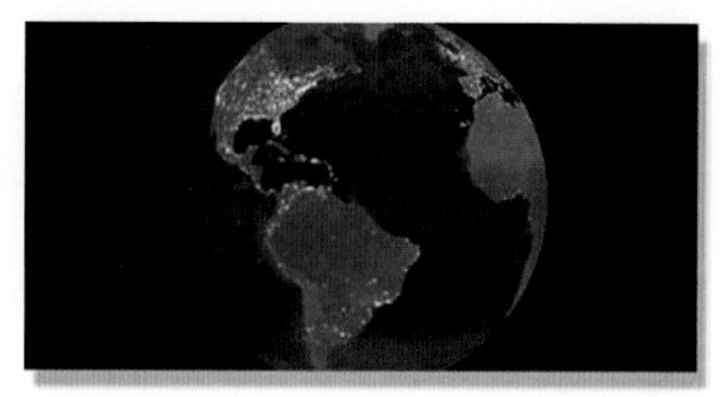
图6-36 投影到几何体上的纹理贴图

理添加到一个3D物体（例如树皮）上，你要使用另外一种叫做凸凹贴图（bump map）的图像。所以，凸凹贴图添加纹理，纹理贴图添加画面。好了，就它吧。

实际上，有很多不同类型的贴图可以贴到3D几何体上。反射贴图（reflection map）让表面有了反射。反射率贴图（refletance map）会在表面上创建闪亮的区域和阴暗的区域，显示出反射的强或弱，等等。但我们这里并不是要讨论可以贴到几何体上的不同贴图类型，因为贴图的类型有许许多多，而且变化不定。我们这里讨论的是贴图全都是怎样贴到几何体上的，因为这才是UV坐标所涉及的全部。

UV坐标决定了纹理贴图是怎样适配到几何体上的。每个顶点都被指定了一个UV坐标，将该顶点与纹理贴图中的一个具体的点联系起来。由于几何体上的各个顶点之间存在一定的距离，所以，纹理贴图的剩余部分要通过估计或内插（interpolate）的方式，将实际顶点之间的部分填充起来。改变几何体的UV坐标，将使纹理贴图在几何体表面上重新定位。将UV坐标指定给几何体有很多种不同的方法，这个过程叫做“贴图投影”（map projection）。

6.4.2.5 贴图投影

贴图投影是通过为其顶点指定UV坐标而将纹理贴图适配到几何体上的过程。其所以叫做“投影”，是因为纹理贴图开始是一个平面的2D图像，要想将其包裹到几何体上，需要将其“投影”到3D空间中。将纹理贴图投影到3D几何体上有各种各样非常多的方式，关键是选择一种适合几何体形状的投影方法。常见的投影方法有平面（planar）法、球面（spherical）法和柱面（cylindrical）法。

图6-37显示了将纹理贴图投影到一个球面上的平面投影法。你可以将平面投影想象成走着走着一头扎进一块黏黏的纱纶围巾中。如同你在最后添加了纹理的球面上可以看到的那样，这种投影方法适配得不是很好，所以将纹理贴图的一些部分拉伸成条纹了。如果你是将纹理贴图投影到一个，例如建筑物的平坦表面上，那平面投影法就将是正确的选择了。

图6-38显示了对于球体更为适宜的方法，叫做球面投影法。你可以将其想象成先是把纹理贴图拉伸成一个包裹着几何体的球面，然后再在各个方向上收缩绕紧该几何体的方法。这里的关键在于投影方法能否与几何体完美地匹配。

图6-39显示了将纹理贴图投影到球面上的柱面投影法。很明显，柱面投影法是为将纹

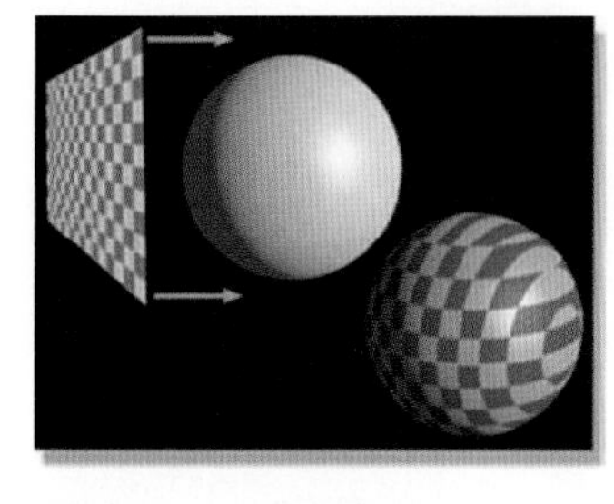

图6-37 平面投影法

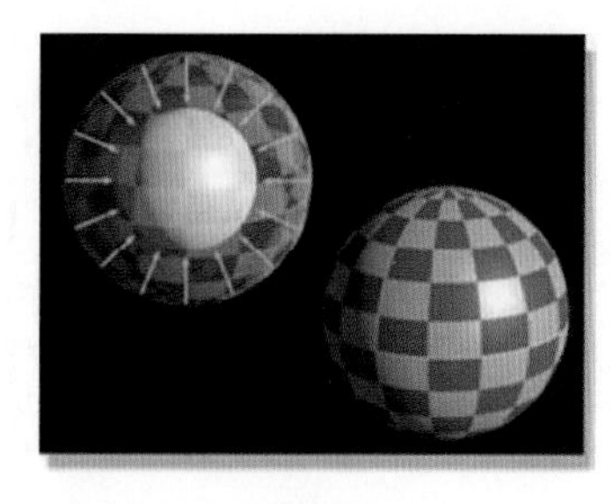

图6-38 球面投影法

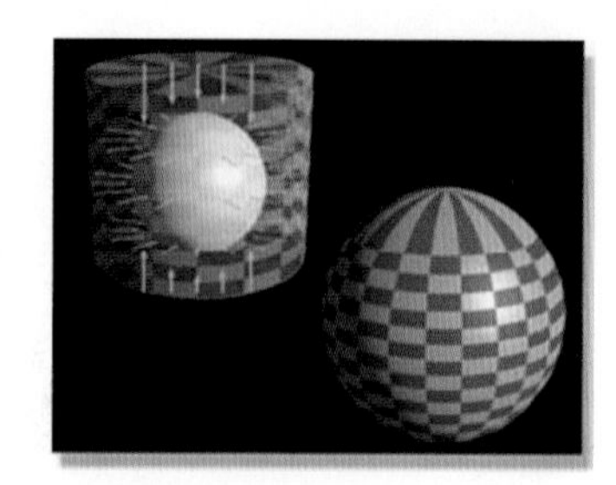

图6-39 柱面投影

图6-40 投影不匹配

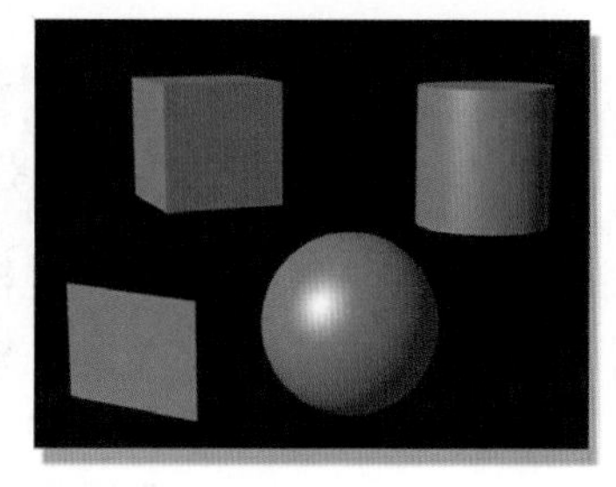

图6-41 几何基元

图6-42 实体显示、纹理显示与线框显示

理贴图投影到诸如一听罐头之类的柱面上，并非是为投影到球面上而设计的。但这个示例显示了，当投影方法与几何体的形状不相匹配的时候，纹理贴图是怎样发生畸变的。

不过如果你的几何体不是一个简单的平面、球面或柱面，那又会怎么样呢？图6-40显示了试图通过包裹一个人头进行一个球面投影的结果。虽然接近了，但还不够。注意鼻子上的那些正方形是怎样拉长的，但脖子上的那些正方形又是怎样缩小的，以及头顶上的那些正方形又是怎样变形的。你能够想象得出，要是按照所有这些变形来画一张面孔，那会是什么样子？对于像这样的不规则物体，正确的方法是用所谓的UV贴图（UV mapping）法。这里，UV的坐标基本上是要使用复杂的软件，通过手工来调整，以便使得纹理贴图与几何体之间实现最好的匹配，最大限度地减少畸变并将接缝藏起来。

6.4.2.6 3D几何体

一般说来，我们做3D合成的时候，并不创建3D几何体。毕竟我们必须留一些事情给3D部门去做。然而，我们经常需要使用一些简单的3D形状去投影我们的纹理贴图，于是3D合成程序就有了一个小型资料库"几何基元"（geometric primatives），其中有一些简单的3D形状。图6-41显示了几种常见的形状：平面、立方体、球体、圆柱体。更复杂的物体，比如图6-40中的人头，要由3D部门来塑造，然后以一种文件格式保存下来，就可以读入到3D合成程序中了。

图6-42显示了怎样以三种不同的形式来显示：实体的（solid）——几何体仅以简单的照明来渲染；纹理的（textured）——添加纹理贴图；线框图（wireframe）。采用三种不同呈

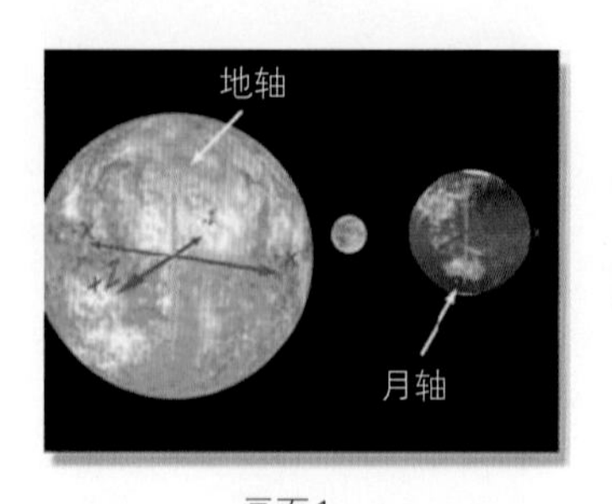

画面1

画面2

画面3

图6-43 *为动画添加的地轴与月轴*

现方式的原因是系统需要一定的响应时间。3D的计算非常缓慢，如果你有一个百万多边形数据库（毫不鲜见！），当你做了一处改动的时候，会花很长时间去等待屏幕更新。如果你选用了线框图的模式，屏幕更新的速度将最快。如果你的工作站有那个功率，或者数据库不是太大，你可以将3D阅读器切换成实体显示模式。当然，纹理显示模式是所有模式中最慢的，但也是最酷的。

6.4.2.7　几何变换

2D图像可以以各种各样的形式来变换（transform）——平移（translate）、旋转（rotate）、缩放（scale），等等，对此，第十章将详细研究。当然，3D物体也可以以同样的形式来变换。然而，在2D领域，图形的变换很少取决于或涉及其他图像的变换。在3D领域，一个几何体的变换常常不同层次地涉及另一个几何体的变换，而且事情会很快地变得十分复杂和混乱。

有一个东西对于2D合成师来说一定不熟悉，那就是“空对象”（null object）。空对象或轴线（axis），是一个你可以创建并指定给一些3D物体（包括灯和摄影机）的一个三维枢轴点（pivot point）。在2D中，你可以偏移一个图像的枢轴点，但你不能创建一个新的枢轴点。在3D中，随时随刻都在这么做。

光盘6-2

在图6-43的三幅画面所显示的动画中，你可以看到一个典型的示例。地球必须同时自转和沿轨道绕太阳旋转。自转很容易就可以通过围绕其自己的枢轴点旋转来实现。然而，要让地球沿轨道绕太阳旋转，就需要在太阳的中心有另一个轴线（空对象）。月亮也有完全同样的要求，因而也需要有一个单独的轴线来沿轨道旋转。见DVD上的vid 6-2，见证图6-43的轴线是怎样起作用的。

Tip!

始终要查看你新学的3D系统的变换顺序。变换操作和旋转操作的顺序会大大影响到结果。通常的系统设定为SRT，即先缩放（translate）、再旋转（rotate）、再平移（scale）。但任何在多边形方面功能强大的3D系统，都将允许你改变这一顺序。

6.4.2.8　几何变形

有一件事将来有人会让你去做，那就是让你的3D几何体变形（deform）。或许你需要一个椭圆，而不是球，那就让它变形。或许你加载的3D几何体与现场拍摄相配得不是很好，

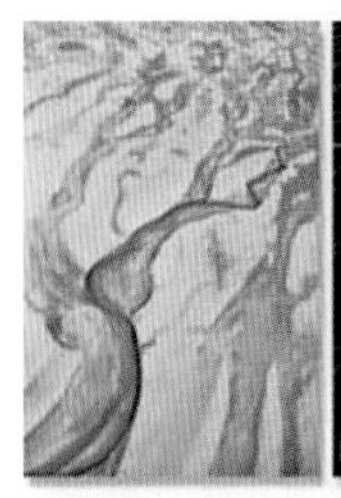

图像　　发生了位移的几何体　　用3D摄影机重新拍摄到的样子

图6-44

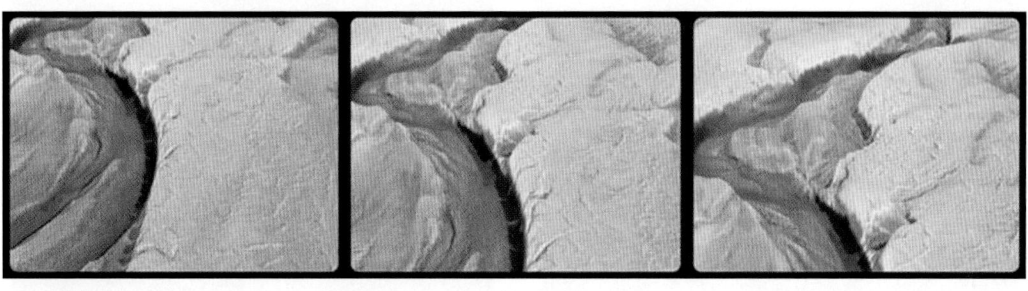

帧1　　帧2　　帧3

图6-45

那就让它变形。让几何体变形的方式有很多很多种，程序与程序也有所区别。但有三种基本技术，你将很有可能会在任何3D合成程序中碰到。

图像位移（image displacement）：其意思只不过就是移动某个东西的位置，但它无疑是3D王国中最酷的花招之一。拿起一个图像（图6-44），把它放在一个平面卡片的上面（卡片内已经划分成很多的多边形），并命令图像沿垂直方向位移（偏移）顶点。结果就像图6-44中发生了位移的几何体。图像明亮的部分已经提升了顶点，暗的部分降低了顶点，从而形成了一块显示了轮廓的地形图。你可以添加一台摄影机，按你的想法去渲染了。

光盘6-3

图6-45显示了从图6-44渲染得到的一个动画片段中的三帧。如果摄影机仅仅是从原始的平面图像划过去，那它看上去只能是一个平面图像从摄影机前面移过去。用了图像位移，高度的变化创建了视差，看上去就像是真的地形一样，有深度的变化。从DVD上的vid 6-3看我说的是什么意思。而且它如照片般非常逼真，因为它使用了一张照片。聊点儿廉价的刺激吧，除了地形，这种技术还可以用来制作云、水及其他很多3D效果。

Tip!

在这个示例中，同一个图像既用于位移贴图，也用于纹理贴图。有时候绘画另一个图像用于位移贴图，以便更精确地控制它，而照片仅作为纹理贴图来使用。

噪波位移：我们也可以不用图像而是使用噪波来使几何体产生位移——用数学方法生成噪波（noise）或紊流（turbulence）。在2D世界中，我们使用2D噪波，所以在3D世界中，我们使用3D噪波。也有趋势会有越来越多的噪波类型供选择，而且控制越来越复杂。

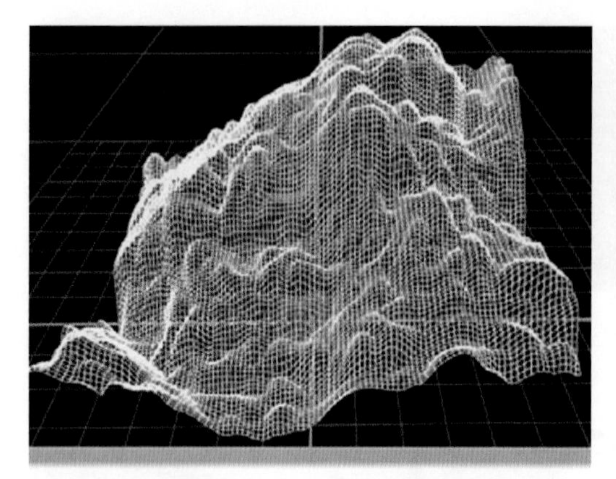

图6-46 用噪波实施了位移的几何体

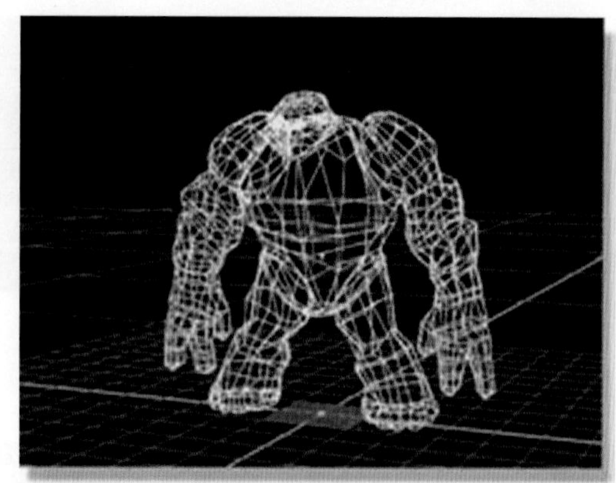

图6-47 原始几何体

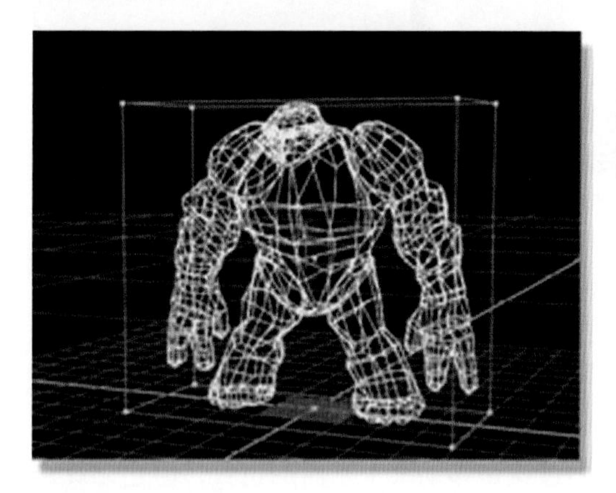

图6-48 增加变形网格

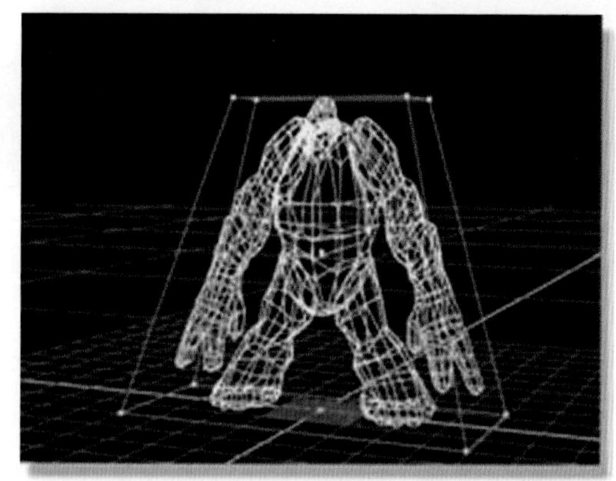

图6-49 变形的几何体

图6-46显示了一个进行了细划分，又在Y轴上用强大的Perlin函数做了位移的平面几何体。这可以是生成地形的一种非常有效（便宜）的方法。

光盘6-4

这些噪波函数和紊流函数也可以实现动画，以制造行云流水——或许是从远处眺望的流水。如要观看以噪波实施了位移的几何体的动画，请看DVD中的vid 6-4。

变形网格：第三个也是最后一个几何变形的例子是变形网格（deformation lattice）。其想法是将几何体放入一个称作“变形网格”的约束框中，然后使网格变形，网格中的几何体也随之变形。我们可以看一个例子，从图6-47原始的几何体开始。在图6-48中，围绕几何体显示了变形网格。请注意：一些程序有比这里给出的简单的例子更细的划分和更多的控制点。然后，美术师移动网格角部的控制点，网格里面的几何体便像图6-49中的例子那样，成比例地变形。

尽管为了说明这个过程，本例显示了一种极端的变形，但在3D合成的真实工作中，主要的用途还是几何体与场景不十分相配的情况下，对几何体的形状做出小量的调整。

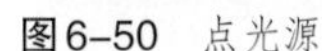

图6–50　点光源

图6–51　聚光灯

图6–52　平行光源

6.4.2.9　光　源

所有的3D合成程序中，都有一个共同的关键特点，那就是3D光源。这些光源可以放到3D空间中并有所指向，可以动起来，可以调整亮度，甚至可以添加上某种颜色。很多程序甚至具备衰减设置，从而可以做到随距离而变暗——就像是在真实的世界中那样。

在3D合成程序中，有三种基本类型的光源你肯定会碰到。图6–50显示了一种点光源（point light），它就像一只裸灯泡，悬挂在我们小小的3D“布景”的中央。与现实世界不同，3D光源本身从来都是看不见的，因为程序不把它们当成可见对象来渲染，它只渲染光源所发出的光的照明效果。图6–51是一盏聚光灯（spotlight），它被放置在右方看不见的地方，并将其可调的锥形光束对着布景。图6–52是一个平行光源（parallel light），它模拟了从一个距离非常远的光源（比如太阳）发出的平行光，从右方照过来。

注意没有阴影。投出阴影是计算上花费非常多的特征，一般真正的3D软件才有。还要注意，计算机模拟的“光线”，会穿透3D物体，照亮本不该照亮的东西，比如嘴的里面。

Tip! 由于3D光源是虚拟的，靠计算机算出来的，你也有聪明的办法，来使嘴里变暗，具体的做法是，在嘴里吊一盏小的灯，然后给它个负亮度，从而让它辐射出黑暗来。这在虚拟的3D世界中完全是合法的。

6.4.2.10　环境照明

环境照明是一种照片般逼真、令人惊叹的3D照明技术，它根本不使用任何3D光源，却使用一张从布景或外景那里拍摄的特制照片来为整个场景提供照明。照片拍来之后，就像一个巨大的泡泡一样，将整个3D场景包裹起来（从理论上是这样），而来自照片的光线则直接照到场景里面的3D物体上。照片代表了来自原始现场表演场景的环境光，所以才有了“环境照明”这个术语。有时这也称作“基于图像的照明”。

图6–53显示了这张从外景地拍摄的照片，具体这个外景地则是在一个大教堂内。图6–54是只用这张照片作为环境光来照明的小3D布景。没有使用附加的3D光源。就像这些物体是在一个模型商店里建造的，然后将这些模型放置在真实教堂的地板上。将球做得非常反光，以便让人们能够看清楚球面的环境贴图。

要将这个奇异的照片当做环境光来使用，有两个具体的要求：第一个要求是它必须是

图6-53 一个光探头图像

图6-54 仅用环境光来照明的场景

一个HDR图像；第二个要求是它必须是用一个“光探头”（light probe）——一个高反射性的铬金属球——拍摄的。将光探头放在外景地的中央，然后拍摄，所以，摄影机看整个环境，就好像是放在了房间的中央，同时朝各个方向拍摄一样。

这个特定的图像捕获了屋内的光线，也拍下了窗户，阳光则以其真正的亮度水平从窗户洒进来，从而也能够“照射”在场景中的3D物体上。当然，图像也会出现严重的球形畸变，但这对于计算机来说，将其解除包裹（unwrap），使其重新返回到原始的场景，不过是小事一桩，而这也正是环境照明过程所要做的一部分。

6.4.2.11 摄影机

几何体、纹理贴图以及光源全都做好了以后，拍摄3D场景下一个需要的就是摄影机了。3D摄影机的工作原理几乎和真的摄影机一样，有光圈、三度空间内的焦距（变焦距）挡位以及方位（绕X、Y、Z轴旋转）。当然，所有这些参数随着时间的进展而活起来。图6-55显示了在一个场景中移动一台3D摄影机进行延时摄影曝光的情形。3D摄影机的一个功能非常强大的特点是，不仅合成师能够让它们活起来，而且还可以输入来自3D部门或运动匹配部门的摄影机数据，使我们的3D摄影机可以精确地跟踪3D部门或现场的摄影，真是太给力了。

有一种特别酷的把戏，3D摄影机能做而真实的摄影机却不能做，那就是所谓的“摄影机投影”（camera projection）技术。在这种应用中，摄影机变成了一台虚拟幻灯机，然后对准任何的3D几何体。接着，摄影机内的任何图像都投影到几何体上，就像图6-56显示的那样。如果将一小段电影（一个场景）放到摄影机中，这段电影就投影到几何体上。摄影机投影有一点儿像是推着一台运转中的电影放映机在你的房间中走来走去，将电影放映到房间内的各种各样的物体上。这是3D合成中的一种功能非常强大而且常常使用的技术，我们立刻就将看到一个引人注目的应用实例。

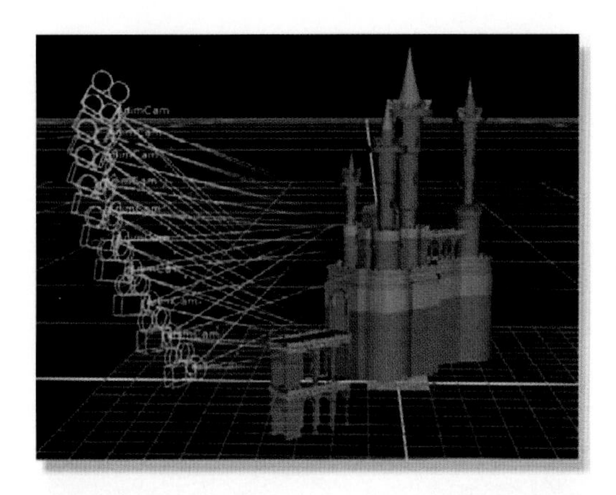

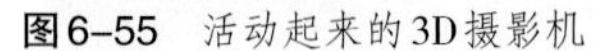
图6–55　活动起来的3D摄影机

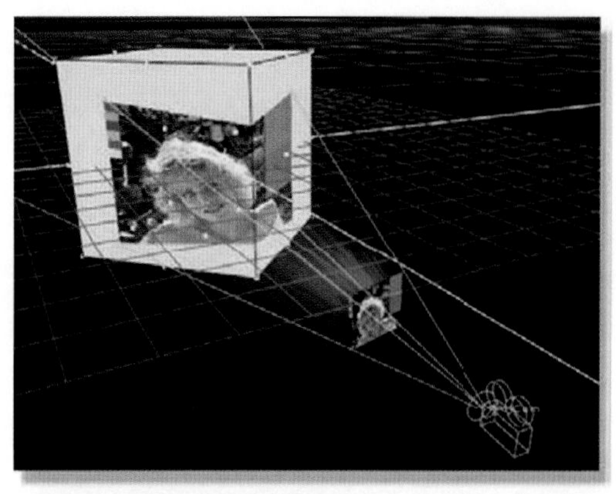

图6–56　摄影机投影

6.4.2.12　材　质

3D几何体创建之后，必须定义其所代表的表面类型。是像塑料那样的闪亮的硬表面，还是像赌桌那样深色无光泽的表面？事实上，3D几何体的表面将有多个属性图层，这些图层都是由材质创建的。材质是一门极其复杂的学科，从事这方面工作的都是一些高端的专家，他们唯一个工作就是创建和摆弄材质。事实上，他们被称作“材质写家”（shader writer），是3D领域里的高薪专家。

3D合成程序中的材质会是简单的，不需要编程，但你将不得不调整材质的参数，才能使你的几何体具有逼真的表面属性。下面我们看一看三种基本的材质：环境材质（ambient shader）、漫射材质（diffuse shader）和定向高光材质（specular shader）。每个示例都给出了从暗到亮的三种亮度，以帮助表现材质的效果。注意：这些亮度的变化是通过提高材质值而实现的，而不是通过提高光源亮度而实现的。

图6–57中的环境材质只是让3D物体从每个小孔辐射光线，并不受任何光源的影响。它有两种使用方式：首先，通过加大它的辐射强度，使它成为发光体，比如汽车的尾灯。然而它并不将任何光线投射到其他物体上，它只是自身变得更亮；它的第二种用途是填充3D场景中光线照不到的暗区。除非你专门将一盏微弱的灯悬挂得很低，在没有光的地方，几何体将被渲染成零黑。环境材质用来添加一些低照度的环境光，以免出现那种情况。

图6–58显示了漫射材质的特点，它对光照必定会有反应。如果你提升光源的亮度，几何体就会变亮。随着多边形的转动逐渐背离光源，漫射材质就会使多边形变暗。它使用前面看到过的表面法线来确定多边形相对于光源的垂直程度，然后据此计算出它的亮度来。

关于材质有一个关键的概念，它们可以结合起来，去构建复杂的表面。图6–59显示了在三种不同强度上环境材质加漫射材质的情形。图6–60显示了向图6–59中间的那个样本添加三种不同强度的定向高光材质，以使其逐渐变得更耀眼。同样，光源并没有改变，仅仅是材质发生了改变。

图6-57 环境材质

图6-58 漫射材质

图6-59 环境加漫射

图6-60 添加定向高光

6.4.3 运动匹配

运动匹配是一种魔幻的粘合剂，能够把3D世界与现场表演粘合在一起。没了它，很少有3D合成能够做出来。运动匹配部门用非常复杂（也非常昂贵）的软件对现场表演的电影片段进行分析，并要完成两件了不起的事：第一，它要将拍摄现场表演的摄影机的三维位置和运动返回给工程师。这是必需的，因为3D部门和2D部门需要用这些摄影机跟踪数据来匹配摄影机的运动（明白运动匹配的意思了吗？）。

运动匹配完成的第二件令人惊叹的事是锁定现场表演场景中各种各样的参考点，并描绘出来这些参考点都在三度空间（3-space）中的什么地方。最终产品是将正确地摆放在三度空间中的跟踪标记汇集起来，然后，3D部门和2D部门可以用这些标记来调整CGI元素的位置，使它们完美地适配到场景中。有些运动匹配技术在所谓的“点云”（point cloud）中，产生成百上千的标有小“x”的跟踪标记。另一些技术则只产生十来个跟踪标记，这些标记以彩色箭头的形式显示出来。让我们看一个示例。

图6-61给出了原始图片，这是一家工业企业，这里即将拍摄一起很刺激的撞车事件，而且摄影机要做出疯狂的移动。任务是让一辆价值50万美元的兰博基尼汽车失去控制，轰鸣着冲进镜头，但谁也不想撞毁一辆真的兰博基尼汽车。通过运动匹配软件对原始图片的分析，产生了如图6-62所示的3D跟踪标记。在运动匹配美术师的引导下，这些标记锁定在图片中的一些特征上，帮助3D部门来识别地面，从而使汽车能够放置在地面上，而不是陷入到地里面去。而且，3D摄影机必须像现场表演摄影机那样精确地移动，以便使透视关系

图6–61　原始图片

图6–62　跟踪标记

图6–63　位置调整检查

图6–64　3D汽车和参考基准

图6–65　3D汽车渲染

图6–66　最后合成的镜头

令人信服，并避免汽车在镜头中出现四处蠕动和打滑的现象。

图6–63显示了一种常用的位置调整检查方法，该法渲染了一个简单的跳棋盘元素，并将其淡淡地合成到原始图片上，以确保3D摄影机能够“锁定”在地面上，而且不会到处蠕动。在图6–64中，3D美术师正在使用跟踪标记和位置调整参考来确保他的3D汽车在场景中能够被正确地定位。跟踪标记给动画师以三维的参考基准，让他知道应该将汽车放在何处。

所有的参考基准拿掉以后，汽车就渲染成图6–65中的样子。在图6–66的最后合成镜头中，将是一台疯狂移动的摄影机所拍摄下来的一辆鲁莽驾驶的兰博基尼汽车，所有的一切都锁定在一起，成为一个天衣无缝的整体。

在这个示例中，跟踪了一个现场表演的场景，从而使一个3D物体能够添加到它的上面。同样这个技术也可以用来将一些现场表演的人放到完全是由计算机生成的3D布景中——这种布景通常称作“虚拟布景”（virtual set）——而且带有摄影机的各种移动。人是在绿幕摄影棚内拍摄的，摄影棚的墙壁上装了一些跟踪标记。然后，摄影机对墙壁进行跟踪，从而使3D部门知道摄影机在绿幕布景中是怎样移动的。这些数据提供给3D摄影机，从而能够使摄影机在渲染出的布景中做出匹配的移动。然后，合成师从原始绿幕镜头提取抠像并将人合成到CGI环境中。

当CGI碰到了现实世界的时候，不要指望什么都能够匹配得完好无缺。没有校正掉的镜头畸变、摄影跟踪数据中的小小差错以及跟踪点的选择不当，这些都会使得匹配无法做到完美无缺。我们镜头完成者的任务，就是要将所有这些问题统统解决掉。这就是我们挣钱多的缘故。

6.4.4 摄影机投影

在本章的前面部分中，你了解了摄影机投影是怎样工作的。下面你将会看到摄影机是怎样使用的。你将会看到，仅仅使用几张照片，当然还要有功能强大的3D合成程序，就能快速（且便宜）地制作出令人惊叹的照片般逼真的3D场景来。

光盘6-5

图6-67显示了用摄影机投影方法制作的一个动画片段。摄影机先是从低处开拍，接着摇向塔楼的左方，然后绕着塔楼的前方摇动，并爬高到接近塔楼的顶部。美丽的天空从塔楼的后方浮掠而过。你可以用播放DVD中的vid 6-5这个片段。让我们考察一下这个难以置信的镜头当初是怎样制作的。

图6-68中的原始照片和天空照片是制作这个镜头仅有的元素。预制的美术品是通过围绕建筑物绘画出纯净的黑色背景而制作出来的，这样做是为了能够更容易地看清美术品上

图6-67 用摄影机投影法制作的动画片段

原始照片

天空照片

预制美术品

图6-68 摄影机投影镜头的元素

的几何体是否对准了。

图6-69显示了拍摄这个镜头的3D装置。场景中放置了两个立方体，并在垂直方向上缩放至适当的高度，以便将美术品投影上去。天空照片以纹理贴图的方式，贴到一段圆柱内面上。请注意：此时有两台摄影机。白色的摄影机将预制美术品投影到立方体上，与此同时，绿色的摄影机围绕着场景进行拍摄。甚至不需要用3D光源，因为照明已经捕获在原始照片里面了。而这个镜头完全神奇地做到了照片般逼真，恰恰是因为它本来就是用真实的照片制作的。

图6-69　摄影机投影用3D装置

Tip! 关于摄影机投影镜头，有个要点需要记住，那就是这种技术有一定的局限性。你必须将摄影机随时随刻都留在场景的“好的一面”。如果摄影机准备围绕立方体摇得太远，就会把没有纹理贴图的那一面显露出来。出于这个原因，摄影机移动要适度，才能让摄影机投影镜头做得最好。

6.4.5　布景延伸

布景延伸（set extension）是3D合成的另一项主打技术。基本的想法就是避免为巨大、昂贵的视觉效果镜头建造巨大、昂贵的布景。相反，现场拍摄是让角色在最后布景中相对较便宜的一小段里进行的。然后将现场拍摄图片送到运动匹配部门去进行摄影机跟踪，再然后将摄影机跟踪数据送到3D部门用于布景造型。有时，渲染出来的CGI布景送至2D部门去合成，但也有时要拿出3D数据库和摄影机运动数据。然后，合成师将数据输入3D数据库，先在3D合成程序中渲染CGI，然后再进行合成。

图6-70显示了为了布景延伸镜头而拍摄的现场表演的几个关键帧画面。对该图片进行摄影机跟踪，以导出摄影机的运动轨迹，以便3D部门可以与之匹配。布景周围的区域已经抠掉了，并添加了一个α通道，以便将图层预制好，准备用于合成。抠像的方法可以是用蓝幕将其围绕起来，也可以采用遮罩绘制的方式。

图6-71显示了用于布景延伸的3D合成装置。3D几何体以及用作远背景的绘景已经设置好，准备拍摄。摄影机位于左下角（绿线框），并将在运动匹配部门提供的运动跟踪数据

图6-70　用于布景延伸的现场表演图片

图6-71　布景延伸用的3D装置

的控制下运动起来。这就确保3D摄影机能够复制现场表演摄影机的运动，以期镜头的所有组成部分都能够完美地适配在一起。当然，各个部分永远不会完美地适配在一起的，所以，3D合成师的关键责任之一，就是要解决所有的问题。身处制作生产线的末端，制作过程中的任何环节出了任何问题你都要予以解决，这个责任就落到了我们身上。就把它看做是保住饭碗的一道屏障吧。

光盘6-6

图6-72显示了最后布景延伸动画片段中的几帧画面，这个片段你可以在DVD的vid 6-6中看到。在片段的开始，摄影机距离角色和实景非常近，以至于角色和实景充满了画面。随着摄影机向后拉、向上仰，现场表演布景逐渐缩小，并由3D布景延伸出去。之所以能够做到所有这些，是由于有了运动匹配部门提供的摄影机数据。没有摄影机跟踪，所有这一切都是不可能的。

6.4.6　3D背景

将3D背景添加到现场表演元素上或CGI元素上还有一种共同的技术，它使用了与摇摄

图6-72　布景延伸动画片段

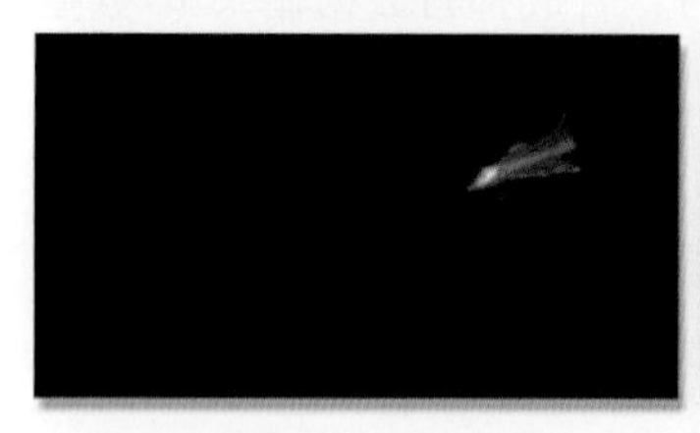

图6-73　CGI喷气机动画片段

图6-74　令人震撼的全景背景图片

拼贴相类似的方法。请看图6–73中渲染的CGI喷气机片段。3D部门塑造了喷气机的模型，添加了材料和表面属性、光源以及摄影机。让喷气机从右向左“飞行”，并用一台“活动的”（animated）摄影机拍摄。3D合成部门的任务是在喷气机动画的后面添加一个令人震撼的全景背景，并且这个背景要与原来的3D摄影机实现完美的同步。

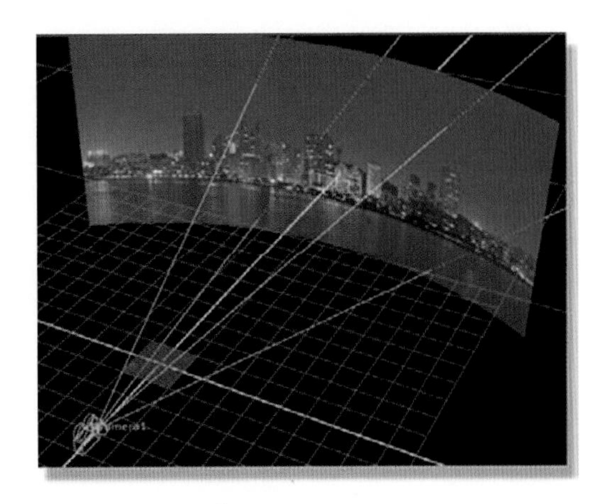

图6–75　3D场景装置

图6–74所显示的令人震撼的全景背景图片，将拍摄到喷气机的后面，而且还要将已经“固化”到喷气机动画中的摄影机运动精确地不走样地保持下来。3D表面提供了来自其3D程序的摄影机动画数据。这些数据与运动匹配部门用摄影机跟踪后的数据属于同一类型。摄影机数据输入到合成程序的3D摄影机中，从而使其摄影机能够与3D部门中的那台摄影机实现完美的同步运动。

图6–75显示了3D场景装置。背景图片被纹理贴图到一段圆柱内面上。摄影机做横跨背景图片的摇摄，完美地复制了3D部门中为喷气机所用的原始摄影机的运动。仍然要注意没有光源。3D合成程序以摄影机的视点来渲染背景图片，然后将其合成到CGI喷气机动画的后面。

尽管摇摄拼贴方法是将背景分解为若干单独的贴片，而这种技术使用是单一的一幅大的图像。然后，将贴了纹理的那段圆柱内面定好位置，使其适配到整个镜头的摄影机视野中。

Tip! 将纹理贴图贴到柱面上的时候必须留意，不要因为在X轴和Y轴上对其拉伸而引发畸变。意外拉伸图像的情形非常容易发生，这会惹恼可爱的客户。

Tip! 如果客户给你的是为摇摄拼贴镜头准备的多张单独的图像，你可以将这些图像合并在一起，成为如这种图像一般的单一全景图像，这样你就可以用圆柱的内面，而不是用一些卡片，做起来要简单得多。

vid 在摄影机数据载入3D摄影机且全景背景就位之后，我们就可以对图6–76所示的完成镜头进行渲染与合成了。你可以在DVD的vid 6–7中，观看这个完成镜头。

光盘6–7

在可预见的未来，3D合成对于视觉效果制作的重要性将会继续扩展。原因很简单，在制作视觉效果上，它是一种更有效、成本效益更高的方式。更多地了解3D动画与3D合成，对于保住视觉效果行业中的饭碗，是至关重要的。

图6–76　完成镜头

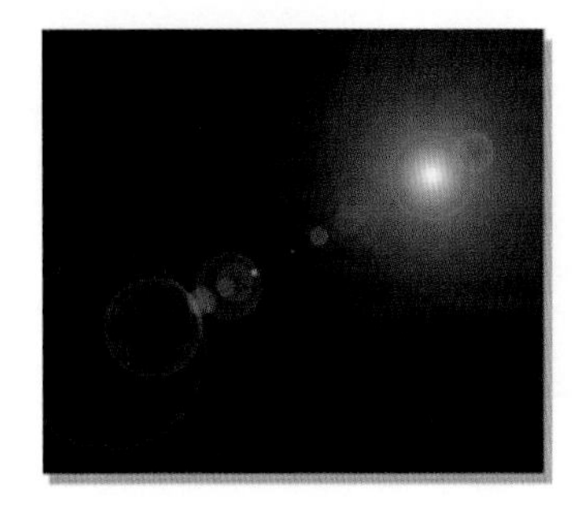

图7–1　镜头炫光

图7–2　背景图片

图7–3　背景上过滤的镜头炫光

的发射元素时，就需要使用过滤操作。烟雾不能算到过滤这个范围内，因为它阻隔了来自背景的光，使这些光不能进入摄影机。对烟雾请用合成的方法。

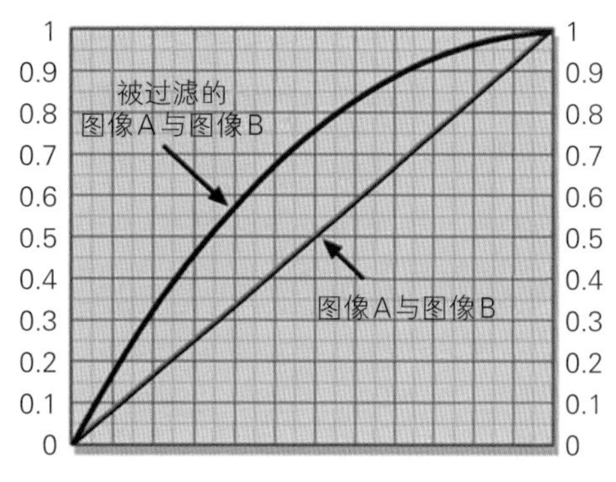

图7–4　两个梯度一起过滤的结果

图7–1是需要过滤的镜头炫光原始的例子。有关过滤图层的关键点是，它始终是在一个零黑背景上。如果像素中有不是零黑的，那它们最终就会在完成的画面中污染背景图片。图7–2显示了背景图片，图7–3显示了过滤背景图片上的镜头炫光的结果。注意：光线与背景图像混合到了一起，实际上却没有遮住背景图像。背景图片中位于镜头炫光热中心的深色像素似乎是被遮住了，但那不过是曝光过度了而已，就像一个明亮的元素与一个昏暗的元素经过了二重曝光那样。明亮元素是主导。

图7–4说明了过滤操作的“二重曝光”作用。图中有两个相同的梯度，图像A与B，它们一起被过滤。这里要说明的关键特征是，注意最大视亮度是怎样逐渐接近1.0，却又不会超过1.0的。随着两个图像逐渐变亮，过滤的结果也逐渐变亮，但变亮的速度放慢了。当它们接近于1.0时，就变得“饱和”了，但不会超过它。当在任何图像上对黑色区域进行过滤时，图像不发生变化，这就是过滤物体必须是在一个零黑背景上进行的原因。

7.1.1.1　调整外观

Tip! 你无法通过“调整”过滤操作来改变结果的外观。这是一个无法更改的公式，有点像是将两个叠加（multiplying）在一起。如果你想使过滤的元素显得亮一些、暗一些或换一种颜色，那就在实施过滤操作之前对其进行调色。同样，当心你的任何调色操作都不要干扰到光元素周围的零黑像素，因为任何零黑像素升高至0以上后，都将会影响最后输出的图像。

一些合成程序实际上有一个过滤节点，而Adobe Photoshop是有个过滤操作。如果你不巧没有过滤节点，我们将看一看如何使用你的通道数学节点或者一些离散的节点，来创建

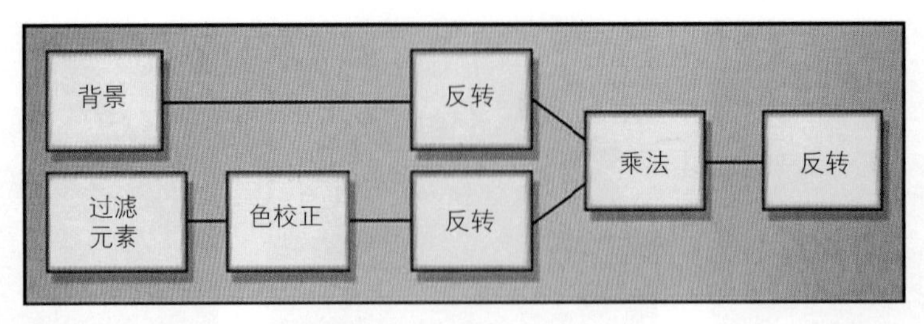

图7-5 创建过滤操作用的离散节点流程图

一个完美的过滤操作。但首先讲一讲数学。过滤公式如下：

$$1-[(1-\text{图像A})\times(1-\text{图像B})] \tag{7-1}$$

公式的意思是“用图像B的补数去乘图像A的补数，然后求该结果的补数”。在数学中，一个数的补数就是用1去减那个数。这种情况下，那个数就是图像中每个像素的浮点值。同样要注意过滤操作中没有遮片通道。它只是基于上述公式将两个图像结合起来。该公式可以输入到一个通道数学节点中，以创建你自己的过滤节点。

如果你没有数学节点，或者你虽然有，却不想用它，图7-5给出了一个流程图，告诉你怎样用合成软件中的一些离散的节点来“创建你自己的”过滤操作。你无疑会发现，用一些离散的节点要比使用数学节点，要运行得快得多。必要时，首先对过滤元素进行色校正，然后将两个图像“反转”（invert）——有些软件可能称这个操作为“求反”（negate）——在数学上，它就是公式（7-1）中使用的补数运算。然后二者相乘，再将结果反转。要做的就这些。你可以将这个构建到一个宏（macro）中，并将其保存下来，作为你自己的个人过滤节点。你甚至能够与你的同事一起分享这个节点（或者不分享）。

7.1.2 加权过滤操作

合成会将背景图层遮住，而过滤操作则不会。然而，常常会有这样的情况，你很想表现过滤操作的那种“辉光”，可仍然稍稍抑制一点儿背景，这就到了使用加权过滤操作（weighted screen operation）的时候了。想法就是为过滤元素（光发射体）创建一个遮片，并在过滤操作前，用它来部分地抑制背景图层。遮片的生成方式可以有许多种，最常用的是过滤物体本身的亮度遮片，而在CGI元素的情况下，或许是α通道。但无论用什么方式来制作，需要的都是为加权过滤制作的遮片。

我们可以对常规的过滤操作和加权过滤操作做一番比较。先看图7-6中的过滤元素，再比较一下图7-7与图7-9中的两个背景图片，你可以看到，在过滤元素用作自己的遮片的地方，有一个黑暗的区域，这是由于通过将其做了朝向黑色区域的缩放，部分地抑制了背景图层。比较一下图7-8与图7-10中的两个最终的结果，常规过滤的图像显得薄而热，而加权过滤的则有更大的密度。尽管加权过滤更不透明，但这不单纯是一个透明度上的差异。如果用半透明合成，则会在两个图层上都造成对比度的损失。

图7-6　过滤元素

图7-7　原始背景

图7-8　常规过滤

图7-9　经过缩放的背景

图7-10　加权的过滤

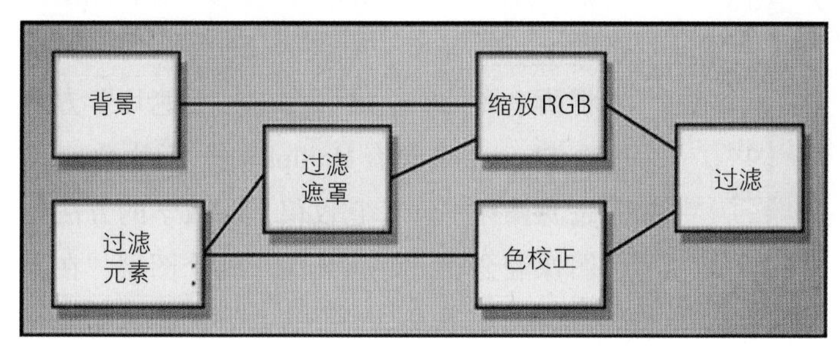

图7-11　加权过滤操作的流程图

两种结果之间的唯一差异是，在进行过滤操作之前，使用过滤元素本身作为遮罩，对背景图片做了朝向黑色区域的部分缩放。通过将背景变暗，造成不透明度的提升，从而使得背景细节更少出现，而之所以最终结果看着暗一些，是因为将过滤元素放在了较暗的画面上。这样确实会改变元素的样子。当然，正如上一节中解释的那样，过滤元素在视亮度上可以予以提升或降低，以便进一步地调整其外观。

练习7-1

图7-11显示了加权过滤操作的流程图。过滤元素用于创建一个遮罩，以减轻RGB缩放操作使背景图层变暗的程度。过滤遮罩可以用许多种方式生成，诸如制作过滤元素的一个简单的亮度版本。然后，必要时对过滤元素进行色校正，再然后用经过缩放的背景图像对其进行过滤。

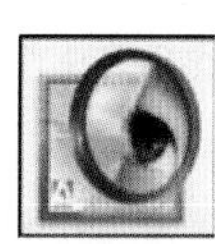

Adobe Photoshop用户：你可以按照图7-11中的流程图，创建加权的过滤。创建一个如图7-9所示的经过缩放的背景，作为一个单独的图层，然后用它作为过滤操作的背景图层。

图7–12 图层1

图7–13 图层2

图7–14 叠加后的两个图层

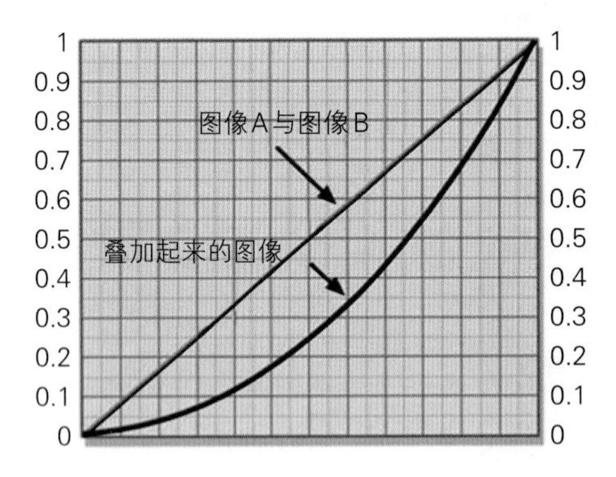

图7–15 两个梯度一起相乘的结果

7.1.3 叠 加

叠加操作（multiply operation）只不过就是将两个图像叠加（相乘）在一起，而且又是一种将两个图像结合在一起的“无遮片”方式（Adobe Photoshop中有Multiply——正片叠底）。如同过滤操作那样，它仅仅是用数学的方法将两个图像混合在一起，无关乎哪个图层“在上面”。叠加操作模拟了将一个图像投影到另一个图像之上的情形，有点儿像是将一个画面放在一台幻灯机里，然后将它投影到房间中的某个物体上。当然，如果你真的将一张幻灯片投影到某个物体上的话，投影出来的图像势必会显得非常暗。其原因是，你不是将其投影到一个非常白的反射性屏幕上，而是投影到某个比较昏暗、反射性很差，或许还有颜色的表面上。叠加操作的原理与之差不多。

图7–12与图7–13显示了准备叠加的两个图像的示例。为了不影响这个区域，并将其留给木制的大门，图7–13中的瓷砖画周围是100%的白色边界。经过叠加操作后，一个图层中的任何100%白的像素都不会影响到另一个图层，这是因为白像素是作为1.0处理的，而1乘以任何像素值都等于原来的像素值。注意：叠加的结果（图7–14）比原始的两个图层都要暗一些，正像我们将幻灯片投影到一个白度不到100%的表面上那样。这个问题我们马上就讨论。

过滤操作普遍会使图像变亮，而叠加操作则普遍会使形成的图像变暗，其中的原因举个例子就会明白了。如果你用0.5去乘0.5，会得到0.25，是个比原来小得多的数。而0到1.0之间的所有的数相乘，都是这样的结果。

图7–15给出了两个相同的梯度图像A与B，以及二者相叠加（相乘）后形成的较暗的图像。实际上，这是图7–4中过滤操作图形的一个对角线映射的版本。你可以将过滤操作想象成“反转的叠加”——常规的叠加形成较暗的输出，而过滤操作形成较亮的输出。

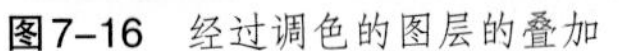

图7-16　经过调色的图层的叠加　　**图7-17**　半透明合成

7.1.3.1　调整外观

像过滤操作那样，你不能“调整”叠加操作。两个图像是叠加在一起的，情况如此而已。然而，就像过滤操作那样，你可以预先调整图像，以获得更好的结果。通常情况下，你会希望结果更亮一些，因此需要在叠加之前使两个图片变亮一些。你想提高黑度，并且（或者）提高伽马，却又不想将一个常量添加到两个图片上。添加常量会迅速地对每个图像的明亮部分实施限幅。

图7-16显示了在进行叠加之前对两个图片进行预调整的结果。通过比较，图7-14中未进行色校正的版本过于暗且朦胧。当然，你也可以对形成的图像进行色校正，但用8比特工作时，更好的做法是先通过预校正来接近你的视觉目标，然后再对结果进行细致的调整。这样可以避免叠加操作后过度地缩放RGB亮度值，否则会使8比特图像产生条带化问题，而16比特图像就不会受到条带化问题的困扰。

与叠加操作形成有意思对比的是完全同样元素的半透明合成（如图7-17所示）。合成的结果仅仅将两个图像“不偏不倚”地合在了一起，这相当乏味，不像用叠加操作所获得的结果那样生动有趣。叠加操作的结果，两个图像都更大程度地保留了其自身的特征。

7.1.4　最大化

另一个“无遮片”图像合成技术是最大化操作（maximum operation，即Adobe Photoshop中的“Lighten”——“变亮”）。最大化节点有两个输入图像，它对这两个图像进行逐格像素的比较，两个图像之间哪个像素是最大值，该像素就成为输出值。虽然通常用于遮片，但我们这里将用它来结合两个彩色图像。我们之中有谁没有尝试将一个现场表演的火焰或爆炸元素合成到一个背景，却偏偏受到了暗边困扰的时候呢？火焰元素实际上是自己遮片问题的罪魁祸首。

最大化操作的优点，在于它不需要遮片，而且通常产生非常好的边缘。最大化操作的问题在于它需要非常特定的有用的环境，尤其是关注的对象不仅必须是在暗背景下的明亮

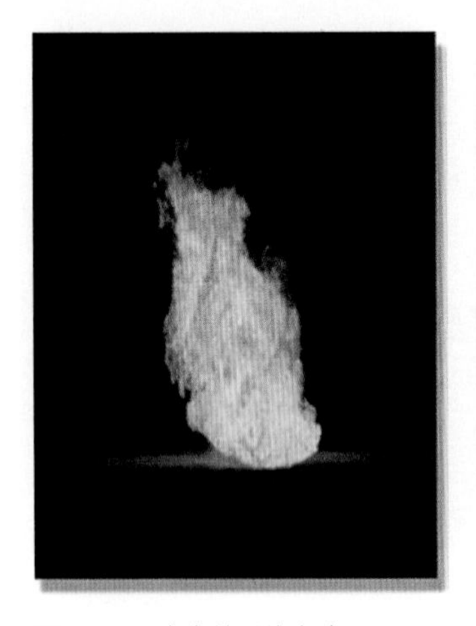

图7–18 暗背景下的火球

图7–19 暗的目标图像

图7–20 与目标图像一起最大化的火球

元素，而且暗背景还必须比准备与之结合的目标图像更暗。从图7–18中的火球开始，可以看到基本的设置是怎样的。

火球是在一个暗背景下，而图7–19中的目标图像也是一个暗图片。当这两个图像如图7–20所示“最大化”到一起的时候，凡是火球的像素更亮的地方，火球就从目标图像“透”过来。由于没有遮片，所以没有遮片线条，而且甚至连火球下部周围的辉光这样的细节也都保留了下来。

Tip! 你在最大化操作上有可能碰到的一个问题是，在火球内部可能存在内在的暗区，这些暗区将变成一些“空洞”，人们可以透过这些“空洞”而看到目标图像。为了解决这个问题，可以由火球生成一个亮度遮片，然后侵蚀这个遮片，以便能够完全从边缘以内来抽取遮片。然后就可以将原始的火球合成到经过最大化的图像上（图7–20），填充到内部去，这有些像是第五章中讲述的软合成/硬合成程序。最后，既得到了最大化操作的很好的边缘，又得到了合成操作的实体内核。

当“热”元素是现场拍摄的，你无法控制其外观的时候，适宜使用这种操作。如果它是CGI元素或绘画的元素，那你就有法控制了。你可以将热元素放置在零黑之上，以进行过滤操作；或者生成一个遮片来进行合成。对于现场拍摄的元素，人家给你什么，你就得接受什么，而且还得做出来。除了火焰元素和爆炸元素以外，最大化操作还可以与拍摄的光源、光束甚至镜头炫光一起使用，任何现场拍摄的暗背景下的明亮元素都可以使用。

7.1.5 最小化

最小化操作（minimum operation，即Adobe Photoshop中的“darken”——变暗）是最大化操作的反面，这毫不奇怪。当获得两个输入图像时，它选择二者之中最暗的像素作为输出。或许这听起来不那么让人兴奋，但偶尔作为另外一种“无遮片合成”技术，也会非常有用。最小化操作的关注对象是在亮背景下的暗元素，而目标图像也是亮的，这正好与最大化操

图7–21 滑翔伞兵源图片

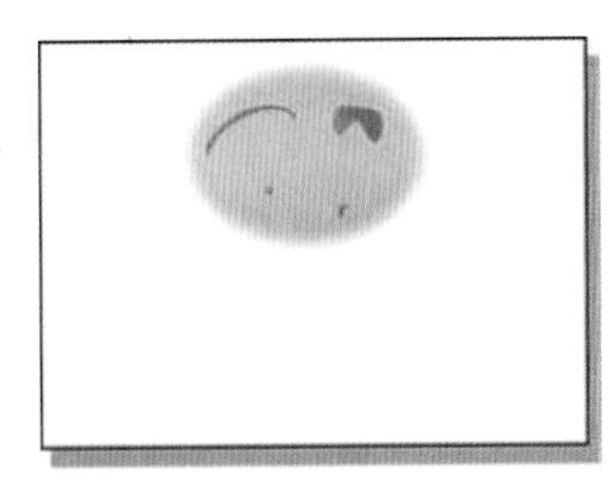

图7–22 做了冗余遮片的源图片

图7–23 滑翔伞兵最小化到背景中

作的设置相反。

就拿图7–21中的滑翔伞兵做例子吧。他们相当得暗，而天空相当得亮，但在接近银幕底部的地方，存在着一些暗区。为了解决这个小问题，需要对图片做了冗余遮片，使其有了白色环绕区，如图7–22所示。进行最小化操作时，白色环绕区成了将不会从目标图片透过来的“空”元素。然后，冗余遮片版本与背景图片“最小化”，以生成非常好的“合成”，如图7–23所示。

练习6–2

当然，最小化操作也像最大化操作那样，受到了所有同样的限制，即你必须有适当的元素，你可能不得不抽取一个遮片来填充内核，以及你可能得给关注对象制作冗余遮片，以将周围清理好。然而，如果能用的话，它对于一个难缠的问题而言就是一种非常考究的解决方案。

7.2 Adobe Photoshop混合模式

在很多数字效果工作室中，都有一个美术指导类的人物，他一定会用Adobe Photoshop制作出各种“样子”的试验合成镜头，供客户选择与认可。Photoshop美术师甚至有可能会创建出合成师将实际用于镜头中的一些元素，直到包括作为整个镜头基础的遮片绘画。得到最终认可后，完成的Photoshop试验图像将会交到你手里，作为匹配的参考。当然，Photoshop美术师将会用过好几种灵巧而微妙的Photoshop混合模式，以添加烟、雪、云和照明效果，全然不晓得在你的合成软件包中根本没有这类匹配的操作。像素无坚不摧——无论如何你都得使你的合成与之相匹配。

如果你的合成程序具有与Adobe Photoshop混合模式相匹配的操作，那岂不是太棒了吗？是的，对于大部分来说，是可以做到的。在本节中，我们将考察一些最重要的Photoshop混合模式是怎样工作的，以及你怎样能够在合成软件中复制这些模式。Photoshop 7有22种混合模式，但我们将只关心7种最重要的混合模式（真正的美术师实际上是不会使用“Pin Light”——“点光”——混合模式的）。好消息是：7种当中，有4种非常简单。当然，坏消息是：7种当中，有3种不简单。它们需要将一个公式输入到一个支持两个输入图像的数学节点中。用一些诸如叠加和过滤的离散节点来构建这些更复杂的混合模式是不适用的，因为那要用到乱七八糟的一大堆节点，会引入数据限幅。还是硬着头皮做数学为好。

7.2.1 简单混合模式

以下是头4种简单的模式。注意：这些操作是“对称的”，这意味着你可以交换混合模式上的两个输入图像，而不会对结果产生影响。所有这4种操作以前都从合成软件的角度做过描述，但这里仍然将它们列出来，以便将Photoshop操作搜集到一起，便于参考。

滤色：这与6.1.1节中讨论过的过滤操作是同样的。我们和他们对这个操作都用同样的名称，好怪啊。①

正片叠底：他们的“正片叠底”与我们的叠加是同样的，见7.1.3节。

变亮：这实际上就是我们的最大化操作，只不过是换了个名称。已在7.1.4节中讨论过。

变暗：这实际上就是我们的最小化操作，只不过是换了个名称。已在7.1.5节中讨论过。

7.2.2 复杂混合模式

以下是Adobe Photoshop的3种复杂的混合模式。混合到一起的两个图层分别称作“混合图层”（blend layer）和“基底图层”（base layer），而在Photoshop的调色板中，混合图层是列在基底图层的上面，如图7–24所示。注意：这些操作不是对称的，这意味着如果你将合成中的基底图层与混合图层交换，结果将会是驴头不对马嘴。如果你忘了这个严酷的事实，将会吃不了兜着走。

为了与传统的合成术语协调，平时我们说将图像A合成到图像B上，现在我们将混合图层称作A，将基底图层称作B，如图7–24所示。这样做便于记忆，因为在Photoshop调色板中，混合图层A是在基底图层B的上面。例如，如果我们想说“取基底图层B的补数，然后将用混合图层A与之相乘”，则写成公式如下：

$$(1-B)\times A$$

然而，为了你的软件通道数学节点，你必须将这些通用的图像公式转换成具体的通道公式。你的数学节点将不用图像A与图像B的称呼，而是说输入图像1输入图像2的彩色通道。假定A连接到数学节点的图像1输入上，B连接到图像2输入上，上述图像公式［（1–B）×A］可输入到一个数学节点中，将得到如下的三个通道公式：

图7–24 Adobe Phtoshop带混合图层与基底图层的图层调色板

R通道输出 $(1-r2)\times r_1$

G通道输出 $(1-g2)\times r_1$

B通道输出 $(1-b2)\times r_1$

① Photoshop中文版将screen译作“滤色”。——译者注

图7-25　混合图层

图7-26　基底图层

式中：r2是图像2（我们的B图像）的红通道，r_1是图像1（我们的A图像）的红通道，以此类推。还有一个问题，就是你特定的数学节点所用的语法。尽管几乎每个人都用“×”来表示乘，用“+”来表示加，但对于更复杂的运算，例如平方根和“如果/则”（if/then）的陈述，还是有差异的，所以，这里不要试图原封不动地照搬公式。公式全都是按模版写进“假节点”中的，你必须将其转换成符合特定的数学节点的语法。

以下的混合模式示例使用图7-25和图7-26中所示的混合图层和基底图层。让我们开始吧。

图7-27

覆盖（overlay）：覆盖操作实际上依据基底图层颜色的像素值来改变其行为（图7-27）。如果基底彩色像素小于0.5，则进行叠加操作。如果它大于0.5，则切换成一种过滤类型的操作。

$$
\begin{aligned}
&\text{if}\ (B < 0.5)\ \text{then}\\
&\quad 2 \times A \times B \qquad (7\text{-}2)\\
&\text{else}\\
&\quad 1-2 \times (1-A) \times (1-B)
\end{aligned}
$$

图7-28

硬光（hard light）：硬光操作依据混合图层颜色的像素值来改变其行为（图7-28）。如果混合彩色像素小于0.5，则进行叠加操作。如果它大于0.5，则切换成一种过滤类型的操作。

$$
\begin{aligned}
&\text{if}（A<0.5）\text{then}\\
&\quad 2\times A\times B \\
&\text{else}\\
&\quad 1-2\times（1-A）\times（1-B）
\end{aligned}
\tag{7-3}
$$

你可能已经注意到硬光公式与前面的覆盖公式非常相像。事实上，唯一的差别就在于对哪个图像进行小于0.5的测试。这实际上意味着你可以利用一个装备了覆盖的数学节点，只需切换输入图像以获取硬光即可。千万别告诉别人。

图7–29

软光（soft light）：软光操作也依据混合图层的颜色来改变其行为（图7–29）。其视觉结果与覆盖操作相似，但其拜占庭（Byzantine）公式要复杂得多。

$$
\begin{aligned}
&\text{if}（A<0.5）\text{then}\\
&\quad 2\times B\times A+[B^2\times（1-2\times A）]\\
&\text{else}\\
&\quad \text{sqrt}（B）\times（2\times A-1）+2\times B\times（1-A）
\end{aligned}
\tag{7-4}
$$

Adobe的人通宵不睡，编造了这个谎言。实际上，Adobe没有公布它的内部数学公式，所以，这些公式都是一些各种各样的聪明人反推出来的。事实上，刚刚给出的软光公式稍稍揭开了它神秘的面纱,但很接近了。你可以通过德国一家小软件公司开办的一个极好的网站（网址：www.pegtop.net/delphi/blendmodes），来了解其概要，以及Photoshop所有其他的混合模式。

练习7–3

为了证实你已经正确地运用了这些公式，我建议你使用随书奉赠的DVD中的测试图像，将你的数学节点版本与以前制作工作中使用过的那些Photoshop版本做一番比对。

7.3 狭缝阻塞

狭缝阻塞（slot gag）是一种特别有意思的小动画效应，可以在各种各样的场合产生很好的效果。狭缝阻塞的应用始于传统的胶片电影的光学效果，它的发明比计算机的诞生早了100年。这里给出的是光学效果的一个数字模拟。其想法是取两个高对比度元素，让一个缓慢地动起来（或者两个都动起来），然后用一个遮罩住另一个。在我们这个领域，我们

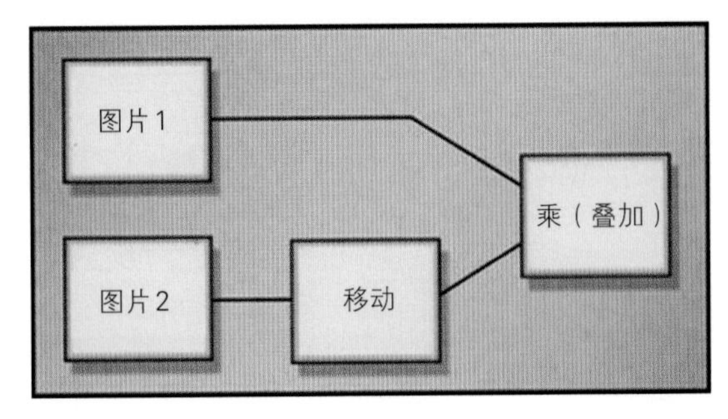

图7-30　狭缝阻塞的设置流程图

图7-31　两个遮罩叠加在一起（相乘）

图7-32　可旋转的狭缝阻塞遮罩

图7-33　形成的动画效果

图7-34　文本

图7-35　闪光遮罩

图7-36　闪光的文本

图7-37　受遮罩的闪光

实现这个遮罩过程仅仅是将这两个元素相乘（叠加）。设置很简单，如图7-30所示。

图7-31显示了两个简单的遮罩叠加在一起产生了右侧意想不到的钻石型图案。当两个高对比度遮罩叠加（相乘）时，所得的结果正好是二者相互覆盖的区域。由于两个复杂遮罩的覆盖区域很难想象，所以结果常常会产生意想不到、可以利用的效果。

利用这一基本观念，你可以实现的事情在数量上几乎不受限制。一种常见的阻塞就是生成图7-32所示图案那样的尖峰状星光辐射。如果将两个相似的遮罩相互重叠起来，并让一个遮罩旋转（或者两个遮罩都旋转），就会产生图7-33中那样非常酷的星光辐射动画。另一种效应是让星空闪烁（这次特意做出这个效果），做法是制作一个适宜的斑驳陆离的遮罩，将其与“星空”叠加在一起，并拉动遮罩。

练习7-4

然而，狭缝阻塞最常见的应用是让一道闪光划过某些文本。从图7-34中的文本图形开始，给出了一个简单的例子。先制作一个闪光遮罩（图7-35），让其从文本的面前划过，而这个遮罩又用文本的 α 通道来遮罩（相乘），生成图7-37中看到那种受遮罩的闪光。然后，将这个受遮罩的闪光着色，并过滤或合成到文本上，以生成图7-36所示的闪光文本。这种方法简便易行，而且效果极佳。

第八章

色校正

至此，我们制作了优质的遮片，精细地消除了溢色，有希望已经得到了在技术上优秀的合成镜头了，于是就到了对合成镜头进行色校正，以使前景图层能够在视觉上与背景图层整合起来的时候了。合成镜头的两个图层是在非常不同的照明条件下拍摄的，如果将它们简单地拼凑在一个合成镜头里，人们就会非常明显地看出它们是在不同的照明条件下分别拍摄的。数字合成中最重要的步骤之一，就是让这两个图层看上去仿佛同时处在同一个光空间中，而这就是本章的主题。

为了对合成镜头的图层进行色校正，使其看上去像是在同一个光空间中，有才华的合成师不仅需要受过美术训练，而且还应对光的色彩性质以及光在不同环境中的表现，有扎实的了解。这些就是本章头两部分的主题。

列奥纳多·达·芬奇（Leonardo da Vinci）不仅是当时最伟大的艺术家，而且还是当时最伟大的科学家。他在绘画和雕塑中所表现出来的艺术辉煌，有着他对诸如人类生理机能和透视之类的技术问题的真知灼见作为支撑。我们的艺术之中蕴含着科学。对于你们之中那些熟知平方反比定律和漫射表面吸收光谱的人来说，这将是一带而过的复习。对于那些不熟悉这些知识的人来说，这些说教将令他们崩溃。这里的意图是，既要尽可能地少用数学，又要把与数字合成相关的科学讲清楚。本章有大量的图表和图形，希望你们能够容忍它们，并且仔细地研究它们。它们之中蕴含了大量的信息，最清晰、最简明地描述了一些复杂的现象，而光就是一种复杂的现象。

除了将图像在色空间中挪来挪去，直至看上去正确为止这样的方法以外，肯定还有对合成镜头进行色校正的更好的途径。镜头显得太暗，那就让它变亮一些。它显得太红了，那就把红降下来。本章的第3节专门讲技术，而技术的基础，则是讲述颜色和光的性能的那些章节中所提出的原理和词汇。光的性能那一节针对如何使合成镜头的元素实现色匹配，而提出了一种有序的方法，这将有望帮助你们不仅实现更正确的色匹配，而且还通过提出并解决更多的问题（例如交互式照明），来实现更全面的色匹配。如果你有五六个照明问题需要得到解决，可仅仅解决了其中的两三个问题，那合成镜头看上去又怎么能好呢?

8.1 大自然的颜色

本节讲述的是颜色怎样由光源、滤色镜以及物体的表面来形成和改变的。这并非一般的有关加色法与减色法的色彩理论课程。但愿你已经在美术学校里学过很多相关的知识，而且已经清楚如何用红和绿来配出黄来。本节讲述的是有关色彩的实用方面的知识，从真实的光线透过滤色镜照到实际的表面，到那些使你我必须为合成镜头进行色校正的问题。了解现实世界中的色彩原理，将帮助我们在数字世界中更好地模拟色彩。

8.1.1　可见光

世界不是只有红绿蓝。在真实的世界中，电磁频谱（光的本质）是一种巨大的连续能量，其波长从射频波的数英里长，到X射线的一个原子的若干分之一。我们能够看到的可见光谱只是这个广大的范围内的极微小的一段，实际波长如图8-1所示，从700纳米（1纳米=1米的10亿分之一）的红，到400纳米的蓝。略长于700纳米的波长称作红外，短于400纳米的波长称作紫外，这两类波长实际上都与电影业务有关，因为胶片本来是对这些波长敏感，所以必须采取预防措施，不要让这些波长进入画面。

之所以称其为可见光谱，是因为它是整个频谱中我们人类可见的那一小段。之所以我们能看见这个特定的范围，则是因为太阳在这一范围内释放出它的大部分能量。我们的视力实际上是对独一无二的太阳所发出的特定光输出做出了响应。尽管可见光谱是连续的，但我们的眼睛却不能等效地感受到它所有的波长，而只在3个方便的区域内——两端和中间——取样，我们称这3个区域为红、绿、蓝。眼睛，就像胶片和CRT（阴极射线管）一样，是一种红绿蓝器件。人眼的光谱灵敏度大致就是图8-2所示的样子，该图解释了为什么眼睛会被其他的三色系统（像胶片和CRT）所愚弄。胶片和CRT发出的光，在频率范围内都与人眼所敏感的范围相似，它们经过了精心的设计，以使其能够与我们的眼睛兼容。

8.1.2　光的颜色

光的颜色是用其“辐射频谱”来描述的。光的颜色取决于光源在其频谱范围内的每个波长上能够辐射多少能量。图8-3说明了一个典型的白炽光源的辐射频谱。由于其在500纳米到700纳米（红到绿）之间辐射的能量较多，而在400纳米周围辐射的能量较少，我们可以预料，这种光带有黄的调子。注意：其辐射频谱是连续的，完全延伸到可见光谱的两端。

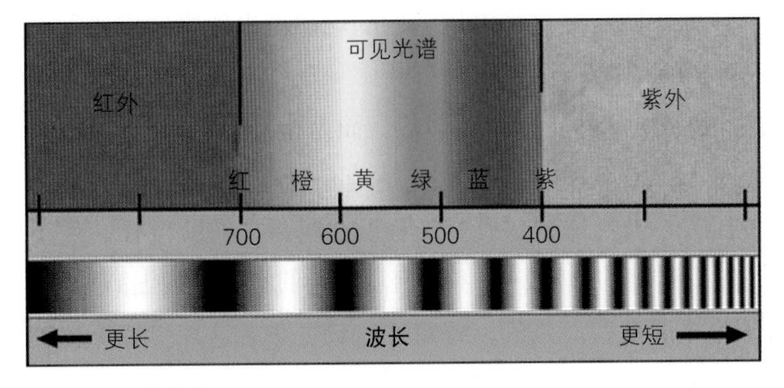

图8-1　可见光谱

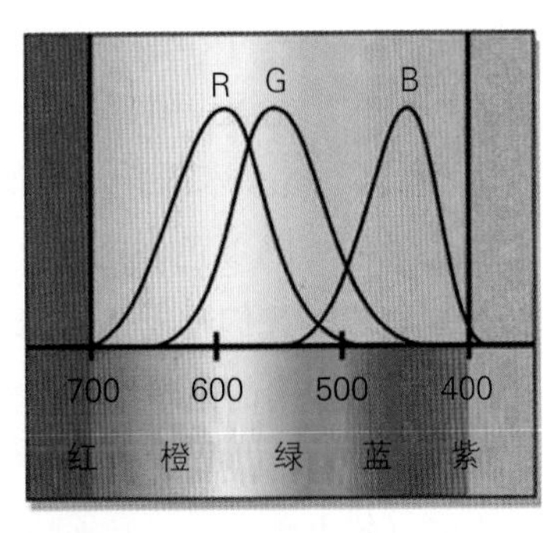

图8-2　人眼的光谱敏感性

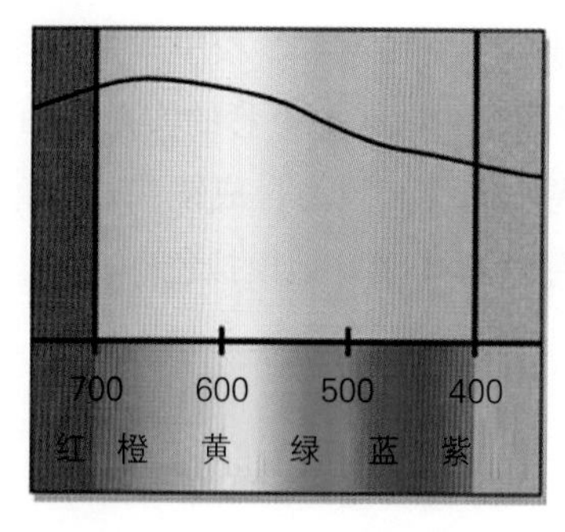

图8-3 白炽光源的辐射频谱

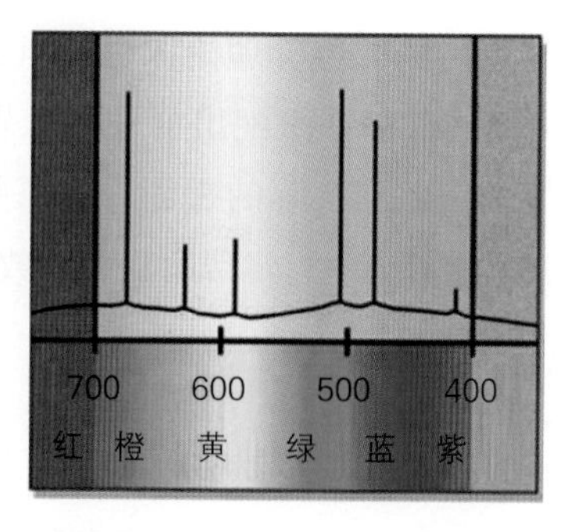

图8-4 荧光光源的辐射频谱

这是典型的白炽光源，像灯泡、火焰、棚内灯光以及太阳，这些都是白炽光源，它们通过对物体加热升温至发出辉光来实现光辐射。白炽光源之所以显得是白色的，是因为它辐射的光频率范围很宽，几乎等量地代表了所有的颜色，这当然就成了白色。显得发黄的白炽光源只是在蓝端略有缺失。

比较一下图8-3中的白炽光源的辐射频谱与图8-4中的荧光光源的辐射频谱。荧光光源的特点是，在频谱范围内有非常低强度的辐射，并且在一些非常狭窄的波长上有几个尖峰。这是荧光灯和辉光气灯（例如钠蒸气灯和汞蒸气灯）的典型频谱。这些狭窄能量波峰的位置与高度决定了光源的颜色。由于荧光灯在红橙段（650纳米）只有两三个小的能量波峰，而在绿段（500纳米）和蓝段（450纳米）有更多的能量，所以我们可以预料，这种荧光灯发出的光带有漂亮的蓝绿色调。

8.1.2.1 色 温

我们人类虽然有眼睛，却从未想过环境光是什么颜色，对我们来说，它似乎始终是白色的，因为我们的眼睛能够对任何稍稍偏离白色的光源自动做出补偿。然而在电影摄影与视频摄像中，如果物品没有予以正确的设置，没有针对光的“偏离白色”现象做出补偿，环境光的颜色就会让画面总体地带上一种让人感到不快的色调。对于视频来说，这个问题是通过一种称作“白平衡”的处理得以解决的，即通过调整摄像机来对环境光的颜色做出补偿。对于电影来说，这个问题是通过选择一种为环境光的颜色预先做好平衡的生胶片（film stock）来解决的。“白光”的各种各样的颜色可以用它们的色温做出适当的描述，而要理解什么是色温，就需要有一些科学的知识了。

“色温”这个术语并不是像字面上说得那样指物体有多热，而是指其辐射的光的颜色。这里所说的光的颜色，是建立在黑体辐射的概念上的。假定你有一个非常非常黑的物体，并对其加热。我们都有围着篝火的经历：当物体受热到一定程度的时候，它就会开始发出光来。最初发出的是暗红色的光。随着温度的提高，它将发出浅橙色的光。继续提高温度，它发出的光将会变黄，然后变白，再然后变蓝。是的，蓝热比白热更热。这种受热黑体的温度可以用来描述其辐射光的颜色，因为一定的温度将始终辐射同样颜色的光。

图8-5　色温5400K　美术家的“暖”

图8-6　色温6500K　常规

图8-7　色温9000K　美术家的“冷”

这里所发生的情况是，所有温度高于绝对零度的物体（无论是黑的，还是不是黑的）都发射出一个全频谱的电磁辐射，从非常低的射频，到非常高的频率，包括可见光（尽管其强度非常低）。如果一个物体不是全黑体，那它的辐射频谱就不完全适合理想模型，但它仍然辐射出一个包括可见光在内、范围非常广的能量频谱。随着物体温度的升高，可见光谱部分越来越亮，足以让人看见，但大多数可见能量是在较低的可见频率部分，所以在我们看来是红色的。

随着物体的温度继续升高，辐射光变得越来越亮，并逐渐向着更短波长和频谱的蓝色端覆盖（图8-1）。物体开始显现出橙色，然后是黄色。物体的温度进一步升高，对于眼睛来说，在可见频谱范围的辐射变得相当地均衡。这时，所有的颜色都大致等量地表现出来，所以物体显得“白热”了。仍然继续升高温度，频谱的蓝端发出甚至更多的光，所以物体开始显得蓝白了。这么一来，你就知道对于监视器、平板显示器、视频投影机以及胶片之类的显示装置来说，红色是“最冷的”温度，而蓝色是“最热的”温度。课程到此结束。

8.1.2.2　监视器色温

Tip! 现代的视频监视器可以具有可由用户调整的色温设置环节。那你应该将监视器设置成怎样的色温呢？这取决于你在做什么工作。在做胶片画幅的工作时，监视器的适宜色温设置为5400K[1]，与电影放映机灯泡的色温相同。在做视频的工作时，将你的监视器色温设置成6500K。对于电子数据表和文字处理，则用9000K。这里的悲剧在于，科学与艺术给这些术语下的定义相互恰恰相反，如图8-5至图8-7所示。对于科学家来说，色温越冷（5400K），颜色越发红，但美术家称其为“暖”，我猜想这是由于当你看它时，它给了你这种感觉的缘故。科学家将色温越高（9000K）、越显得发蓝，称为热，而美术家则坚持说它是“冷”。大伙儿就不能和睦相处吗？

8.1.2.3　胶片色温

室内用生胶片是按棚内灯光的白炽光源来平衡的，色温约为3200K。室外用生胶片是按直接日光平衡的，色温约为5400K。对于按3200K的白光平衡的室内用胶片来说，5400K

① 色温应以绝对温度的符号“K”来表示，原文误作“度”，下同。——译者注

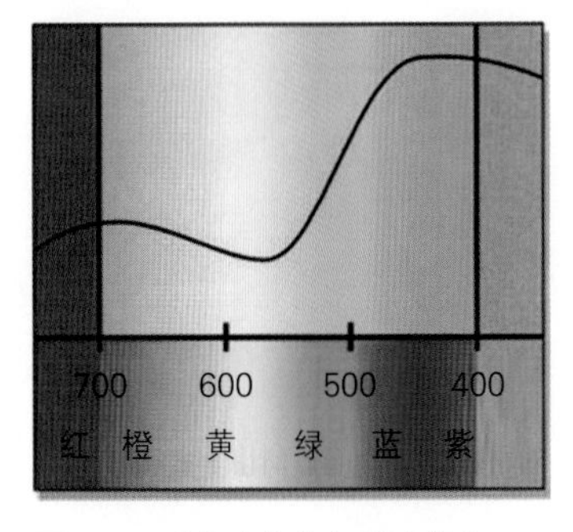

图8-8 彩色滤色镜频谱透射比

的光源太蓝了。对于按5400K的白光平衡的室外用胶片来说，3200K的光源太黄了。如果室内用生胶片在室外使用，又不用补偿滤色镜来阻挡过量的蓝光，胶片曝光后，就会显得太蓝。同样，如果室外用生胶片在室内使用，又不用补偿滤色镜，就会有过量的黄光来曝光，造成镜头发黄。荧光灯将使胶片带有绿色调。如果你拿到的胶片扫描带有这些色彩异常的情况，你有理由嘲弄摄影师没有正确地使用滤色镜。

8.1.3 滤色镜的效果

滤色镜是通过阻挡（吸收）光谱的某些部分并允许其余部分通过而起作用的。滤色镜允许光谱通过的部分叫做滤色镜的“频谱透射比”。图8-8显示了一只滤色镜阻挡了大部分的红色频率和橙色频率，但通过了一些绿色和许多蓝色。该滤色镜看上去将显现出青色。

关于滤色镜有两件事要记住：第一件是，即便是滤色镜因为透过了红光而发红，它也不是透过了所有的红光。在某种程度上，滤色镜减少了它所应该通过的那种颜色的存在量；第二件需要记住的是，滤色镜事实上是光的屏障。当你注视一只黄滤镜时，想着它是蓝光的一道屏障。当你将一些彩色滤光片叠加到一条梯级曝光试验片上，试图想象出应该对每个彩色通道做出怎样的调整的时候，这一点尤其有用。如果一只黄色的滤光片使你的梯级片与参考片相匹配，不要将其加到你的“镜头”上，因为它将蓝光减少了。

如果用滤光片遮住光源，形成的光的样子就是光源的频谱辐射与滤光片的频谱透射比相乘所得的结果，如图8-9所示。在这个示例中，原始的光源显现出黄色，因为它在频谱的红、橙、绿部分很强，但滤光片阻挡了频谱的红和橙的大部分。其结果是，过滤后的光在外观上呈现很强的绿和蓝，或者是青。

然而，将青滤色片罩在光源上，不一定会保证得到青色的光。青滤色片阻挡红色和橙色，所以，如果将青滤色片罩在红光源上，几乎所有的光都会被阻挡。关键是你不能只盯着滤色片的颜色来预测形成光的颜色，光源所生成的光谱是另一个决定因素。

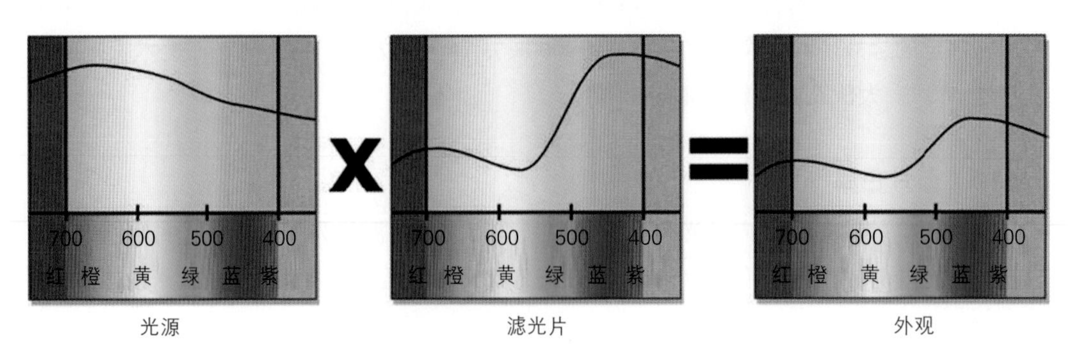

图8-9 光源的频谱辐射与滤光片的频谱透射之间的相互作用影响光的外观

8.1.4　物体的颜色

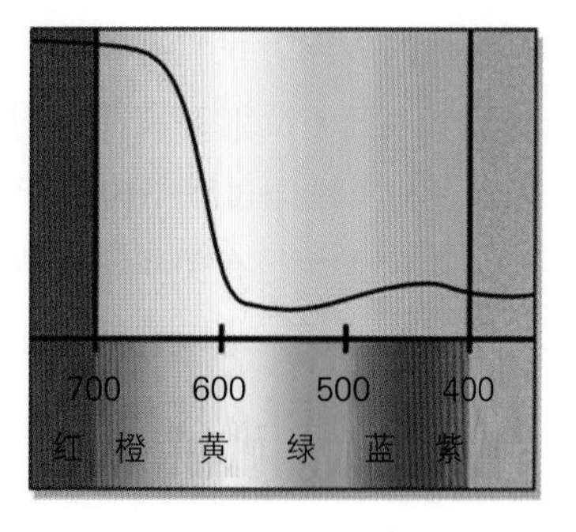

图8–10　一个表面的频谱反射比

物体的颜色来源于一部分频谱没有被吸收而从其表面反射出来。换言之，物体表面的颜色代表了物体所没有吸收的光的颜色。图8–10显示了一个红色表面（如西红柿或苹果）的“频谱反射比”（物体表面反射的光谱）。600纳米至400纳米之间的光频率（在我们看来是黄色、绿色和蓝色），几乎全都被表面吸收了，只有红频率被反射回来，被人们看到。然而，要让一个表面反射某个特定的颜色频率，第一位的是光源中必须存在这种频率的光。

图8–11显示了如果一个光源的辐射频谱碰上了一个表面的频谱反射比会发生怎样的情况。光源是一个在红色和绿色上很强的发光体，而所研究的表面是一个只在绿色上很强的反射体。两条曲线相乘，生成了该表面在该种光下呈现的频谱曲线。形成的外观只在绿色上很强。其结果，一片黄色的光照在一个绿色的表面上，形成了绿色的外观。光源的红色部分被绿色的表面吸收了，谁也看不到了。植物中的叶绿素从太阳的两种特定的光色中获取能量，并通过吸收这两种色光来推动它的化学反应。仅仅通过观察植物的颜色是绿的，你就可以推断出叶绿素是从哪两种颜色来获取能量了。

图8–12说明了整个频谱/频谱反射比理论中一个非常重要的概念。像前面那样使用相同的光源，即在600纳米范围内较弱的光源，但这一次使用一个在同样的600纳米区域内反

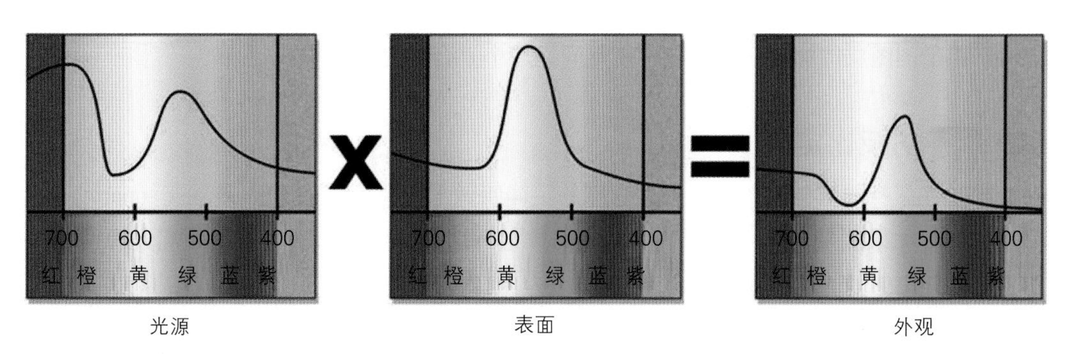

图8–11　光源的频谱辐射与反射性表面的频谱反之间的相互作用影响表面的外观

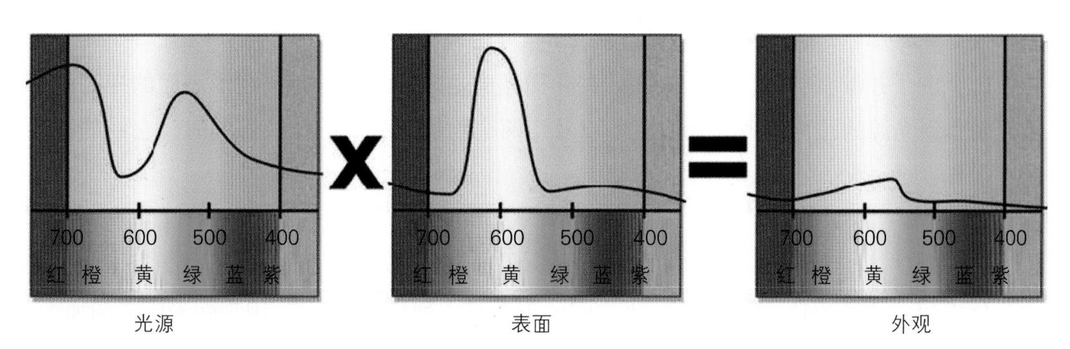

图8–12　频谱辐射与频谱反射比不匹配

射很强的表面，我们得到的表面外观结果是很暗的。如同两艘船只在夜间通过，光源辐射的频率表面不反射，表面反射的频率光源中没有。这类频率特定现象在场景照明、胶片曝光以及拷贝洗印过程中俯拾皆是。那么，我们就在合成的时候解决它吧。

灰色表面是有关频谱反射比的一个重要的特殊情况。从定义上看，灰色表面等量地反射所有的波长，所以它们才是灰色。黑色表面只不过是非常深的灰色，所以它们也等量地反射所有的波长，只不过反射得不多而已。白色表面只不过是非常浅的灰色，所以它们也等量地反射所有的波长。灰色之所以重要，原因在于它们在色彩范围的中部提供了一个其他任何颜色都无法提供的色彩平衡参考。不要以为将RGB亮度值设置为相互一致就能调出灰来，在有些显示系统中，等量的码值并不形成中性灰色。

8.2 光的性能

本节研究光在不同情况下的实际性能：在视亮度上它是怎样随着距离而衰减的、它的不同反射方式、来自很多物体的光是怎样混杂在一起形成总的环境光，以及散射的光怎样形成辉光和光束的。当分别拍摄的两个图层合成在一起的时候，不仅仅是它们的光性质不同，如果这两个图层当初是一起拍摄的话，还应该遗失全部的光交互作用。作为数字合成师，我们的工作是纠正照明上的差异，创建那些缺失的交互作用，而如果你不知道当初有哪些交互作用的话，那将会很难去创建。提升对光的性能的了解水平，将会提高我们合成镜头的照片般的真实感，因为可以根据真实感的要求来推测出需要进行怎样的处理，才能使两个本不相干的图层能够混合在一起，使其同在一个整合的光空间中。

8.2.1 平方反比定律

描述光怎样随着到光源的距离而衰减的定律叫做平方反比定律（the inverse square law）。简而言之，如果测量落到一个表面上的光的数量，那么，如果将表面移至距离光源两倍的距离，新距离下的光的数量将是原来的1/4。为什么会是这样，可以从图8-13看出来。标有A的面积距离光源一个单位，并在其内有一定数量的光。在面积B处，到A的距离也是一个单位，但同样数量的光要分散到四倍的面积里，光被分散了，所以就变暗了。从A到B，至光源的距离加大了一倍，但视亮度成了原来的1/4。

这个例子并没有告诉你任何表面的实际视亮度是多少。它只是描述了表面的视亮度会随着表面到光源的距离的改变而改变，以及当两个物体到光源的距离不同时，它们的视亮度有什么不同。数学公式是：

$$视亮度=1 \div 距离的平方 \qquad (8-1)$$

公式（8-1）说的是：距离与视亮度之间的关系是一种相反的关系，因为随着距离的加大，视亮度变得越来越低；而且还是一种“平方”的关系，因为光要沿两个维度（X和Y）来扩散，

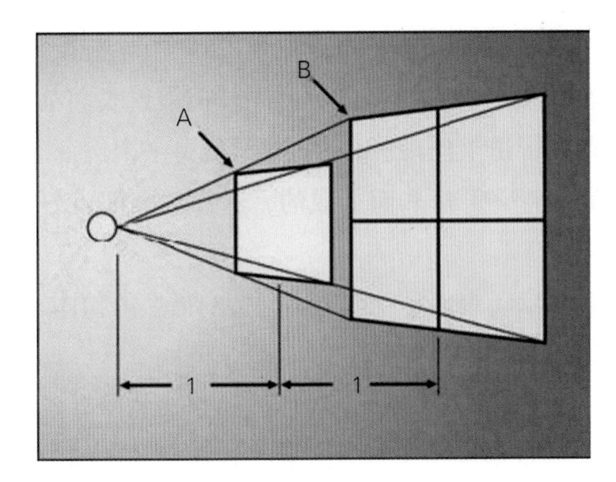

图8-13　平方反比定律

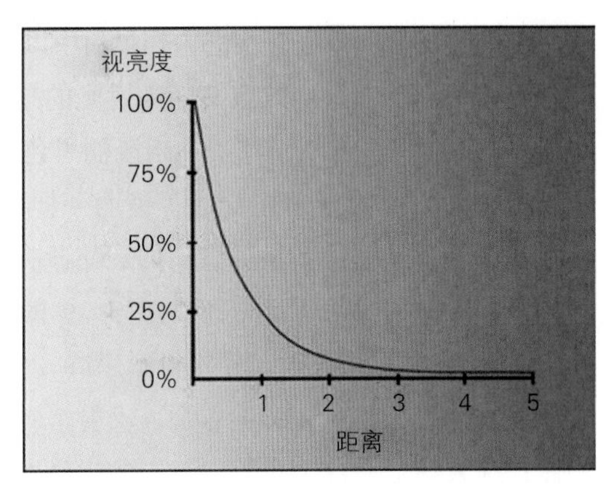

图8-14　平方反比定律视亮度衰减曲线

才能覆盖一个面积。在现实世界中，其意义是：随着物体离开光源的距离越来越远，其视亮度的衰减要比距离的加大来得快得多。图8-14给出了视亮度的实际衰减率曲线。距光源的距离加大到3倍，视亮度降低到1/9，依此类推。

8.2.2　漫反射

图8-15　漫射表面将入射光散射开来

漫反射是由一些漫射表面形成的，这些表面是平坦的、无光泽的、暗淡的，就像台球桌上的绿毡那样。一个典型镜头中的绝大多数像素，都是来自漫射表面，因为这些表面构成了我们认为的“正常的”表面，诸如衣服、家具、树木和地面。当光照到一个漫射表面时，它会朝四面八方“溅”开来，就像将一桶水泼到混凝土表面上那样（图8-15）。其结果是，照进来的光中，实际上只有一小部分会指向摄影机，所以，漫射表面要比照亮它们的光源暗得多的多。事实上，拍摄一个场景的曝光量是基于漫射表面的视亮度，而一些“亮斑”（定向高光反射）的强度必须加以限制，否则会因为超过了捕获介质（电影或视频）的动态范围而受到限幅。

如我们在8.1.4“物体的颜色”一节中看到的那样，物体的颜色是由入射光的哪些频率不被吸收而被反射来决定的。请记住：一个表面的最终颜色是由光源频谱（光的颜色）与表面的频谱反射比（表面的颜色）共同决定的。黄光（红加绿）照在蓝表面上，将会使表面显现为绿色，而红光照在蓝表面上，将显现为近乎黑色，这是由于蓝表面吸收了所有的红光，但光源没有蓝光可提供，所以从表面形成的反射光几乎就没有了，于是就成了黑色。

光是怎样被表面吸收以及从表面反射的，这些细节实在是复杂得很，弄清这些对于制作出更好的数字效果也没有丝毫的裨益。只是要知道，入射光与材料的不同原子及分子以各种各样的方式发生交互作用，从而形成了表面的外观。尽管有些光频率仅仅被吸收，而有些仅仅被反射，但也有些潜入到材料中以后，以另外的颜色重新辐射并（或）发生偏振，而在很多情况下，这些效应又随入射光的角度而改变。在掠射角上，几乎任何漫射表面都会突然变成定向高光反射体。在暗淡的黑色沥青人行道上出现“海市蜃楼”就是一个例证。这是由于天空以掠射角在变成了镜面一样的表面上反射开来而造成的，这样的表面就好像是在人行道上铺设了半英里长的聚酯薄膜一样。

纯粹是为了实用的目的，反射率为2%的黑色漫反射表面是我们能够制造的最黑的物体。为了制造1%的反射表面，你不得不建造一个黑盒子，里面衬以天鹅绒，盒上开一个孔，伸进孔里去拍摄！而在亮的这一端，反射率90%的白色漫反射表面是我们能够制造的最亮的物体，这大约是一件干净的白衬衣的视亮度。表面反射率大于90%以后，物体就开始闪闪发光，成了定向高光表面了。

8.2.3 定向高光反射

如果说漫反射像是水溅向四面八方，那么定向高光反射就像是子弹从一个光滑的固体表面弹出去一样，如图8–16所示的样子。表面是光滑闪亮的，像镜子一样，将入射光反射出去，所以你实际上可以在表面上看见光源本身的映像。定向反射时，光线反射的角度与照到表面上的角度相同。从技术上讲，入射角等于反射角。

定向高光反射有几个关键的特征。最重要的是，它们要比画面中的常规漫反射表面亮得多，因为它们是实际光源的映像，而光源要比其所照亮的漫射表面明亮很多倍。定向高光反射通常非常亮，所以会受到限幅，成为画面中的最大码值。

定向高光反射的另一个关键特征是其颜色通常更多地是由光源的颜色来决定，而不是由表面的颜色来决定。这当然随材料而异，差别甚大。铜会使映像带上发红的颜色，而铬和玻璃则主要还原光源的真实颜色。这里的关键在于，定向高光反射不能用作表面颜色的参考，因为其中掺杂了太多的光源颜色。

图8–16 通过定向高光反射可以看见光源的映像

定向高光反射与漫反射之间的另一个差异是：哪怕是光源的位置、表面的角度或者视点（摄影机的位置）有微小的变化，都会造成定向高光反射的移动。这同样是由于定向高光反射是像镜子反射一样。漫反射所造成的同样的移动，只会造成外观上稍稍变亮或变暗，甚至根本没什么变化。由于定向高光在反射表面的作用下常常产生偏振，所以，偏振滤光镜的存在可以降低定向高光反射的亮度。

8.2.4　交互式照明

当光照到一个漫射表面的时候，光的一部分被吸收，一部分被散射，但散射的光到哪里去了呢？到下一个表面去了，而在那里，又有一些被吸收，一些被散射，散射的部分又到了下一个表面，然后再下一个，以此类推，直至全部被吸收。光线在房间内形成的这种多次反弹，叫做交互式照明，而这是使合成镜头真正能够让人信服的一个非常重要的因素。

整个这种光反弹的净效应是，每个物体都成了场景中其他的物体的一个低亮度的、带有颜色的漫射光源。由于反弹光线拾取了反射表面的颜色（当然，我们知道光实际上不会从表面“拾取”颜色），所以它有着将场景中的所有颜色掺杂混合起来的效果。这就形成了一个非常复杂的光空间，而当一个角色在场景中走过时，每走一步，来自不同方向上的照明都会发生微妙的变化。

8.2.5　散　射

光的散射是光的一种非常重要的现象，但在合成中却常常被忽略。散射是由于光线碰到了悬浮在空中的微尘又反弹出去而造成。图8-17说明了入射光是怎样与大气中的微尘相撞，又向四面八方散射的。由于光是向四面八方散射的，所以从任何方向，甚至从原来光源的方向，都能看到光。随后的一些图做了简化，假定光只是朝向摄影机反射，但是我们知道，光的散射是朝着各个方向的，像图8-17所示的样子。

光散射说明了为什么光源周围会出现闪亮的晕圈、能够看见手电筒等发出的光锥以及发生深度朦胧等效应。如果在完全清透的真空中拍摄一个灯泡，光线离开灯泡后，会直接进入摄影机，如图8-18所示。如果没有任何大气造成的散射，灯泡的边缘将是清晰利落的（同样，忽略任何镜头炫光）。

然而，如果在中间介质中存在着一些微尘，一些光会散射，而一些散射的光会进入摄影机。发生的情况是，光线离开光源后，经过了一段距离，被一粒微尘反射出去，沿着新

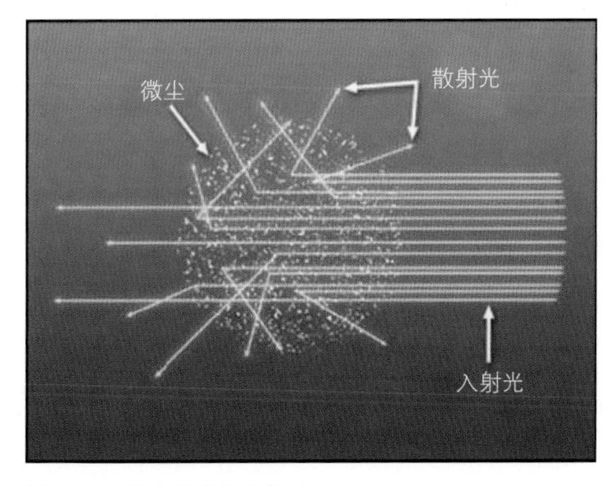

图8-17　微尘造成的光散射

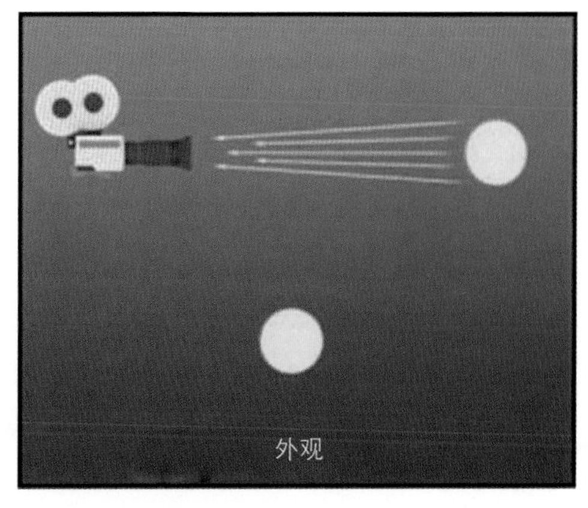

图8-18　无散射

图8–19 光晕

图8–20 光束

的方向射向摄影机（图8–19）。造成光散射的那个点成了光线表面上的光源，使得光线好像是从离开实际光源一段距离发出的。无数的同样情况集合在一起，就在一个充满烟雾的房间里形成了围绕光源的“晕圈”。对于手电筒光束，视点是在光束的侧面。光线从手电筒发出，直至有些撞到一粒微尘，并散射开来。一小部分散射的光线朝摄影机的方向反弹过去，如图8–20所示。如果没有微尘将光朝着摄影机散射，就无法看到手电筒的光束。

由于正常情况下与散射的光线相比，有更多的光线是朝着摄影机直线传播过去的，所以环绕的晕圈没有光源那么明亮。但这只是个度的问题。如果微尘的数量足够地增加（例如真实的浓密的烟雾），散射的光线就比直射的光线多了。在极端的情况下，光源本身实际上会消失在浓雾中，只留下一个模糊的晕圈。

除非你的光源与摄影机不折不扣地都是在真空中，否则在空气中总会有微尘在光源与摄影机之间来散射光线。这只是个度的问题。如果空气非常清透，而且光源离开摄影机只有几英尺（1英尺约等于0.3米），就可能看不到散射，但总还是有一些的。由于光晕只出现在临近光源的地方，所以，如果光源是在一个角色的后面，角色就会将光晕挡住，这与第七章中所讲的炫光是不一样的。在炫光的情况下，无论角色处于相对于光源怎样的位置上，炫光都会出现。

大气中最常看到的散射颗粒是烟雾、水蒸气和灰尘颗粒，这些形成了人们熟悉的大气霾雾。大气霾雾非常重要，这将在8.3.7节分别予以讨论。对于室内镜头，最常见的散射颗粒是烟雾。散射颗粒也会让光源带上它们自己的颜色，因为它们也有选择地吸收光的一些颜色，并反射其他一些颜色，就像漫射表面那样。事实上，天空之所以是蓝色的，是由于大气对蓝光的散射比对其他波长的散射更有效。其结果是来自天空的红光与绿光比较少，所以天空才显得是蓝色的。如果没有大气的散射，白天的阳光将会穿透大气层，直接射入太空，留给我们的将是一个充满星星的、黑洞洞的天空。

8.3　匹配光空间

本节概括介绍制作程序以及旨在帮你实现终极目标的一些技术，那终极目标就是让两张分别拍摄的画面在合成到一起的时候，看起来像是在同一光空间中。这里的工作原理是：将前面几节所学到的对光的性能的了解与良好的程序结合起来，将提高你已经具备的使两个图层实现色彩匹配的艺术功底。想法是检验每一个镜头，用前面几节提出的理论分析光空间。一旦在心里为一个镜头建立起照明环境的模型，就可以用它来推测其对提高合成镜头的真实性会有怎样的效果。

这里的方法是要以合理的方式来完成色彩匹配的人物。你首先要建立亮度版本的合成镜头，以校正视亮度和对比度。在解决了视亮度和对比度后，再解决镜头的色彩方面的问题。这之后，研究光的方向、性质以及交互照明效果等问题，对基本的色校正进行优化。在阴影方面要研究边缘特性、密度和色现象。还有一节研究大气霾雾效应以及用怎样的技术来最好地再现这些效应。本节的最后，有一个关于色彩匹配要点的一个列表，希望你们在对一个镜头进行色彩匹配以后，会觉得根据这个列表来复查是很有用的。

这里描述的材料讲的是在合成过程中，如何使前景元素与背景图片实现色彩匹配。这里假定背景图片已经做了调色，需要使前景元素去匹配背景图片。这项任务尽管不全都是，却也大部分是既要靠理论也要靠技巧来解决的技术活。当然，在绿幕图层的情况下，调色必须在消溢色以后、合成操作之前来进行。同样这些原理也适用于对一系列图片进行调色（配光），使其匹配一个主图片（hero plate）。对初始的主图片进行调色主要是一项艺术活儿，你要使其实现导演所要的“样式”和“感觉”。但一旦确立了样式，任务就变成了让序列中的其余图片与之相匹配，这个活儿就没有那么强的艺术性，而是更技术性了。

8.3.1　视亮度与对比度

色彩匹配的一个非常良好的起点是先让两个图层在视亮度和对比度上实现匹配，这样，两个图层的总体“密度”就匹配了。此外，如果是用画面具有适当亮度的版本来进行匹配，色彩的问题就可以先放在一边，直到我们准备去处理的时候再去处理。一次处理一个问题就比较好解决。这就是分而治之、各个击破的方式。

在视亮度与对比度的匹配方面，有三件事要搞定：黑色、白色和中间色调。黑色和白色属于我们能够用数字来设定的不多的几件事中的一件。换言之，在画面本身中，常常有一些可测量的参数，可以用来作为正确设定黑色与白色的基准。然而，中间色调和色彩匹配却通常需要一些艺术判断，因为在画面中，它们常常缺乏有用的基准。

图8–21给出了随后讨论所用的示例，该示例显示了一个前景图层匹配得很差的原生合成镜头。图8–22中的亮度版本显示了它怎样有助于揭示视亮度与对比度上的不匹配。前景图层显然比背景要“单调”，非常需要进行某些优化。同样，我们首先要实现亮度的正确平衡，这时距要获得正确的结果还有很多的工作要做。有一点肯定没错，那就是如果亮度版本看上去不对，彩色版本看上去也就不对。

图8-21 匹配不好的原生合成镜头

图8-22 原生合成镜头的亮度版本

8.3.1.1 匹配黑点与白点

画面中的黑点是反射率为2%的黑色漫反射表面才具有的像素值。这就是说，像黑天鹅绒布料这样非常黑的材料，仅仅反射2%的入射光的表面，才是这样黑的表面。如果将“天然的”图像（指经数字化的现场表演，而非CGI或数字遮片绘画），出于各种各样的原因而实际归为零，这不是好的做法。因为天然图像存在不可预知的变化，你会冒着最后画面中出现大块平板的限幅黑区的风险。给颗粒留出一点儿余量也是很重要的。对于8比特线性图像来说，将黑点放在码值10（0.04）左右是很适宜的。

白点是反射率为90%的白色漫反射表面将具有的像素值，而且应该是略低于255的像素值。这是由于你需要在色空间中为比反射率为90%还要明亮的“超白”（诸如定向高光，或者像太阳、灯光和火焰之类的实际光源）留出一定的余量来。需要多大的余量，视情况而定，这取决于这些“超白”元素需要与白点在视觉分离上做到怎样的程度。

图8-23是一个灰度版本的图像，而且前景和背景都标出了黑点和白点。基本的想法是调整前景图层的黑色，直至它们与背景图层的黑色相匹配。通常做到这个是很容易的，只要测量背景中的黑色值，然后调整前景的黑度，达到匹配即可。常常可以采用“调整像素数”的方式来进行。

两个图像的白色以类似的方式匹配。到前景图片中白基准点位置以及背景图片中匹配白基准的位置（图8-23），然后按照背景白值调整前景白。需要提醒的是，在选择白基准的时候，一定不要找一块定向高光来作为白点。我们是在努力实现普通漫射表面视亮度的匹配，由于定向高光要亮得多，所以它们不适宜做基准。

Tip! 完全地使用视亮度调整和对比度调整来匹配黑色与白色会出现一些问题，因为两种调整会相互影响，相互搞乱。如果通过视亮度调整设定了黑色，然后又尝试通过对比度调整来匹配白色，你将会扰乱黑色的设定。你可以通过使用彩色曲线，在一次操

图8–23　显示了黑点与白点的亮度版本的原生合成镜头

图8–24　经过对黑点与白点的校正所获得的亮度版本

作中同时设定黑与白，来消除这些恼人的相互影响。方法是使用采样工具，在前景图片和背景图片上找到它们的黑色与白色的值，然后使用彩色曲线，同时解决黑色与白色的问题。假定像素采样后，你得到的值如表8–1所示。

表8–1　采样像素值

	前景	背景
黑色	0.15	0.08
白色	0.83	0.94

于是，需要的就是将前景的黑值0.15调整成背景的黑值0.08，将前景的白值0.83调整成背景的0.94。

图8–25显示了一条彩色曲线，并根据表8–1中的采样值来校正黑色与白色。前景值是在“图像输入”轴上设定，背景的标靶值是在“图像输出”轴上设定。如果还需要做一些手工优化，可以将黑色与白色分开来进行优化，互不干扰。图8–24显示了合成镜头的亮度版本，其前景图层已经对黑色点和白色点进行了校正。现在在视觉效果上与背景图层的整合已经变得好多了。一旦彩色曲线已经为亮度版本校正而确立好了，就可以将其应用到彩色版本了。

Tip! **用S曲线提高对比度：**由于我们是在提高刚才给定示例中的对比度，所以让我们停一下，提一个问题。利用图8–25所示的简单的彩色曲线或者典型的对比度调整节点来提高对比度有一个问题，那就是会对黑色或白色进行限幅。提高任何图像的对比度还有一种更考究的解决方案，那就是图8–26所显示的S曲线。画面的对比度在中间很长的一段得到了提高，但并没有限幅黑色和白色，而是在两端稍稍地压缩了黑色与白色，很像电影拷贝片的肩部和趾部那样。在降低对比度的时候，没有限幅的危险，所以可以用简

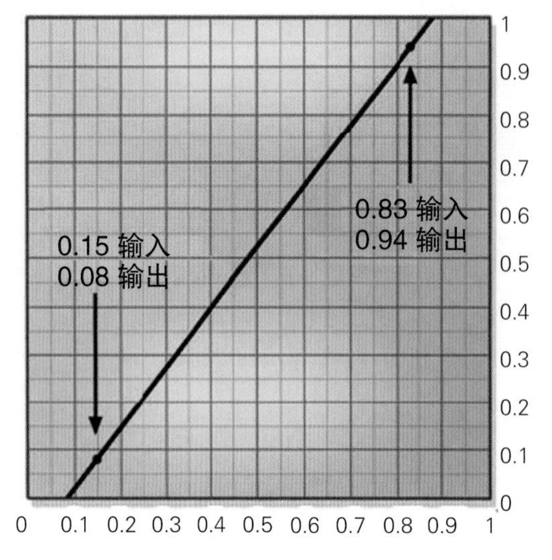

图8-25 用彩色曲线来校正黑点与白点

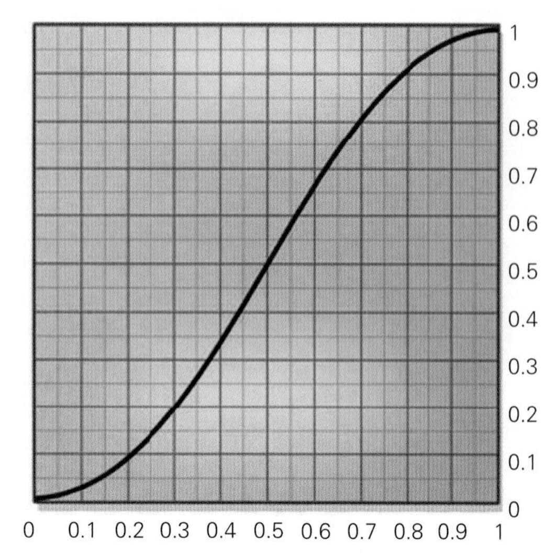

图8-26 提高对比度用的S形彩色曲线

图8-27 原始的图像[①]

图8-28 线性曲线

图8-29 S曲线

单的线性彩色曲线或对比度节点安全地进行操作。

图8-27中的原始图像开始给出了一个对比度限幅的更明显的例子。图8-28已经用典型的对比度节点来提高了对比度，结果造成了严重的限幅。头发和肩膀因限幅而出现了白色，背景的植物叶子因限幅而成了黑色。将其与图8-29做一个比较，后者是用考究的S曲线来调整对比度的。头发中的高光不再被限幅，背景中灌木丛的暗处也有了更多的细节。

Tip! **如果你没有好的黑点与白点：**如果你的背景图片和前景图片缺少方便的黑点和白点，该怎么办呢？那就在这两个图层中寻找某个在密度上接近黑点的东西代替之。你常常能够在两个图片中都能够找到一些基于对画面内容的分析理应具有同样密度的、相似类型的黑色元素。例如，假定背景中有一个明显的黑点（例如黑色的汽车），但前景没有。或许在前景图层中，颜色最深的是角色臂下的一片暗影。那就在背景图片中搜寻一个相似类型的暗影，并用它来作为匹配前景的黑点。当然，在背景图片中将没有一个角色恰好在其臂下就有一片暗影，但可能有一棵树，树上恰好有一块暗影与前景的暗影非常相似。由于我们眼下用的是画面的亮度版本，如果两个暗影在颜色上略有不同，对我们的黑点基本

---

① “马西”（Marcie）测试画面，图片来源：柯达公司。

上不会有影响。对光的性能的透彻了解，使你能够对画面的内容做出合理判断，而这会有助于你进行色彩匹配。

当没有清透的90%的白点可用作基准时，白色就是更难解决的问题了。其原因是：这时估计一个表面应该有多亮要困难得多，因为其视亮度既与其表面颜色有关，又与照到其上的光有关，而这两个因素你都无法知道。然而黑色仅仅是缺少光而已，因此锁定它要容易得多。而且，当你只有中间色调可用的时候，在设定白点之后，将会做出伽马的改变，而任何伽马的变化都会影响这些中间色调。如果前景图层在中间色调表面上有一些定向高光，有一种方法可以使用。你通常可以假定定向高光是100%的白点，从而可以将它们缩放至接近最大的码值。

8.3.1.2　匹配中间色调

即便是前景图层与背景图层之间在黑点和白点上已经匹配了，在中间色调上仍会有因两个图层的伽马不同而存在不匹配的地方。如果你是在混合不同的介质——以胶片元素作为背景，以视频元素或CGI元素作为前景；或者以来自绿幕的胶片元素作为前景而叠加到一个来自Adobe Photoshop遮片绘画上——情况会尤其突出。无论出于何种原因，为使合成成功，你都必须使中间色调达到匹配。

伽马校正中间色调的标准解决方案的问题在于，它将干扰刚刚精心设定过的黑点与白点。其原因在于，伽马调整将改变所有既不正好是零黑又不正好是255白的像素值，而有可能你的黑点和白点既不正好是零黑也不正好是255白。有些伽马工具可允许你在它将影响的范围内设定上限和下限，这种情况下，你可以将范围设定为等于黑点和白点，并使用伽马节点，而不会干扰它们。

Tip! 然而，很少有伽马节点提供这类考究的控制。但同样用来设定黑点和白点的彩色曲线，也可以用来改变中间色调，而不会干扰原始的黑点与白点。其原因是，你已经将控制点设定在黑点和白点上，调整中间色调仅仅是“弯曲”彩色曲线的中间部分而已，如图8–30所示。

像这样来弯曲彩色曲线当然算不上真正的伽马校正，因为伽马校正要创建一个特殊形状的曲线，而它做不到精确地匹配。然而，这不是极端重要的。不是说中间色调出现任何不匹配实际都是由于存在真正的伽马差异，特别需要用一条伽马曲线来解决。仅仅是由于我们传统上调整中间色调用的就是用伽马曲线，所以我们同样也能够使用彩色曲线。在这一点上，我们奉行的是“看着对，就是对”的原则。一旦为亮度版本搞定了黑点校正、白点校正和中间色调校正，就将它们用到彩色版本上，如图8–31所示。尽管总体密度已经做到很好的匹配，但色平衡上仍有严重的偏色，现在到了实施彩色匹配的时候了。但在离开亮度版本之前，先说一点儿诀窍。

伽马拉伸：给搞胶片电影的人提个醒（搞视频的人可以听，但别提问）。当你在放映室内观看镜头的时候，你显然是在看拷贝，不是在看原底片。拷贝片有一条明显S形的响应曲线，

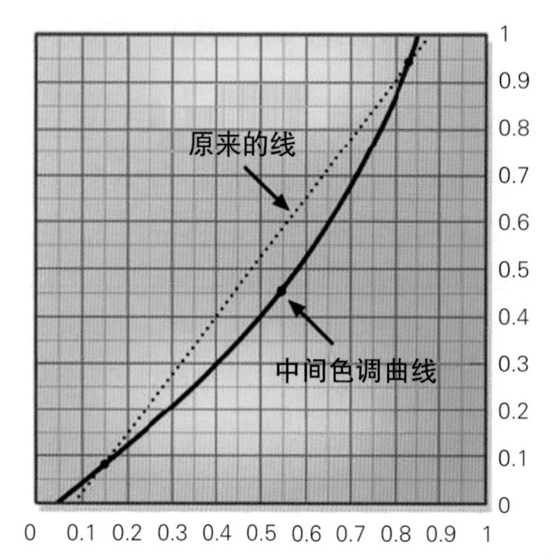

图8-30 使用彩色曲线的黑点和白点来设定中间色调

图8-31 黑点、白点和中间色调校正

对黑色和白色稍有压缩。如果前景图层和背景图层没有很好的匹配黑色，放映拷贝的时候可能看不出来，因为差别已经不大，但当为制作视频版而对底片扫描进行胶转磁时，就看出来了。在胶转磁机中，黑色被“拉伸”了，两个图层之间哪怕是有一点儿不匹配，也会突然被夸大。“伽马拉伸”（gamma slamming）通过将你的监视器伽马向上向下偏移至极端，来“拉伸”合成中的黑色与白色，以揭示任何不好的匹配。当你觉得黑色与白色是对的时候，稍稍做一点儿伽马拉伸，看一看两个极端有没有拉伸开来。

8.3.1.3 直方图匹配

直方图是一种有益于两个图像之间匹配视亮度和对比度的图像分析工具。直方图所做的是基于像素的视亮度来创建像素分布图。它不告诉你图像任一特定区域的视亮度，而是以统计的方式来表示在整个图像中（当只选定一个区域的时候，则是在窗口中），像素视亮度是怎样分布的。水平轴给出了实际的像素值，垂直轴画出了各种像素值在画面中的百分比。

图8-32给出了三个直方图的例子，分别为正常的、暗的和亮的图像内容。这里给出的是灰度图，因为多数直方图给出的是图像的亮度，但也有的程序还显示每个彩色通道的直方图。先看图8-32（a）中的正常分布图像。图形中在像素值0.8附近有一个大的峰，这是画面的天空区域，图形的意思是，图像中有很多像素具有这种视亮度值，这不足为奇，因为天空占据了大块的画面。注意：白色的海浪也将落入这一视亮度区域，并被包括在同一个峰中。相反，具有视亮度0.1的像素不是很多，这些是前景中的深色的岩石。

垂直标度通常不以百分比标出，因为这是一个自我定标的图形，而且百分比随着采样的变化而变化。在一个图像中，最高的峰可以表示15%的像素，但在另一个图像中，它可能只表示3%。一些直方图允许你将一个采样工具移至图形上以读取不同位置上实际的百分比数，但知道百分比通常没有什么用处。你所得到的是对视亮度分布的总体感受，这从下

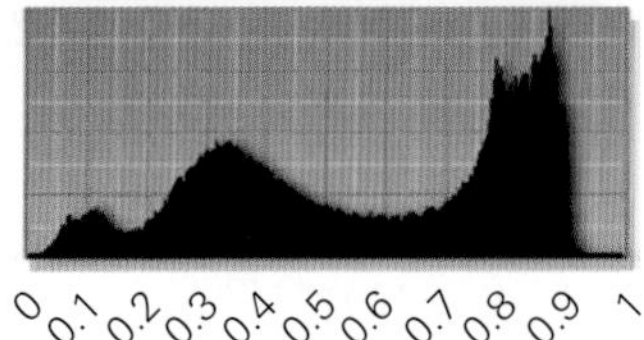

（a）正常分布

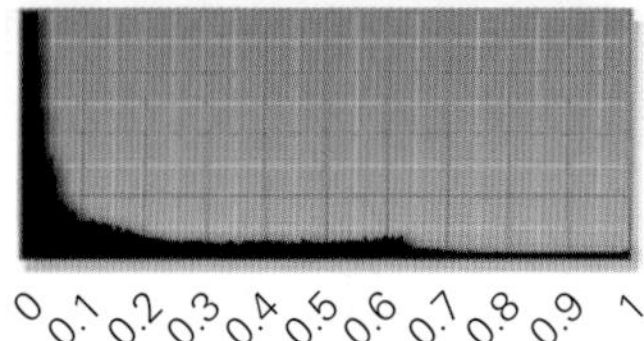

（b）多数暗

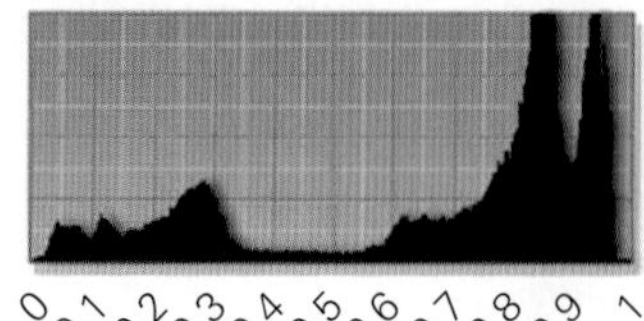

（c）多数亮

图8-32 直方图示例

面的两个示例很容易看到，而这两个示例故意做得很极端。图8-32（b）是一个夜景画面，多数是暗像素。图32（c）中被雪覆盖的教堂多数为亮像素，你可以看出它的直方图与暗的画面有多么大的区别。你甚至可以看到那些树木是怎样簇集到0至0.3这个区域当中的。

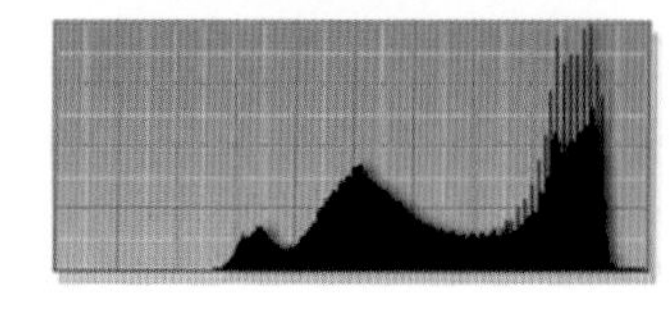

图8-33 降低了对比度

那么，这些都有什么用呢？主要用途之一是直方图均衡（histogram equalization）。也就是说，如果一个图像没有完全填满可用的色彩空间，用直方图就可以检测出来，因为它揭示了图像中最亮的和最暗的像素。于是可以对图像做出调整，上下拉动最大像素值和最小像素值，以完全填满0至1.0的可用数据范围。作为一个示例，通过提升图8-32（a）的黑色，使其对比度降低，然后再提取一个新的直方图（图8-33）。

你可以立即看出，图8-33与图8-32（a）相比，在直方图上有两大差异。首先，图形被“挤压”到了右边，这反映出图像中的黑色是怎样向白色“挤压”的。这使得色彩空间在0至0.3之间留出了一个很大的空白，所以该图像不再填满可用的色彩空间。如果调整对比度，将黑色调回到0或接近于0，就会“均衡”直方图。在调整对比度的时候，你可以使用直方图来监视图像，直至直方图将色彩空间填满。你甚至有可能搞到能够为你自动调整图像的直方图均衡操作。从CGI渲染器或平板式扫描仪之类的外部来源输入的图像，在色彩空间上将常常会受到限制，并将获益于直方图均衡。但是请记住：不是所有的图像都应做直方图均衡。有些图像天然就是亮的或暗的，就应该原样不变。

图8-33与图8-32（a）相比，在直方图上的第二个差异就是添加了数据“尖峰脉冲”（spike）。只要对图像重新采样，就会产生这些尖峰脉冲。这是因为一些临近的像素值被合并成为一个值，从而聚集在一起，形成了统计上的“尖峰脉冲”。如果图像朝另一个方向重

新采样，将像素值拉伸开来，尖峰脉冲会变成间隙。无论是何种方式，这些数据异常现象都暗示了图像已经用数字方式操控过了。

直方图的第二个用途是直方图匹配（histogram matching）。你可以取出一个背景图片的直方图和一个前景图片的直方图，并对它们做出比较。有时这会给你一些有益的线索，告诉你怎样可以实现视亮度和对比度的匹配。偶尔也会有用不上直方图的时候，就是当你认为背景和前景没有同样的动态范围，它们的直方图相互不匹配的时候。例如，一个正常照明的前景角色会有正常分布的直方图，如图8-32（a）所示，但背景会是一个幽暗的房间，有着昏暗的直方图分布，如图8-32（b）所示。

练习8-1

这里给出的直方图全都采用了图像的亮度版本。我们已经讲过有关制作图像的亮度版本以设定基本的视亮度和对比度，这些在这里也是适用的。遗憾的是，当涉及实际的色校正时，直方图就派不上什么用场了。首先，三通道直方图只分别告诉了你每个色彩通道的统计分布情况，而需要更多处理的是如何分配色彩；其次，直方图上做出一些小的改变就会使色彩发生大的变化，因而这种方法通常过于粗糙，没有什么用处。

8.3.2 色彩匹配

使用亮度版本的图像时，黑点、白点和伽马都已经设定好了。现在到了考虑色彩本身问题的时候了。不幸的是，在图片的总体色彩中有太多的变量，通常不可能找到一个完全根据经验的方法。如同8.1.4“物体的颜色”一节中说的那样，即便是同样的物体以不同颜色的光来照明，也会呈现不同的颜色，而不同颜色的物体对同样的光也会有不同的响应。例如在外景地的自然光下拍摄一个人，事后再在摄影棚里以棚内照明来拍摄穿着同样衣服的同一个人，两次拍摄之间，皮肤色调和衣服颜色相互之间全都会发生偏移。这不是总体变暖或变冷那么简单。例如，你可能在皮肤色调上匹配了，但衬衫却不对了。其结果，往往是不得不先选出哪个更重要，然后才知道该怎么做，以及怎样才能通过。

对多样化的照明不同，如果在摄影机上使用了带颜色的滤色镜，就会引起总体的颜色变化，这将对场景中的所有物体产生同样的影响。一只黄色的滤色镜会使蓝的水平降低10%，但场景中的所有物体都降低了10%。相互之间在颜色上没有发生偏离，而只要在蓝通道上总体提升10%，就可以让所有的物体颜色都对了。

胶片材料及其曝光量是造成颜色差异的另一个根源。不同的胶片材料在对场景中的颜色上，有着略微不同的响应，就像对待不同颜色的光一样，场景中的颜色相互之间会发生偏移。这意味着无法通过对整个图片进行总体色校正的方法来予以校正。即便色彩匹配阶段可用的线索不多，可还是有一些技巧可以利用的。

8.3.2.1 灰度平衡

Tip!

有一种情况可以使用以往的经验，那就是当镜头中存在一些灰色元素的时候。如果已经知道（或者有理由假定）画面中有些物体应该是真正的灰色，你的色校正就有了非常可靠的线索了。这里所说的灰色，包括其极端的情况，即黑色和白色。既然灰色表面等量地反射红、绿、蓝，所以就有了其他颜色无法提供的“校准基准”了。

假定人家给了你两个不同的图片，画面里面各有一个红色的物体。你是无法知道两种红色之间的差异是由于表面属性、照明差异，是摄影机上使用的滤色镜造成的，还是胶片材料。而对于灰色物体，我们知道所有三个通道都应该是相等的，如果不相等，那就是由于成像过程中的某个阶段出现了彩色平衡上的偏差。造成这种颜色偏移的根源并不重要。只要使所有三个通道都相等的方法，一切就都解决了。所幸的是，周围有很多物体会是黑色的（轮胎、领带、帽子）、灰色的（套装、汽车、建筑物）或白色的（纸张、衬衫、汽车），所以常常有可以利用的东西。

通常情况下，背景图片中的基准灰色并非是具有等量红、绿、蓝的真正灰色。会有一些因对背景图片进行艺术上的调色（配光）而造成的某些颜色偏移。首先需要做的是对背景图片中的灰色偏离做出测量与量化，然后调整前景图片中的灰色，使之具有同样的颜色偏移。由于前景图片与背景图片的灰色具有不同的视亮度，所以颜色偏移就成了一种可以用来对前景中的任何灰色进行校正的“普适校正因素”了。这是关于灰色值得夸耀的一件事。

表8–2中有一个背景灰色，我们要用它来对前景灰色进行色校正，使其与背景灰色匹配。程序是测量背景图片中的一两个灰色，计算出颜色偏移的百分比，并用这些百分比来计算前景中的灰色经校正后的RGB亮度值。我们现在使用“基于绿色”的方法，以绿色作为基准，相对于绿色来计算红的百分比与绿的百分比。表8–2给出了一个示例。在背景图片中对灰色进行采样，并将其填入标有“RGB亮度值”的那一栏中。然后，在下一栏中计算出红通道与蓝通道相对于绿通道的差异的百分比。在本示例中，由于灰色偏暖，所以红比绿通道大了5%，蓝比绿通道小了10%。画面中所有的灰色都将保持这样的关系。

表8–2　灰色值读数

	前景灰色		背景灰色	
	RGB亮度值	百分比	原始RGB亮度值	校正的RGB亮度值
红	0.575	+5%	0.650	0.735
绿	0.500	—	0.700	0.700
蓝	0.450	–10%	0.710	0.630

对于前景灰色，对其原始的RGB亮度值采样，并填入标有“原始RGB亮度值”的那一栏中。使用红的百分比和绿的百分比，计算出标有“校正的RGB亮度值”的那一栏中新的红值和蓝值。“校正的RGB亮度值”就是前景图片经校正后灰色的目标值。新的灰色将具有与背景中同样的颜色偏移，连同前景中的其他颜色一起，看上去就好像是与背景处在同一个光空间中。

图8-34 已经色校正

8.3.2.2 皮肤色调匹配

Tip! 皮肤色调可以是另一个有用的颜色基准。背景图片里面很少有皮肤色调，但如果有，常常就可以作为任何前景图层皮肤色调的颜色基准。将皮肤色调搞正确是色彩匹配中的关键问题之一。观众可能记不住英雄衬衣的准确颜色，但皮肤色调中的任何不匹配，都将立刻被看出来。匹配皮肤色调就是图8-34中所示的最后色彩匹配步骤所采用的技巧。

8.3.2.3 色校正的“恒常绿色”法

Tip! 如果改变图像RGB亮度值的幅度不止一点儿，也会改变外观的视亮度。这常意味着你必须返回去修改黑点与白点，或许还要进行伽马调整。然而，通过使用色校正的“恒常绿色”法（constant green），有可能最大限度地减少甚至消除任何视亮度的改变。该法基于眼睛对绿色最敏感这样的事实，所以，绿值的任意变动都会对视亮度有很大的影响，而红和蓝的影响则小得多。事实上，如果取整数的话，颜色的视亮度大约有60%是来自绿色，30%是来自红色，只有10%是来自蓝色。这意味着即便绿色只是发生了很小的变化，也会造成明显的视亮度偏移，而大的蓝色变化则不会。

那么，恒常绿色的想法就是，只留下绿通道不动，而在红通道和蓝通道上去做所有的颜色变化。这需要将要求的颜色改变“变换”成表8-3中所示的“恒常绿色”版本。例如，如果你要提升画面中的黄色，就改为降低蓝通道。当然，如果你要降低某个某个参数，而不是加大某个参数，那就颠倒“调整”（adjust）那一栏中的操作即可。例如，降低青色，提升红色。

表8-3 “恒常绿色”色校正

加大	调整
红	R↑ G B
绿	R↓ G B↓
蓝	R G B↑
青	R↓ G B
品红	R↑ G B↑
黄	R G B↓

8.3.2.4　昼光

你需要知道室外受昼光照明的物体有两种不同颜色的光源。明显的一种是日光，它是一个黄色的光源，但是天空本身也产生光，而这种“天光”则是蓝色的。太阳照耀下的物体呈现出来自其表面真实颜色的发黄色调，而在阴影中的表面（只有天光而没有日光）则呈现出来自其表面真实颜色的发蓝色调。棚内拍摄的绿幕前景元素很不像是用这些颜色的光照明的，所以我们或许会指望为这些颜色稍加数字处理，以使它们多带一点儿室外昼光的色彩。

Tip! 根据绿幕图层的画面内容，你或许能够为假定是被日光直射的表面抽取一个亮度遮片。通过将该遮片反转，并用它来提高前景“荫凉”部分中的蓝色水平，相比较而言日照的区域显得更黄一些，而且不会影响视亮度或对比度。这能够有助于让人家以为图层是由实际的室外日光与天光照明的。

8.3.2.5　定向高光

通常，前景元素与背景图片中的定向高光需要相互匹配。当然，前景图层中的定向高光是来自绿幕摄影棚的光，而不是来自背景图片的照明环境。常常很少有人注意让绿幕元素的照明与准备使用的背景图片相匹配，所以出现严重不匹配的现象是常有的。

好消息是，定向高光常常很容易被分离出来予以单独处理，纯粹因为它们非常亮。事实上，它们通常是画幅中最亮的东西，除非存在一个实际的光源，例如灯泡（这在绿幕图层是鲜见的）。你常常可以抽取前景图片中的一个定向高光亮度遮片，并用它来分离和调整定向高光，使其与背景图片相匹配。

Tip! 在使定向高光变暗的时候，有一件事要留意。尽管它们常常是光源的颜色，而非表面的颜色，但有时它们也显示出与表面相同的颜色。不管其外观如何，它们在饱和度上还是要比表面的其他部分低得多，因为明亮的曝光已经将RGB亮度值一起做了一定的压缩。如果任何颜色的RGB亮度值靠近了一些，它就会朝着灰色的方向挪动。出于这个原因，当定向高光变暗时，它们往往变为灰色。如果它们变灰了，要做好准备提高饱和度，甚至将一些颜色添加到定向高光里的准备。

8.3.3　光照方向

如果合成镜头的前景图层假定与背景图层是处在同样的光空间中，那么光的方向显然在两个图层都应当是同样的。有意思的是，照明上的这类错误常被观众所忽略，但客户却不会忽略。如果密度、色彩平衡或光的性质上出了错，眼睛立刻就会看到，所有的观众都将注意到这类错误。但光源的问题似乎需要通过某些分析思考，才会注意到，所以如果不是太明显的话，一般观众不会注意到。

这也是最难解决的、甚至无法解决的照明问题之一。如果背景明显显示出光照是来自左上方，但前景物体明显显示出光照是来自右上方，你是无法移动阴影，并将高光转换到前景物体的另一侧的。

这里仅有不多的几种可能性，其中任何一种都不特别的好。在少有的情况下，图层之一可以水平地“跳转”（flopped），将光照的方向换到另一侧，但这个镜头很长。另一种方法是尝试将一个图层中或另一个图层中光照方向错误得最明显的特征清除掉。有可能将背景图片略作裁切，除掉地上那个尖叫“光照的方向错啦！”的巨大阴影。还有一种方法是选择一个图层来抑制那个表明光源方向错误的最明显的视觉线索。或许背景中建筑物上有些非常显眼的边缘照明可以分离出来，并在视亮度上降低几档光圈，使背景图片中的光照方向不那么明显。或许阴影可以分离出来，并降低密度，使得它们不那么显眼。如果你解决不了它，那就让它尽可能得不显眼吧。

8.3.4 光源的性质

光源的性质指的是光源是小而锐利的还是大而漫射的。合成的两个图层不仅可以是在完全不同的照明条件下分别拍摄的，而且还可以是以截然不同的方式创建的，例如在CGI背景下添加现场表演前景图层，在缩小模型布景上添加CGI角色，或者在数字遮片绘画上添加前面提到过的任意前景图层。当元素是以完全不同的成像工艺创建的时候，在光源的性质上，就更有可能出现明显的不匹配现象。在某种程度上，有一个图层肯定显得比另一个图层在照明上更硬、更刺目，有可能很令人讨厌，需要对其中一个图层进行调整，使其变软一些或硬一些，以便使两个图层的光的性质匹配起来。

8.3.4.1 创建软光照明

当然，一般的方法是降低对比度，但使用不多的几只小光源与使用宽大漫射的照明相比，会在被摄体上形成更多的“亮斑”，形成更深的影子。高光还可能相对于中间色调显得过强，有可能需要通过使用亮度抠像来予以隔离，使其相对于中间色调有所下降，或许甚至将很深的影子隔离出来，让其变浅一些，图8–35中的示例就是这样做的。同样要提醒，高光被压暗的时候，有可能变成灰色。

8.3.4.2 创建硬光照明

练习8–2

如果元素需要通过调整使其显得有较硬的照明的话，那么要做的第一件事就是提高对比度。如果在黑色或白色上有限幅的风险，则务必使用8.3.1.1“匹配黑点与白点”一节中描述的彩色曲线中的S曲线。如果照明需要做得更硬，单靠调整对比度做不到，就可能需要将高光与阴影从中间色调上隔离抽取出来，像图8–37中的示例那样。高光与阴影离开中间色调越远，照明就越显得硬。

8.3.5 交互式照明

某些情况下，为了让两个不相干的图层显得像是在同一光空间中，交互式照明效果有

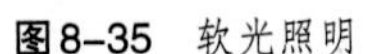

图8-35 软光照明

图8-36 原始图像

图8-37 硬光照明

可能变得非常重要。有几件事让它们“跨越”在两个图层之间，让人感觉它们共享同一个空间，交互式照明就是其中的一件。如同8.2.4“交互式照明”一节中阐释的那样，这种效果通常需要让两个表面之间相互靠得非常近的这种关系变得非常显眼。如果一个穿白衬衫的角色走近一面暗墙，衬衫靠近墙壁的那一侧将会变得特别得暗。如果这面墙是一面照得很亮的红墙，衬衫将会染上一层红色。当然，为了让交互式照明能够被看到并不需要有白衬衫，但白衬衫使得交互式照明变得更明显了。任何漫反射表面都将在某种程度上显示出周围环境造成的交互式照明效果。如果你添加了交互式照明效果，而且能够让这种效果变活，将对使两个图层合二为一起到非常重要的作用。

8.3.6 阴 影

阴影创建起来实际上是非常复杂的，不是在地上搞一团暗影就行了。我们在美术学校里都学过本影、半影和影核，但没学过它们是怎样做到的。阴影有一些边缘特征，有它们自己的颜色，以及易变的内部密度。很明显，第一种方法就是，如果能够在背景图片中找到一些阴影特征的话，就仔细观察这些特征，并匹配这些特征。如果做不到这些，下述指导原则会有助于你在仔细观察场景内容和照明环境的基础上，造出一个貌似真实的阴影来。

8.3.6.1 边缘特征

边缘特征是由光源的锐利性、物体的边缘与所投出阴影之间的距离以及其到摄影机的距离等因素共同造成的。大而漫射的光源将形成软边的阴影，小光源将形成边缘清晰的阴影。距离投出阴影的物体远时，即便是清晰的影子也会变得柔和起来。图8–38中所示的长杆所形成的影子，会在靠近杆的底部处有较清晰的边缘，而距离长杆越远，就变得越柔和。阴影到摄影机的距离越远，影子就越显得清晰。如果画幅中没有阴影可用来作为参考，这些一般性的法则可用来估计你制造的阴影应具有怎样的边源特征。

8.3.6.2 密 度

阴影的密度（昏暗的程度）是由照进来的环境光数量决定的，不是由主光源（投出阴

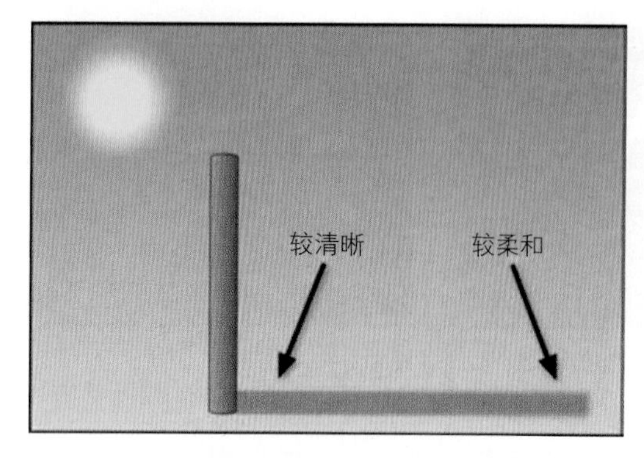

图8-38 阴影随着距离变远而变得柔和

影的光）决定的。如果主光保持不变，而环境光减弱，阴影的密度将会变深。如果环境光保持不变，而主光增强，阴影的密度将不会改变。然而，在环境的映衬下它会显得更浓密，那是因为周围表面的视亮度提高了，但阴影实际的密度未受影响。

由于存在交互照明效应，阴影内部的密度是不均匀的。决定的因素是投出阴影的物体有多宽，以及物体距离投射阴影表面是否很近。物体越宽以及距离越近，环境光就越是受到阻隔，而不会照到阴影上。请观察汽车的阴影。从汽车下面伸出的部分将会有一个密度，但如果你顺着它向车下看，密度是增加的。请看轮胎与道路接触的地方，它会变成全黑的。现场表演会出现这样一些明显的交互照明效应。令人惊讶的是，电视广告中的汽车阴影，很多都只有一个密度，甚至在轮胎处也是这样！

图8-39画出了一个投出阴影的物体，它离开投射阴影表面足够远，环境光可以不受阻拦地照到阴影的整个长度上(以在整个阴影长度上环境光的箭头保持的长度来表示)。图8-40显示了同样的物体和光源，但现在将物体放倒了，因而其底部距离投射阴影表面更近了。此时，阴影距离底部越近，阴影就越暗，因为物体越来越遮挡住入射的环境光（以环境光的箭头逐渐变短来表示）。

说实话，图8-39在技术上过分简化了情况。非常靠近物体底部的地方，阴影的密度实际会增加的，因为物体逐渐地阻挡了越来越多的来自左面的环境光。如果物体很细，像一根杆那样，这种效应不明显，常常被忽略掉。然而，当阴影投射物体距离投射阴影表面很近的时候，效应就明显了。例如，如果一个人站在离墙3英尺（约0.91米）的地方，料想就不会看到密度变化的阴影。但如果他靠墙站着，我们就会看到。

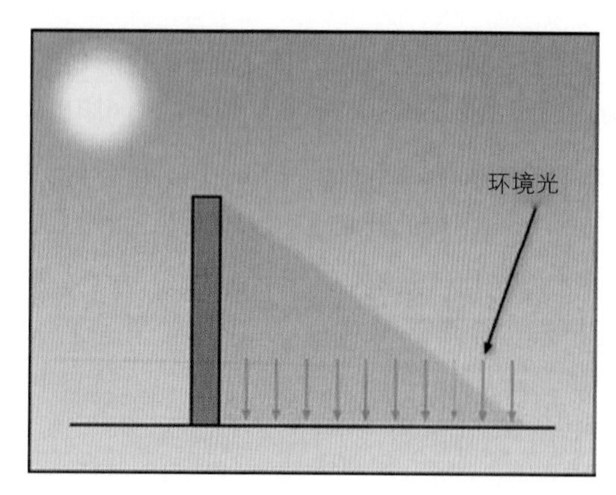

图8-39 密度不变的阴影

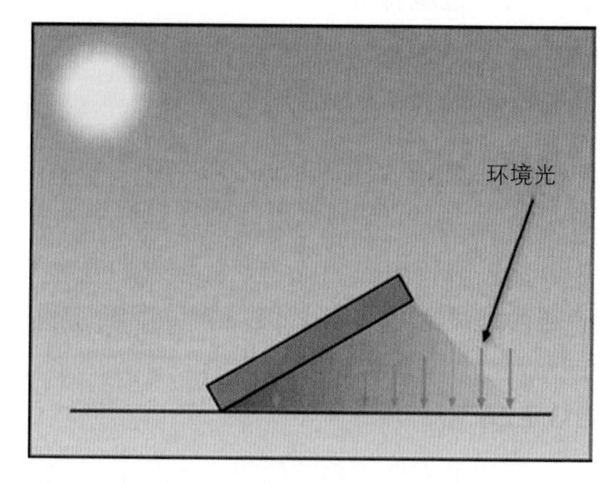

图8-40 密度变化的阴影

Tip! 由于物体靠得近而造成阴影密度加大的最极端的示例是非常重要的接触阴影。在两个表面相互接触的那条线上，例如一只花瓶放在一个架子上，环境光逐渐被遮挡掉，在接触线处形成了一条非常深的影子。这是提示一个表面与另一个表面相互接触的一条特别重要的视觉线索。如果在合成中忽略掉这个线索，就会造成前景物体似乎只是"粘贴"到背景上的。

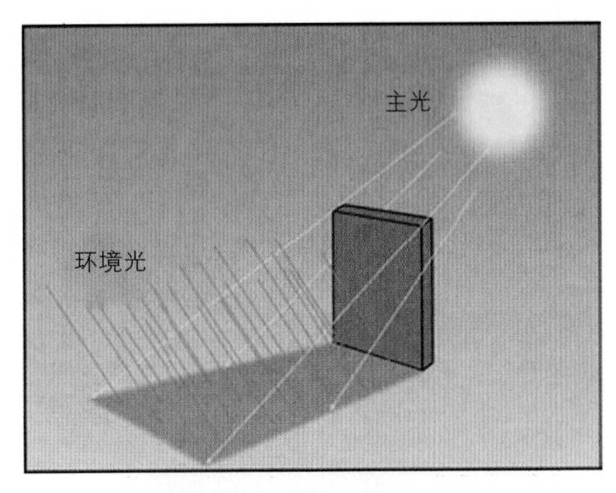

图8–41　环境光形成了阴影的视亮度和颜色

8.3.6.3　颜　色

如果你站在外空间中距离地球、月球以及太阳以外的任何重大光源足够远处的一个平坦表面上，你的影子绝对会是黑色的。但这大约是你唯一能够看到真正黑色阴影的地方。在地球上，阴影既有视亮度，又有颜色。阴影的视亮度和颜色是其投射的表面颜色加上环境光源的颜色在频谱上相互作用的结果。图8–41显示了主光怎样生成了阴影，但又怎样在环境光的作用下形成了它的密度和颜色。

对于室外的阴影，有两个光源：一个是明亮的黄颜色太阳，一个是浅淡的蓝色天空。天光将蓝色的环境光照到大地上，所以当有东西挡住黄色的阳光时，天光就自然而然地照到阴影处，并使其染上蓝色。你可以将室外照明想象成一个用漫射蓝光照明的360°穹庐，此时有一只黄光灯泡透过一个孔将光照进来。现在，如果你想象着挡住直射的阳光，天光还将为场景提供相当数量的照明，虽然用的是蓝光。这就是我们说的阴影。

室内照明更复杂，因为通常光源不只是室外的两个光源，但物理规律是同样的。影子挡住了主光（称之为光源A），但始终还有一个不那么亮的光源B（通常还有光源C、光源D、光源E等），它会将自己的、带颜色的光照到影子上。换言之，影子的颜色不是来自投射光源，而是来自环境光源，以及其他任何将它们的光投到影子上的光源。

8.3.6.4　人造阴影

Tip! 在已知的天地万物中，最古老的阴影花招（shadow gag）就是用前景被摄体的遮片来创建它的影子。经过稍许的扭曲变形或移位映射，甚至能够将它做成类似被摄体上垂挂下衣服的样子。但这是有局限性的，它的表现力是有限的。不要忘记，这个遮片只是从拍摄它的摄影机的视点，对被摄体的一个平面投影。如果你过分地违背了这个视点，效果就被破坏了。

例如，直到你琢磨一下影子右肩的褶边之前，你会觉得图8–42中的影子看起来很不错。从阴影的角度看，光显然是来自摄影机的左上方。如果真是这样的话，那头的影子就会盖掉右肩皱褶的影子。当然，只要影子"看起来"正确——指颜色、密度以及边缘特征——

图8-42 用遮片来制作假阴影

这样的技术细节通常就不会被观众注意到。所以，不要引起人们的注意，惹得他们进行分析。

假阴影（faux shadow）的光源在技术上的理想位置正好就是摄影机所在的同一位置，这个位置使得阴影直接投射到前景物体后面根本看不到的地方。这样的效果不能让人十分信服，你无疑会想要把阴影偏移一定的角度，暗示光源略微偏移开摄影机的位置。不过要记住：人造光源距离技术上正确的位置越远，效果就越是滥用，而且越有可能被看出来。

练习8-3

与其试图用色校正技术来制作阴影，不如制作一个深蓝色的实体图片，然后用阴影遮片将其合成到背景上。通过调整图片的颜色，很容易优化阴影的色相和饱和度，而通过改变透明度，又可以单独地来调整密度。这种方法也使得加入复杂的交互式照明效果变得容易了。实体彩色图片可以是有梯度（gradient）的，其颜色和密度可以是动态的，而且阴影遮片与身体相接的地方，可以让它密度高一些。还有，不要忘记接触阴影。

8.3.7 大气霾雾

大气霾雾（atmospheric haze，又称“深度霾雾”[depth haze]或“空气透视”[aerial perspective]）是大部分户外镜头和所有烟雾缭绕的室内镜头的基本属性。这是场景中物体的深度视觉线索之一，其他还有相对大小和遮挡（在另一个物体的前面还是后面）。尽管大气霾雾效应是由于悬浮在空间大气中的微尘散射而成的，但实际上还有两个不同的光源需要考虑进去。

第一个光源是介于摄影机与山脉之间的大气，如图8-43所示。就像图8-20中的手电筒光束的侧散射那样，一些阳光和天光在半空中发生了散射，其中一些散射光进入了摄影机，产生了为场景加装彩色滤光镜的效果。这种“滤光镜”的密度是到每个被摄体距离的函数，而且其颜色是由散射光的颜色派生出来的。

第二个光源是远处被摄体本身，如图8-44所示的山脉那样。从山上反射的光有相当的比例在到达摄影机之前，射到了大气中的微尘上，并被散射。这对山脉本身起了柔和的作用，损失了细节，很像做了一个模糊操作。是这两种效应——大气光散射和被摄体光散射——的总和，形成了大气霾雾的总体外观。

从图8-45中的原始图片开始，我给出了一个大气霾雾操作序列的示例。任务是在背景中添加一个新的孤峰，并为了表现大气霾雾而对它进行色校正。左面的大孤峰被提出来，

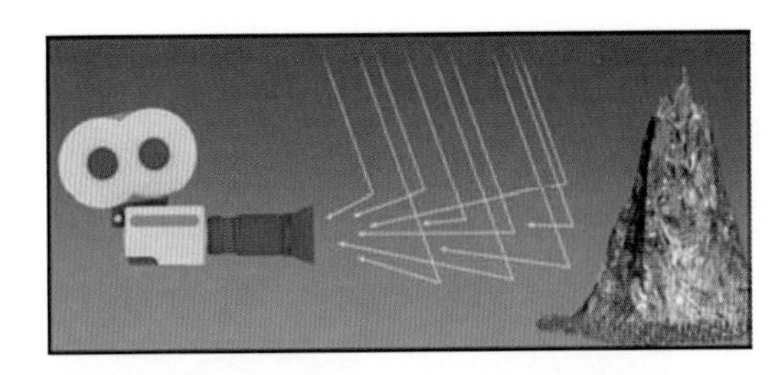

图8-43　散射的大气光

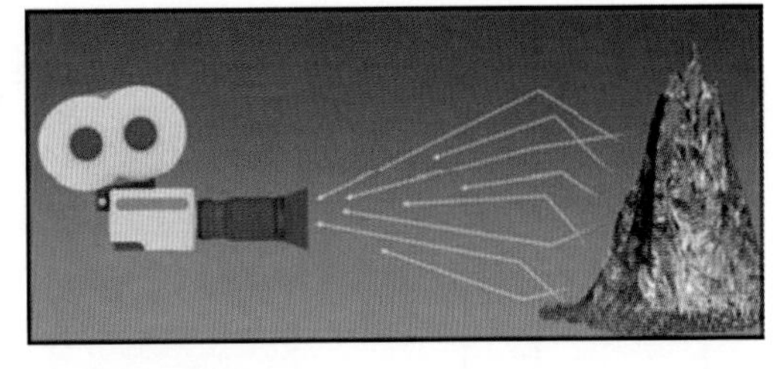

图8-44　散射的山光

图8-45　原始图片

图8-46　原生合成镜头

图8-47　经过色校正

图8-48　经过柔化

左右颠倒过来，并改变了大小，然后添加到背景孤峰的旁边，在画幅的右侧。图8-46显示了新孤峰的原生合成镜头，此时尚未进行色校正。由于缺乏适当的大气霾雾，它很惹眼。图8-47展示了只是施以色校正操作，以模拟散射“大气”光的样子（图8-43）。现在，它与原来的孤峰更好地混合在一起了，但与其另一半相比，细节还是太多了。图8-48添加了稍许的模糊，允许因“山”光的散射（图8-44）而损失一些细节。

Tip! 当然我们有可能通过添加一个色校正操作来调整前景元素，使其与背景图片匹配。但还有另一种方法会更加有效——就是单独制作一张具有霾雾本身颜色的“霾雾”图片，并在前景元素之上做一个半透明的合成镜头。霾雾图片的起始颜色应该是地平线上的天空颜色，必要时可以对其进行优化。

练习8-4

这种做法有很多好处：首先，霾雾的颜色和透明度可以分别进行调整；第二，在某些情况下，霾雾图片可以有一个梯度，与真正大气霾雾中的梯度匹配得更自然；第三，如果需要合成的元素不止一个，通过给每个对象以其自身的遮片密度，

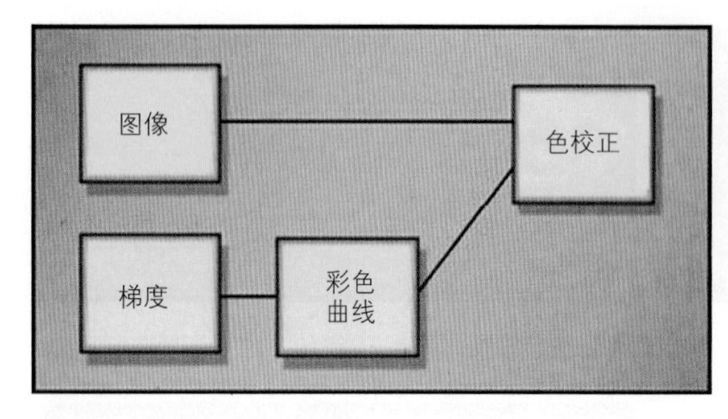

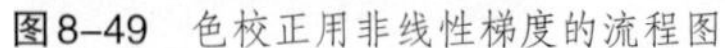
图8–49 色校正用非线性梯度的流程图

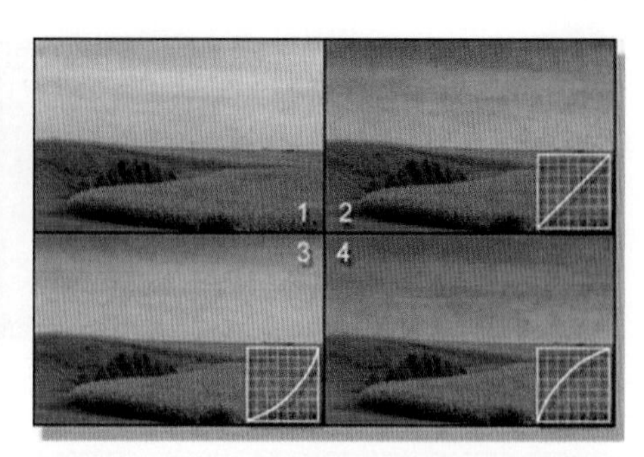

图8–50 通过调整梯度的渐变速度来控制色校正

可以为每个元素定制霾雾的密度。如果镜头显示的地形有几英里深，可以给遮片一个梯度，让前景中有极少的深度霾雾，往远处去逐渐增多。

8.3.8 色校正用的非线性梯度

梯度常常用作一个遮罩，来调和（控制）色校正操作。梯度为暗的地方，色校正的效果就减弱了；梯度为亮的地方，色校正的效果就显著。常见的例子有在镜头中使用深度霾雾，或者在天空中添加（或删除）彩色梯度。梯度创建出来的时候，是线性的，所以是从暗到亮均匀地变化。这样一个梯度的切片图形自然会显示为一条直线。但调和梯度不必是线性的，而且使用非线性梯度会对结果做出过度的控制。此外，大自然母亲几乎从不是线性的，因此非线性梯度常看起来更自然。

Tip! 在线性梯度上添加一条彩色曲线，便得到了非线性梯度，从而使其转化的速度（从一个极端变化为另一个极端的速度）可以得到调节，而这又控制了色校正操作的渐变速度。彩色曲线是在连接到色校正节点之前，添加到梯度上而作为一个遮罩的。图8–49中的流程图显示了节点是怎样设置的。这个梯度现在可以用彩色曲线来优化，改变其由亮向暗转化的速度（快一些或慢一些），从而使色校正操作的渐变速度快一些或慢一些。

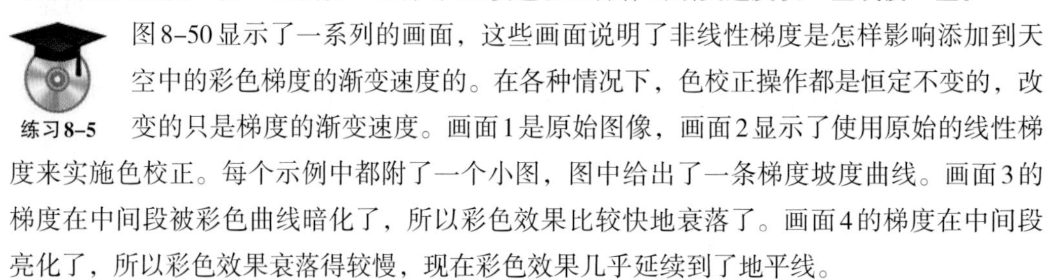

练习8–5 图8–50显示了一系列的画面，这些画面说明了非线性梯度是怎样影响添加到天空中的彩色梯度的渐变速度的。在各种情况下，色校正操作都是恒定不变的，改变的只是梯度的渐变速度。画面1是原始图像，画面2显示了使用原始的线性梯度来实施色校正。每个示例中都附了一个小图，图中给出了一条梯度坡度曲线。画面3的梯度在中间段被彩色曲线暗化了，所以彩色效果比较快地衰落了。画面4的梯度在中间段亮化了，所以彩色效果衰落得较慢，现在彩色效果几乎延续到了地平线。

Adobe Photoshop用户：你可以使用梯度工具来使用这种技术。你不仅可以用它来设置梯度颜色，而且还可以用它来设置梯度的中点，类似于用彩色曲线对它来进行调整。此外，你还可以添加一个透明梯度，并调整它的中点，也可以实现透明度的非线性渐变。

图8-51　原始元素

图8-52　用模糊创建的辉光元素

图8-53　用原始元素过滤的辉光元素

图8-54　原始的马西

图8-55　添加辉光后的马西

8.3.9　添加辉光

Tip!

为一个元素添加辉光，这在计算机图形来说，是再简单不过的了。只要给这个元素做一个严重模糊的版本，然后通过过滤操作，将其与原始元素合在一起，像图8-51到图8-53所示例子那样就可以了，就这些。不过，这样或许还不够。你可能想提高或降低辉光的亮度，这要通过用一条彩色曲线来缩放辉光元素来实现。你可能不愿意让辉光覆盖画面的黑暗部分，所以你可以在辉光元素上使用一条彩色曲线，使黑暗部分压下来，这将使辉光从场景中消失（根本不需要遮片！）。一些人可能会希望将辉光合成进来，但这样做是不对的。合成适合于挡住背景光的东西，而辉光只是将光添加到背景光上，并没有阻塞它。请用过滤的方法来添加辉光。

在过去，当拍电影只能使用摄影机的时候，如果一个年长的女演员需要拍一个谄媚的特写镜头，他们会在镜头上涂一些凡士林，给她一种我喜欢称之为“多丽丝·黛辉光”（Doris Day glow）的效果。[①]今天，我们可以应用数字辉光技术，效果很好地抹去任何老年贵妇脸上的岁月痕迹。图8-54与图8-55给出了这种神奇处理的一个例子。为了用作图书的插图，做得稍稍有些过，但不老的马西女孩此时光彩照人。她不是很可爱吗？

① 多丽丝·黛（Doris Day）是20世纪50年代好莱坞时期的一位很著名的女演员兼歌手，出演过《电话诉衷情》、《枕边细语》一类的浪漫爱情电影，她的电影里面经常使用大量的柔光。——编者注

8.3.10 核对清单

Tip! 以下是一个要点核对清单，当你完成一个镜头的时候，如果你按照清单核对一次，确信所有的问题都已解决，你会发现很有用。

（1）视亮度与对比度

黑点与白点匹配了吗？（用亮度版本核对）

伽马匹配了吗？（用亮度版本核对）

显示器伽马上下拉伸的时候，图层还匹配吗？

（2）颜色匹配吗？

皮肤色调匹配吗？

光的总体颜色匹配吗？

定向高光匹配吗？

（3）光照方向

所有的光看上去都是来自同一个方向吗？

如果不是，最明显的线索能够消除或减弱吗？

（4）光的性质

所有的光看上去都是用同样性质的光（软光/硬光）照亮吗？

（5）交互式照明

镜头需要有交互式照明效果吗？

在表面的光空间中，交互式照明效果讲得通吗？

交互式照明效果应该随时间而变化吗？

（6）阴影

人造阴影与真实阴影匹配吗？

边缘看上去对吗？

密度与颜色看上去对吗？

阴影临近处需要密度变化吗？

（7）大气霾雾

这个镜头需要大气霾雾还是深度霾雾？

霾雾的颜色与自然界的霾雾匹配吗？

霾雾的密度对每个被霾雾笼罩物体的深度适宜吗？

有哪个被霾雾笼罩的物体需要柔化吗？

第九章

摄影效果

只要是用同一台摄影机拍摄场景中的所有物体，他们就有了同样的“样式”（look）。当两个图层是用不同的摄影机和不同的胶片材料拍摄，并事后再合成的，胶片和摄影镜头的差异就会破坏合成镜头的照片般真实感。本章研究摄影镜头效果的问题，诸如焦点、景深以及镜头炫光等，还有胶片颗粒特性，以及如何使不相干的图层实现更好的匹配。这里的终极目标是，让合成镜头场景中所有被摄体看上去都像是用同一支摄影镜头以及同样的胶片材料拍摄的。

这一领域中最大的捣蛋鬼当然就是CGI。CGI不仅没有颗粒，它还不使用镜头。尽管CGI是使用用户规定的计算机模拟“镜头”来渲染的，但这些是在数学上完美的模拟，全然没有真实镜头所特有的缺陷和光学像差。此外，CGI镜头极为清晰，这是真实镜头所做不到的。2K胶片画幅中的“清晰”边缘为几个像素宽，但2K的CGI渲染中，同样的清晰边缘刚刚只有一个像素宽。即便是CGI元素用一种景深效果来渲染，元素的焦点清晰部分也会像剃刀一样锋利。将CGI元素合成到胶片背景中的时候，会显得过于刻板利落。

Tip! 模糊CGI渲染会起作用，不过效率非常低。因为我们已经投入了大量的计算时间用于渲染所有的细节，转过头来，为了使镜头显得没错，又在合成镜头中通过模糊处理来破坏这些细节，这会让人感到羞愧。更好的方法是渲染一个分辨率多少低一些的版本（大约为最终大小的70%），然后再将其放大。这样做既柔化了元素，又节省了将近一半的渲染时间。

9.1 匹配焦点

尽管有一些算法能够有效地模拟对图像进行的散焦操作（defocus operation），但多数软件包没有这些算法，所以，勤勉的数字合成师必须求助于模糊操作。乍一看，多数情况下简单的模糊似乎就能够很好地模拟散焦了，然而事实上，简单的模糊有严重的局限性，而且很多情况下，模糊的效果差极了。本节解释为什么只靠模糊常常起不了作用，并且提供一些更复杂的方法，以更好地模拟散焦图像，同时还要提供一些模拟跟焦的动态散焦的方法。有些时候焦点匹配问题反而需要对图像进行锐化，所以也要研究该操作的一些陷阱和程序。

9.1.1　用模糊做散焦

以散焦的方式拍摄一个画面会使画面模糊，但让一个画面模糊并不会使其成为散焦的样子。如果使用图9-1中所示的节日户外照明元素，通过并排地比较，就很容易看出差异何在。黑背景加孤零零的一些灯是一个极端的示例，它有助于清晰地揭示散焦是怎么一回事。图9-2使用模糊来创建了一个“散焦”版本，而图9-3是同一景物的一张真正的散焦照片。灯不是像模糊处理那样简单地变糊、变暗，而是似乎“膨起”了或扩张了，同时还保留了意外的清晰程度。提高模糊版本的视亮度似乎有所裨益，但问题变得反而比通常的情况还要复杂多了。显然，简单的模糊版本无法很好地模拟真正的散焦图像。

用了模糊操作后，每个像素仅仅是与其邻近的像素做了个平均，所以，尽管明亮区域似乎变大了，但它们也变暗淡了。图9-5显示了当我们对一个小的亮斑做模糊处理时，出现了变大与变暗相互抵消的情况。亮斑中央原来明亮的像素（虚线）与其周围较暗的像素做了个平均，使亮斑降低了像素值。模糊的半径越大，亮斑就将变得越大和越暗。一个元素如果越小和越亮，模糊处理后就越显得不那么真实。

图9-1　原始图像

图9-2　经过模糊处理的

图9-3　真正的散焦

图9-4　假散焦

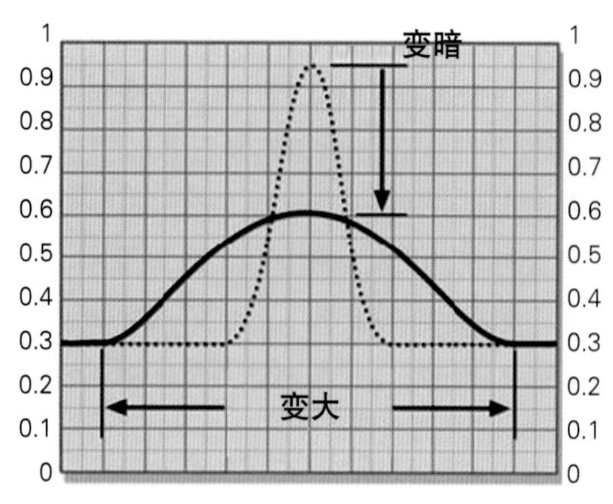

图9-5 模糊操作的结果

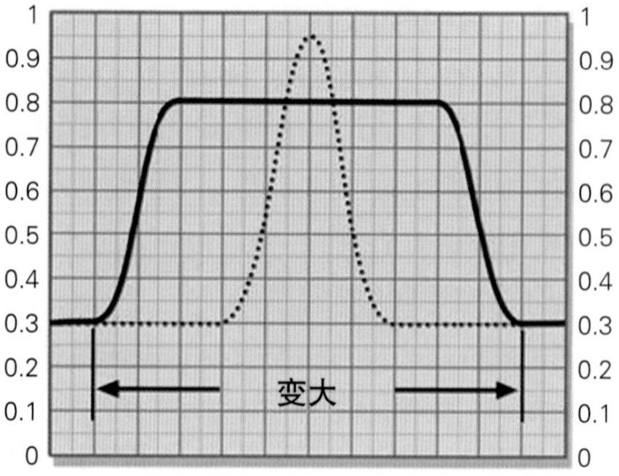

图9-6 散焦的结果

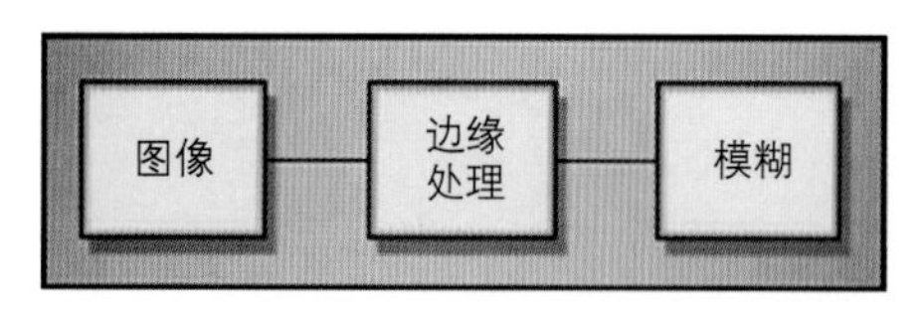

图9-7 散焦流程图

然而，当实际散焦地拍摄时，画面最明亮的部分扩展吞噬较暗的区域。比较一下图9-2与图9-3中那些明亮小灯的大小，真正散焦时，灯要大得多、亮得多。如果中间色调部分临近黑暗区域，甚至中间色调部分也会扩展。换言之，散焦是以损失画面较暗的部分为代价，而青睐画面较亮的部分。其原因可从图9-6看出。原本聚焦成一个小光斑的光线，现在散布开来，覆盖了一个大得多的面积，使得临近的一些暗区曝了光。如果亮斑未被限幅，那么散焦的视亮度将稍稍降低，如图9-6所示，因为光线扩展覆盖了底片的一个较大区域了。然而，边缘将保持相当的清晰度，不像模糊处理那样。如果聚焦的亮斑非常明亮，它就会被限幅（这种情况时有发生），那散焦的亮斑就很可能也被限幅，这取决于光源的实际亮度。

9.1.2 如何模拟散焦

Tip! 很少有软件包具有真正的散焦操作，所以，你很有可能不得不使用模糊处理。让一个被模糊的图像像是一个散焦的图像，关键在于你要模拟明亮部分特有的扩展。实现的方法可以是通过边缘处理操作来扩展或最大化画面的明亮部分。这不是单纯选择两个输入图像之间最大视亮度像素的“最大化”操作，而是一种卷积核（convolution kernel），它比较相邻像素的值，并将明亮的区域向较暗的区域扩展，与真正的散焦很相似。图9-7给出了散焦操作序列流程图。在我们使用了边缘处理操作来扩展明亮部分之后，即对图像进行模糊处理，以产生必要的细节损失。这种“假散焦”（faux defocus）处理的结果如图9-4所示。尽管这不是对散焦照片完美的模拟，但要比简单的模糊好多了。

Tip! 如果你的软件没有适当的边缘处理操作，有一种变通的方法，叫做“像素偏移”（pixel shift）法。用最大化节点将几个像素“最大化地”偏移，其效果与通过边缘处理来扩展明亮部分大致相似。当一个图层偏移了几个像素，然后再以原始未偏移的图

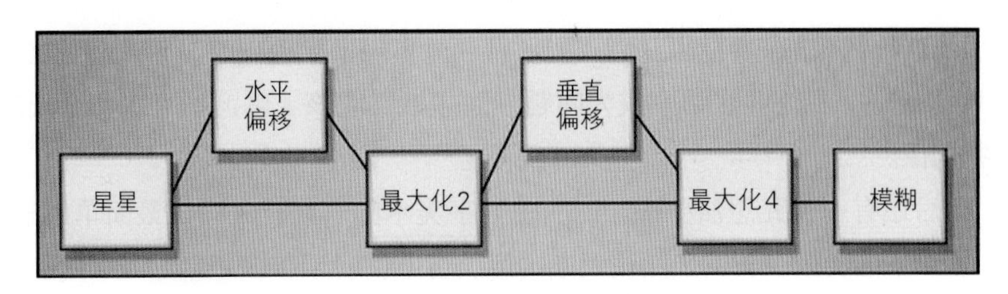

图9-8　四个最大化图像的流程图

图9-9　星星

图9-10　最大化2

图9-11　最大化4

图9-12　模糊

图9-13　仅用模糊

层最大化时，两个图层中较明亮的像素保留了，而较暗的损失了。这大致模拟了散焦时入射光线向周围一个较大区域扩展的过程。这里我建议用像素偏移操作来偏移图像，是因为这些操作是整数操作，因此在计算上要比浮点2D移动快得多。

图9-8给出了像素偏移操作序列流程图，而图9-8至图9-12给出了相关的图像序列。星星被水平偏移后在“最大化2”的节点处最大化原始的星星图像，结果如图9-10所示。接下来，星星被垂直偏移，然后在“最大化4”节点再最大化“最大化2”版本，结果如图9-11所示。然后，模糊“最大化4”版本，最终散焦图像的结果如图9-12所示。

为了比较，图9-13给出了仅用模糊操作而得到的同样的星星。与图9-9中原始的星星相比，实际上在形象上“紧缩”了，不大像图9-12中的最终模糊的星星那样被“放大”了，而后者的优点是模仿了视亮度的扩展。尽管像素偏移版本可能没有真正边缘处理版本那么好，但它肯定比单纯用模糊要显得好。

这种像素偏移的变通方法的问题之一是涉及到小细节，比如星星的尖端。你可以看到，图9-11中星星尖端出现了重影，在双重尖端之间存在着一些暗像素，但用真正边缘处理操作是不会出现这种情况的。其结果是当我们对偏移版本做模糊处理时,与本该有的样子相比,尖端有一点儿变暗、变钝。这很少成为问题,但你始终应该了解,不管用什么处理方法都会带来一些伪像。

Tip! 最后还有一点儿想法要说。聪明的数字美术师总是首先尝试最简单的解决方案,如果不能奏效,再去换用更复杂的解决方案。对于很多正常曝光、对比度有限的镜头来说,简单的模糊将产生可以接受的结果,始终应当首先尝试。高对比度的镜头效果会最差,所以,如果简单的模糊不能奏效,那只有换用更复杂的解决方案了。

9.1.3 跟 焦

有时候一个镜头在拍摄期间需要随着剧情来改变焦点,这叫做“跟焦”。为了模拟跟焦,明亮部分的模糊和扩展都必须动(animate)起来,而且要两个一起动。动必须是“浮点”地动,而不是整数地动。基于整数的操作是那种一次只能改变一个整单位(像素),例如模糊半径为3、4、5,而不能是3.1、3.2、3.3等浮点值。当你试图使它们动起来的时候,基于整数的操作造成了画幅之间出现一个像素“跳跃”的现象。很多软件包不支持浮点边缘处理或浮点模糊半径。你可能需要为这些限制找出一个变通的方法。

Tip! 缺少浮点模糊操作的变通方法是用缩放操作来替代模糊操作。这不成问题,因为缩放操作始终都是浮点的。想象你不是模糊一个半径为2的图像,而是将其缩小50%,然后再放大回去,恢复其原始尺寸。缩放操作将一起过滤(平均)这些像素,与模糊操作相似。你将其缩得越小,当它放大回去,恢复原始尺寸的时候,造成的模糊就越厉害。顺便说一下,如果你的模糊常规操作在做非常大的模糊时,运行速度会特别缓慢,可以尝试将图像缩小到例如原尺寸的20%,运行一个小的模糊半径,然后将其放大回100%。这一系列操作的实际运行速度有可能比全尺寸图像上的大模糊半径操作要快得多。

练习9-1

替代基于整数的像素偏移操作的变通方法是将其切换成浮点平移(摇摄)操作,来移动图层。浮点平移操作可以平滑地动起来,但像素偏移则不能,所以水平方向上和垂直方向上的“放大”数量就变得平滑和容易控制。边缘处理操作生成的结果更真实,但当它不能使用的时候,这就成了另一种备选方案。

9.1.4 锐 化

偶尔你正在处理的元素太过柔和,无法与镜头的其余部分相匹配,此时图像锐化(sharpening)就成了答案。几乎任何合成软件包都有一个图像锐化操作,但重要的是了解该处理的局限性和伪像。可不少呢。

9.1.4.1 锐化核

锐化操作不是真的锐化画面,它实际上是将焦点失调的效果反过来了。反转散焦的效

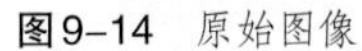
图9-14　原始图像

图9-15　锐化过的图像

图9-16　过度锐化的图像

果是有可能的，但这需要傅里叶变换（Fourier transforms），这是一些复杂的算法，一般合成软件包中是找不到的。锐化操作在数学上所做的，不过就是加大相邻像素之间的差异。仅此而已。加大相邻像素之间的差异具有使画面看起来显得更清晰，但它仅仅是一种图像处理的把戏而已。

图9-17　锐化伪像

这种数字骗术的一个结果是，锐化将开始生成伪像，如果做得过分，还会显得很“燥”（edgy）。图9-16就是一个图像过度锐化后显得特别难看的例子。图9-14中的原始图像在图9-15中得到可很好的锐化，所以，如果没有做得过分的话，锐化的效果可以是很不错的。

为什么锐化操作会形成很“燥”的样式，这可以从图9-17看出来，该图是一幅严重过度锐化图像的一个通道。你实际上可以看到，算法的作用是加大了相邻像素之间的差异，但它以导致边缘对比明显为代价。还要注意，皮肤的平滑像素也被“锐化”了，开始变得粗糙起来。

现在你该明白我所说的它实际上没有提高画面的清晰度是什么意思了吧。它仅仅加大了相邻像素之间的差异，而这容易让人觉得清晰了。这是一种廉价的骗术。另一件需要记住的事是，随着图像被锐化，胶片颗粒或视频噪波也被锐化了。就是这些伪像限制了你在图像锐化的道路上能走多远。

9.1.4.2　模糊遮罩

既然我们已经抱怨锐化核（sharpening kernel）的缺点，那我们就考虑一下锐化的大哥“模糊遮罩”（unsharp mask）吧。说锐化核心可以锐化，又说模糊遮罩也可以锐化，采用这样的术语是有些苦涩的反讽味道。

模糊遮罩是另一种类型的锐化算法，但很多合成软件包不予以提供。模糊遮罩值得一试，

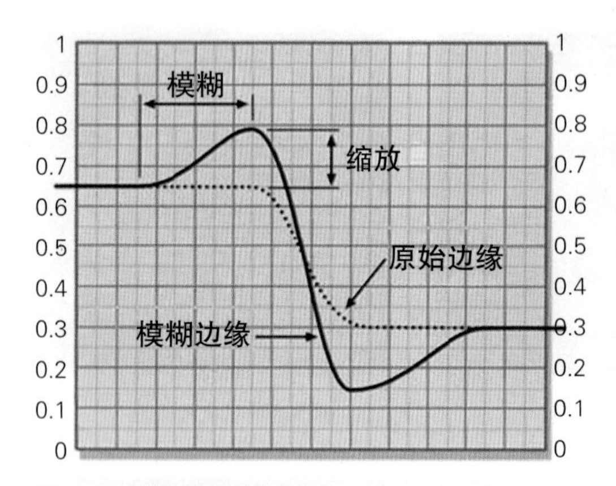

图9–18 模糊遮罩边缘特征

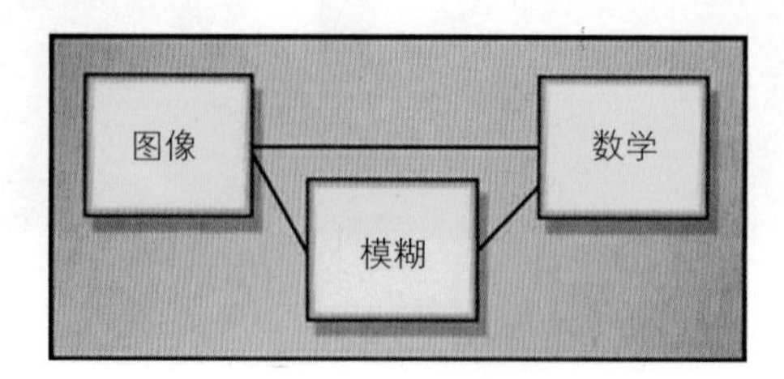

图9–19 使用数学节点的模糊遮罩

是因为它采用了不同的原理，因而产生不同的外观，而有时不同就是更好。你的腰带上挂的工具越多，你这个美术师的能耐就越大。然而，模糊遮罩的确有好几个参数可供你把玩以获取想要的结果。那些参数是什么以及怎么称呼，由软件来决定，所以你不得不阅读和遵循你特定软件包的所有标签说明。然而，如果你已经有了，它会成为你的朋友，因为它在锐化图像方面是非常有效的。

9.1.4.3 制作你自己的模糊遮罩

Tip! 很多合成软件包都不提供模糊遮罩操作，所以你可能会发现，能够制作自己的模糊遮罩是很有用的，而且制作起来出奇的容易。基本的做法是模糊一个图像的副本，在视亮度上对其进行缩小，从原始图像中将其减掉（这回使其变暗），再将结果重新放大，恢复损失的视亮度。顺便说一下，模糊的副本就是本法因之而得名的“模糊遮罩”。

用来缩小模糊遮罩的、同样的缩放因数也被用于放大结果，以恢复损失的视亮度。一些起始使用的数字是：对于1K分辨率的图像，模糊半径取5个像素（如果图像加大则增加，图像缩小则减少），缩放因数为20%。这意味着模糊遮罩将缩小至20%（被0.2乘），而原始图像将放大20%（被1.2乘）。这些数字将让你的图像得到适度的锐化，然后你可以根据你的喜好去调整。

图9–18显示了模糊遮罩的边缘特征，以及模糊操作与缩放操作是怎样影响它的。模糊的边缘显然比原始边缘具有更大的对比度，而这会使外观更清晰。同样，它并没有真正地锐化一个软的图像，仅仅是让其看起来好像更清晰了。缩放操作通过加大模糊边缘与原始边缘之间的差异来影响边缘的锐化。模糊操作也加大了该差异，但它也影响了锐化区域的“宽度”。其结果，加大缩放或模糊，将增强锐化。如果以小的模糊配合大的缩放来使用，像锐化核这类的边缘伪像就会开始出现。如果出现了，那就加大模糊半径予以补偿。

根据你是愿意使用一个数学节点还是使用几个离散的节点，模糊遮罩有几种不同的实施方法。让我们先从图9–19所示的数学节点实施方法开始，因为这种方法最简单。原始图

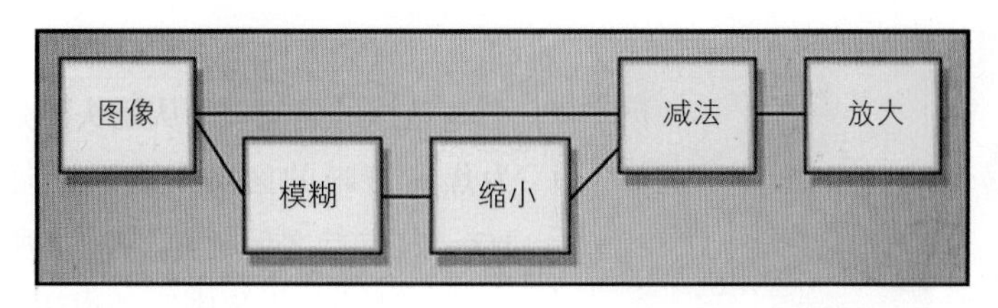

图9-20　使用离散节点的模糊遮罩

像和模糊的版本是数学节点的输入，而在数学节点内有下述公式：

$$[(1+Z)\times 图像]-(Z\times 模糊图像) \tag{9-1}$$

式中：Z为视亮度缩放因数，以浮点数字来表示。使用稍前建议的起始数字，如果百分比因数为20%，则Z为0.2，而公式9-1则变成为：

$$(1.2\times 图像)-(0.2\times 模糊图像)$$

尽管数学节点方法使用了较少的节点，但它还是比较难于使用，在计算上速度也比较慢，所以有的人不愿意用它。对于那些偏爱"离散节点"方法的人，图9-20显示了用一些离散节点实施模糊遮罩操作的方法。用一个RGB缩放节点或一个彩色曲线节点将一个图像的模糊版本缩小，然后在"减法"节点中，将缩小的模糊版本从原始图像中减掉，同样使用RGB缩放节点或彩色曲线节点，再将结果放大，以恢复损失的视亮度。

练习9-2

你可能已经注意到，在离散节点版本与数学节点版本之间存在着微妙的差异。在数学节点版本中，原始图像先放大，然后再减掉模糊遮罩，而在离散节点版本中，放大是在减掉模糊遮罩之后。出现这种差异的原因，是为了避免如果先放大图像，使用离散节点的版本会发生限幅。放大操作会创建大于1.0的像素值，而这样的值在离散节点输出的时候会被限幅（除非你使用浮点来工作）。然而在数学节点内部这样的值不会被限幅，因为它将减掉模糊遮罩，这便在输出前将所有的像素值恢复正常了。无论哪种实施方法，你都会得到同样棒的结果。

9.2　景　深

电影摄影师在确保画面处于适当的焦点上碰到了许许多多的麻烦，除偶尔为了创造摄影效果以外，要让任何前景或后景中的事物不在焦点上的原因，就在于镜头有一定的景深。景深被创造性地用来将关注的被摄体放在清晰的焦点上，将背景放在焦点外，以便使观众的注意力"聚焦"在被摄体上。

摄影镜头有一定的景深，即在一个"范围"内画面是聚焦的。如同景深范围另一侧的物体那样，距离摄影机更近的物体是散焦的，如图9-21所示。有一种情况下远背景的焦点清晰，那就是镜头聚焦在"超焦"（hyperfocal）点上。超焦点以外至无限远的任何事物都将

图9-21 镜头的景深

是焦点清晰的。

景深的定义是：从镜头聚焦的那一点起认为焦点清晰的区域，该区域向焦点之前延伸1/3，向焦点之后延伸2/3。之所以闪烁其词地用了“认为焦点清晰”的说法，是因为镜头实际上只在唯一的点上是完全清晰的，而在那个点之前和之后都会逐渐地散焦，即便是在景深之内也是这样。然而，只要散焦的程度低于可察觉的阈值，就认为是焦点清晰。

Tip! 从镜头到镜头，以及聚焦的物体到摄影机的距离是远还是近，其间的景深是不同的。以下是几条关于景深特点的经验法则，你可能会觉得有用：

被摄体越近，景深越小；

镜头越长，景深越小。

假定“标准镜头”（28毫米至35毫米）聚焦在“标准”距离的被摄体上，你将可望看到：

当被摄者从头到脚都在画框内，背景将是焦点清晰的；

当被摄者从胸到头都在画框内，背景将略微散焦；

面部特写将使背景严重散焦；

当真正靠近面部聚焦时，景深会缩小到仅仅几英寸（1英寸＝2.54厘米），所以面部可能焦点清晰，但耳朵却散焦了！

9.3 镜头炫光

当强光进入摄影机镜头，光线被镜头装置中的很多表面折射后，照到胶片上，形成了镜头炫光。炫光的复杂性和特征是由镜头元素的数量与形状决定的。甚至已经处于画框以外的强光，也会形成炫光。关键在于这是一种镜头现象——有大量的光落在了胶片原本画面正在曝光的地方。场景中的物体无法阻挡或遮蔽镜头炫光本身，因为炫光只存在于摄影机内部。如果场景中有一个物体慢慢地阻挡了光源，那炫光就会逐渐地变暗，但物体并不会阻挡实际镜头炫光的任何部分。

9.3.1 创建和添加镜头炫光

镜头炫光本质上是原本场景内容加上炫光的双重曝光，所以，这与正常合成将其加到背景图片上的方式是不同的。合成适用于阻光的物体，不适于发光的元素。过滤操作是选

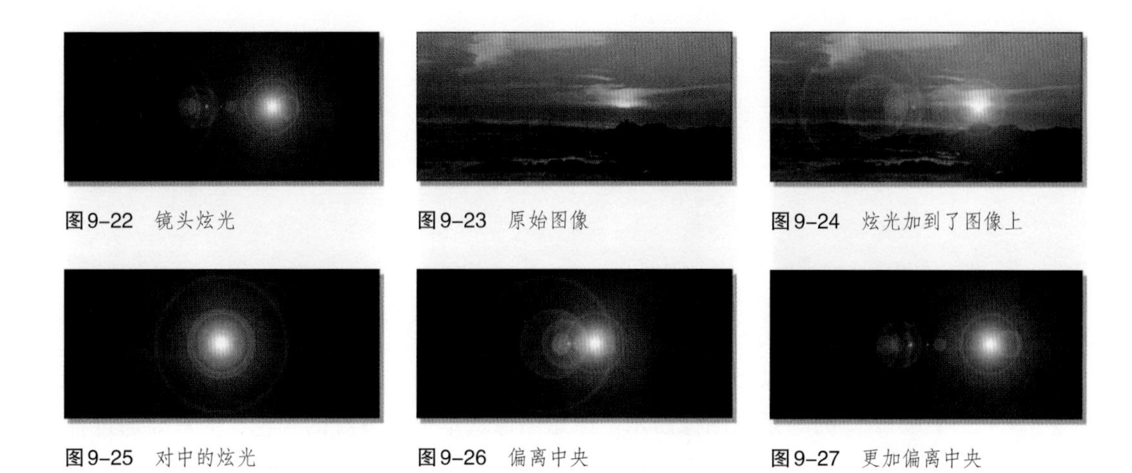

图9-22 镜头炫光　　图9-23 原始图像　　图9-24 炫光加到了图像上

图9-25 对中的炫光　　图9-26 偏离中央　　图9-27 更加偏离中央

择的方法之一，其方式与奇妙之处已在第7章“混合操作”中予以详细的解释。

图9-22到图9-24显示了一个镜头炫光叠加到一个背景图片上的情形。这种先将手电筒之类的光源合成到场景中，然后再添加镜头炫光的做法是非常有效的。这样做在形象上将合成的光源整合到场景中，并使两个图层都好像是用同一台摄影机在同一时间拍摄的。很多美术师发现了这一点，所以镜头炫光常常已经做滥了。你用的时候一定要克制。

Tip! 尽管用一大堆的辐射状梯度之类的东西来创建你自己的镜头炫光肯定是有可能的，但Adobe Photoshop之类的一些最高端的绘画系统，随时都可以根据要求用来创建令人信服的镜头炫光。真实的镜头炫光不是很有规则，会由于镜头中存在的小缺陷而不完美，所以你可能想把你的镜头炫光稍稍搞乱，显得更真实一些。还要抗住将炫光做得太亮的诱惑。真实的镜头炫光也会是柔和微妙的。

9.3.2 让镜头炫光动起来

如果假定要形成镜头炫光的光源在画框中移动，那镜头炫光也必须动起来。炫光要相对于光源偏移其位置和方位。如果光源是在镜头的中央，那镜头炫光就必须相互堆积起来。随着光源逐渐离开中央，各种各样的元素将彼此散布开来。图9-25到图9-27显示了这种情况，其中光源从画框的中央向四角移动。很多3D软件包提供可以随时间移动的镜头炫光，以匹配移动的光源。同样要防止你的炫光做得过于完美。

9.3.3 通道交换

如果你的镜头炫光生成软件没有很好地控制颜色，你当然可以对其进行色校正，以获得你想要的颜色。然而，你会挤压或拉伸现有的彩色通道，有时量很大，而对于8比特图像，会一下子变得非常丑。要是镜头炫光基本上已经是你所要的颜色，你只要稍加改善即可，岂不悠哉？

图9-28 原始镜头炫光

图9-29 通道交换：红与蓝

图9-30 通道交换：红与绿

练习9-3

你可以用通道交换（channel swapping）来做，如图9-28到图9-30中的一系列图像所示。原始图像基本上是发红的颜色，但只要通过各种形式交换彩色通道，就可以制作出蓝色的和绿色的版本。例如，交换红通道与蓝通道，来制作图9-29中的蓝版本；交换红通道和绿通道，来制作图9-30中的绿版本。当然，通道交换是一种有着广泛用途的技术，它可以用来为任何元素制作改换颜色的版本，不仅仅是用于镜头炫光。

9.4 模糊不清的炫光

还记得学校里如图9-31那样极好的镜头示意图吗？那些小小的、直线的平行光束进入了镜头后齐刷刷地会聚在焦点上。你可曾想过那些非平行光束吗？它们到哪儿去了？学校里从没有让你们看过，因为那样会使事情搞乱。是的，现实世界就是一团糟，可你现在是个大孩子了，该让你了解丑陋的真相了。非平行光束让画面变得朦胧，生成了人们所说的模糊不清的炫光（veiling glare）。也有一些杂光光束在镜头中的种种缺陷处发生折射，还有一些光线没有被镜头中和摄影机机身中的黑色吸光表面吸收。即便是在胶片乳剂中，也有行为不轨的光子。这些无规律的光线全都集结起来，加入到模糊不清的炫光当中。

图9-32显示了来自场景中某个其他部分的非平行光束进入镜头后，与平行光束照在了同一个焦点上的情境。捣蛋的非平行光束恰恰污染了正挡平行光束的焦点。这使得图像整个平均地添加了一层“薄雾”。绿幕镜头是一个极端的例子。背景中的绿幕表现为一大片溢入镜头的绿光。站在绿幕前面的一个小角色对光的总和的影响可以忽略不计。绿光溢满了摄影机镜头，其中一部分是非平行光。其结果是，整个画面，包括小角色在内，都会带上一层浅浅的绿雾。尽管在绿幕上存在着绿雾几乎算不上问题，但角色上有了绿雾就成了问题了。

如果你准备在同一个绿幕棚内，以灰幕来替代绿幕重新拍摄这个角色，角色的绿色会突然下降。现在绿色的“雾”已经成了灰色的雾，后者不再改变角色的色调，而是添加了某些光，淡化了黑色。如果拆掉了灰幕，而换以一个全黑的背景，来自灰幕的雾将会消失，我们角色的对比度将会突然得到提高，因为他或她的黑色变浓了。幸好，在大多数情况下，色校正处理通常会对各种各样合成图层的模糊不清的炫光做出补偿。

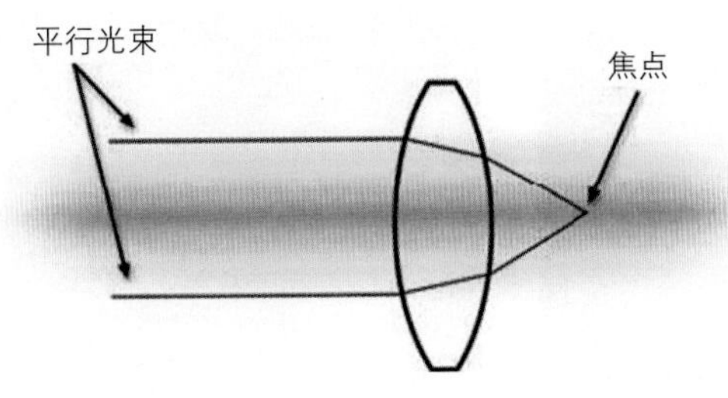

图9-31　平行光束

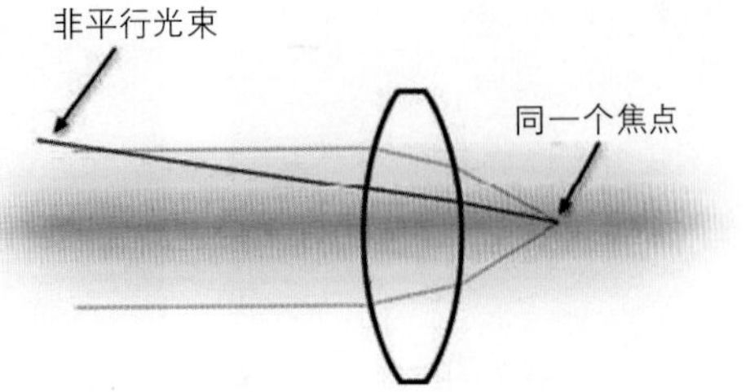

非平行光束
同一个焦点

图9-32　非平行光束

9.5　颗　粒

技术上，胶片颗粒是一种伪像，或者说是一种缺陷，但我们已经逐渐喜欢它了。它给胶片添加了一种魅力，一种视频所缺少的“样式”。你可以给视频添加一些看上去像是颗粒的噪波，但真正的颗粒才是好的。当前景图层合成到背景图层上的时候，两个图层的颗粒结构必须合理地匹配，使两个图层像是用同一条胶片拍的。如果前景是CGI元素，根本没有颗粒，就真得加进一些，才能看着顺眼。尽管这里的讨论集中在胶片颗粒上，但所有的理念和原理同样也适用于视频创作，因为大量的视频创作都是从胶片转换为视频、颗粒以及其他所有内容的。

如果整个镜头是CGI的或数字墨水和颜料明胶动画的话，就没有颗粒结构，而你（或者可爱的客户）现在就需要做出是否添加颗粒这个艺术方面的决定了。你不能指望胶片记录仪来添加颗粒。胶片记录仪做了大量的努力来避免添加任何颗粒，因为它们被设计成重新拍下已使用的胶片的机器，我想你明白我说的意思。如果你用的是一台激光胶片记录仪，那它根本不可能添加什么颗粒。如果你用的是一台CRT（阴极射线管）胶片记录仪，那它将只添加一点儿颗粒，其原因将在第十三章“电影”中解释。

分析到最后，是否向“无颗粒”的作品添加颗粒，这是个艺术上的决策。如果那是一部“有颗粒”的作品，问题就变成了两三个图层是否相似到不易察觉的地步。这当然需要做出判断。假使你决定解决颗粒的问题，请接着读下去。

9.5.1　颗粒的本质

尽管铁杆数学家会用标准偏差、空间关系以及其他一些数学上毫无意义的概念来定义颗粒的特征，但对于我们这些人来说，用两个参数定义颗粒特征更直观一些，那就是大小和幅度。大小指的是胶片的颗粒有多大，幅度指的是从颗粒到颗粒的视亮度变化有多大。

在视频分辨率上，颗粒大小通常不大于一个像素。然而在2K胶片分辨率上，颗粒在大小上可以是好几个像素，而且形状不规则。不同的胶片材料有不同的颗粒特征，但通常来说，胶片速度越快，颗粒就越大。这是由于加大颗粒结构可以加速胶片的运动，使其对光更敏感。它可以用较少的光来使胶片曝光，但代价是颗粒变大了。

颗粒的大小与幅度对胶片的三色记录层是不一样的。红记录层与绿记录层在大小和幅

图9-33 红颗粒

图9-34 绿颗粒

图9-35 蓝颗粒

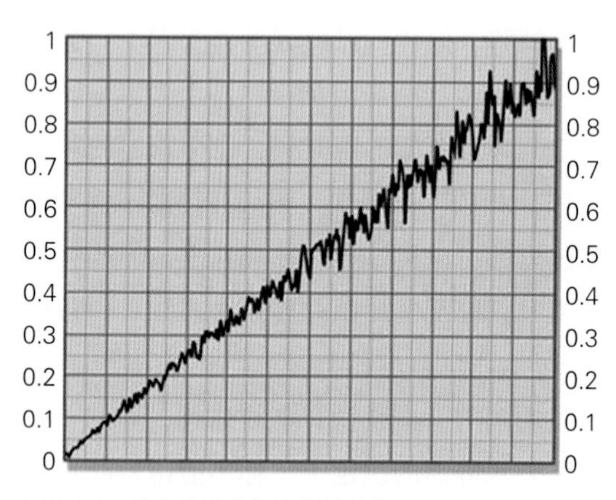

图9-36 从暗部到亮部的颗粒幅度

度上是相似的，但蓝记录层将会大得多。图9-33至图9-35给出的彩色通道颗粒样本显示了这些差异。如果有人想非常精确地模拟，那蓝记录的颗粒在大小和幅度上都将超过红记录和绿记录。说是这么说，但让三层都有同样数量的颗粒常常也就可以了。如果每个通道都有独特的颗粒模式，那也会更逼真。如果三层都使用同样的颗粒模式，将使三个通道的颗粒模式以非常不自然的形式相互叠加在一起。

颗粒的性能也随曝光的程度而改变。图9-36使用了一个梯度来说明颗粒性能相对于图像视亮度的关系。随着视亮度从暗到亮，颗粒的幅度逐渐加大。就好像是颗粒随时都存在于未曝光的胶片之中，而后随着照到胶片上面的光越来越多，颗粒的幅度也就逐渐增大。因此，完全精确地模拟颗粒将会根据原始图像的视亮度值来衰减颗粒的幅度。视亮度越高，颗粒就越大；视亮度越低，颗粒就越小。

9.5.2 制造颗粒

如同前面提到过的那样，视频创作的颗粒结构通常只是一个像素。只要用噪波生成器来轰击视频帧，通常就已经足够了。然而，对于胶片故事片来说，需要使用更复杂的技术来真正模拟颗粒结构。一些软件包具有能够直接在图像上添加胶片颗粒的“颗粒生成器”（grain generator）。少数几种软件包具有一些工具，能够用统计学的方法来测量图像中的颗粒，然后再复制颗粒。你要是有的话，你就用吧，但很多软件包具有的噪波生成器在使用的时候，只能在生成颗粒后凭肉眼来匹配。

Tip! 你偶尔只在胶片画幅上添加一点儿颗粒就够了，而且始终应该先这样尝试一下，说不定就满意了。然而，如果你需要使用一般的噪波生成器，来让故事片带有明显的颗粒，那就推荐一种方法，即预先制作一些“颗粒图片”，然后将这些颗粒结构加到

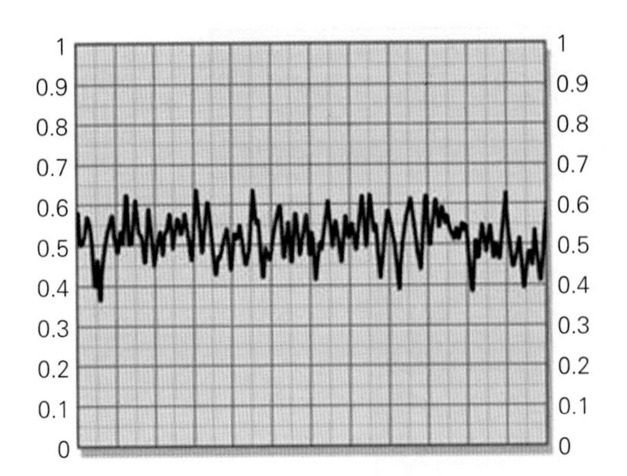

图9–37　原生噪波

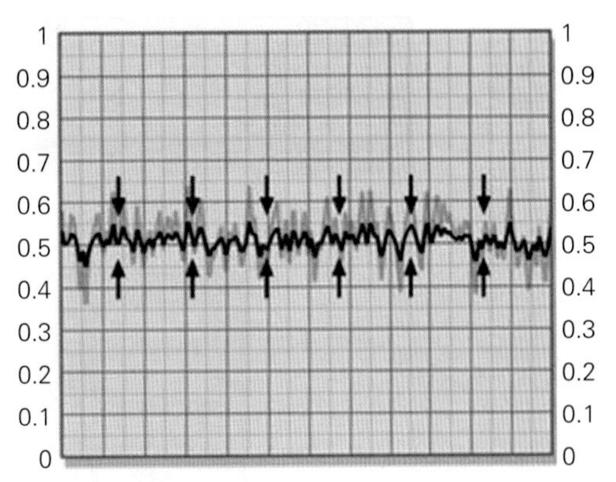

图9–38　降低了对比度

图像上。如果你打算全力以赴，让你的综合颗粒结构最大限度地做到如照片般逼真，则可按下述进行：

（1）制作一个三通道颗粒图案。真实的颗粒图案相互之间都是不一样的，所以，不要三个通道都用同一个通道噪波图案。

（2）让用于蓝通道的颗粒图片具有更大的大小和幅度，因为蓝记录就是这个样子。

（3）让亮部的颗粒幅度大于暗部。

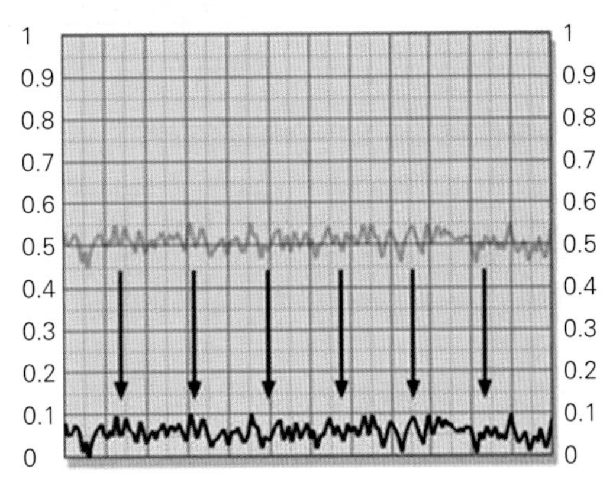

图9–39　降低了视亮度

9.5.2.1　生成颗粒

生成颗粒图片的计算强度很大，为了缩短计算时间，你可以预先只制作几张（五六张）颗粒图片，然后在镜头的长度方向上不停地重复这些图片。第一步工作是将图片中颗粒的大小与幅度设定为要求的水平，并将它们的视亮度降低到非常暗的值，接近于黑。

如果我们假定已经将噪波加到了一个50%的灰色图片上，而它的切片图形可能就像图9–37所示的样子。如果这些颗粒是为胶片用的，那就在噪波图片上运行一个模糊，以加大“颗粒”结构的大小。增多模糊的数量将加大颗粒的大小。对于视频，颗粒的大小反正一般是一个像素，所以跳过模糊这一步操作。只要如图9–38所示，通过对比度操作来降低对比度，即可降低噪波的幅度，这样的做法，通常要比以较低的强度重新生成噪波然后再模糊的做法快很多。当然，哪种方法都是有效的。

接下来，需要将颗粒图片的视亮度降低至接近于黑（图9–39），使像素值刚好在绝对0（指视亮度，不是指开尔文）之上。务必要用从像素值减的方法，而不要用缩放的方法来降低视亮度，因为其会再次改变幅度，而我们正力图保持两个调整是独立的。如果后面要降低对比度，视亮度可以稍稍降低一点儿。如果它提高了，则视亮度将不得不提高一点儿，以预防将最暗的噪波像素限幅为0。

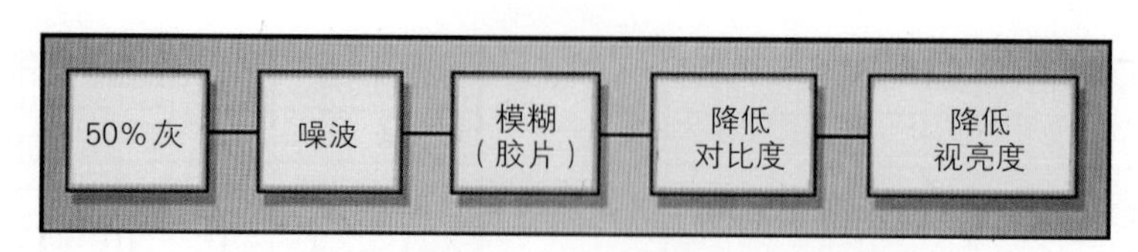

图9–40 颗粒图片生成的流程图

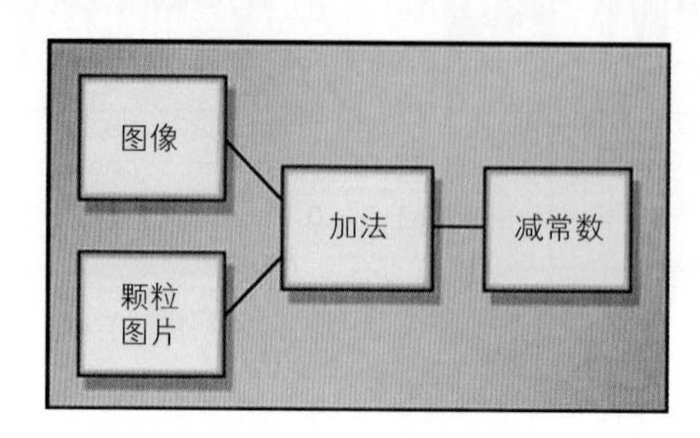

图9–41 添加颗粒的流程图

操作顺序如图9–40中的流程图所示。灰色图片加上噪波后，对噪波图片进行模糊处理（如果这是胶片活儿的话）。这以后，通过降低对比度来设定幅度，然后降低视亮度，将颗粒图片像素值降到非常接近于0。你可能要经过几次反复，才能使颗粒图片与现在的颗粒匹配。像这样以单独的流程图来预先制作颗粒图片，可以迅速修改和重新渲染好这些颗粒的图片。

9.5.2.2 添加颗粒

既然你已经预先制作了颗粒图片，该怎样将它们添加到图像上呢？原始图像中像素的视亮度一部分需要予以提升置换，一部分需要予以降低置换，且不能改变原始图像的总体视亮度。可以采用一种简单的二步法来实现：首先，单纯地将颗粒图片与图像相加，然后减掉一个代表颗粒平均高度的常数值。添加颗粒图片将略微提高图像的视亮度，所以要减掉一个常数值，以恢复原始的视亮度。

图9–41显示了该法的流程图。颗粒图片在“加法”节点中与原始图像相加求和，然后从添加了颗粒的图像中减掉一个小的常数，以恢复原始的视亮度。如果颗粒图片的添加造成了对白色的限幅，则可以先做减法运算。如果造成了对黑色的限幅，则图像既有接近于零黑的像素值，也有100%白的像素值。RGB亮度值可能需要缩小一点儿，以便为颗粒留出一点儿“余量”。

从图9–42中的原生颗粒图片的切片图形起，我们看一看颗粒添加过程中的像素性能，该图片使用前面介绍的方法预先制作成接近黑的。即便如此，它还是有0.05的平均视亮度值。如果你对颗粒的平均视亮度没有把握，就将那些起伏模糊掉，求出所有像素的平均值，然后在图像的任意位置测量视亮度。图9–43显示了原始无颗粒图像的切片图形。图9–44已经求出颗粒图片与原始图像的和，该和将平均视亮度提高了0.05。原始图像以浅灰色线显示，以做参考。在图9–45中，由于从添加了颗粒的图像中减掉了一个小的常数（0.05），从而恢复了原始图像的视亮度。

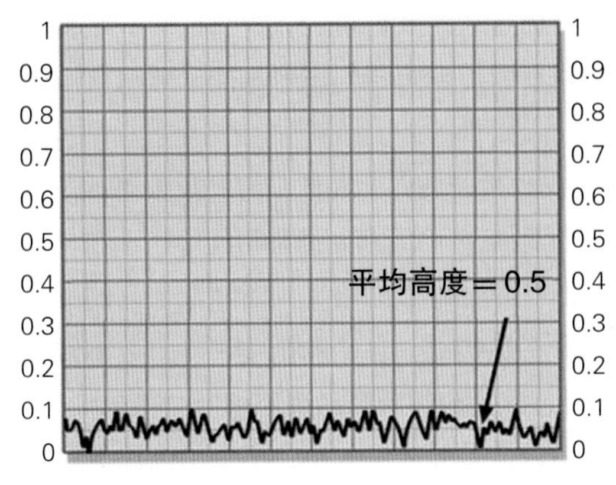

图9–42　颗粒图片

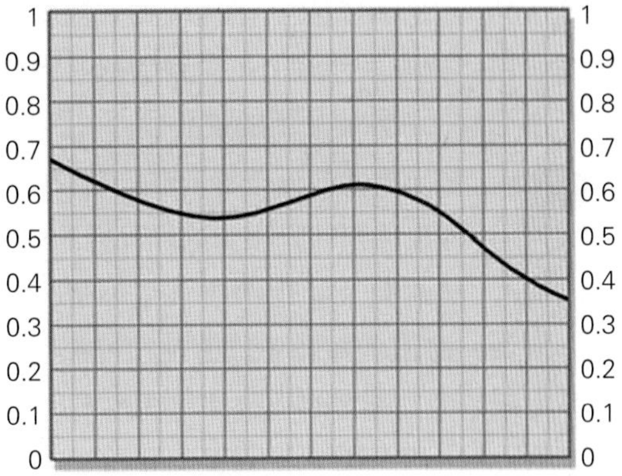

图9–43　无颗粒图像

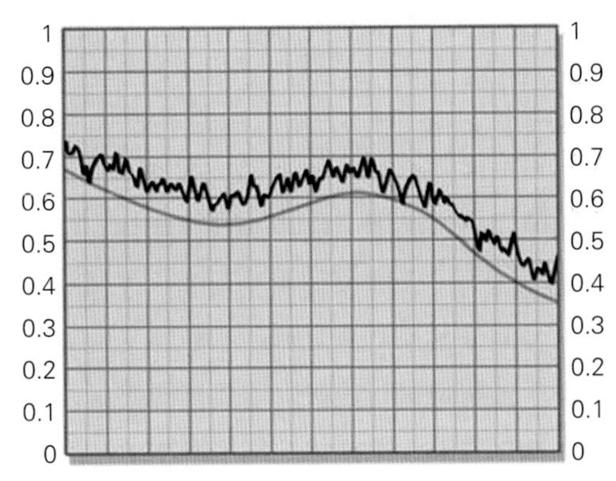

图9–44　给图像添加颗粒提高了视亮度

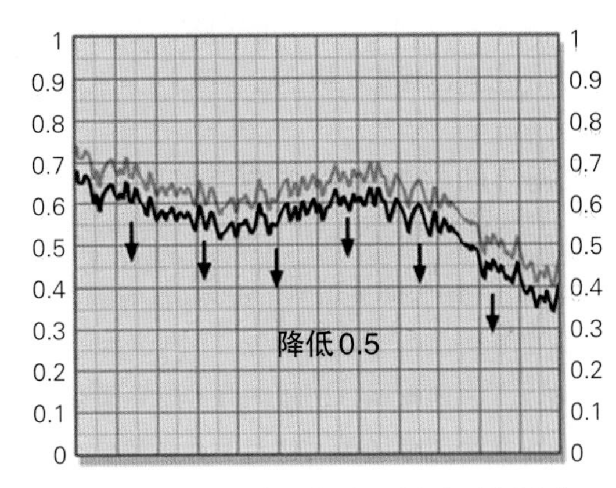

图9–45　为提高视亮度而对添加了颗粒的图像进行校正

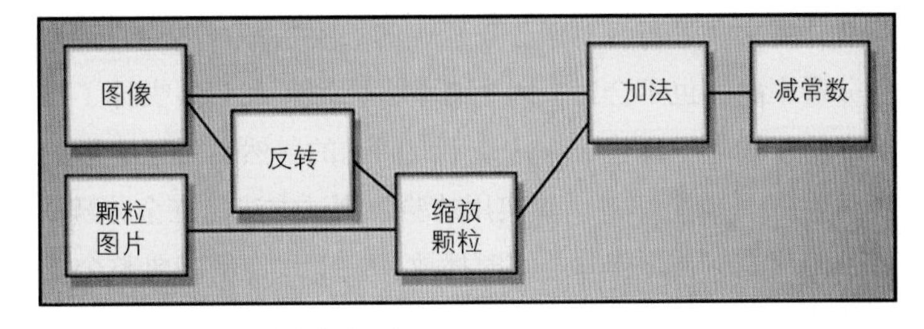

图9–46　用图像亮度来缩放颗粒

Tip! 对于那些想要模拟颗粒在光源处增加的人来说，我们提供了以下的方法：图像本身的亮度可以用来在颗粒添加之前逐帧地调制颗粒幅度，图9–46中的流程图显示了设置方法（假定三通道颗粒图片由一个三通道图像来缩放）。由于在红通道为亮的地方，蓝通道可以为暗，所以用图像的三个通道来衰减颗粒是最可靠的模拟。如果你使用的是单通道颗粒图片，则可将图像先转换为单通道亮度图像，然后再反转。流程图的其余部分未作改动。

“缩放颗粒”节点是根据要添加颗粒的图像的亮度来缩小颗粒图案的。这是一个RGB缩放操作，由一个遮罩输入（这种情况下是反转的图像）来调制，在所有的合成软件中都会以某种形式来提供。图像通过反转操作来传送，所以黑变成了亮。由于在遮罩中现在暗变成了亮，所以颗粒将在暗部被更大幅度地减少，而这正是我们努力去模仿的——暗部颗粒少。在“加法”节点中，受到调制的颗粒结构现在像以前那样与图像相加，然后再减掉一个小常数，以恢复原始的视亮度。

练习9-4

基于图像的视亮度来缩放颗粒的确会形成轻微的伪像，对此，需要我来揭示一下合成法则的真相。这种设置的假定条件是颗粒平均值到处都是相同的——在早前给的例子中是-0.05。缩小暗部的颗粒不仅降低了它的幅度，还降低了它的平均值。例如，暗部的颗粒平均值现在可能是0.02，而不是0.05。这意味着当减掉一个小常数以恢复原始的视亮度时，暗部将会校正过度，最后造成比应得效果还要略微暗一些的情况。这将造成添加了颗粒的图像的对比度稍稍得到提高，但差异通常太小，不会引人注意。然而，如果对比度的提高让人感到不快的话，那就让添加了颗粒的图像稍稍降低一点儿对比度。降低颗粒幅度而又不会影响颗粒平均值的方式有几种，但那样做很复杂，简直不值得为了这么一点儿伪像去折腾。

9.5.3 匹配两个胶片图层的颗粒

Tip!

做传统的绿幕合成时，你有两个胶片图层，一个为绿幕，一个为背景图片，每个镜头都是在不同时间、不同地点而且无疑也是用不同胶片材料拍摄的。任务通常是让前景图层与背景相匹配，因为背景图片一般已经与其他所有背景图片匹配好了，不能再改动了。匹配两个图层的颗粒时，关键在于要逐个通道地进行匹配。不要试图仅仅通过看一看整个彩色图像，就对两个图层的总体颗粒性做出判断。务必让红图层匹配了，然后绿图层，再然后蓝图层。

对颗粒匹配的最终测试，必须以实时或接近实时（电影为24格/秒，视频为30帧/秒）且全分辨率来进行。对比静止画幅的方法是不合适的，因为你需要看到颗粒“舞动起来”。低分辨率副本也不合适，因为有太多的颗粒细节损失掉了。对于视频工作，观看实时全分辨率的片段对于现代工作站是不成问题的。然而对于电影故事片工作，工作站现在还不能实时地播放2K电影帧。最实用的验收测试方法是在全分辨率下裁出一两个足够小的关注区域，使其能够在工作站上实时播放。这里，你不需要整个镜头。二三十帧就足够看明白颗粒的情况如何了。

如果前景图层比背景的颗粒少，问题就很简单。添加少量的颗粒，直至其与背景匹配为止。如果前景比背景颗粒明显，那问题就比较棘手。从胶片上清除颗粒是件极难的事。基本的问题是，颗粒的边缘与图像中被摄体的边缘非常相似，使用任何处理方法清除了一种边缘势必也将清除了另一种边缘。有一些复杂的算法能够实际检测出图像中被摄体的边缘，然后保留那些像素的颗粒。然而，这种方法计算强度非常大，在多数软件包中都没有提供。当然，如果你的软件有复杂的颗粒清除操作，务必要试一试。但如果没有的话，那你又能怎么办呢?

一些微妙的模糊操作是明显的变通方法，但这些操作也破坏了图像中的一些画面细节。

模糊操作之后再对图像进行锐化，以恢复细节，这并不能解决问题，还会添加伪像，所以不要那么搞。轻微模糊后用模糊遮罩的方法可能值得一试，因为它的工作原理与老的普通的图像锐化不一样，参见9.1.4.2“模糊遮罩”一节。

有一个把戏可能有所帮助，那就是仅仅模糊蓝通道。多数颗粒是在蓝通道，而多数画面细节是在红通道和绿通道。这种方法清除的颗粒最多，损失的细节却又最少。

9.5.4 为无颗粒的图层添加颗粒

由于CGI元素渲染后没有任何颗粒，所以合成的时候必须全部添加颗粒。对于视频工作，轻微的噪波操作通常就足够了，因为视频颗粒只有一个像素。对于胶片电影工作来说，前面讲过的复杂程序将更有效。在遮片绘画的情况下，或许有些区域将会出现一些“冻结”（frozen）颗粒，而其他区域却非常清晰。这是由于遮片绘画常常是用一些具有胶片颗粒的原始画面制作，然后其他区域才被添加上去的，或者对其做了严重的处理使得颗粒丢失了。你或许要知道遮片画师是否能够将颗粒从任何有颗粒的区域中全都清除掉，因为这些区域对添加颗粒的响应，将会不同于无颗粒的区域。

练习9-5

固定画幅（held frame）是另一种“冻结”颗粒的情况。由于图片已经有了冻结的颗粒，所以仅需要稍稍添加一点儿颗粒，就能让它“活”起来，但这么做与镜头的其余部分的匹配程度可能达不到令人信服的程度。如果你有工具、有时间，清除固定画幅的颗粒，然后添加全运动的颗粒，乃是最好的方法。如果场景内容合适，有时用几个画幅平均一下可以做出无颗粒的固定画幅。如果你假定有五个画幅可以使用，在视亮度上将它们缩小20%，然后全部相加求和，恢复100%视亮度，这就可以制作出迄今为止最好的无颗粒图片。

9.6 核对清单

以下是一个要点核对清单，当你完成一个镜头的时候，如果你按照清单核对一次，确信所有的问题都已解决，你会发现很有用。

（1）焦点

镜头中的所有元素的清晰度是否都正确？

如果有模拟散焦的情况，它是否看上去如照片般逼真？

如果有图像经过了锐化，是否出现了边缘伪像？

（2）景深

合成的元素是否具有正确的景深？

是否有跟焦需要让散焦匹配地动起来。

（3）镜头炫光

镜头炫光将对镜头有用吗？

如果添加了镜头炫光，是否做得过头了？

（4）模糊不清的炫光

镜头中是否存在任何醒目的模糊不清的炫光？

各个图层在它们表现出的模糊不清的炫光上是否做到了匹配？

（5）颗粒

合成图层之间颗粒是否匹配？

是否有固定画幅或元素需要有活动的颗粒？

遗落战境（*Oblivion*，2013）

很多镜头，当合成图层的光空间和摄影属性匹配了，它们就完成了，但有些镜头还将需要你去匹配“动作”（action）或运动。运动跟踪就是干这个用的关键工具之一，可以用来让一个元素跟踪到另一个元素，以创建“匹配运动”。运动跟踪的另一个用途是使镜头实现稳定。这两种处理及其变型，连同一些有用的窍门、诀窍与技巧，在本章都要予以描述。

几何变换（geometric transformation），包括2D的和3D的都是用来改变图像的形状、大小和方位，以及让它们像运动跟踪那样随时间而动起来。了解了枢轴点（pivot point）和滤镜的选择，将保证不会出现劣质的或料想不到的结果。让一个图像与另一个图像排齐，这样的任务有时很繁琐，而有关枢轴点的讨论，引出了一些对完成这项任务很有用的技术。至于对图形的摆布，后面则有关于图像扭曲变形（warp）和变形叠化（morph）的讨论。

10.1 几何变换

几何变换是改变图像的大小、位置、形状或方位的处理。具体是指要改变一个元素的大小或位置，使其适合一个镜头；或者让一个元素随着时间动起来，就该需要做这样的处理。几何变换也用于运动跟踪之后，让一个元素锁定在一个运动目标上随它而动，同时也用来稳定镜头。

10.1.1 2D变换

2D变换之所以称作“2D”，是因为它们只在两个维度上（X和Y）改变图像，而3D变换则将图像放入一个三维的世界，它可以在这个三维世界中操控图像。2D变换，包括平移、旋转、缩放、偏斜（skew）和角部牵制（corner pinning），每种变换都会带来风险和伪像。了解这些伪像发生的根源以及如何最大限度地减轻这些伪像，是做好所有合成的重要一步。

10.1.1.1 平 移

平移是沿X方向（水平方向）或Y方向（垂直方向）移动一个图像的技术术语，但在一些不太正规的软件中，也可以指“摇移”（pan）或“改变定位”（reposition）。图10-1显

图10-1　图像从左向右摇

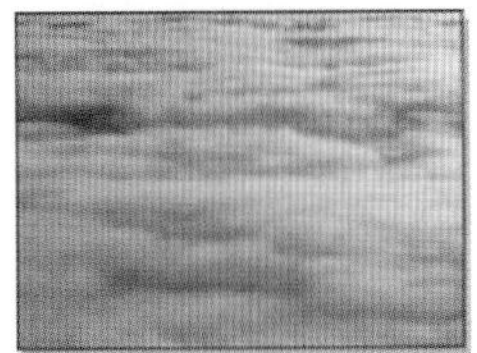

图10-2　原始图像

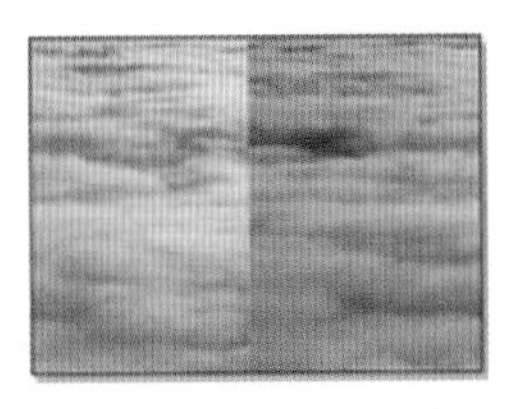

图10-3　包绕

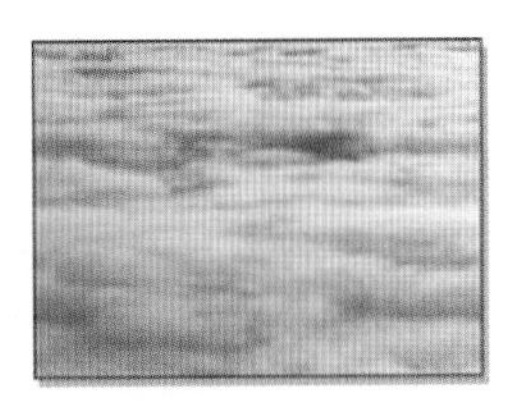

图10-4　混合过的图像

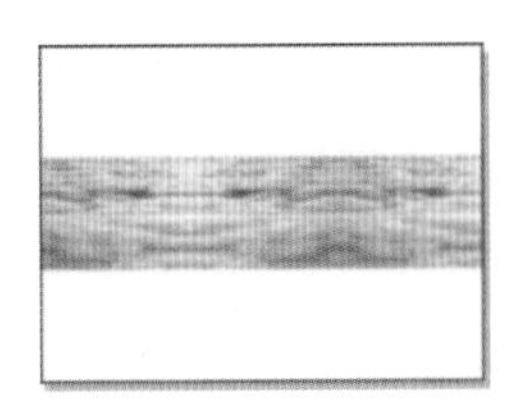

图10-5　拼贴的图像

示了一个图像从左向右摇的简单例子，它模拟了摄影机从右向左摇摄过程。

有些软件包为其摇摄操作提供了一个“包绕”（wraparound）选项。那些在一侧被推出画幅的像素，将“包绕”到画幅的另一侧而显现。包绕特征的重要作用之一，是用在绘画程序中。你通过包绕混合掉图像中的接缝，并做成“贴片”，然后重复地使用贴片，无缝地拼贴出一个区域来。

Tip! 图10-2显示了一个原始云图像。在图10-3中，该图像已经做了包绕模式的处理，这在画面的中央形成了一条接缝。在图10-4中，接缝已经被混合掉了，而在图10-5中，形成的图像已经缩小并水平拼贴了三次。如果你把图10-4中混合过的图像拿来，垂直地包绕过来，然后将水平接缝涂掉，你就将得到一个在水平方向和垂直方向上都能无限制地拼贴的图像来。

浮点与整数：你也许发现，你的软件提供两种不同的摇摄操作：一个是整数的，另一个是浮点的。整数版本也许有另外一个名称，叫做“像素偏移”（pixel shift）。区别在于整数版本只能将图像定位于准确的像素边界上，例如将图像沿X方向移动恰好100个像素。然而，浮点版本能够将图像移动一个分数量，例如沿X方向移动100.731个像素。

Tip! 整数版本绝不能应用于动画，否则画面将从一个像素“蹦”到另一个像素，动起来停一下做不平稳运动。对于动画，浮点版本是唯一的选择，因为它能够以任何速度将画面平滑地移到任何位置。然而，如果你需要的只是将图片换到一个新的固定位置上，那整数版本将是可供选用的工具。整数操作不仅速度要快得多，而且还不会像浮点版本那样以滤镜操作（filtering operation）来柔化图像。关于滤镜对图像的柔化，将在下一章讨论。

起源—目标移动：在某些软件包里，你只能先输入在X方向和Y方向上摇移图像的数量，而后它才工作。我们不妨称之为“绝对”摇移操作。其他的软件包有一种起源—目标

图10-6 起源—目标型摇移

（source and destination）类型的格式，这是一种“相对”摇移操作。图10-6显示了一个例子。相对摇移操作有一点儿迟钝，但会更有用，如在后面的图像稳定化操作与差异跟踪操作中所示那般。起源值与目标值的运作，是将位于起源X、Y移至目标X、Y的位置（当然是用它来拖拽整个图像）。在图10-6中所示的例子中，位于起源100、200的点将移动到目标位置150、300，这意味着图像将沿X方向移动50个像素，沿Y方向移动100个像素。如果起源是1100、1200，目标是1150、1300的话，将仍然沿X方向移动50个像素，沿Y方向移动100个像素。换言之，图像是从起源到目标，移动了一个相对的距离。这种起源-目标相对定位的本事究竟有什么用呢？

假定你想将一个图像从A点移至B点。用绝对摇移的方法，你必须自己来计算，求出图像的移动量。你将掏出计算器，用B点的X值减掉A点的X值，得出X方向上的绝对移动量，然后用B点的Y值减掉A点的Y值，得出Y方向上的绝对移动量。你现在可以将数值输入到绝对摇移节点中来移动你的画面。使用相对摇移节点，你只要输入A点的X、Y位置作为起源，然后输入B点的X、Y位置作为目标，就行了。计算机来做所有的计算——我相信，发明计算机的原因首先就在于此。

10.1.1.2 旋 转

旋转似乎是历史上唯一曾经有过很多其他名称的图像处理操作，而你的软件中无疑是称其作“旋转”。由于大多数旋转操作都是用读数来描述的，所以，除了需要提醒你一整圈是360°以外，别的无需在这里讨论了。然而，你也许碰到有的软件包以弧度来表示旋转的情况，这是一些真正的三角狂徒爱用的一种有优越感的、更复杂的单位。

尽管用来计算圆周上的一段弧长是非常方便的，但当任务是整理一个拼贴图像的时候，对于角度的测量就很不直观了。你或许确实想要知道一个弧度有多大，这样，在你摸索前行寻求理想角度的时候，你就可以输入一个貌似合理的起始值，以免将图像裁来裁去地乱凑了。一个弧度约等于60°。如果想知道更高的精度，这里有一个度与弧度的换算关系：

$$360° = 2\pi \text{ 弧度} \tag{10-1}$$

没有多大用处，不是吗？2π弧度等于360°，但你还要敲打计算器的键6次，才能得到有用的信息。这里有几个预先算好的参考值，当你碰到弧度旋转器的时候，在实际应用中你有可能会觉得有用：

弧度→度	度→弧度
1弧度=57.3°	10° =0.17弧度
0.1弧度=5.7°	90° =1.57弧度

至少现在你知道了，如果你想要将画面倾斜两三度，它将旋转0.03个弧度左右。由于90° 大约等于1.57个弧度，那么180° 必定大约是3.14个弧度。现在你可以放心大胆地去独自使用弧度旋转器了。

枢轴点：旋转操作有一个枢轴点，也就是旋转操作的中心点。枢轴点的定位对变换的结果有着巨大的影响，所以重要的是要知道它在哪里，它对旋转操作有什么影响，以及必要的时候该如何重新设定它的位置。

图10–7中有一个旋转的矩形，其枢轴点是在矩形的中心，所以它旋转的结果是非常直观的。然而在图10–8中，枢轴点下移至右下角，旋转操作的结果是相当不同的。这两个矩形之间，旋转度数是相同的，但比较而言，最后的位置已经移到了右边。围绕一个偏心枢轴点来旋转一个物体也改变了它在空间的位置。如果枢轴点移到了距离矩形足够远的位置上，矩形实际上会完全旋转到画幅的外面去！

10.1.1.3 缩放与推拉

缩放、改变尺寸（resizing）和推拉（zooming）是一些在很多软件包中得到互换使用的术语。无论用怎样的术语，这些操作都有两种可能的操作方式。“缩放”或“改变尺寸”操作大多是指改变图像尺寸的同时画面框定（framing）并不改变，如图10–9中所示的例子那样。

“推拉”大多是指图像在X方向和Y方向上的尺寸保持不变，但通过改变画面的框定，使得画面变大或变小了，如图10–10中所示例子那样。

枢轴点：改变尺寸大小的操作没有枢轴点，因为它只改变了图像在X方向和Y方向上的

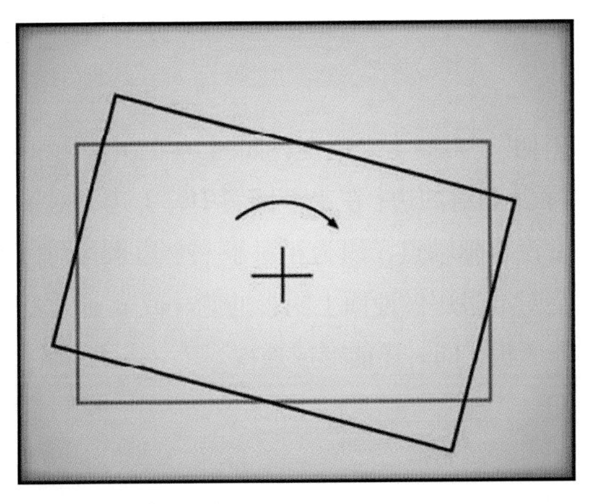

图10–7 对中的枢轴点

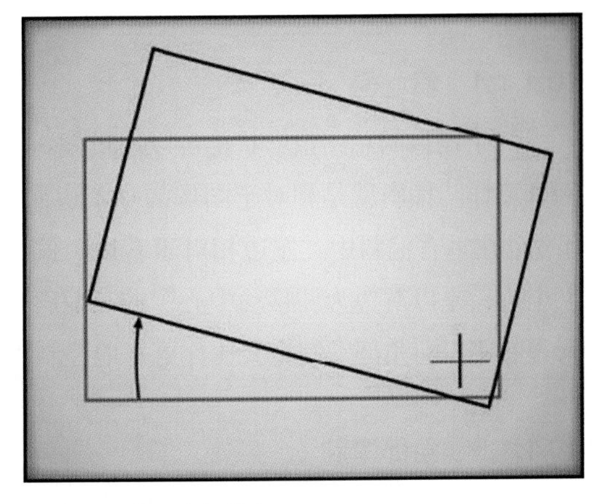

图10–8 偏心的枢轴点

1024 × 768　　768 × 576　　1280 × 1024

图10–9 图像缩放操作：图像尺寸改变了但构图没有改变

1024 × 768　　1024 × 768　　1024 × 768

图10–10 图像推拉操作：图像尺寸不变但画面框定变了

尺寸。然而缩放和推拉与旋转有些相像，因为它们必须有一个中心，让操作围绕这个中心来进行，这个中心常常就叫做枢轴点，或许叫做缩放中心，或许叫做推拉中心。

图10–11所示的被缩小的矩形，其枢轴点位于轮廓的中心，所以缩小的结果不让人感到意外。然而在图10–12中，枢轴点下移至右下角，且缩小操作的结果十分不同。其与图10–11在缩小的数量上是相同的，但相比之下矩形最终的位置偏移到了右下方。围绕一个偏心的枢轴点来缩放一个物体，也就改变了物体的空间位置。同样，如果枢轴点移到了距离物体足够远的位置上，物体实际上会完全缩放到画幅的外面去！

10.1.1.4 偏　斜

一个图像的总图像形状也可以通过偏斜或“斜切”（shear）来改变，如图10–13中所示的例子那样。偏斜就是相对于图像的一个边而偏移了其相对的边；在水平偏斜中，上边相对于下边；在垂直偏斜中，左边相对于右边。偏斜通常没有枢轴点，因为相对于一个边来移动另一个边，是以对边为“移动中心”的。偏斜偶尔会对准备用做地面上阴影的遮片或 α 通道变形很有用，但角部牵制将会让你更好地控制阴影的形状，同时还能形成透视。

10.1.1.5 角部牵制

角部牵制如图10–14所示，是一种重要的图像变形工具，因为它允许你任意改变一个

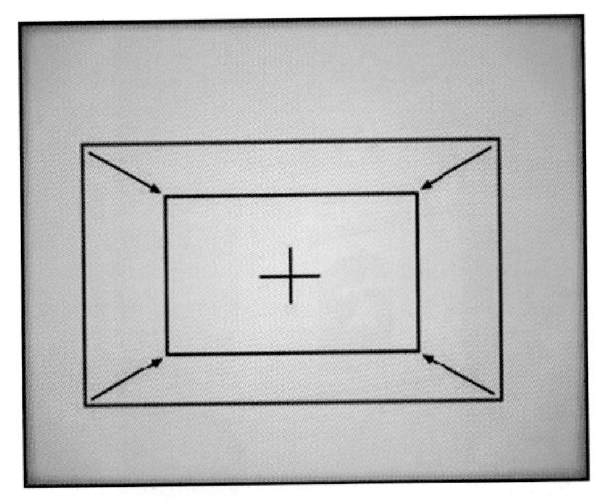

图10-11　对中的枢轴点

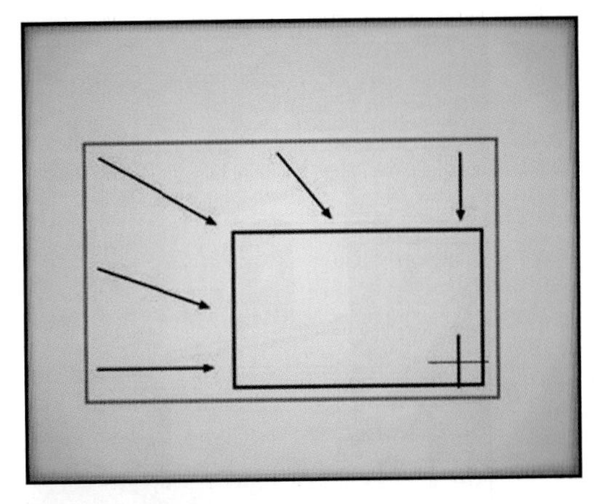

图10-12　偏心的枢轴点

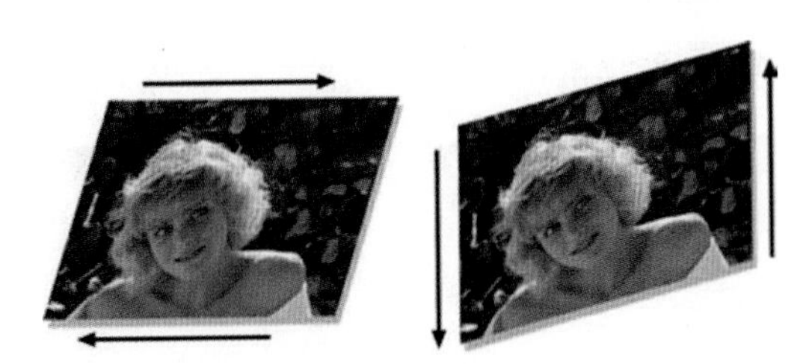

图10-13　水平偏斜与垂直偏斜

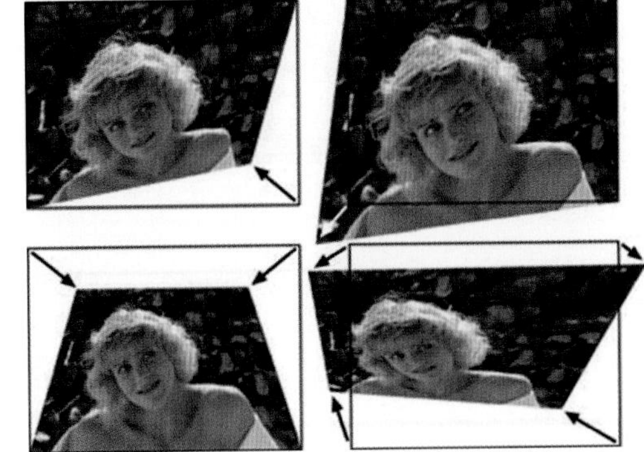

图10-14　角部牵制示例

图形的总体形状。当你要添加到镜头上的元素形状不太对，或者需要略作透视偏移的时候，角部牵制尤为有用。图像变形的时候，就好像是画在了一块橡皮上，任意一角甚至四个角都能朝任意方向移动。图10-14中的箭头显示了示例中每个角顶点的移动方向。角部的位置也可以随时间而活起来，从而在运动跟踪应用中，透视可以随着一个移动目标而变化。

始终要记住：角部牵制实际上并没有改变图像自身的透视关系，能够实际改变透视关系的唯一方法是从不同的摄影机位来观看原来的场景。角部牵制所能够做的，仅仅是使画面所在的图像平面变形，但如果不将其推出太远的话，这看起来很让人以为透视关系发生了变化。从图10-15起，我给出了一个透视关系改变的示例。建筑物是以广角镜头近距离拍摄的，所以画面出现了明显的透视变化，使得建筑物上部逐渐向里变窄。图10-16显示了通过用角部牵制将上面两个角拉伸，消除了建筑物上部变窄的现象。透视关系的改变，使得建筑物好像是用较长的镜头远距离拍摄的。如果你不仔细地瞧，就瞧不出来。如果你知道该看什么地方的话，画面中还是有几个线索能够揭示摄影机处于很近的位置，但一般的观众不会注意到这些线索，尤其是当画面只是短暂地出现在银幕上的时候。

图10-15　原始图像

图10-16　消除了透视变化

图10-17　原始图形

图10-18　原始背景

图10-19　通过四角牵制来创建透视感版本

图10-20　背景上有透视感的图形

练习10-1

透视改变的另一个用途是将一个元素放到一个平坦的表面上，如图10–17到图10–20所示。图10–17中所示的图形符号要添加在图10–18中的火车车厢侧面上。图形符号通过用图10–19中的四角牵制予以变形，以匹配透视关系。在图10–20中，图形符号已经合成到火车车厢上，而且现在看来像是属于场景中的一部分。多数运动跟踪软件还将跟踪四角，所以在拍摄期间，摄影机或目标表面可以随意移动。角度得到牵制的元素将跟踪目标，并随着镜头的进展而改变透视关系。这种技术最出名的案例是让一个画面跟踪监视器和电视机的屏幕，而无需到片场去尝试拍摄这样的镜头。

10.1.2 3D变换

3D变换之所以得到这么个称呼，是因为其图像的表现就好像是在三维空间中一样。你可以将其想象成画面仿佛是放在一块硬纸板上，然后，硬纸板就可以沿三维中的任意维度来旋转和平移，并且以新的透视关系呈现出来。三维轴线的传统放置如图10–21所示。X轴线从左向右，Y轴线从下向上，Z轴线垂直于屏幕，指向画面里面。

如果图像沿X轴平移，它将左右移动。如果它绕X轴旋转，它将像图10–22中所示的例子那样旋转。如果图像沿Y平移，它将垂直地移动。如果它绕Y轴旋转，它将像图10–23中所示的例子那样旋转。当沿Z轴平移时，图像将变大或变小，就像推拉那样，靠近或远离摄影机。当绕Z轴旋转时，就像传统的2D旋转那样（图10–24）。3D变换节点将在同一个节点中有形状操作、缩放操作和平移操作，所以，这些操作可以用一组运动曲线来一起进行设计。

当你想要让某物在银幕上飞起来的时候，就到了使用3D变换的时候了。举一个像徽标从银幕上角飞入的简单例子。徽标需要从银幕的一角平移至中心，同时还要从小推成大。如果你想用传统的2D缩放与平移来协调这两个运动，以使这两个运动好像是在一起自然发生的，是很困难办到的。这是因为这原本是个三维的问题，可你却在试图用一些单独的二维工具将其伪造出来。更好的方法是用3D变换节点来对徽标实施真正的3D移动。

练习10-2

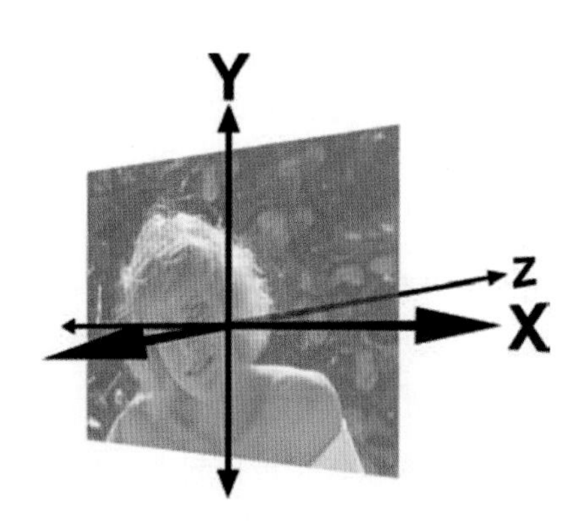

图10–21 三维轴线

图10–22 绕X轴旋转

图10-23 绕Y轴旋转

图10-24 绕Z轴旋转

10.1.3 滤镜滤过

凡是对图像实施变形时，都要对像素重新取样，或称“滤过”（filter），以为新版本的图像创建像素。这些滤过操作会对变换的效果产生巨大的影响，所以，了解滤过操作的工作原理，以及在什么样的环境下使用哪一种滤过，是十分重要的。

10.1.3.1 滤过的效果

多数情况下，滤过操作会柔化图像，因为新版本是通过混合一定百分比的邻接像素以得到一个新的像素而创建出来的，这对图像来说是一种不可逆的劣化。如果你将图像旋转了几度，然后在将其旋转回来，它将不会回复原来的清晰度。从图10-25开始，给出了一个原始图像中一个小矩形细节的极大特写。开始时，它有一个像素的防混叠像素包边。在图10-26中，图像已经旋转了5°，围绕周边全都可以看到重新取样的像素。图10-27显示了原始图像的一个简单的浮点平移，并显示了通过滤过操作边缘像素怎样变得模糊。当然，缩放一个图像甚至会更严重地柔化它，因为除掉滤过操作外，你也没有多少像素用来扩展到更大的画面空间。

低分辨率的图像，比如一帧视频，画面中的多数物体将有一个宽像素的锐化边缘，而在2K分辨率的电影画幅中，“锐化”边缘自然而然地要覆盖好几个像素。其结果，柔化效应对低分辨率图像要明显得多。

Tip! 如果你对一个图像叠加进行好几个变换，柔化就变得有害了。查看一下你是否有一个具备全部（或多数）变换功能的多功能节点。这些节点将所有不同的变换（旋转、缩放、平移）集中到一个操作中，这会大大降低了柔化的量，因为图像只滤过了一次。

简单的像素偏移操作不会柔化图像，因为它们不滤过。像素仅仅是被拾起来，并不加处理地放到新位置上，这也是为什么运算得这么快的原因。当然，这使其成为整数运算，

图10-25 原始图像

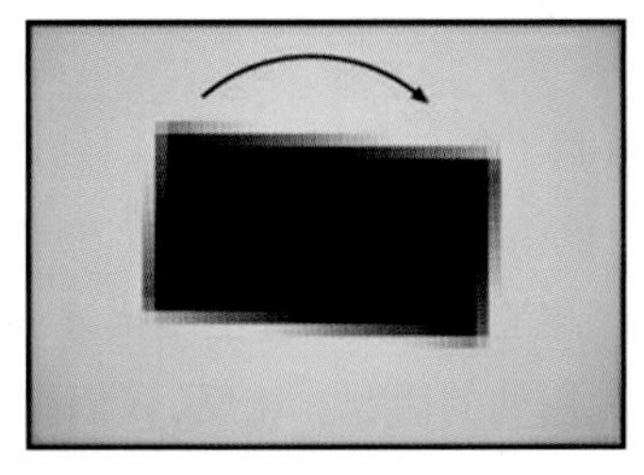
图10-26 旋转

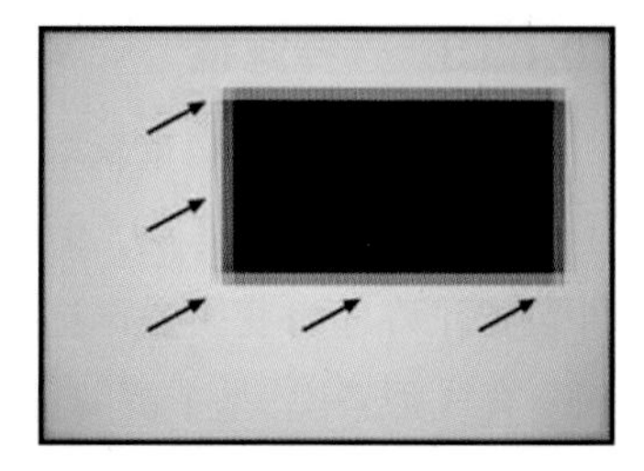
图10-27 平移

这样的运算绝不应用于动画，但对于重新定位背景图片来说，是很好用的。

滤过不柔化图像的一种情况是在缩小一个图像的时候。这里，像素仍然要滤过，但它们还要压缩到一个更小的图像空间中，所以这往往锐化了整个画面。在电影工作中，缩小的图像可以变得非常清晰，实际上你需要进行柔化，才能使其与镜头的其余部分匹配起来。视频通常不会出现这样的情况，因为视频的边缘一般已经是一个像素宽，你不可能做到比这更清晰的了。

10.1.3.2 星空闪烁

有一种情况下滤镜过滤通常会造成问题,那就是“星空闪烁”(twinkling starfield) 现象。你创建了一个可爱的星空之后，让它动起来——或者旋转，或者四处摇移，怎样都可以——你都会发现星星在眨眼！出于某种神奇的原因，星星在移动过程中，它们的视亮度总是在波动，如果运动停下来，闪烁也就停止了。

情况是这样的：星星非常小，大小只有一两个像素，而当它们动起来的时候，周围的黑像素就会对它做滤镜过滤。如果一个给定的像素正好停在了其个像素的位置上，那它就能保持其原来的视亮度。如果它停在了两个像素之间的“缝隙”处，就会跨这两个像素求取平均值，而每个像素的视亮度都会降低50%。于是，取决于每个画幅中星星停在了什么地方，星星的视亮度会发生波动——随着星星的移动，它就闪烁起来。

不要将这种现象与视频中的行间闪烁(interlace flicker)相混淆,尽管这两种现象很相像。区别在于行间闪烁只在隔行扫描的视频监视器上出现，不会在大多数工作站的逐行扫描监视器上现身。另一个区别是行间闪烁即便是在静止的图像上也会出现。

Tip! 那么如何来解决呢？恐怕只有要让星星变大了。基本的问题是，星星只有一个像素大小或者非常接近一个像素大小，那它们怎么也经不起滤镜过滤操作的野蛮捶打。制作一个星空，大小为镜头所需要的两倍，使星星的直径达到两三个像素。在超大尺寸的星空上实施旋转然后再把它缩小以适应镜头。星星的直径达到好几个像素以后，它们对周围黑像素滤镜过滤效应的抵御能力就强得多了。

如果星星非常小，非常亮，周围又是一片黑，问题就会恶化——这就是一个极难处理的镜头了。当然，这种现象也会出现在你的常规图像中，只不过由于画面中没有极大的对比度，没有像星空这样细小的特征，所以这种效应就被最大限度地弱化了。

10.1.3.3 选择滤镜

人们已经为像素重新取样研制了各种各样的滤镜，且各有所长、各有所短。这里列出了一些比较常用的滤镜，但你应该阅读指南，以了解你的软件提供了哪些滤镜。较好的软件包将允许你为变换操作选择最适宜的滤镜。这里不描述滤镜内部的数学原理，因为那些对于合成师来说，是个沉闷且毫无用处的话题。相反，我们提供了滤镜的效果最适宜的用途。

双三次（bicubic）滤镜：一种用于放大图像的高质量滤镜。它实际上包括了一个边缘锐化处理，所以放大的图像不会迅速柔化。在某些条件下，边缘锐化操作会带来“勾边”（ringing）伪像，这会使结果劣化。其最适宜的用途是将图像的大小放大，或者做推进（push in）。

双线性（bilinear）滤镜：缩放图像用的简单滤镜。运行速度比双三次滤镜快，因为它使用了更简单的数学，而且没有边缘锐化。其结果是图像很快就会被柔化。最好的用途是缩小图像，因为它不锐化边缘。

高斯（gaussian）滤镜：放大图像用的另一种高质量滤镜。它没有边缘增强处理。其结果是使得输出图像不是很清晰，但也没有任何勾边伪像。其最适宜的用途是当米契尔滤镜带来勾边伪像时，可用来替代使用。

脉冲（impulse）滤镜：又称“最近邻居”（nearest neighbor）。是一种速度非常快、质量非常低的滤镜。它算不上真正意义上的滤镜，它只是从源图像中“抽取像素”，即只是从准备用于输出图像的源图像中选择最适宜的像素。其最适宜的用途是对镜头快速地进行较低分辨率的运动测试。它也用于将图像放大，以得到其“像素化的”外观。

米契尔（Mitchell）滤镜：一种双三次滤镜，但过滤参数已为在大多数图像获得最好的外观而进行了优化。它也做边缘锐化，但不太像普通的双三次滤镜那样容易生成边缘伪像。其最适宜的用途是当双三次滤镜带来了边缘伪像时将其取而代之。

辛克（sinc）滤镜：一种用来缩小图像用的特殊高质量滤镜。其他滤镜在缩小图像的时候往往容易损失细节或带来伪像。这种滤镜保留了小的细节，且很好地预防了混叠。其最适宜的用途是用来缩小或推进图像。

练习 10-3

三角（triangle）滤镜：一种缩放图像用的简单滤镜。其运行的速度比锐化的滤镜要快，因为它使用了更简单的算法，而且不进行边缘锐化。其结果是它让放大的图像很快便柔化了。其最好的用途是用来缩小图像，因为它不锐化边缘。

10.1.4 对齐图像

很多情况下，你需要将一个图像放在另一个图像的上面，并准确地对齐（line up）。多数合成软件包提供某类能够有助于对齐的“A/B”图像比较功能。将两个图像装入一个显示窗，然后，你能够在二者之间擦来擦去（wipe）或者换来换去（toggle），检查并校正二者的对齐状态。这种方法对于很多情况都完全适用，但有的时候你是真的想要同时看到两个图像，而不是在二者之间来回地切换。

问题现在变成了当一个图层覆盖着另一个图层的时候，你试图看清自己在干什么。简单地对两个图层进行50%的叠化，会让你弄不清看到的是什么，因而毫无用途。而将两个图层重叠在一起，一边用一只手在二者之间擦来擦去，一边用另一只手轻轻挪动它们的位置，这种方法缓慢而笨拙。真正需要的是找到某种方式，能够同时显示两个图像，且在轻轻挪动图像到适当位置的时候，仍然能够将二者区分开来。这里提供两种不同的对齐显示方法，这两种方法将帮助你这样做。

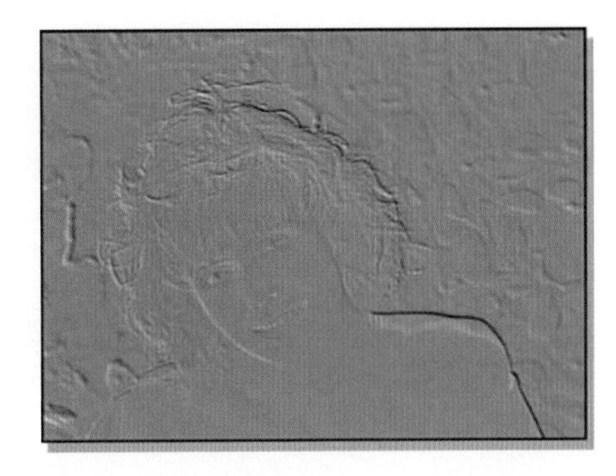

图10-28 偏置图像的浮雕效果

10.1.4.1 偏置遮罩对齐显示

Tip! 偏置遮罩（offset mask）法结合两个图像的方式是这样的：如果图像没有完全对齐，就会有一个浮雕轮廓（embossed outline）显示出来，就像图10-28中的例子那样。浮雕遮罩了两个图像之间所有不一致的像素。如果图像相互完全对齐了，浮雕便消失了，成了一幅无任何内容的灰色画面。

要制作对齐遮罩，只要将两个图像中的一个反转，然后将两个图像以等同的数量混合起来。这可以用一个叠化节点或混合（mix）节点来设成50%。要使用离散的节点，将每个图形的RGB亮度值缩小50%，然后二者相加。整个过程的流程图如图10-29所示。有一种方式可以让你熟悉这种方法，那就是用同一个图像作两个输入图像，直至你能够应付裕如地正确调整和看懂错位的迹象。一旦正确地调整了，就改用需要对齐的图像作为输入中的一种。

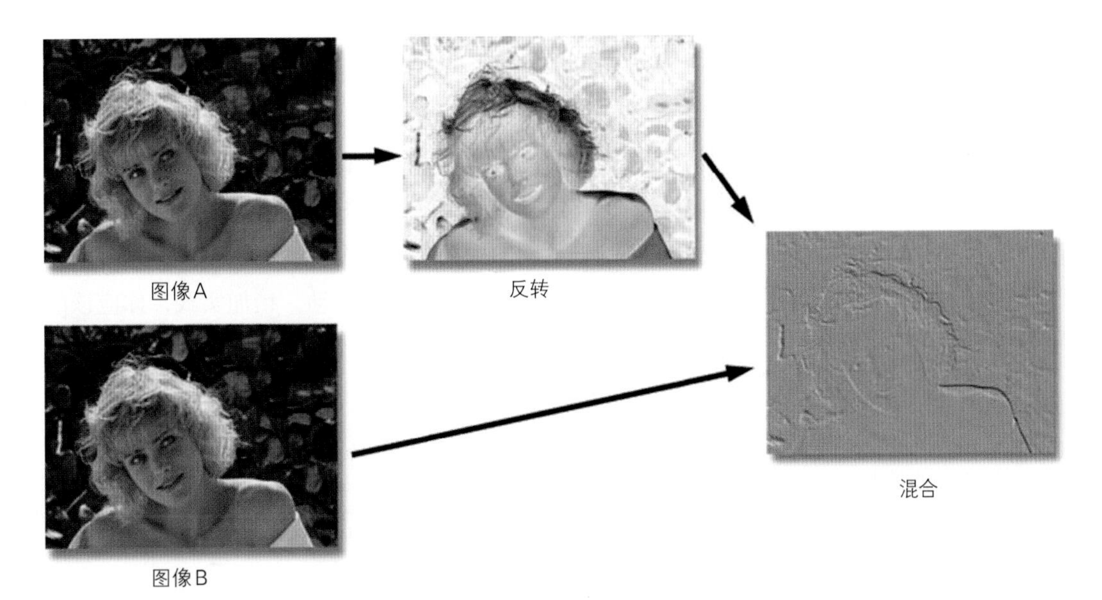

图10-29 偏置遮罩对齐法画面流程图

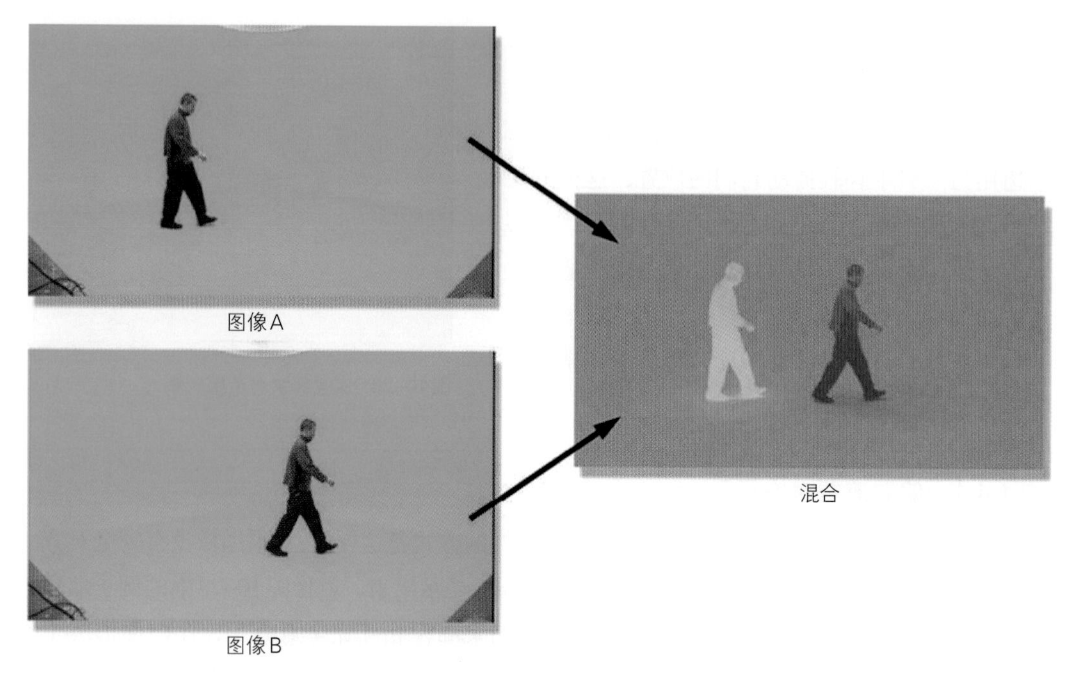

图10-30 制作纯净图片用的偏置遮罩的画面流程图

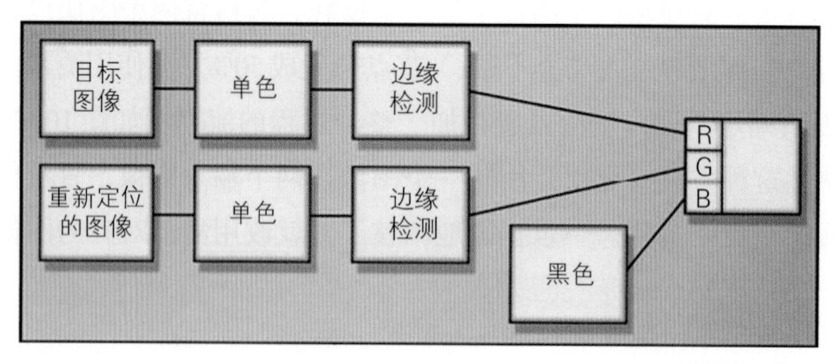

图10-31 对齐边缘的流程图

一旦准备好了，需要做的就是重新设定其中一个图像的位置，直至偏置遮罩在你要对齐的区域内变成一种均匀的灰色。尽管这是一种非常精确的“偏置检测器”（offset detect），能够揭示两个图像之间最轻微的差异，但它还是有一个缺点，即不能直截了当地告诉你该怎样去移动图像才能使它们对齐。它只是告诉你图像还没有完全对齐。当然，你可以沿一个方向试着滑动图像，如果浮雕现象变得严重了，就反方向地移动。稍加实践，你应该能够弄明白图像哪个是哪个。

Tip! 这种对齐方法的另一个用途，是用来创建一个纯净图片（clean plate）。图10-30显示了为了制作一个绿幕纯净图片所做的设置，但对于任何随意的背景图片来说，同样的方法当然也是适用的。将两个不同的画幅混合并对齐，以显示哪些区域是相同的（灰色部分），哪些区域是不同的（彩色部分）。一个“拓绘”（paint through）操作甚至遮罩或合成就能够用来将纯净的背景区域抽取出来，并覆盖不同的区域。

图10-32 灰度图像

图10-33 边缘检测

图10-34 偏置的图像

图10-35 对齐的图像

10.1.4.2 边缘检测对齐显示

Tip! 对齐的第二种方法是边缘检测（edge detection）法。这种方法的优点在于，它使得为了做到对齐，将哪个图像应该朝哪个方向移动表示得非常清楚。基本的想法是，在两个图像的单色版本上，通过边缘检测操作来为每个图形制作一个“轮廓”版本。一个图像放在红通道中，另一个放在绿通道中，而蓝通道以黑色填充，如图10-31中的流程图所示。当红色轮廓图像与绿色轮廓图像正确地对齐时，轮廓线变成了黄色。如果它们相互离开了，你会重新看到红线和绿线，这会准确地告诉你离开有多远，以及朝哪个方向移动才能将它们对齐。

图10-32至图10-35给出了这种对齐方法的几个例子。图中给出了单色图像及其边缘检测版本，然后显示了当边缘没有对齐的时候（图10-34）与对齐了的时候（图10-35），颜色是怎样变化的。

图像对齐方法的难点之一是要尽力保持头脑的清醒，知道哪个图像在移动，以及在朝哪个方向移动。你有一个正在重新定位的图像（repo image）和一个你试图与之对齐的目标图像。如果你将目标图像放到了红通道中，将重新定位的图像放到了绿通道中，就像图

10-31中所示的流程图那样，那你可以记住这样一个小的口诀："移绿到红"。因为交通上有"红灯停绿灯行"一说，所以，哪个该挪（绿的）、哪个不该挪（红的）很好记。尽管这种方法使你更容易看明白所做的事情，但比起前面描述的偏置遮罩法来说，准确度要差一些。

10.1.4.3　枢轴点对齐法

Tip! 既然我们已经有了几种好的方法，可以在想要让两个图像对齐的时候，看清我们在做什么。那么，现在就该通过讨论来找到一种有效的方法去完成实际的对齐了。当试图将两个大小、位置和方位都不同的元素对齐的时候，可以非常好地利用枢轴点定位（pivot point location）。你可以采用逐次逼近法，通过缩放、定位、旋转、再定位、再缩放、再定位，以此类推，直至使两个元素对齐。然而，通过很策略地设置枢轴点和使用特定的方法，可以简洁地完成复杂的对齐，用不着反复地试凑。以下就是具体的方法。

任务：将深色的小四角星与灰色的大四角星对齐。相对于目标星，对小星做移位、旋转以及X方向和Y方向上的不同缩放。选择两个物体共有的一点作为枢轴点。本演示中，以左下角为公共点（common point）。

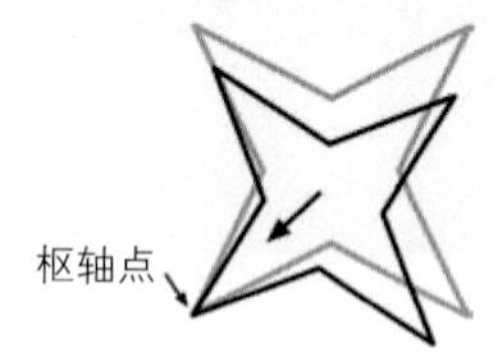

步骤1：重新设定元素的位置，使其公共点位于目标的公共点的上面。将枢轴点移至该公共点处，以便做随后的平移。

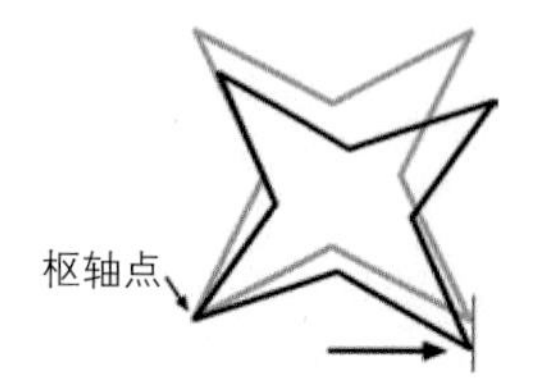

步骤2：从枢轴点起沿X方向缩放元素，直至其右边缘与目标对齐。

步骤3：按目标的方位，绕枢轴点旋转元素。

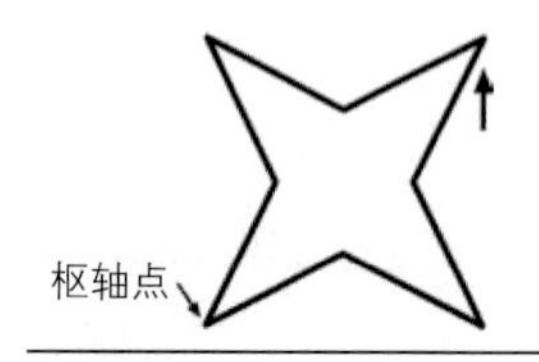

步骤4：从枢轴点起沿Y方向缩放元素，直至其上边缘与目标对齐。大功告成。休息一会儿。

练习10-4

Adobe Photoshop用户：变换操作支持枢轴点的重新定位，所以你也可以用前面提到过的技术来获得更好的效果。

10.2 运动跟踪

运动跟踪是计算机用画面所能做的最神奇的事之一。有了一丝不差的精确度和重复性，计算机可以一层压一层地异常平滑地跟踪一个物体，或者使一个不停跳动的镜头变得犹如磐石般得坚稳。需要稳定镜头的原因是不言而喻的，但运动跟踪的用途却是变化无穷的。你可以将一个元素添加到一个镜头上，而那个镜头让人以为是跟随着另一个元素在运动，甚至是跟随着一台摄影机在运动。或者反过来，可以通过跟踪叠在其上的一段背景，来移动场景中的一个元素。

运动跟踪先要找到画面中目标物体的“轨迹”或路径。然后，在稳定的情况下，用这些轨迹数据来改变运动，或者将运动添加到一个静止元素上，使其跟随目标物体一起运动。这些跟踪数据虽然是相同的,但可以按两种不同的方式来使用。甚至在用途上还有一些变形，比如平滑镜头的运动，而不是全然稳定镜头的运动，又比如差异跟踪，即让一个移动的物体跟踪另一个移动的物体。

Tip! 当你运气不好，需要遮罩绘制一个疯狂回转的片段时，运动跟踪可以很容易搞定。首先，稳定（或平滑）镜头，然后在稳定化的版本上进行遮罩绘制。做完这些后，将本来用于稳定镜头的原始数据取来，将其反转，于是它就变成你可以用来让遮罩绘制跟踪原始片段的数据了。

Adobe Photoshop用户：你是不搞运动的，所以你尽可以跳过这一段。然而，若是你在数字效果公司工作的话，这是一些很棒的背景信息。你可能非常善于绘制运动跟踪涉及的一些图片，而你又不愿意画出一些严格的跟踪标记来，现在你愿意画了吗？

10.2.1 跟踪操作

运动跟踪有两个步骤:第一步是实际跟踪画幅中的目标物体,这只是一个数据收集操作；第二步，跟踪数据将被转换为运动数据。这些运动数据可以采取稳定镜头的形式，或者让一个新的元素去跟踪背景图片中的一个移动目标。大多数合成软件将首先跟踪整个镜头，然后将所有的运动数据输出给准备用于随后渲染的某类运动节点。有些系统，如Flame，一次跟踪和输出一帧的运动数据，所以在其运行的时候，你可以看着它稳定化或跟踪，但这是一个实施细节，并非过程中的根本性差异。

图10-36 跟踪目标上的跟踪器

第一项操作是将跟踪器（tracker）植入到画面的关键部分，如图10-36中所示的样子，以这些关键部分作为跟踪目标（tracking target）。然后计算机将镜头中的所有画幅过一遍，逐个画幅地移动跟踪器，使跟踪器锁定在跟踪目标上。这是数据收集阶段，所以，收集好的数据显然是做好运动跟踪的先决条件。

你或许已经注意到图10-36中的跟踪器有两个方框。内框是匹配框（match box），就是用这个框里的像素来进行分析跟踪。外框是搜寻框（search box），它限定了计算机每个画幅搜寻匹配的范围。这些框越大，每个画幅所需要的计算时间就越多，所以需要它尽可能的小。如果画幅中的运动很大，搜寻框也必须很大，因为画幅之间目标会移动了很长的距离，而目标需要留在每个画幅的搜寻框内，才能被找到。搜寻框越大，匹配框也就必须越大，所以，但愿你的镜头中具有移动很慢、尺寸很小的目标。移动跟踪会很费时。

尽管实际的算法不同，但所有运动跟踪器的途径都是一样的。在跟踪的第一帧，匹配框内的像素被放在一边，作为匹配参考（match reference）。在第二帧，在搜寻框的边界内对匹配框反复地进行重新定位，并将它里面的像素与匹配参考进行比较。在每个匹配框位置，相关性程序计算并保存一个代表那些像素与参考匹配相关程度的数字（correlation number）。

当匹配框已经覆盖了整个搜寻框以后，检查一遍积累的相关数字，找出哪个匹配框位置具有最高的相关数字。如果最高的相关数字大于最低的要求相关性（但愿可由你来选择），我们就做到匹配了，计算机便移至下一帧。如果没有找到匹配，多数系统将停下来，抱怨说它们迷失目标了，能不能请你帮它们找到目标。在你帮助它们找到目标后，自动跟踪便恢复工作，直至它再次迷失目标，或者镜头结束，或者你把计算机毙了（这很令人沮丧）。

10.2.1.1 选择好的跟踪目标

Tip! 跟踪阶段最重要的问题之一，是选择适宜的跟踪目标。一些东西不适合作为跟踪目标。多数跟踪算法靠跟随画面中的边缘对比度来工作，所以，你需要优选高对比度的边缘。第二件事是跟踪目标需要在X方向和Y方向上都要有平滑的边缘。图10-36中，跟踪器2和跟踪器3是在边缘光滑的目标上，而跟踪器1则不是。因为你没有很好的垂直边缘可用来锁定，运动跟踪程序的问题变成了试图说明匹配框是滑到了屋檐的左面还是右面。圆形物体（灯泡、门把手、直立着的热狗）都是很好的跟踪目标，因为它们在水平方向和垂直方向上都有很清晰的边缘。

Tip! 另一个问题是，选择的跟踪目标要尽可能离锁定点（locking point）近，而锁定点就是画面中你希望跟踪的项目要锁定的那个点。以图10-37中的喷泉为例。假定你要跟踪坐在喷泉墙头上锁定点的某个人，而在镜头内部有摄影机的移动。整个画面中有很多可能的跟踪点，但摄影机的移动将使画面中的其他点相对于锁定点发生偏移，而且造成这种情况的原因是各种各样的。

如果摄影机的位置是通过卡车、摄影移动车或者吊杆来移动的，镜头中将会出现明显的视差偏移，使得前景中各点的移动不同于背景中各点的移动。然而，即便只是摄影机进行水平摇摄和俯仰摇摄，前景中与背景中各点之间仍会存在一些细微的视差偏移。

另一个变数是镜头畸变。由于不同的跟踪点是在不同的时间移过镜头的畸变视野的，所以它们在画面中的相对位置也会偏移。这些问题带来的问题是，人眼常常察觉不到这些偏移。当然，对于计算机来说，它们是绝对明显的。所有这些细微的位置偏移，都会使跟踪数据出现误差，从而造成跟踪的物体围绕锁定点“蠕动”，而不是利利落落地“钉”在上面。所以，务必选择尽可能靠近锁定点的跟踪点。

图10-37 选择好的锁定点

10.2.1.2 激活/撤销跟踪点

跟踪目标常常不方便一直都出现在镜头里，它有可能会出画，或者有什么东西从前面经过被遮住，在几个画幅内看不到。为了适应这些问题，一些运动跟踪器具有针对每个跟踪点的激活/撤销（enable/disable）特点。如果跟踪点3的目标在第100帧消失了，该点在第100帧必须撤销。万一目标有10帧被阻挡了，在那10帧里就将跟踪点撤销。以后在计算阶段，计算机碰到跟踪点撤销的情况，会将其忽略掉，而只使用那些激活的点来进行计算。

10.2.1.3 偏置跟踪

在运动跟踪的现实世界里你将碰到的另一种情况是跟踪目标被遮挡（盖住）。就在你稳稳地跟踪一个100帧片段内的纯净的目标时，突然有人从跟踪目标前走过了8帧。针对这种情况，多数程序有一种解决方案，那就是“偏置跟踪”（offset tracking）。基本的想法是既然真实的跟踪目标被短暂遮挡了，那就将跟踪器重新定位到附近一个以同样方式移动的目标上。当跟踪目标重新出现时，跟踪器再改回来。这种方法的关键点在于当跟踪器偏置的时候以及重新回到目标上的时候，操作人员要通知移动跟踪程序。

图10-38显示了一个片段上的偏振跟踪操作。在第一帧中，白色跟踪器是在目标上。在第二帧中，演员挪到了目标的前面，所以跟踪器偏置到了附近第一个点上。在最后一帧中，

图10-38 偏置跟踪

图10-39 逆向跟踪示例

跟踪器重新回到了目标上。由于跟踪器偏置的时候，运动跟程序得到了通知，所以会从跟踪数据中减掉偏置距离，所以得到的跟踪数据就好像目标从未被覆盖一样。

Tip! 偏置跟踪点必须非常谨慎地选择，以保持与原来的目标相同的到摄影机的距离。如果变近或变远了，摄影机的移动会造成相对于真实目标的视差，从而生成错误的跟踪数据。

10.2.1.4 逆向跟踪

有些情况下，对镜头进行逆向跟踪（tracking backwards）更合理，就像图10–39中的例子那样。在这个镜头中，任务是要跟踪左车前大灯，但在片段的开头，左车前大灯不在画幅内。然而，如果我们从片段末尾来开始对左车前大灯进行逆向跟踪，等到左车前大灯刚一靠近画幅边缘，我们立即就可以使用偏置跟踪。这样，即便是跟踪目标完全脱离了画幅，跟踪数据也不会中断。

10.2.1.5 保持形状与跟随形状

我们以取自运动跟踪第一个画幅的像素作为随后所有画幅的匹配参考，如果跟踪目标在整个镜头的长度内保持同样形状的话，这种做法效果很好。但如果它不能保持同样形状的话，那又会怎样呢？图10–40显示了一个很好的工作目标——四边形的角部。它有鲜明的横边与立边，而在图中的内插图中，显示了它创建的匹配参考。但这个特别的正方形是旋转的，图10–41显示了过了一些画幅以后，同是这个正方形的样子，而在内插图中显示了当时匹配框当时看到的样子。由于与从第一个画幅制作的匹配参考相差甚远，系统宣布“不匹配”，并停止工作。

这类问题的解决方案是，通过以来自前一个画幅的最佳匹配作为新的匹配参考，让系统在每个画幅中都能够跟上目标的形状变化。但愿目标在相邻两个画幅之间变化得不是太大。结果，第51帧的最佳匹配成为了第52帧的匹配参考，以此类推。每一帧都创建一个新的匹配参考，以不断跟上不断改变形状的目标，有些人称之为跟随形状（follow shape）模式。而在整个镜头中都保持与匹配参考同样的形状，有些人称之为“保持形状”（keep shape）模式。当然，你的软件可能有不同的名称。

你真的需要自己的软件来允许自己选择使用哪种模式，是保持形状，还是跟随形状，

图10-40 匹配参考

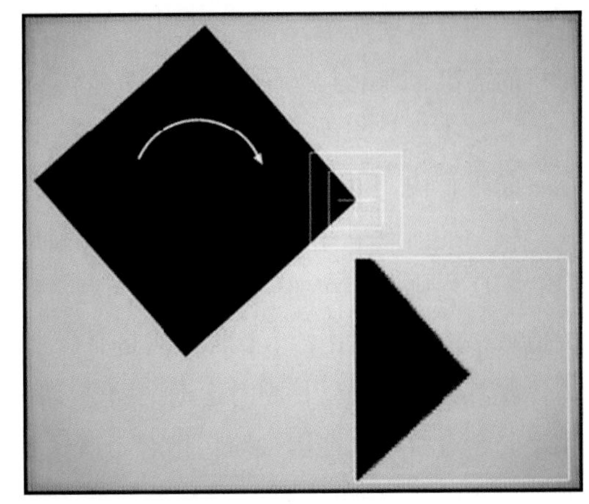

图10-41 形状改变

而且在合适的时候还可以在两种模式之间切换。其原因在于，尽管跟随形状模式解决了跟踪目标改变形状的问题，但它也带来了自己新的问题。它生成了质量差得多的跟踪数据。这是因为每一帧都是根据前面的一帧来匹配的，所以整个镜头的长度上，小的匹配误差会积累起来。使用保持形状模式，每一帧都与同一个匹配参考来比较，所以，尽管每一帧都有它自己的小的匹配误差，但这些误差不会积累。

我喜欢以下面的比喻来描述保持形状模式与跟随形状模式之间的误差。给你两种方法来测量一条长90英尺（约27.43米）的走廊。如果是“保持形状”法，你可以用一根100英尺（约30.48米）长的皮尺。尽管你也会有一点儿小的测量误差，因为你拿皮尺的方式不大对，但你只有这一个误差。如果是“跟随形状”法，你必须用一根6英寸（约15.24厘米）长的直尺，测量90英尺的走廊，你沿地板一段一段地反复测量180次。每当你放一次直尺，你就会造成一个小的误差。等你走到走廊的尽头时，你在测量中已经积累了180个误差，它的测量精度要比使用一根100英尺长的皮尺来测量低得多。所以法则是：只要有可能，就要用保持形状模式，只有当无法保持形状时，才改用跟随形状模式。

10.2.2 应用跟踪数据

一旦收集了跟踪数据以后，运动跟踪的第二步就是应用跟踪数据来生成某种类型的运动（除了Flame以外，它是一边收集一边应用）。一旦收集了，跟踪数据可以用各种各样的方式来解释，这取决于其具体的用途。计算机可以从原生的跟踪数据衍生出摇移、旋转或推拉等运动，也可以衍生出四点角部牵制运动（但愿如此）。跟踪数据也可以以两种不同的方式来应用。作为跟踪数据来应用时，它跟踪一个运动目标表层的一个静止目标，实现运动、旋转以及大小变化的匹配。作为稳定化数据来应用时，它消除镜头每一帧里的运动、旋转和推拉变化，以保持镜头的稳定。

多个跟踪点已经设置了，在不同时候有的被激活了，有的被撤销了，而所有的数据都需要结合起来予以解释，以确定组合后的轨迹。为什么要解释？因为在原生跟踪数据中存在着一些“不规则性”，始终必须做某种筛选和平均。即便是简单的情况，比如跟踪一台摄影机的摇摄，理论上所有的跟踪点都将作为一个固定的点群从屏幕上移过。

从这类数据来确定摇摄应该是小菜一碟。只需在逐帧的基础上，将它们所有的位置合在一起来平均，再为每一帧求出一个位置偏移量。在实践中，跟踪点不是以固定点群的形式来移动的，而是有一些颗粒造成的颤抖以及镜头畸变和视差造成的蠕动。于是，计算阶段有一些法则，而在如何处理这些问题，以便为每一帧推算出单一平均的运动、旋转和缩放值来，这些法则在各个软件之间是有区别的。

跟踪计算的结果是相对运动，而非实际的屏幕位置。跟踪数据实际上说的是：“无论从哪个起始点开始，在第二帧它相对于该位置移动了这些量，在第三帧它相对于该位置它移动了那些量，在第四帧等等，以此类推。”由于跟踪数据是从起始位置开始的相对运动，所以没有第一帧的跟踪数据，它实际上是从第二帧开始的。

练习10-5

举一个具体的例子，假设你跟踪了一个简单的摇摄镜头。你于是在第一帧将要跟踪的目标放在了屏幕上的起始位置上。在第二帧，跟踪数据将其移在X方向上相对于起始位置移动1.3个像素，在Y方向上相对于起始位置移动0.9个像素。这就是为什么重要的是你放置的跟踪点应该尽可能地靠近实际锁定点。跟踪数据是从屏幕上半部分收集来的，却被应用于锁定在屏幕下半部分的某个物体上，不蠕动才怪呢。

10.2.3 稳定化

稳定化是运动跟踪的又一大用途，它只不过是以一种不同的方式来解释同样的跟踪数据，以便将摄影机的运动从镜头中消除掉。如果跟踪数据以某种方式（或者是手工方式，或者是滤镜方式）予以平滑，就可以以一种平稳的摄影机运动来替代摇动的（bounced）摄影机，但仍保留基本的摄影机运动。然而，关于稳定化有一件事需要记住，那就是摄影机运动模糊（camera motion blur）。拍摄期间，随着摄影机的摇动，摄影机将运动模糊传给了胶片的某些画幅。当对镜头进行稳定化处理时，运动模糊仍然会保留，而在极端的情况下，这种运动模糊会十分令人反感。

一旦收集了跟踪数据，就对其进行解释，然后输送给一个适宜的运动节点，反求出相对于第一个画幅的画面运动。随后的所有画幅都与第一个画幅比对，以保持整个镜头的稳定。这一节要解决这种处理所带来的一些问题，并描述如何让你的软件去平滑运动而非完全的稳定化，出于一些原因，前者常常是更适宜的解决方案。

10.2.3.1 重新定位问题

一个镜头进行稳定化的时候，每一个画幅都需要重新定位，以便保持画面的稳定。这就引出了一个严重的问题。当画幅重新进行定位时，画面的边缘便挪到了画幅中，原来画面占据的地方出现了一个黑边。假设我们要稳定图10-42所示的一个摇动的摄影画幅序列，那做法是锁定楼塔，并保持楼塔相对于第一个画幅的稳定性。图10-43显示了同一序列的

图10-42 标明了跟踪目标的原始画幅

图10-43 稳定后的画幅

稳定化版本，画面中出现了重新定位造成的严重黑边。

图10-43中的画幅1是稳定化序列中的第一个画幅，未予以重新定位，因为它是参考画幅，其他所有画幅都锁定到这个画幅上。图10-43中画幅2和画幅3已经经过了重新定位，与画幅1对齐了，因而形成了严重的黑边。解决的方法是，在你对画幅重新定位后，每个画幅向内推进，放大画幅，这样就把黑边推到画幅外边去了。这意味着放大因数必须足够大，才能将情况最严重的画幅黑边清除掉。图10-43中所示的稳定后的画幅中，用虚线勾勒出了放大操作后将予以保留的有用区域的“最小公分母”。然而，向画面里面推进既柔化了画面，又裁切了画面。因此，与原始的镜头相比，稳定化处理不可避免地会造成稳定后的镜头在一定程度上被向里推了，且柔化了。客户常常认识不到这一点，所以，事前向客户讲清楚，或许可以让你事后免受客户抱怨。

10.2.3.2 运动平滑

运动平滑有助于最大限度地减轻稳定化镜头所引发的两个问题，即推进（push-in）问题和残留运动模糊（residual motion blur）问题。尽管稳定化所造成的推进和柔化是天生不可避免的，但通过减小“偏离量”（excursion），可以最大限度地减轻这些问题。偏离量是指每个画幅为了获得稳定而必须移动的距离，而需要的缩放量由X方向上和Y方向上的最

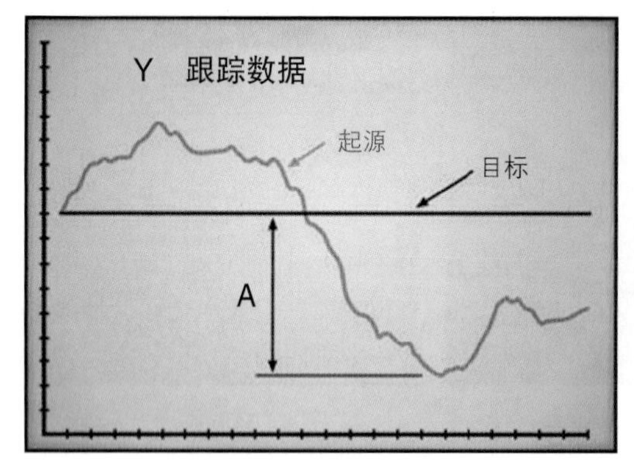

图10-44 彻底稳定的

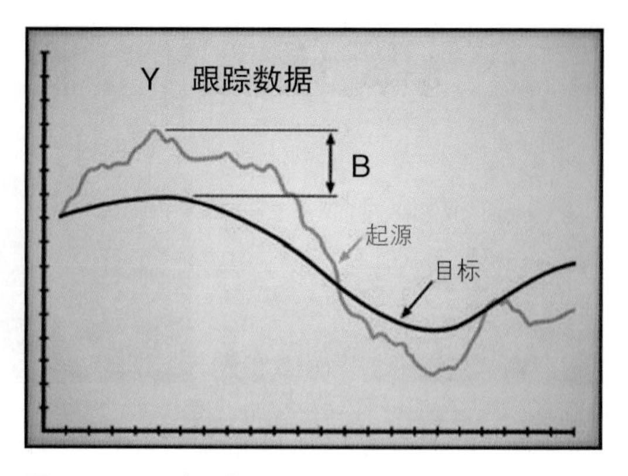

图10-45 运动平滑

大偏离量（the maximum excursion）来决定。减小最大偏离量将减小缩放量，而最大偏离量的减小可以通过降低稳定化程度来实现。换言之，如果镜头不做彻底的稳定化，就会损失运动的平滑性。由于在运动平滑中保留了某些原始的摄影机运动，所以，与彻底的稳定镜头相比，摄影机运动而导致的任何运动模糊会显得更自然一些。

为了将这个特点应用到实际的例子中，假定必须将一个摇动的镜头锁定成纹丝不动的状态，偏离量将取其最大值。如果摄影机的摇动可以用一个轻微的可接受的摄影机运动来取代，就可以大大降低最大偏离量，从而也大大减小了推进量和柔化量。以下方法是基于摇移或平移节点的使用（见第10.1.1.1“平移”一节所描述的起源-目标运动曲线）。

尽管这里给出的是稳定化镜头中过度缩放的可能解决方案，但这种运动平滑方法也可以应用于任何晃动的摄影机运动，来消除晃动（wobble），并保留总体的摄影机运动。

为了表述得简单明了，假定跟踪的镜头只有垂直的抖动（jitter），这样我们的注意力就几种在图10-44所示的Y跟踪数据上。原生跟踪数据代表每一帧中跟踪目标的位移量有多大，并用标有“起源”的浅灰色曲线来表示。其所以称为“起源”，是因为为了稳定画幅，画幅必须从其起源位置（source position）移至目标位置（destination position）。目标位置以标有“目标”的一条平直的线表示，因为为了彻底稳定镜头，每一帧的跟踪目标都必须垂直移动到完全相同的位置上。最大偏离量标有“A”，代表了为了稳定画面，画面必须重新定位的最大距离。

图10-45代表了同样Y跟踪数据的运动平滑版本。这种方法不是彻底锁定镜头，而是允许摄影机做上下轻微的摇摆（sway），并将摄影机的抖动变为可以接受的平滑运动。最大偏离量标有“B”，相比图10-44所示的彻底稳定的镜头，得到了大幅度的缩减。这时，为了将黑边从画幅里消除所做的放大还不到一半了，相比彻底稳定的版本，这就大幅度地缩减了推进和柔化。

现在的问题就成了如何才能用特定的软件来做到这一点。在一些软件中，运动跟踪器是一个封闭的“黑匣子”，不允许你做任何创意。如果有一个运动平滑选项的话，那你就碰上运气了。如果没有，除非升级，别无他法。其他软件将允许你将运动跟踪数据输送给其他实际能做摇移、旋转和缩放操作的节点。我们可以用这些软件来做些创意。

练习10-6

基本的想法是将运动跟踪数据输送给一个摇移（平移）节点，这样，数据就可以进入一个起源运动通道，然后在目标运动通道中创建一个图10-45那样的平滑曲线。创建平滑曲线的方式有两种：如果你的软件有曲线平滑功能，可以将波浪般的起源通道复制到目标通道中，然后予以平滑；第二种方式是，干脆在目标通道中用手工画一条新的、平滑的曲线。然后，摇移节点将每一帧从起源位置向目标位置稍作移动，以实现运动的平滑。务必将数据作为跟踪数据来输送，就好像你要使一个物体跟踪画面一样。这种方式可以将目标点的实际运动放置在起源运动通道上。如果跟踪数据是作为稳定数据输送的，数据将被反转，以便将所有的运动从镜头中除掉，而这并不是你想要的。

10.2.4 3D运动跟踪

还有一种甚至更复杂形式的运动跟踪，那就是3D运动跟踪，有时称作“运动匹配”。这类运动跟踪的目的是为了导出镜头中摄影机的实际三维运动，然后将摄影机数据转换为3D动画包，从而将摄影机匹配运动添加到准备合成到场景中的CGI元素中。由于这实际是一种CGI应用，本不属于本书的范畴，但对该法略作解释会是很有趣味的，也可以通过很多信息，而且还加深了对2D跟踪情况的理解。

对3D运动跟踪主要有三个要求：摄影机镜头信息、对布景的测量以及良好的跟踪标记（tracking marker）。镜头信息是分析软件所需要的，该软件试图发现摄影机位置，因为镜头曲解了跟踪标记的真实位置，计算时必须消除它的影响。你需要测量布景以收集一些可靠的数据，这对跟踪软件是必不可少的，因为这样至少可以获得一些可靠的参考加以使用。分析过程需要采用“最佳适合”方式，所以，必须至少有几个可靠数字，来用作起始的假设条件。

图10-46显示了一台室内布景，上面圈出了很多方便的跟踪点。布景的性质提供了一些现成的角部和一些小物件，这些就成了良好的跟踪目标。这个镜头仅仅使用从布景测量出的结果就可以跟踪了。然而，由于很多场景并没有天然、良好的跟踪目标，所以常常要添加一些跟踪目标后再通过绘画将它们除掉。

Tip!

顾名思义，绿幕镜头有着大而无特征的区域，根本无法提供有用的跟踪点，所以常常必须添加。图10-47显示了添加到绿幕镜头上的典型跟踪标记（绿幕上的十字）。关于这些跟踪标记的最佳颜色，存在大量的争论。有一派想法认为（图中显示的即是），让标记与背衬具有同样的颜色，这样就可以像主背衬颜色那样抠掉了。另一派想法认为，让标记的颜色与背衬颜色不同（蓝幕上有绿标记，绿幕上有蓝标记），这样标记也容易抠掉。还有另一派想法认为，随便用哪种方便的颜色都行，以后将这些标记画掉就行了。针对这种方式的主要反对意见是，绘画工作，加上前景穿过标记的地方所造成的边缘异常，以及接触边缘，这些都要用手工方式画掉，因而增加了额外的劳动。

大型的室外镜头给运动匹配部门提出了别样的一组难题。这些镜头常常使用吊杆、卡车、

图10-46 3D跟踪点

图10-47 绿幕跟踪标记

图10-48 室外跟踪标记

直升机、电缆摄像机，甚至借助稳定器手持摄影，或者连稳定器都不用的手持摄影（我本人就喜欢这样），做出大幅度的摄影机运动。比如田野之类的空旷空间，而且是在悬崖峭壁100英尺（约30.48米）高很难抵达的地方，也没有任何像样的特征，任何可用的天然跟踪点都可能很难测量。这里，可能也不得不添加一些跟踪标记，并加以测量，如图10-48所示。这些跟踪标记一般是球形的，这样，从任何摄影角度都会为跟踪器提供恒定的形状。

尽管2D跟踪标记可能有三四个点就足够了，但3D跟踪标记需要的数量要多得多。事实上，可以跟踪的标记越多，形成的摄影机运动数据就越精确。这些情况下，跟踪50至100个甚至更多的点，并不是什么鲜见的事。跟踪软件也更复杂，更难使用，需要操作人员作出很多干预，赋予标记一些“迹象”和“线索”，指示摄影机必须处于怎样的位置（但不是从地下仰望场景），以及何时除掉扰人的跟踪标记。各种3D跟踪软件包之间，在速度和形成的精度上存在很大的差别。然而，要创建一个与现场表演场景在摄影机运动上匹配的CGI元素，你也没有其他办法，而这也成了越来越多不愿放弃摄影机拍摄的导演所提出的必要条件。

10.2.5 窍门、诀窍与技巧

理论遇实践，越弄越糊涂。本节描述运动跟踪常会碰到的一些问题，以及如何处理这些问题的一些窍门和技巧。

10.2.5.1 跟踪预审视

Tip! 在你开始运动跟踪一个镜头之前，先对镜头做一次你能实时播放的低分辨率的预审视。找寻良好的跟踪目标，并注明这些目标何时出画，或何时被遮住。查看场景中是否由于存在一些视差，而使得本来很吸引人的跟踪目标将会变得很差。在开始放置任何跟踪点之前你把一切可能碰到的问题都想明白，等到实际去做运动跟踪的时候，就会为你节省时间，使你免受麻烦。

10.2.5.2 低分辨率/高分辨率跟踪

Tip! 一些跟踪器允许你用代理副本（proxy）以低分辨率跟踪一个镜头，以后再换成高分辨率图像。如果你的软件允许这样，那当你用高分辨率的电影画幅工作的时候，这里就有一个非常省时的方法。基本的想法是，以低分辨率代理副本设置运动跟踪，然后在你获得了一个低分辨率的清样轨迹（clean track）后，重新在高分辨率的画幅上进行跟踪。

首先对低分辨率副本镜头进行跟踪，有两个好处：第一，跟踪速度要快得多，所以发现问题和解决问题也快得多；第二个好处是，跟踪器能够以低分辨率锁定的任何跟踪目标，再以高分辨率锁定的时候，效果甚至会更好，因为细节更多了。这意味着当你改换高分辨率并重新跟踪镜头的时候，这应该是第一次将整个镜头无磕绊地跟踪下来。所有的跟踪问题都在低分辨率下找到并解决了，这比硬撑着做好几次高分辨率跟踪以求得到一个清样轨迹，在速度上要快得多。

有个相关的建议，还是关于高分辨率电影画幅的，就是以半分辨率（half-resolution）对镜头进行跟踪常常就足够了，然后将这些跟踪数据应用于高分辨率画幅就可以了。换句话说，从半分辨率代理副本得到的运动跟踪数据对于全分辨率画幅来说，已经是足够精确的了，所以，常常没有必要以高分辨率去做实际的跟踪。这要假设你的运动跟踪器是“与分辨率无关的”（resolution independent），而且当你从半分辨率改换为全分辨率时，知道该怎样适当地缩放所有的运动数据。

10.2.5.3　预处理镜头

跟踪阶段遇到的问题可能来自许多方向。跟踪目标可能难于锁定，你得到的轨迹可能由于胶片存在颗粒而变得抖动，可能由于存在镜头效应而使跟踪的运动出现“蠕动”。有许多事情你可以去做，去对镜头进行预处理，而这将有助于让倒霉的运动跟踪器做出更好的活儿来。

Tip! **提高对比度：**最恼人的问题之一是运动跟踪器丢失了跟踪目标，甚至就是在普通观看的时候也看不到。假定问题不是由于目标跑到搜寻框外边去了你才找不到的，那肯定就是因为画面中的对比度不够，所以才不能很好地锁定。为镜头制作一个高对比度的版本，用这个版本来跟踪。实际上很多运动跟踪器不管怎样只看图像的亮度，并不去看像素的颜色。或许高对比度的灰度版本会使跟踪器更容易锁定，或许只用绿通道会使目标变得更好。然而，当心调整对比度不要做得太过，因为那会硬化目标的边缘，使边缘发颤（chatter），而形成的轨迹也会“抖动”，因为它在试图跟随一个发颤的边缘。这不好。

Tip! **去颗粒：**说到抖动的轨迹，胶片颗粒也会产生抖动的轨迹。高速胶片和暗镜头会有非常大的颗粒，这会为跟踪器形成一个“跳动的目标”，从而形成一个抖动的运动轨迹。提高对比度会加重这个问题。有几种方法。你可以去颗粒，或者，如果你不想用去颗粒操作，稍加模糊可能也是有效的。另一种方法是甩掉蓝通道，因为蓝通道里颗粒最大。将红通道或绿通道复制到蓝通道中，以获得一个图像颗粒较小的版本用于跟踪，或者通过一起平均红通道和绿通道，来制作一个单色的版本。

Tip! **镜头畸变：**镜头畸变是造成运动跟踪困境的另一个原因。镜头畸变将造成锁定的项目围绕其锁定点“蠕动”。发生这种情况的原因见图10-49，该图显示了一只

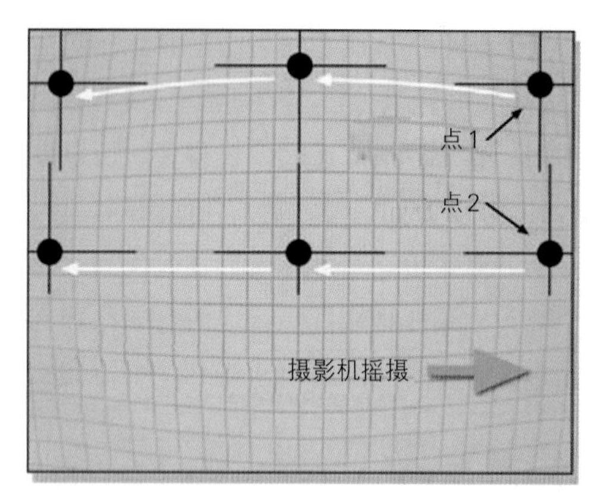

图10-49 镜头畸变对跟踪点造成的影响

图10-50 点堆积

典型镜头的畸变情况。当摄影机向右摇摄时，你预期点1与点2会沿完美的水平路径和同样的速度一起移动。然而，点2沿一条弧线运动，且还相对于点1改变了速度。这两个点都会发生相互之间的左右漂移和上下漂移。

如果是理论上完美的镜头，这两个点在移动的时候，会以同样的距离锁定在一起。到了从这两个点来计算实际的摄影机摇摄的时候，它们的平均位置将造成计算出的锁定点四处漂移，从而造成跟踪数据的蠕动。

对于镜头畸变的预处理解决方法是对整个镜头“去畸变”，使画面不再有畸变。然后，跟踪与合成都要在无畸变版本上进行，如果愿意的话，再将完成的结果扭曲变形，恢复原来的形状。尽管做起来很难，但用任何可以扭曲变形图像的软件包都能完成。显然，如果镜头畸变到了严重影响运动跟踪的程度，这样做才是值得的。如果镜头中有变焦，那镜头畸变会在整个镜头中发生变化，解决这个问题就难上加难了。

你可能会想，有人能够写出一个程序，你只要输入“50毫米镜头”，它就会将镜头畸变输出来。哎呀！你以为这是变戏法啊！不仅常常是你不知道镜头是怎么回事，就连每个制造厂商的50毫米镜头也都具有不同的畸变，而且同一制造厂商的镜头与镜头之间，也会有变化。最有效的办法是在拍摄中所用的实际镜头来拍摄一个栅格图，用这个栅格图来制作畸变分布图。

10.2.5.4 点堆积

Tip! 一般说来，在一个镜头中，你跟踪的点越多，形成的跟踪数据就越好。这是因为，将来各个跟踪点以后平均下来，就会导出目标的“真实”轨迹，而一起平均的样本数越多，结果就越精确。然而，如果整个镜头的画幅中没有五六个方便的跟踪目标，那该怎么办？如果镜头中只有一两个可能的跟踪目标，那该怎么办？答案当然是点堆积（point stacking）。你可以将好几个跟踪点像图10-50所示的例子那样，在同一个目标上，一层叠一层地粘贴上去。计算机弄不清楚它们是重叠的，或者它们是同一个目标。你从每个点都得到有效的跟踪数据，就好像它们分布在整个屏幕上一样。

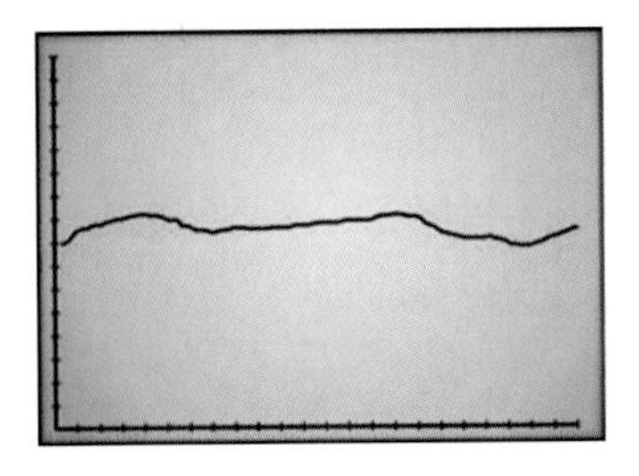

图10-51 摇摄节点#1：物体运动轨迹

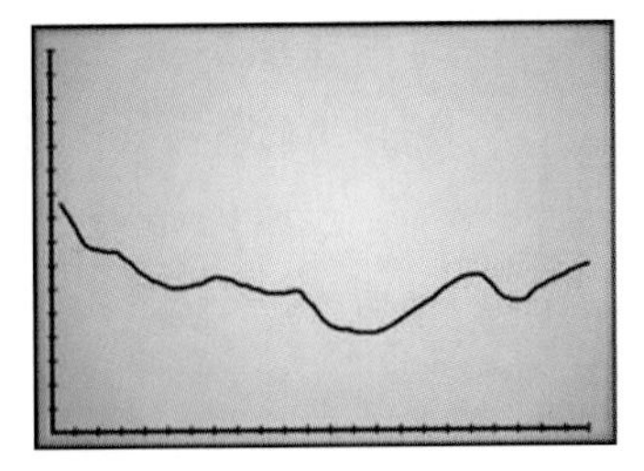

图10-52 摇摄节点#2：目标运动轨迹

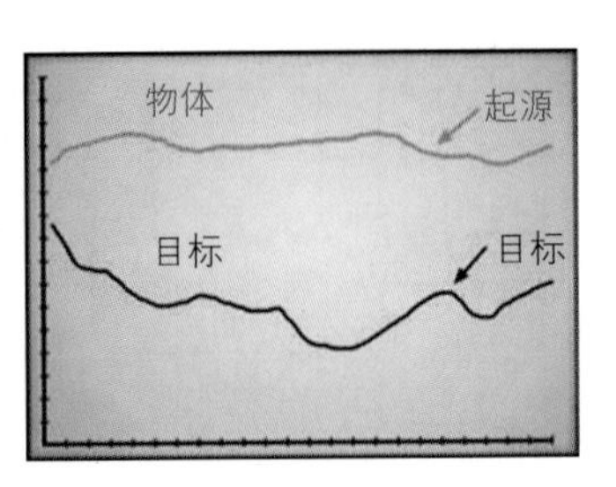

图10-53 摇摄节点#3：差异轨迹

然而关键一点是这些跟踪点一定不要相互准确地一层压一层地堆积在一起。如果是这样的话，它们将来收集的跟踪数据就完全相同了，这和一个跟踪点没什么两样。但让它们如同图10-50中所示的三个跟踪点那样，相互之间稍稍错开一些，每个匹配框都为相关程序生成一个略微不同的图像样本。三个跟踪点最终将全都一起进行平均，以创建出单一的、更准确的轨迹。

Tip! 对于颗粒造成的抖动轨迹，这也可以是一个好的解决方案。每个跟踪器都因颗粒的存在而有所抖动，但当它们一起平均的时候，往往将抖动平均掉，而且很少受模糊或去颗粒的影响。这些方法只是抹掉了细节，从而将抖动换成了蠕动。然而，将三个抖动的轨迹一起平均，实际上是将误差也平均了，从而形成一个更平滑、更准确的轨迹。

10.2.5.5 差异跟踪

Tip! 通常情况下，运动跟踪是用来让一个静止的物体跟踪到一个运动的目标上。然而，也会有让一个运动的物体跟踪到一个运动的目标上。这就要用到差异跟踪（difference tracking）了。你要跟踪运动物体与运动目标之间的差异。这种技术需要使用10.1.1.1节中“起源—目标移动”一段中所描述的起源与目标类型运动节点。为了简化举例起见，假定需要跟踪的唯一运动是X方向和Y方向上的平移，这样，一个摇摄节点就足够了。

基本的想法是，在运动物体和运动目标上都实施跟踪操作，然后在一个差异摇摄节点（difference pan node）中将它们的运动数据结合，这将保持物体对运动目标的跟踪。图10-51、图10-52和图10-53中的运动曲线表现了摇摄节点内部的一般运动通道。以下便是具体的步骤。

步骤1：跟踪运动物体，然后将其轨迹输送给摇摄节点#1（图10-51）。

步骤2：跟踪运动目标，然后将其轨迹输送给摇摄节点#2（图10-52）。

步骤3：将运动物体的运动数据从摇摄节点#1复制到摇摄节点#3的起源通道上（图10-53）。

步骤4：将运动目标的运动数据从摇摄节点#2复制到摇摄节点#3的目标通道上（图10-53）。

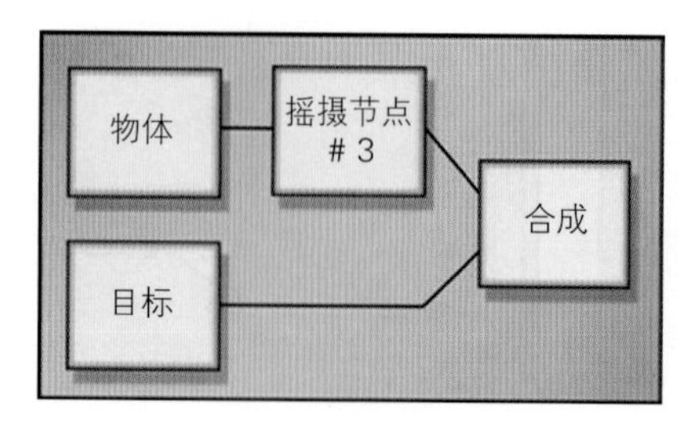

图10-54 差异跟踪流程图

步骤5：将摇摄节点#3连接到用于合成到目标图像上的运动物体图像上（图10-54）。

步骤6：在摇摄节点#3中通过偏移起源通道运动曲线，将运动物体重新定位到要求的起始位置上。

摇摄节点#3（图10-53中的差异跟踪节点）现在在其起源通道中有了运动物体的运动轨迹，在其目标通道中有了运动目标的运动轨迹。回想一下，"起源—目标"位置通道的意思就是"将图像从起源位置移至目标位置"，摇摄节点#3将把每个画幅的运动物体位置移至运动目标位置。

以上假定运动物体是从正确的位置开始的，而这就是步骤6的目的。选择整个起源X通道，并在曲线编辑器中对其做上下的偏移，将会使运动物体的起始位置做左右偏移。同样的，上下偏移起源Y通道将会垂直地偏移起始位置。如果你的软件不支持这种处理所需要的某些操作，还有一个方法可用。你可以首先稳定运动的物体，然后将稳定版本跟踪到运动目标上。这种方法不是很简洁，需要做两次变换，增加了渲染时间，而且由于对图像做了两次而不是一次滤镜过滤，所以降低了图像质量，但就这件事来说，你别无选择。

10.3 扭曲变形与变形叠化

图像扭曲变形是那些只有计算机才做得出来的神奇效果中的又一个。只有不多的几个合成软件包才含有图像扭曲变形工具，所以，这个操作常常使用专门的外部软件包来完成，然后再将扭曲变形后的图像或者变形叠化输入到主合成软件包中。尽管图像扭曲变形偶尔会用来改变一个元素的形状，以使其在外形上适合一个场景，但扭曲变形最常见的用途还是制作一个变形叠化（morph）。

10.3.1 扭曲变形

扭曲变形是对图像实施"非线性"变形。这就是说，这种处理不是进行一个简单的线性（各处都是等量的）操作，比如沿X方向缩放一个图像，而是允许在图像内部对小的区域做局部变形。10.1.1.5节中描述的角部牵制操作是一种全局性的操作：角部重新定位后，整个图像跟着就都变形了。做扭曲变形时，只有关注的区域发生变形。

最早也是最简单的一种扭曲变形是网格扭曲变形（mesh warp），如图10-55所示。网格（mesh）是叠加在图像上的一种二维栅格（grid）。交叉点是能够四处移动的点，以实现所需要的变形。点之间的连线则是样条（spline）。如果网格点之间用了一条直线，那形成的扭曲变形的图像也将具有直线的变形段。样条保证变形的曲线很优美，做到从点到点能够自然地混合。你从根上四处移动网格点，告诉计算机你想使图像怎样变形，然后计算机就用

图10-55 网格扭曲变形器

图10-56 扭曲变形的图像

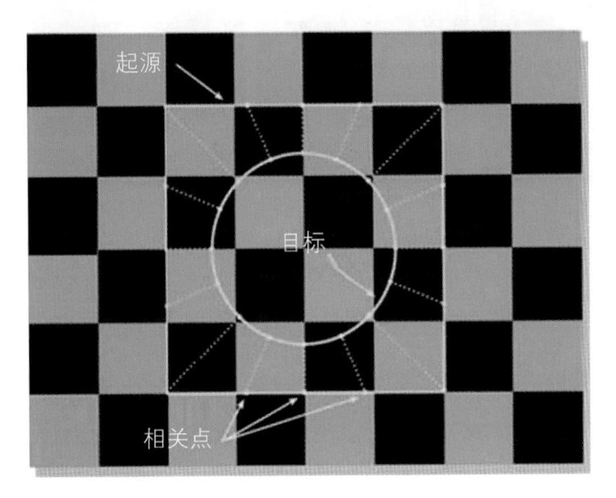

图10-57 样条扭曲变形器

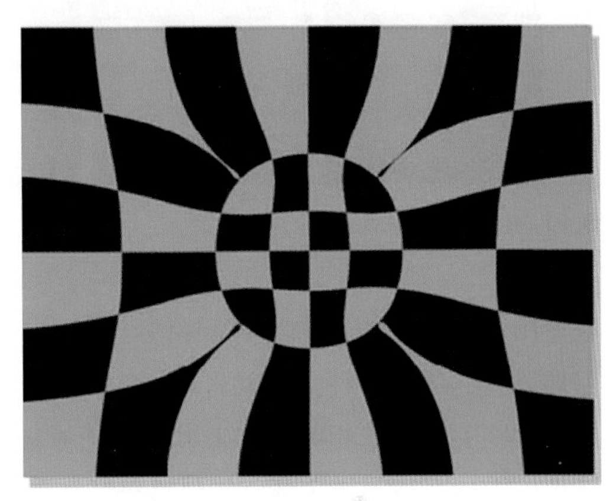

图10-58 扭曲变形后的图像

你的网格来渲染图像的扭曲变形版本（像图10–56中的示例那样）。

尽管网格扭曲变形器容易设计和使用，但它难于控制。你没有那么多的控制点，使你能够想控制哪儿就控制哪儿，而且很难将扭曲变形的图像与其预想的目标图像关联起来。其最适宜的用途是做“程序化的”（procedural）扭曲变形效果，比如镜头畸变、池塘涟漪以及旗帜飘扬。

样条扭曲变形器（spline warper）是“第二代”扭曲变形器，以全然不同的原理来工作。它提供了比扭曲变形多得多的控制，以及对目标图像的优秀相关性，但因此学习和使用也更复杂。你可以将扭曲变形想象成画面不同的区域从一个位置移动到另一个位置。不仅要有向计算机描述这些区域的方式，还要有向计算机描述它们最后目标的方式。这些就是用“起源”样条与“目标”样条连同它们的相关点来实现的。

操作人员（也就是你啦）在图像上随意画出一个形状，代表起源形状，也就是扭曲变形的起始位置，在图10–57中以正方形来代表。这条线的意思是“从这里抓住像素”。操作人员然后随意画出另一个形状，即“目标”形状，图中以圆来代表，它是意思是“将那些像素移到这里”。在这个特定的例子中，我们是在将一个正方形区域扭曲变形成一个圆形区

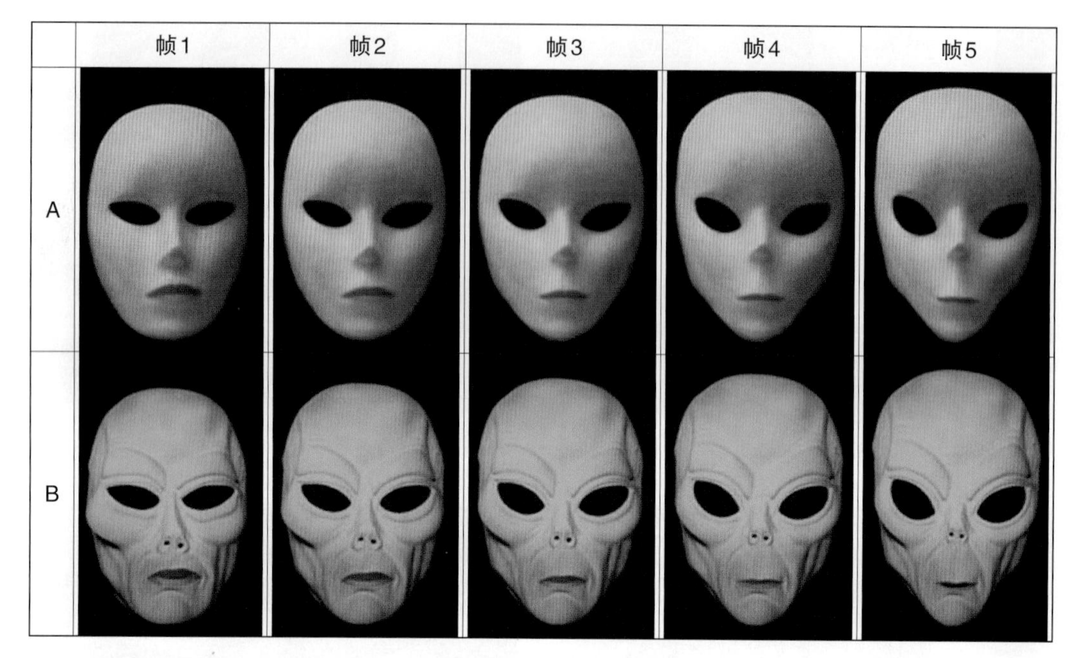

图10–59 扭曲变形的A面与B面

域（图10–58）。当起源样条和目标样条设好之后，操作人员必须确立它们之间的相关性，以描述它们的连贯性。这就告诉了你计算机起源样条的哪些区域要到目标样条的哪些区域去。这些关系由"相关点"来标明（见图10–57中的虚线）。这样的安排明确无误地告诉了计算机你想要将图像的哪些区域移至哪些目标地去，以便创建你所要的扭曲变形。

样条扭曲变形器的一个非常大的优点是：你可以在想要的任何位置上放置样条，而且想放多少就放多少。这样，你就可以得到大量的控制点，精确地控制最后的细节。网格扭曲变形器在预定的位置上有控制点，如果那不在想要的地方，你也只有逆来顺受。在那些不准备扭曲变形的图像区域，你也不浪费任何控制点。关于样条扭曲变形器另一个很酷的事，是"最终"样条可以直接画在另一个图像即目标图像上。扭曲变形器会将起始样条下的像素直接移到最终的样条上，因而具有优秀的目标相关性。当用扭曲变形来做变形叠化时，这特别有用，这就是我们的下一个话题了。

10.3.2 变形叠化

制造一个叠化变形要使用两个扭曲变形和一个叠化。第一步是准备两个扭曲变形，举一个简单的5帧例子，如图10–59所示。扭曲变形的A面是变形叠化的起始画面，B面是结束画面。A面图像从完全正常的形态开始，然后经过变形叠化的过程，扭曲变形成符合B面的形态。B面从扭曲变形成符合A面的形态开始，然后经过变形叠化的过程，逐渐恢复正常形态。所以，A面是从正常形态开始，结束于扭曲变形形态；B面从扭曲变形形态开始，结束于正常形态，二者都经历了同样数量画幅的过渡。扭曲变形的物体必须与其背景隔离开

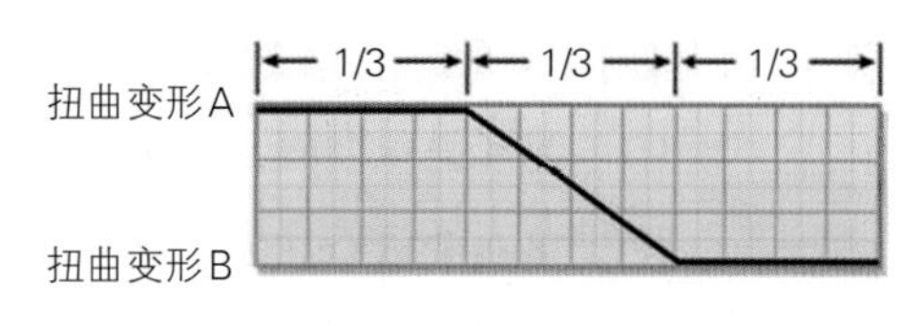

图10-60　典型的变形叠化交替叠化时间分配

来，这样移动的时候才不会牵动背景。其结果是，扭曲变形的A面与B面常常是在绿幕上拍摄，并变形叠化在一起，然后将完成的变形叠化合成到背景图片上。

A面扭曲变形和B面扭曲变形准备好后，最后一步只是在二者之间做出交替叠化（cross-dissolve）。图10-60显示了交替叠化的一种典型时间分配，即大致用前面三分之一的变形叠化来显示A面，中间三分之一用来交替叠化，最后三分之一来显示B面。当然，时间分配将根据你对最佳外观的判断而做出改变，但这种分配通常都是一个不错的起点。A面扭曲变形、B面扭曲变形以及它们之间的交替叠化的结果，可在图10-61中显示的画面序列中看到。

10.3.3　窍门、诀窍与技巧

Tip! 在创建优秀的变形叠化中，唯一最重要的步骤就是选择两个适宜的图像来实现二者之间的变形叠化。所谓“适宜的图像”，就是要寻求特征相关性——两个图像中能够相互关联起来的特征。最寻常的例子就是在两张面孔之间进行变形叠化——眼变成眼、鼻变成鼻、口变成口，等等。两张面孔在大小、头的方位以及发型上越接近，变形叠化的效果就越好。换言之，扭曲变形的A面与B面越是相同，就越容易做出好的变形叠化来。

如果面孔要变形叠化成一个非面孔的目标，比如说是汽车的前脸，那问题就变成你试图创造性地将面孔的特征与汽车的特征匹配起来——举例来说，眼变成车前大灯、口变成格栅。如果任务是将面孔变形叠化成特别不像面孔的目标，比如说棒球，由于完全没有特征可相关，形成的变形叠化就会像是被碾平了似的。这是因为变形叠化的B面缺失了可以化入的类似匹配特征，比如眼睛的黑瞳就像是溶化到棒球的一块白色的皮子里。就是像这样高反差特征的叠化，糟蹋了变形叠化的神奇。

同时，回到现实世界，对于变形叠化A面与B面的挑选，你将来很难有控制的可能，必须人家给你什么你就做什么。你完全有可能做到用相关性很差的元素做出很漂亮的变形叠化来，但比起一开始元素就很适合的情况，这要多花很多很多的功夫、制作时间和创意

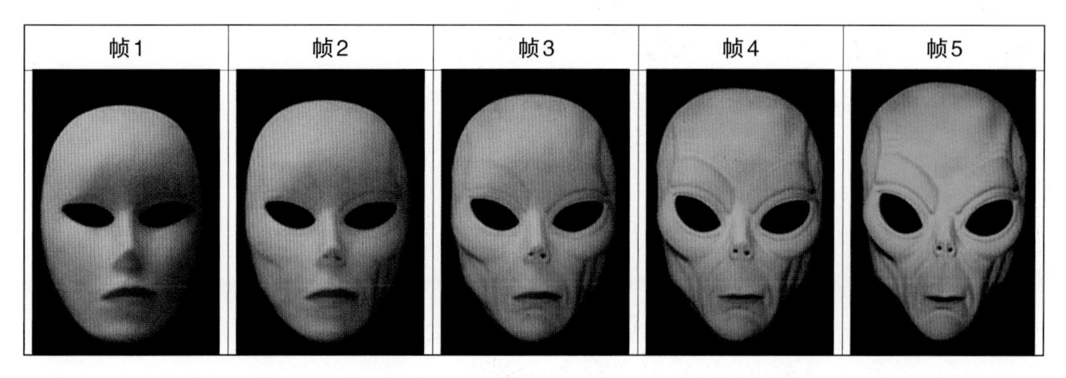

图10-61　A面扭曲变形和B面扭曲变形之间的叠化形成了变形叠化

想象力。当用相关性差的元素制作变形叠化时，以下建议会有所帮助。

（1）变形叠化期间，如果必须让一个元素严重地扭曲变形，便会在这一瞬间产生一种令人不快的怪诞的割裂感。你可以先对一个元素或两个元素做出缩放、旋转和适当定位，以便将一些特征尽可能最好地对应起来，然后再进行扭曲变形，好能最大限度地减少两个元素之间进行变形叠化所需要的变形量。

（2）偶尔有可能为其中一个元素添加一些特征或从其中一个元素减掉一些特征，以便消除特征之间的严重不相关性。例如，在前面提到过的面孔变汽车的例子中，可以给汽车添加一个引擎罩装饰，为变形叠化的汽车面提供一个“鼻子特征”。然而，从面孔上除掉鼻子的做法恐怕是行不通的。这就要靠你来判断啦。

（3）如果不相关的高对比特征看上去像是“溶化”了似的，比如前面提到过的瞳孔溶化到棒球的白色部分中，试着将令人不快的元素做一点儿扭曲变形。这通常看起来更会像是皱缩或胀大，而不是溶化。

（4）不要同时开始和停止所有的扭曲变形过程。因为变形叠化总是分成几块来四处扭曲变形的，要让有的地方先开始，有的地方后开始，分段来进行。大的变形可以立刻开始，这样它就不必这么快速地改变形状了，因而在过程中不会分散注意力。

（5）不要立刻就做整个A面与B面之间的叠化。将叠化分成不同的区域，各个区域在不同的时间以不同的速度来叠化。如果不是一下子同时都发生，变化过程会更有意思。或许B面的一个区域显得太过平淡，就让A面在这个区域经历的时间长一点儿，待有机会时，再让B面去变。

练习10-7

（6）扭曲变形与叠化的过程不一定要线性。在扭曲变形和叠化上试一试慢进慢出。有时候，如果整个镜头在速度上有所变化，扭曲变形或叠化的效果看起来会更好一些。

霍比特人2：史矛革之战（*The Hobbit: The Desolation of Smaug*，2013）

理解伽马非常重要，因为它渗透了从图像捕获到操控再到显示的整个制作过程。它又是个困难的话题，因为它基本上是个数学概念，所以“纯美术家”对此不感兴趣。再加上对这一话题存在普遍的误解——这是由于命名习惯上的混乱，以及对这一话题的解释通常技术性非常强，而且满是数学运算——这就使情况变得更加复杂，更让人丈二和尚摸不着头脑。然而，在数字合成中，我们不能只停留在做一个“纯美术家”上，我们还需要做一个合格的技术人员。本章尽力以一种不太技术的方式来讲述这个高度技术的话题，涉及数学的时候，仅仅一带而过，更多的是用监视器上的画面来与真实的世界建立起关系。此外，你要先弄懂伽马，然后才能去搞视频，而下一章就是视频。

你清楚原来监视器是非线性显示装置，而我们很高兴它是这么一种情况。对人类知觉的研究表明，我们喜欢在图像显示器中带一点儿伽马，至于带多少，则取决于局部的照明情况。我们还认识到，在讨论监视器的伽马的时候，实际上有三种伽马需要了解。我们还将发现对于视频和胶片，哪一种伽马是最好的。甚至还有一些很酷的测试样式，可用来确定你监视器的实际伽马。这里列举的所有伽马，都是针对典型的PC机的，因为迄今为止，它仍是制作中使用的最盛行的显示装置。平板显示器、SGI以及Mac监视器，各自都有它自己的一小节来描述。

11.1　何谓伽马

以数学的方式来概括，伽马就是一个幂函数。也就是说，就是某个值自乘至另一个值次方。将运用到像素数据有一个简单的数学公式如下：

$$\text{新像素} = (\text{原像素})^{\text{伽马}} \qquad (11\text{-}1)$$

换言之，新像素值是原像素值的伽马次方。由于像素值为进行伽马计算始终都是归一化的，所以像素值128表示为0.5，而对于伽马则是2.2，举例来说，就等于$0.5^{2.2}$（0.5的2.2次方）。伽马大于1.0时，将降低像素值，使图像变暗；伽马小于1.0时，将提升像素值，使图像变亮。伽马正好等于1时，恢复同样的像素值，所以图像不发生变化。图11-1显示了伽马值小于1（以0.5为例）、等于1和大于1（以2.0为例）时的基本表现。

按照惯例，当我们伽马校正的时候，都指的是用伽马值的倒数。例如，如果对一个图像做2.0的伽马校正，像素值实际应自乘至1/2.0（=0.5）次方。因为0.5小于1，所以它将提高图像的视亮度。

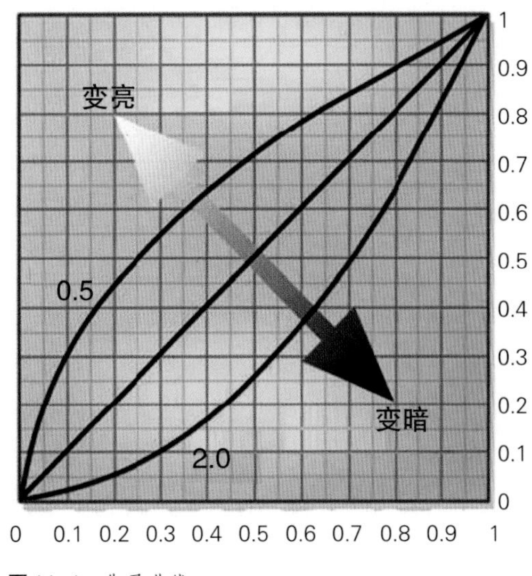

图11-1　伽马曲线

Tip! 多数软件包具有一个伽马运算，以调整图像的视亮度，而当你对一个图像用的值大于1时，图像通常会变亮。这当然意味着软件实际上使用了你敲入值的倒数。查看一下你的软件。如果你输入的伽马值大于1，画面变亮，软件就是对你的伽马值求倒数了。如果图像变暗，那它就没有求倒数。

伽马不像是饱和度那样，它不是图像的固有属性。你可以提高或降低一个图像的饱和度，但你绝不会问某个人："那个画面的饱和度是多少？"你可以对一个图像做伽马校正，使其变亮或变暗，但图像本身并没有一个"伽马"值。事实上，如果你不是在预期的显示环境中来观看一个图像，你就无法判断它是太亮还是太暗。有关这些让人感到困扰的思索，稍后还有更多的内容。

11.2　伽马变化对图像的影响

我们喜欢通过改变伽马而不喜欢通过缩放操作来改变图像的视亮度，原因有两个：第一，改变伽马对图像影响的方式与眼睛的非线性响应很相像，所以视亮度的变化显得更自然；第二，不会对图像限幅。当我们用伽马操作来改变一个图像的视亮度时，其视亮度变化的方式完全不同于通常的缩放操作。对图像还有一些间接影响，熟练的合成师可能想要了解。

图11-2与图11-3显示了当用RGB缩放操作来提高视亮度时，与伽马校正比较，像素的表现有什么区别。在两个图中，A处的点对（pair of points）与B处的点对都处在中线上同样的起始位置。

在图11-2中，变亮操作以同样的数量来放大A点对和B点对。当它们放大时，它们在垂直方向上也移开了，这可以从左面的一组箭头比右面的一组箭头长看出来。A处的像素（在暗部）仅仅上升了一点儿，从而使它们变亮了一点儿。反之，B处的像素（在亮部）上升了很多，从而使它们变亮了很多。缩放操作也均匀地提高了整个图像的对比度。还要注意，线的上部经放大后超出了图的范围，所以，如果在这个范围内有任何明亮的像素，这时图像就会被限幅。

图11-3揭示了做伽马校正时同样像素对（pixel pair）做出的完全不同的表现。在A处（暗部），与缩放操作相比，两个像素除了在垂直方向上移开了以外，已经变得明亮了很

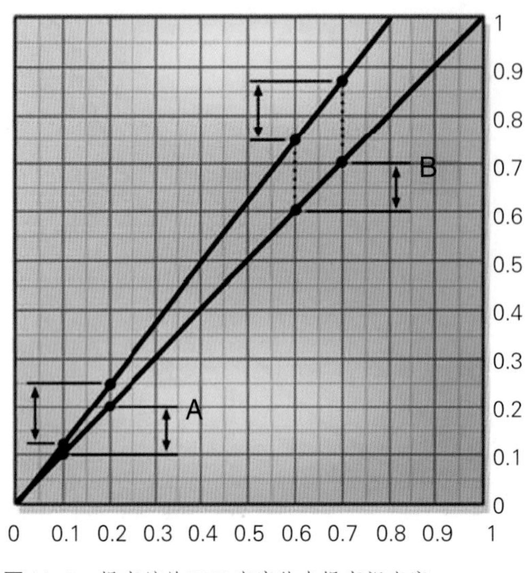

图11-2 提高缩放RGB亮度值来提高视亮度

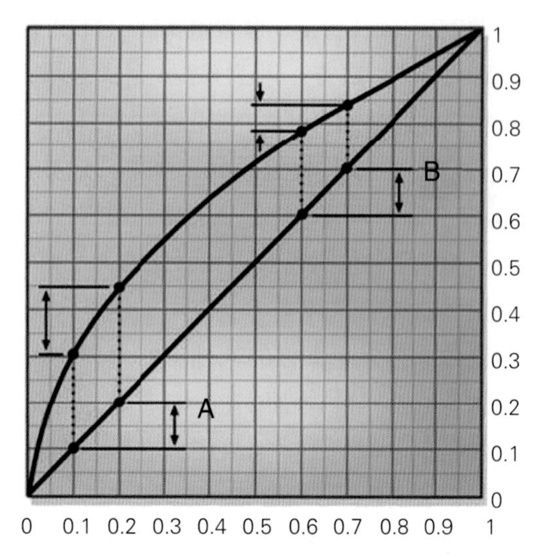

图11-3 用伽马校正来提高视亮度

多,A处左面的箭头显示出两点之间的距离比右面的箭头大。在B处(亮部),情况反过来了。它们向上移了,变亮了,但在垂直方向上移得更近了。这意味着在暗部对比度和饱和度提升了,但在亮部实际上降低了。总体上,图像显得损失了对比度,变亮的同时也变“平”了,而使用缩放操作时,对比度是提升了。伽马校正的另一个特征是,不像提高视亮度或对比度那样,它不会在黑处和白处带来限幅,它只是“弯曲”了中间色调。

零黑像素与100%白像素全然不受伽马操作的影响。伽马操作不会干扰黑像素与白像素的这一事实,是伽马操作的一个重要属性,大家始终都要记住。

练习11-1

为了将所有这些抽象的讨论转变为对真实画面的观察,我们下面举柯达马西女孩的三个例子(为了夸张关键效应,做了过度的色校正)。图11-4像图11-2那样,通过缩放RGB亮度值来使图像变得更亮。你可以看到缩放操作的所有关键效应:对比度的提高,高光明亮了很多,而最重要的是,头发和肩膀处发生了限幅。将这个结果与图11-6进行对比,后者是像图11-3那样,用伽马校正来提高了视亮度。注意没有限幅,暗部提高多了,图像现在看起来变“平”了,或者说对比度降低了。当然,伽马校正也用于使画面看起来更暗,对比更强。

11.3 显示系统的三种伽马

监视器,以及大多数其他的显示系统,都不是线性装置。监视器基于监视器的伽马特性来使显示的图像变暗。为了予以补偿,引入了伽马校正。出于美学的原因,伽马校正并不完全消除监视器的伽马,所以还有一个残留的伽马效应,称作端到端伽马(end-to-end gamma)。这些就是显示系统的三种伽马:监视器伽马、校正伽马和端到端伽马。本节描述它们的工作原理和相互之间的影响,以及什么情况下应该使用什么样的伽马。以下原理适

图11-4 缩放

图11-5 原始图像

图11-6 伽马

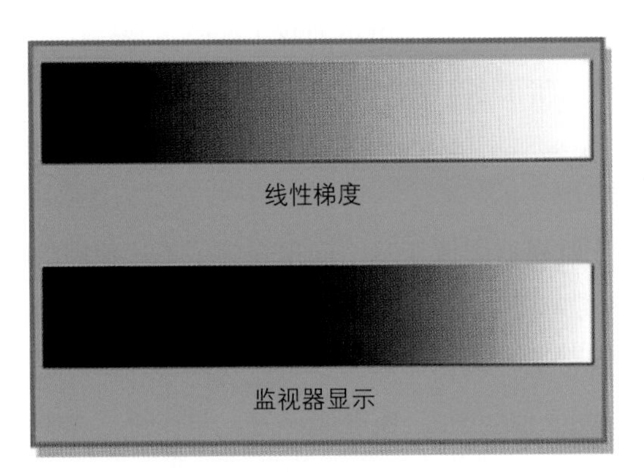

图11-7 监视器上的线性梯度的非线性外观

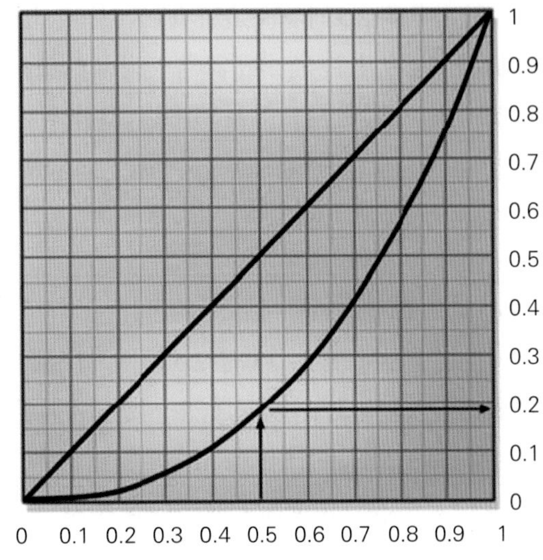

图11-8 典型的伽马2.5监视器曲线

用于所有监视器，无论它们是SGI、PC或是Mac，因为它们都适合阴极射线管（CRT）装置。平板装置有不同的问题，所以放到它们自己的节里讨论。

11.3.1 监视器伽马

你大概会想，如果你装入一个完全线性梯度的图像，在你的监视器上显示，你大概会看到一个完全线性的梯度。监视器上的线性梯度将意味着，像素值的增加大概会造成监视器视亮度的等量增加。当然，情况不是这样，因为监视器的视亮度输出是非线性的。监视器的非线性响应意味着，比如50%的像素值只造成大约20%的监视器视亮度，而不是50%的监视器视亮度。其结果大概看起来更像图11-7。监视器上的梯度在其大部分的宽度上会停留在黑上，然后在接近右端的时候突然变亮。这是因为监视器使梯度的中间影调变暗了。黑与白这两个极端不受影响，但黑与白之间的整个灰阶似乎“坠”向更暗了，就像悬挂在在两根高度不同的杆子上的一根绳子那样。

图11-8显示了典型监视器的非线性输出，它解释了为什么图11-7中的中间影调会变暗。在梯度的中间影调部分，0.5像素视亮度的输入造成了仅仅大约0.18的屏幕视亮度。如果我们找一个数学模型来描述这种现象，那它就成了一个幂函数——伽马函数（奇怪吧！）。而

且，如果拿屏幕视亮度的测量结果与输入数据做比较，伽马值就成了大约2.5。换言之，如果输入像素值0.5自乘至2.5次方，我们大概会得到大约0.18的输出视亮度值，这与真实监视器的特性非常匹配。

这种非线性的原因并非是由于屏幕上磷光体的响应造成的，而是监视器的CRT内电子枪本身造成的。提高电子枪的电压，就提高了射向屏幕上磷光体的电子流，进而使磷光体发光变亮，但电子流不是随着电子枪上电压的增加而等量地（线性地）增加。正是由于电子流是以相对于输入电压的伽马2.5的函数而增加，造成了非线性的屏幕视亮度。

这种伽马2.5的响应是所有CRT构造的特性，无论它们是在你的工作站监视器里，还是你起居室里的电视机，或者是工程部门里的示波器。实践中，CRT的伽马可以在大约2.35至2.5这个范围之间，但我们将以2.5作为本次讨论的典型值。监视器伽马的表现就像我们在图11-1中看到的伽马的定义那样，如果伽马大于，就得到一个更小的数（变暗）。换言之，监视器的伽马使画面变暗，而2.5的伽马会让画面变暗很多。

11.3.2 监视器伽马校正

这样，从本质上说基于2.5的伽马函数，会让监视器图像变暗，而现在为了不让我们的画面显得太暗、对比过于强烈，我们必须予以补偿校正。做这件事的方式是，在图像于屏幕上显示的途中，对图像施加伽马校正。多少系统将这种监视器伽马校正误导性地称作“显示伽马”（display gamma）或“监视器伽马”（monitor gamma）。你可能以为，当你将“显示伽马”设为2.2时，你真的是将显示伽马设为了2.2——但你实际上是为监视器伽马的实际值设定了2.2的伽马校正，这也是情有可原的。

伽马校正实际上是通过图像与监视器之间的“查找表”（Look-Up-Table，简称LUT）加上去的。由于采用的在显示装置（工作站）中设置伽马校正的方式，所以图像数据本身无需改变这件事就显得没错了。

操作顺序可以从图11-9开始看起，该图给了一个简单的线性梯度的例子。你首先将原始图像装入工作站的帧缓冲器（frame buffer），这是为了能在监视器上显示而容纳图像的一个特殊的RAM（随机存取存储器）区域。当每个像素值从帧缓冲器读取的时候，该值转到一个LUT去取得一个新的输出值。该LUT编写成对伽马做出用“1/伽马”的校正，如图11-10所示。此刻这个图像就太亮了。现在，将这个太过明亮的图像送至CRT，在CRT内部的监视器伽马的作用下，使图像重新变暗，如图11-11所示。形成的显示重新回到了线性梯度，如图11-12所示，所以能够忠实地复制原始图像。

以上就是当你在工作站监视器上显示一个图像时所发生的确切情况。是的，差不多是确切情况。实际情况是，我们并非真的要在监视器中有一个完美的线性显示，所以监视器伽马通常是采取校正不足的做法，将伽马校正设为2.2，而非2.5。为什么要这样做，还得等过一小会儿我们讲昏暗环境这个话题时再说。此时暂时假定我们实际上就是要监视器有一个线性响应。

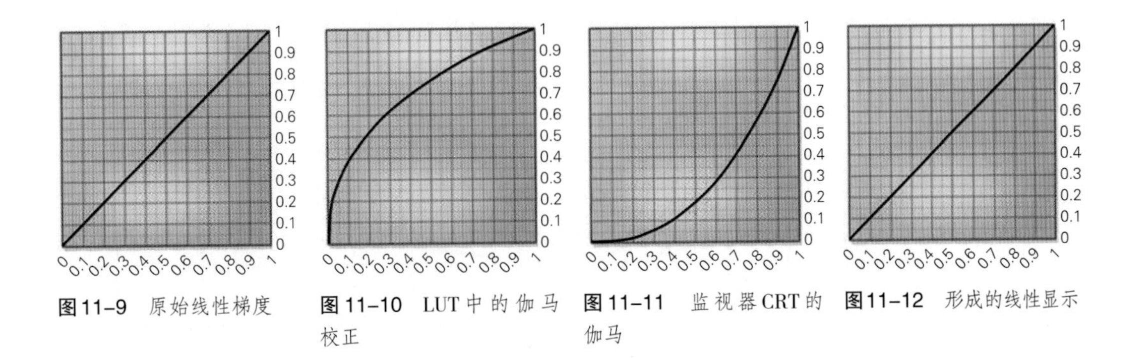

图11-9　原始线性梯度

图11-10　LUT中的伽马校正

图11-11　监视器CRT的伽马

图11-12　形成的线性显示

11.3.3　监视器LUT

图11-13说明了在监视器LUT中，图像数据中的一个像素是怎样“重新映射”到一个新的值的。图像数据载入帧缓冲器，每个像素都含有其自己的视亮度值，比如图11-13中所示的示例像素的视亮度值为57。然后将该像素值用作进入LUT的索引，由LUT为该像素“查找”一个新的输出值，对我们的像素来说，该值为85。以这样的方式，LUT将图像数据中的每个像素都给监视器“重新映射”为一个新的输出值。这种安排的关键点在于，尽管给监视器的输出图像数据改变了，但原始图像数据并没有改变。另外，只要创建不同的LUT，就能够在监视器上显示不同的版本。彩色监视器的LUT实际上包含了三个查找列表，每个彩色通道都有一个。

回想一下：当我们说“伽马校正”的时候，我们的意思是用所说的伽马数的倒数，所以我们将得到一个小于1的伽马值，这将使图像变得更亮，以抵消监视器的伽马自身使图像变暗。也就是说，2.5的伽马校正，求倒数后，就成了1/2.5，即0.4。所以，这儿有点儿绕。2.5的伽马校正可能是指2.5的伽马校正，也可能是指0.4的伽马校正。你要从上下文中去得出它真正的意思是什么。知道了小于1的伽马变化会变亮，大于1的伽马变化会变暗，这将有助于你理清其真正的意思。

那么，这个伽马校正LUT是怎样创建的呢？当你告诉计算机将伽马校正设为2.5时，它只是运行了如下的一个小式子：

$$\text{输出数据}=\text{输入数据}^{1/2.5}$$

对于典型的8比特帧缓冲器，该式的求值数据范围0至255。创建一个有256个输入口的表格，并利用建立出该伽马校正。追踪具有中点值128（0.5）的像素路径，可在LUT中的第128个入口，找到一个新的输出像素值209（0.28），该值反映了图11-10所示的变得更亮的情况。这个新的更亮的像素值被转换成一个电压，该电压是CRT中电子枪的最大值0.82，而不是原始数据0.5。然后电子枪实施它的2.5的伽马函数，如图11-11所示，这使像素变暗，由0.82返回到0.5，如图11-12所示。0.5的图像像素值变成0.5的监视器像素视亮度，从一个非线性显示器生成了一个全然的线性响应。同样得，在现实世界中，我们实际上并不想要线性显示装置，所以我们将不使用2.5的伽马校正。

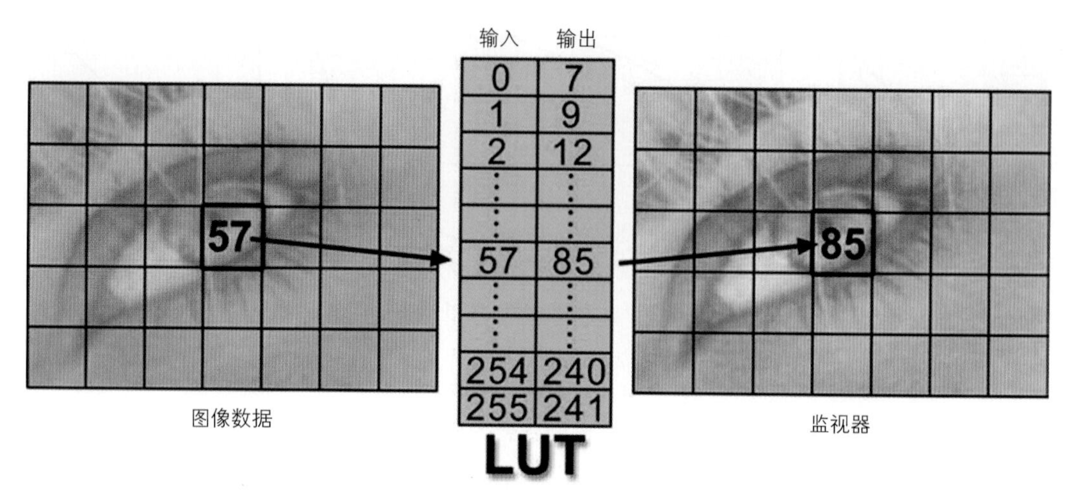

图11-13 通过监视器LUT重新映射像素值

11.3.4 端到端伽马

这些年来，你或许一直以为，当你将监视器伽马设为2.2时，就当真将监视器伽马设为了2.2。像往常一样，真相变得犹如一团乱麻。真实的情况是，你在将一个2.2的伽马校正设到了一个2.5的监视器伽马上。形成的整个显示系统的伽马现在实际上是大约1.1。我们可以将“形成的整个显示系统的伽马”干脆称作“端到端伽马”（end-to-end gamma）。2.2的伽马校正在使图像预先变亮，因为2.5的监视器伽马即将使图像重新变暗回去。由于预先变亮图像的伽马校正小于使图像变暗的监视器伽马，所以净结果是略微使图像变暗了，而这又使图像的对比度大了一点儿。

所以，端到端伽马是所形成的对图像的伽马改变，是显示系统中伽马校正与监视器伽马之间相互作用的结果。端到端伽马的公式是：

$$\text{端到端伽马} = \text{监视器伽马} \div \text{伽马校正} \qquad (11\text{-}2)$$

例如，如果CRT具有2.5的监视器伽马，而你设定了2.2的伽马校正，则整个显示系统的端到端伽马就成了2.5 ÷ 2.2=1.1。所以，你的监视器里有三种伽马：监视器伽马、伽马校正以及端到端伽马。实事求是地说，唯有端到端伽马真正起作用了，因为是它决定了显示图像的外观。

11.4 昏暗环绕效应

本节回答为什么我们不用线性显示装置的问题。当你观看监视器的时候，它只是占据了你的视野的一小部分，你视野里的其余部分都被监视器后面的墙壁占据了，而墙壁环绕了监视器。如果将房间里的灯调亮再调暗，你会发现一个有趣的知觉现象——随着环绕监视器的现场逐渐变暗，监视器上的画面会显得趋向平板并损失对比度。随着房间里

图11-14　两个灰块具有较低的表观对比度

图11-15　两个灰块具有较高的表观对比度

的灯重新变亮，监视器上的画面会显得提高了对比度。对此有一个正式的称呼，叫作“横向暗适应”（lateral darkness adaption），非正式的称呼则是“昏暗环绕效应”（dim surround effect）。图11-14与图11-15演示了该效应。这两个图中，有两个同样的灰块分别被一个黑色视野和一个白色视野环绕着，图11-14的暗环境使得两个灰块损失了对比度（在视亮度上显得比较接近），而图11-15的亮环境使得两个灰块有了较高的对比度（更高的分离度）。

如果我们想要监视器上的画面在室内的环境照明逐渐变暗的时候显得恒定，就要随着照明的变暗而不断地提高端到端伽马。随着端到端伽马的提高，画面将提高表观对比度（apparent contrast），借以补偿因环境变暗而引起的对比度损失。从公式11-2可以看出，为了提高端到端伽马，我们必须降低监视器伽马校正。由于监视器伽马天然地具有使图像变暗的效应，所以降低伽马校正会使画面变暗。关于不同的环绕条件下需要怎样的端到端伽马，人们已经做过实验，并且制定了标准。正是观看环境的昏暗环绕条件决定在显示系统中应该有怎样的端到端伽马。

11.4.1　电视的昏暗环绕

典型家庭中的电视观看环境可以看做是一种昏暗的环绕环境。为昏暗环绕所制定的最佳端到端伽马是大约1.1至1.2。之所以有一个范围，是因为家庭中昏暗环绕的程度是不确定的。如果你正在从事电视的工作，也希望你的工作室在观看工作站的监视器方面，具有类似的昏暗环绕。

11.4.2　电影的黑暗环绕

电影的观看环境是黑暗环绕，而不是昏暗环绕，而且要比家庭观看电视的可控性强得多，标准化的水平也要高得多。回想一下前面的讨论，环绕环境越暗，需要的端到端伽马就越高，所以，当你发现黑暗环绕下电影的端到端伽马为1.5时，你是不会感到惊奇的。

11.5 视频的伽马

所有的视频图像不是在世界上的每台电视机上做伽马校正，而是在摄像机上做预校正，以获得1.1至1.2的端到端伽马校正。假定电视机中的CRT具有2.5的伽马，那么，要在监视器上获得比如说1.125的端到端伽马，加在视频信号上的伽马校正必须是多少呢？解公式11–2，求伽马校正，可得：

$$伽马校正 = 监视器伽马 \div 端到端伽马 \tag{11–3}$$

我们可以用端到端伽马去除监视器伽马，即可算出所需的伽马校正。对于昏暗环绕，监视器伽马取2.5，要求的端到端伽马取1.125，可算出所需的伽马校正为：

$$伽马校正 = 2.5 \div 1.125 = 2.22$$

2.22的伽马校正意味着像素值提升至1/2.22次方，即0.45次方。0.45的伽马小于1，所以，当拍摄场景的时候，在摄像机上图像变亮（如果你想回顾一下它的工作原理，请见图11–1）。这与其他的图像源是非常不同的。其他图像的伽马校正，是在工作站上用图像数据与监视器之间的LUT进行的，所以不会影响到原始图像数据。至于视频，原始图像在摄像机上通过机内的伽马校正予以改变，所以没有图像与监视器（电视机）之间的LUT。关键就在于此——当视频图像从摄像机出来的时候，它已经具有2.2（如果你是视频工程师的话，那就是0.45）的机内伽马校正。

图11–16至图11–19显示了从原始图像视亮度到电视机上的显示这个过程中的视频伽马变化过程。图11–16中的场景视亮度代表了视频摄像机看到的原始场景线性亮度。图11–17显示了2.2的机内伽马校正，它大大提升了从摄像机中出来的视频图像的中间影调的视亮度。图11–18显示了使画面重新变暗的2.5的电视机监视器伽马。由于2.5的监视器伽马大于2.2的摄像机伽马校正，所以画面有点儿校正不足，而由于形成的端到端伽马大于为1.1，所以

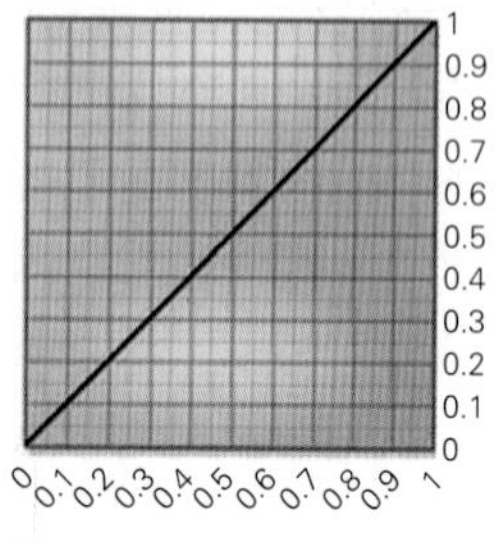

图11–16 用摄像机拍摄的线性梯度

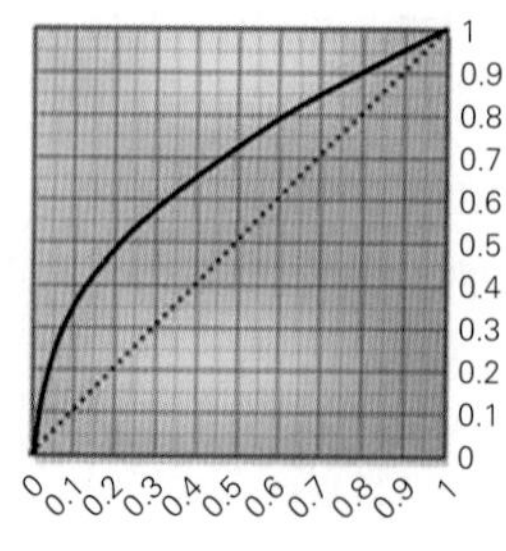

图11–17 摄像机添加2.2的伽马校正

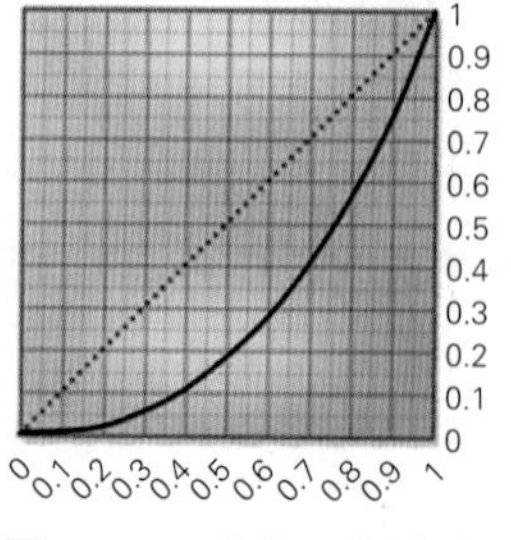

图11–18 电视CRT具有2.5的监视器伽马

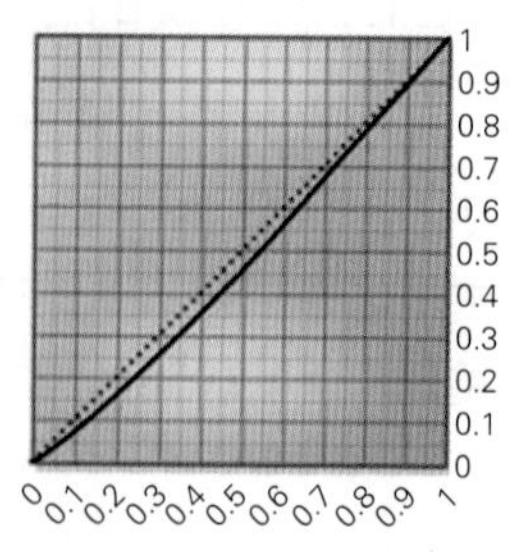

图11–19 形成的1.1的端到端伽马

与原始场景相比，画面的对比度有所提高，如图11–19所示。

2.2的伽马校正是相当严重的，会造成某些令人不快的意外感觉。请注意图11–17中的伽马曲线非常低端的地方。在水平输入轴上0至0.10的范围内，数据已经拉伸为垂直轴上的0至0.35。这种在暗部的明显拉伸会在8比特图像的暗部形成条带化。对于胶转磁来说，它会突然揭示出以前掩藏在底片暗部中的细节。在电视上看过比如《星球大战5》（*Star Wars—Episode Ⅳ*）之类的用光学方法合成的、古老的太空电影吗？飞船的周围常常游动着一些幽灵般的矩形，这些就是来自原始光学合成的冗余遮片，这些区域与背景图片之间存在着那么一点儿密度差异。在影院放映时，由于正片材料掩盖了这些黑区，所以没有被看到。转成视频以后，黑色被大大拉伸了，这时你就能够看到它的存在了。第八章提供的伽马拉伸提供的一些窍门，将有助于你应对将来的这类尴尬。

11.6　电影的伽马

电影摄影底片的伽马为0.6，而放映拷贝的伽马大约为2.5，所以，从底片制作拷贝所形成的端到端伽马为0.6 × 2.5=1.5，这恰恰是电影黑暗环绕所要求的伽马。事实上，电影系统的伽马是按照黑暗环绕的要求精心设置的。尽管底片的响应曲线有着很长的直线部，这部分的伽马为常数0.6，但印制胶片（print film）的情况更复杂。如第十三章“电影”中描述的那样，印制胶片有着S形的响应曲线。在它的短的直线部，伽马可以高达3.0，但总体来说，印制胶片的伽马可以认为是大约2.5。

Tip! 那么，对于电影工作，你的工作站应该使用怎样的伽马呢？原则上，我们想要1.5的端到端伽马，就像胶片那样，这就会有1.7的伽马校正（根据公式11–2，2.5 ÷ 1.7=1.5）。然而，在数据传递的过程中——或者在转换期间的胶片扫描仪中，或者输出到胶片记录仪中——你不能保证自己的数据没有经过伽马校正。对此，你应该就公司内部的规则，向伽马专家提出咨询。

第十二章

视　频

霍比特人2：史矛革之战（*The Hobbit*：*The Desolation of Smaug*，2013）

从总的印象看，电影是一种简单得惊人的媒体。遮光器打开若干分之一秒，曝光一个画幅，就全彩色地捕捉到了一个瞬间。如果某个东西碰巧正在动，就自然而然地在胶片上留下了它在动的迹象。视频就没有这么简单。视频不得不以尽可能少的信号来记录尽可能多的画面信息，以便能够通过空中电波将画面播放出去。所有的活动画面都必须压缩到一个高速回旋的无线电波当中。这个奇特的高音调的波必须承载一个黑白画面、覆盖在它上面的所有颜色以及挤在它旁边的一个小小的声带（soundtrack）。

尽管一帧视频所占的空间只相当于一格电影画面所占空间的很小一部分，但它仍然看起来出奇的好。这是因为设计了我们现代化视频系统的科学家和工程师们，非常精心地将最大的画面信息量放入了人类视觉最敏感的视觉频谱部分当中。凡是眼睛能看到的微小细节，都有密密麻麻的信息，但人眼近乎盲视的地方，就几乎没有信息。尽管在总体观念上和在执行上是非常好的，但所有的压缩技术都是有代价的——它们带来了伪像。

与相当的电影画幅相比，每一帧视频都以各种各样细微的程度降低了质量，无论是在空间上，还是在时间上，数据压缩都做出了精心计算过的牺牲。这些伪像和缺陷全都巧妙地塞进人类知觉系统的视觉"角落"里掩藏起来，但当对视频被数字化后，它们又都出来困扰你，而你又试图操控它们。了解这些伪像各自的形成原因，以及如何对其补偿，这些就是本章的话题。

12.1 视频工作原理

视频是一种极其复杂、很难处理的媒体，光靠记住几条规则或准则是不行的。要想真正能够胜任，你必须确实理解它。本节描述视频帧是怎样在空间和时间上合到一起的，以及当试图使用视频时，又会带出怎样的伪像。这些背景知识对于理解本章的其余各节是必不可少的,那些节则解决如何处理或回避那些伪像的实际问题。在阐述了视频操作原理之后，描述了NTSC与PAL的差别，这两种知识使用了同样的原理，仅仅在帧大小和帧频上存在小的差别。

这里努力避免出现通常讲起视频来喋喋不休的现象，只讲操作中实际影响视频图像数字操控的那些方面，是从数字合成师的视角来看的视频。其结果，那就是不够完整了。知道视频技术是由费罗·范斯沃斯（Philo T. Farnsworth）发明，以及编码在3.58兆赫的副载波（sub caorier）上，将无助于你抽取遮片或改变帧的大小，可知道隔行扫描场的工作原理或者如何对非正方形像素做出补偿，则是有帮助的。你需要的全都有，不需要的全不要。那我们开始吧。

12.1.1　帧结构

本节描述隔行扫描场怎样构成一个视频帧，以及由此而给运动物体的运动模糊所带来的麻烦。这些是为了理解为什么要使用以及如何使用隔行扫描图像必不可少的知识。本节还描述了像素数据是怎样形成的，因为即使在监视器上观看一帧视频时，你似乎是得到了典型的RGB数据。但对于每个像素来说，这不是简单的红、绿、蓝数据值，特别是当你抽取遮片时，这对细节的数量有重要的含义。

扫描光栅：第一次大致地描述视频画幅时，我们要介绍一种理想化的扫描理念。尽管电影打开单独一个遮光器就能立刻让整个画幅都曝光，但视频不得不将画面连续地剥离开来，一次只曝光一个像素，因为它是在用单独一个载波，通过广播传送到家用电视接收机的。就像是透过一个微小的移动窥视孔来观察，一次看到一个像素，以这样的方式将场景积累出来，如图12-1所示。当然，真实的电视摄像机并不用光栅束直接去扫描场景。图像是聚焦在视频捕获管的后背上，在那里用一个移动的“光栅”进行数字扫描。于是，下面的描述有助于形象地解释隔行扫描所遇到的问题和异常，以及随之而来的运动模糊。

光栅从屏幕的左上角开始向右扫描。当它扫到屏幕的右边缘时，即关闭，并一下子就回到左边缘，降到下一个扫描行，重新开始扫描。当它扫到画幅的底部时，光栅关闭，一下子返回到左上角，整个重新开始。

这种简单模拟的方法，在现实世界中并不实用，因为它生成的数据量太大了，无法以视频载波的有限带宽来传播。必须找到某种方式，它既能减少传播数据量，又不会过多地降低画面的质量。简单地将帧率缩小一半，从30帧/秒降到15帧/秒，这种方法行不通，因为帧率太慢会导致闪烁。为了解决这个小问题，NTSC（美国国家电视制式委员会）聪明的视频工程师推出了“隔行扫描”视频的概念，即每次通过只扫描画面的一半，从而降低对电子器件以及广播用信号带宽的需求。但是这种“扫描画面的一半”并不是上面一半、下面一半，而是每隔一行扫描一行而形成的一半。

隔行扫描：是分开两次对场景进行扫描，每次扫描称之为“场”，两场合并成视频的一“帧”。第1场从上到下扫描整个场景，但只扫描奇数扫描行。从有效视频信息的第1扫描行开始（忽略垂直消隐及其他对监视器

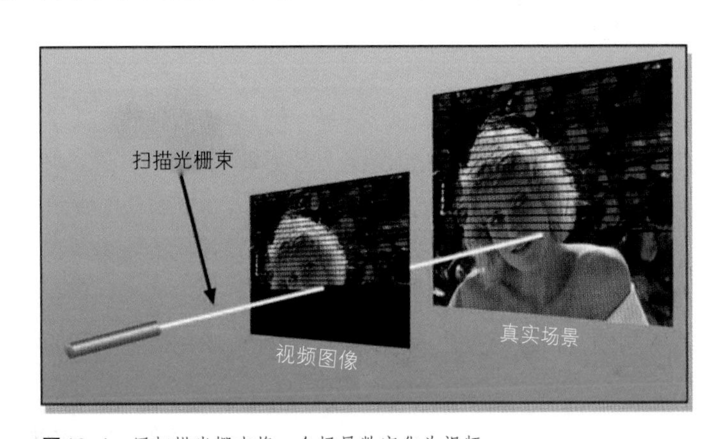

图12-1　用扫描光栅束将一个场景数字化为视频

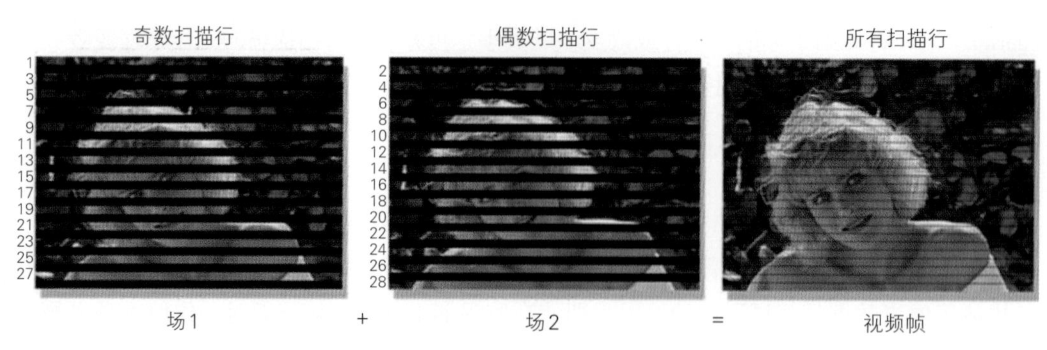

图12–2 第1场和第2场的奇数扫描行与偶数扫描行结合成一个完整的帧

上看到的画面不起任何作用的扫描行行为)，然后扫描行第3、5、7、9等行，直至画面的底部；光栅一下子返回到顶部，扫描第2场，再次从上到下重新扫描整个场景，但只扫描偶数扫描行，从第2行开始，然后扫描第4、6、8等行，直至画面的底部。最后在屏幕上将这两个场交错合并成一个完整的帧。

图12–2说明了第1场和第2场是怎样交错合并成一个完整的视频帧的。为清晰起见，扫描行数已缩减至只有28行。如果图12–2中的场1画面和场2画面一起滑动，它们将填入各自的空白行，形成一个完整的画面。这样做之所以不闪烁，是因为视觉暂留（persistence of vision）的作用。每场由光栅画出后会在屏幕上持续发光几毫秒，缓慢地衰减（用电子学的术语讲）。所以，当第1场衰减的时候，第2场正在第1场的扫描行间画出；当第2场缓慢衰减的时候，下一个第1场正在第2场的扫描行间画出，依此类推。这些交错的场迅速地相互更替，并混合在一起，让眼睛看到连续的运动。

运动模糊效应：交错的偶数场与奇数场是一种神奇的策略，它消减了广播电视画面所需的带宽，但也随之带来了一些伪像。被摄体的运动模糊就是一个例子。想想看，对于电影，遮光器开启，被摄体移动，在遮光器持续敞开的时间内从电影画面上一“抹”而过。简单、易懂，看起来也不错。对于视频，有一个不停扫描的光栅斑点每场多少次地扫过移动着的被摄体，而且每扫过一次，被摄体都移至一个略微不同的位置上。然后重新开始扫描同一帧的下一场，但被摄体又处在了完全不同的时间和空间了。这里的关键在于，视频帧的每一场都代表了经过一段时间后的一个略微不同的“快照”。总而言之，这在画面上形成了某种相当奇特的运动模糊效应。当在隔行扫描的视频系统上显示时，效果确实是很好的，但当试图将其整合为一些静止帧，并以数字方式对场进行操控时，情况就糟透了。

让我们看一看，隔行扫描场的水平运动模糊是怎样的情况。图12–3显示了一个简单的球水平移动，我们将在运动中用电影和视频的方式来“拍摄”，以作比较。用电影的方式，遮光器开启时，球的移动在水平方向上“抹”了一下图像，如图12–4所示，效果简单而直观。用隔行扫描的方式，在视频帧期间，球在两个不同的瞬间被捕获，呈现在两个位置上（图12–5）。糟了，图像在奇数行和偶数行之间分裂成了两个，从而使得奇数行的那一组（第1场）显示了稍早瞬间的球，偶数行的那一组（第2场）显示了稍迟瞬间的球。就好像是有

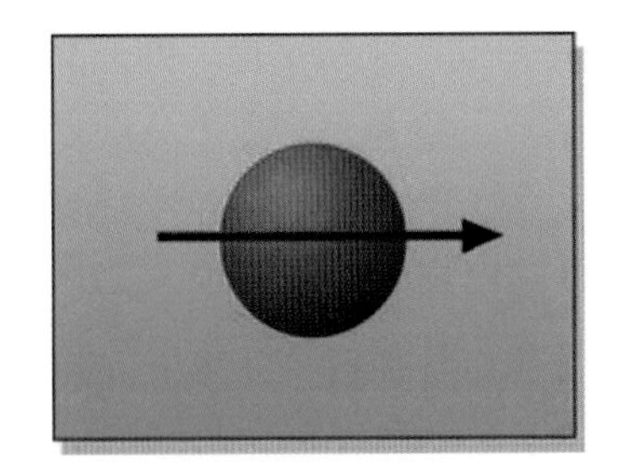
图12-3 水平移动的被摄体

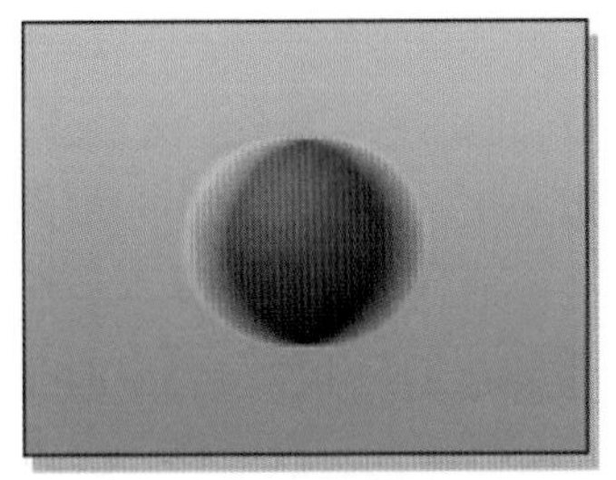
图12-4 电影运动模糊

图12-5 交错的视频场运动模糊

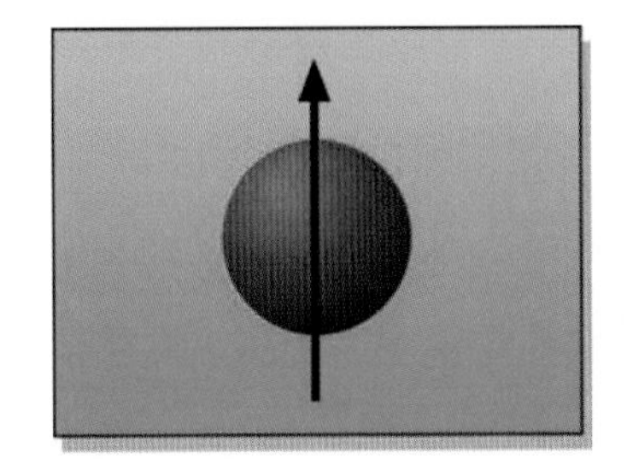
图12-6 垂直移动的被摄体

图12-7 电影运动模糊

图12-8 交错的视频场运动模糊

人在操动一个百叶窗，把它打开再关上，人们两次透过百叶窗来观看场景。

来看下一种情况，审视一下电影和视频所看到的垂直运动模糊。图12-6所示为原始的垂直移动的球。图12-7所示为其电影版本，图像出现了糟糕的垂直运动模糊，与水平移动的球所造成的电影运动模糊相类似。但交错的视频场再一次出现了一些奇特的异常现象，如图12-8所示,而形成的原因也与稍前的水平例子相同。每一帧都在略微不同的位置上“快照”了球两次，而这两个快照通过奇数行和偶数行交错合并在一起。轮到对这些图像进行操控的时候，这些交错伪像必定会完全表现出来，而结果将是令人讨厌的。

颜色重新取样：你或许理所当然地认为，当你在工作站上看着一帧720×486的RGB模式NTSC画幅时，你就有了720×486个红、绿、蓝像素。当然了，这大概是错了。同样的，这里采取了另一个数据压缩方案，再一次降低了广播画面所需要的带宽。它的基础是注意到人眼对亮度（视亮度）细节比对颜色要敏感得多。我们为什么要把多于人眼所能看到的更多颜色信息打包到图像中呢？为了利用人眼对颜色敏感性较低的特点，摄像机中的RGB图像被转换成了称作YUV的另一种形式。

这仍然是一个三通道图像，但不是每种颜色一个通道，YUV通道是对RGB通道的一些数理混合。Y通道只是亮度，如果你拿到一个RGB图像，将其转换为灰度图像，那你看到的就是这个通道。所有的颜色信息都以一种复杂的形式混合在了一起，放入了U通道和V通道中，而这两个通道被称作是“色度”。色相不是存在一个通道中，而饱和度在另一个通道中。一个通道承载了橙-青色的色相和饱和度，另一个通道承载了黄-绿-紫的色相和饱和度。

既然视频信号已经转换成一个亮度通道和两个色度通道，就可以进行数据压缩了。由

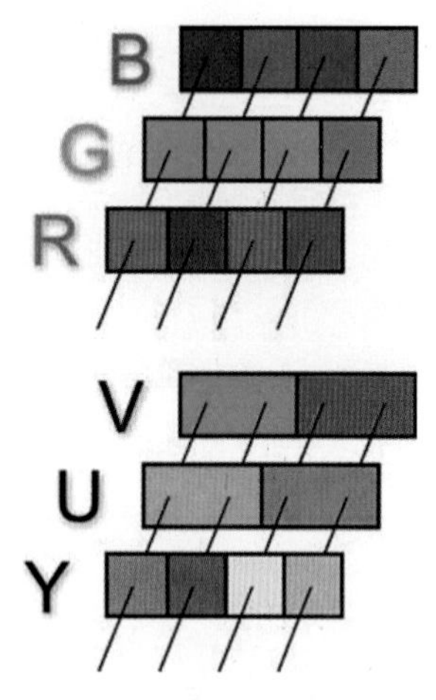

图12–9 RGB与YUV的颜色分辨率

于人眼对亮度最敏感，所以亮度以全分辨率来数字化。由于人眼对画面的色度部分不太敏感，所以两个色度通道以半分辨率来数字化。这三个通道的数字化方式称作4∶2∶2，即针对两个色度通道中的两个样本，有四个亮度样本。这意味着一个YUV帧包括一个全分辨率的亮度通道，外加两个在水平方向上半分辨率的色度通道。这就形成了一个像真正RGB图像格式那样的、只相当于两个数据通道而不是三个数据通道的全帧画面。这就减轻了数据负荷的三分之一，相当于1.5∶1的数据压缩。

图12–9显示了真正RGB图像与YUV图像之间的差别，图中显示了一个短的四像素“扫描行”。对于RGB图像，每个通道中都有独特的数据值。YUV图像则不然。Y（亮度）通道有四个独特的像素值，但U通道和V通道却各只有两个数据值来对应四个Y像素。

对于任何基于色度（颜色）的操作来说，比如抽取蓝幕遮片，这显然是一个坏的兆头。遮片将会出现严重的锯齿边。然而，从图12–9看，情况似乎并不十分得糟糕。因为Y通道是全分辨率的，当YUV图像转换成RGB图像时，每个像素都从其跨越的所有三个通道中继承了一些细节。但这些细节是以数学的方式内插进去的，而不是对原始场景直接进行数字化的结果，所以信息有所损失，细节也就因此而有所损失。我们用电影摄影机拍摄画面，然后将其数字化成24比特RGB，再转为视频分辨率后，将会比4∶2∶2的YUV版本转换成的RGB包含更多的微小细节，即使它们都有同样的分辨率和文件大小。你愚弄不了大自然母亲。

如同我们已经看到的，对于前面描述的4∶2∶2取样，视频信号的每两个色度分量就有四个亮度样本。当然，另外还有其他的取样方案。为了进一步缩减数据的数量，一些视频系统使用4∶1∶1的取样。还有4∶2∶0，甚至4∶1∶0的（我的老天！）。研究这些取样方案之间的差别大概会无聊得很，而且对于改进你的数字效果也不会有丝毫的帮助。总而言之，随着取样率的降低，图像逐渐变得越来越差，而你大概更愿意从视频源获得尽可能高的取样率。当然，如果视频是以4∶1∶1捕获的，如果将其复制成4∶2∶2的视频格式，是绝对没有什么好结果的。但是，或许你知道这些。

时码：专业视频标准单用一条磁迹，以“时∶分∶秒∶帧”的格式，随视频图像一起嵌入了连续运行的时码。你可能会碰到这样一个问题：尽管你的视频版本是在硬盘上从1开始编到无论什么数的数字化帧，但客户还是会经常地使用时码来定位。

Tip! 制作一个时码列表，列出镜头的第一帧，然后利用某种复杂的数学，算出他们正在谈论的是哪一帧，这样的数字化是有可能做到的，但更好的做法是还要求提供镜头的“窗口印记”（window burn）。窗口印记是一种录像带复版（video tape dub），上面的每一帧画面中都印（烧）有录像带时码，有点儿像这个样子：

03：17：04：00* 典型的视频时码

以上读作："3时17分04秒00帧"（是的，帧的编号是从0到29）。还会有一个小的标记（这里显示的是星号），该标记随制造厂商而异，用以标明第1场和第2场。

12.1.1.1 丢帧时码

就在你的大脑还在为视频时码的概念犯迷糊的时候，又到了用两类实用时码——丢帧（drop frame）时码与非丢帧（nondrop frame）时码——打击你的时候来了，你需要弄清楚，你和客户用的都是哪类时码。

问题是，视频并不是以30帧/秒（fps）的速率精确地运行。视频还存在着另一个晦涩的技术问题，它的实际速率是29.97帧/秒。似乎是因为一开始，当人们想要将颜色添加到原有恰恰好为30帧/秒的黑白电视信号上的时候，新的彩色信号有一些谐波，干扰了音频副载频，从而在音频中造成了嘶嘶的噪声。为了解决这个问题，他们将整个视频信号的频率稍稍做了偏移，结果谐波就不再干扰音频了。他们偏移视频信号的数量非常小，所以仍然留在旧的黑白电视规范中，但现在视频是以29.97帧/秒而非30帧/秒运行了。电视观众似乎没有注意到视频的运行慢了1/1000。

然而，这种聪明的小手法带来了新问题，需要用另一个聪明的小手法来解决（视频这东西是越搞越好了）。新的问题是：视频时码会连续不断地失去同步。回想一下，每一帧视频都有其自己的时码，所以，它实际上是在计算帧数，而不是在计算真正的时间。想一想，仅仅过了5分钟以后会发生什么。以30帧/秒的帧率，5分钟正好是9000帧，但以29.97帧/秒的帧率，只有8991帧。仅仅5分钟内就少了9帧。想一想，1小时节目里要损失多少广告税收啊！为了解决这个小问题，他们在5分钟的时间跨度内跳过（即"丢掉"）总共9个时码数字（不是丢掉视频帧），这样，时码就与时钟时间同步了。有一个复杂的法则用来计算哪个时码要丢掉（大约每30秒左右要丢掉一个），但实际的法则在这里并不重要。

那么，这件事对你有什么影响呢？两个方面：首先，当客户交给你一个录像带的时候，你需要问是丢帧的还是非丢帧的，因为在你必须处理的总帧数上是略有差别的。同样运行时间的两个磁带，一个是丢帧的，另一个是非丢帧的，一分钟后就会差出两帧来。如果你把丢帧的视频元素与非丢帧的视频元素混在了一起，然后试图根据它们的时码对其进行编排，这种变化不定的时码问题还将造成灾难性的混乱；第二个问题是，只要你准备将录像带交付给客户的时候，你始终都应该问他是想要丢帧的时码，还是非丢帧的时码。

正确的数字效果协议需要从头到尾使用非丢帧时码。原因是，丢帧只为广播所需要，而对于我们这样合乎逻辑的数字型用户来说，用不合乎逻辑的丢帧来工作是非常混乱的。

12.1.2 NTSC与PAL的差异

NTSC是美洲的，PAL是欧洲的。它们都采用前面描述的工作原理，但在每帧的扫描行数、帧率和像素宽高比上，有着重要的差异。是的，视频像素不是正方形的，所以，当在你的工作站的方形像素监视器上显示时，视频帧会发生畸变。

12.1.2.1 帧 率

NTSC

NTSC视频以30帧/秒的帧率运行，每秒有60个隔行扫描场。好吧，大概其吧。像所有事情一样，视频也不止这些。如前所示，它实际上是以29.97帧/秒的帧率运行的。这对你有什么影响吗？实际上什么也没有。你只要清楚客户的视频是丢帧时码,还是非丢帧时码,就可以了。

PAL

PAL视频以准确的25帧/秒的帧率运行，每秒有50个隔行扫描场。PAL没有丢帧/非丢帧时码的问题，因为它准确地按照公布的帧率来运行。

12.1.2.2 图像大小

NTSC

数字化的NTSC帧为720×486。也就是说，每个扫描行数字化成720个像素，而视频有486个有效扫描行。事实上，在720个像素中，只有711个是画面，其余9个是黑色。为了简化所有的计算，我们将假定720个像素都是画面。这样引起的误差只有大约1%，远低于视频中的能见度阈值。显示在电视屏幕上的NTSC图像的宽高比为4：3（1.33）。

PAL

数字化的PAL[①]帧为720×576。也就是说，每个扫描行数字化成720个像素，而视频有576个有效扫描行。事实上，在720个像素中，只有702个是画面，其余18个是黑色。为了简化所有的计算，我们将假定720个像素都是画面。这样引起的误差只有大约1%，远低于视频中的能见度阈值。显示在电视屏幕上的NTSC图像的宽高比为4：3（1.33）。

12.1.2.3 像素宽高比

如果你基于稍早给出的图像大小数据来计算图像的宽高比，会大吃一惊。尽管PAL和NTSC都是假定具有1.33的宽高比，但如果你算一下的话，你为NTSC得到的宽高比却是（720÷486=）1.48，而为PAL得到的宽高比却是（720÷576=）1.25。这是因为PAL和NTSC都没有使用正方形像素，这才导致了数字混乱的问题。本节描述非正方形像素的工作原理，而如何处理它们，则属于稍后的12.4.4“非正方形像素”一节的内容。

NTSC

NTSC中的像素宽高比为0.9，也就是说，像素在宽度上要比在高度上短10%。视频帧有非常明确的扫描行数——准确的525行，其中486行含有画面，这些是我们要处理的，因

① 原文误作NTSC。——译者注

此我们所关注的也只是这些。人们不能随意增加或者减少垂直方向上的数字化分辨率——必须准确地一行扫描数据对一行扫描视频。然而在水平方向上不存在这样的硬性障碍。原始的模拟视频信号可以以任何要求的分辨率进行水平方向上的数字化，唯一的限制就是硬件的速度。作为有限数据带宽和足够的视觉质量之间最好的折中方法，我们决定将每个扫描行数字化为720个像素。然而，这意味着视频在水平方向上比在垂直方向上数字化得更细。如果让水平方向上的数字化分辨率与垂直方向上的分辨率匹配，以形成正方形像素，那每个扫描行就要数字化为大约648个像素，而不是720个像素。直到你在工作站监视器上显示一个视频图像之前，这本来不成问题。但当你在工作站监视器上显示的时候，图像在水平方向上就突然伸长了10%。

图12–10显示了当一个非正方形像素的视频图像在工作站监视器上显示时，会发生怎样的情景（为说明起见，所有效果均经过了夸张）。注意左侧视频监视器上的圆是的的确确的圆，但以工作站的正方形像素显示时，就被拉伸了。图像的这种拉伸引出了几个问题，我们将在12.4.4“非正方形像素”一节中予以讨论。

PAL

PAL中的像素宽高比为1.1，也就是说，像素在宽度上要比在高度上长10%。PAL与NTSC一样，都是数字化为同样的720个像素，但NTSC有486个扫描行，而PAL有576个扫描行。当放在视频监视器上时，PAL图像在垂直方向上“压缩”了所以让像素变宽了。NTSC是在水平方向上压缩，所以使像素变高。当PAL图像在工作站的正方形像素显示器上显示时，在垂直方向上会拉伸，所以会使图12–10中的圆变得瘦高。

12.1.2.4　各国的标准

基本上有三个世界性的电视标准，并大致依照发明国的政治联系范围而分布。NTSC是在美国发明的，所以在美国的邻国和盟国盛行。PAL是在欧洲发明的，所以在那里最盛行。当然，法国研制了他们自己的电视标准（SECAM），以保留和保护他们的文化独特性。前苏联未能研制其自己的标准，选择采用了法国的SECAM格式，因为它是唯一既不是美国的，也不是欧洲的。你明白了吧，法国不是真正的欧洲，它是法国。

以下是一个部分最盛行国家和地区的列表，以备你有可能会与其发生业务关系参考。

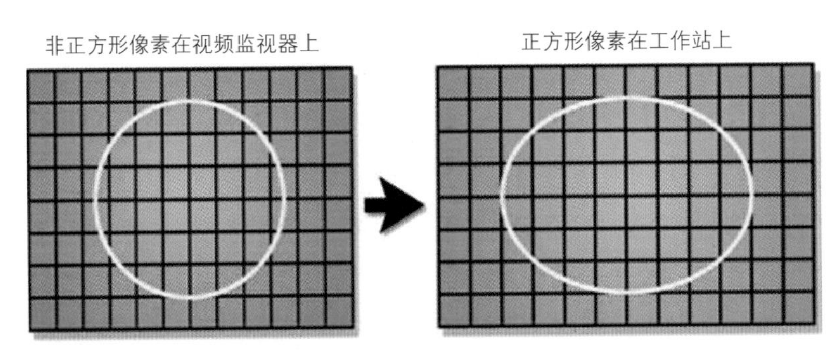

图12–10　在工作站上观看时，NTSC图像在水平方向上拉伸了10%

如果你要为津巴布韦做视效，你就得让他们查看参考一下世界电视标准。

NTSC——美国、日本、中国台湾、墨西哥、中南美大部分国家。

PAL——英国、澳大利亚、加拿大、中国、德国、意大利，以及多数欧洲国家。

SECAM——法国、俄罗斯，以及大多数前共产主义世界。

12.1.3 视频类型

除了隔行扫描场和非正方形像素造成的难题以外，视频还有各种各样的类型。分量视频更好，因为它包含了更多的信息可用于数字操控。复合视频是广播所需要的。一些视频格式是数字的，而另一些是模拟的。这里我们针对这些类型各自讲述的深度，仅仅是为了让你了解视频有各种各样的格式，而那些格式则是下面一节的话题。我跟你说过，视频复杂得可怕，我瞎说了吗？

12.1.3.1 分量视频

视频摄像机拍摄一个场景，在内部是作为RGB图像，但输出的时候将视频转换为YUV以供录像，如12.1.1.4节中“颜色重新取样”一段所述。当视频处于后一种格式时，我们称之为分量视频，因为视频被分解到亮度分量和色度分量当中。事实上，我们一直讨论的就是这种形式的视频。它是最高分辨率的视频数据，而且对于数字合成是最好的。

12.1.3.2 复合视频

分量视频不适合广播，因为它是三通道格式。它需要编码成单通道格式，才能用来调制单一载波供广播使用。当分量视频编码成像这样的单一通道时，我们就称其为复合视频，因为它将三个分量复合在一起了。这种编码方法同时也是另一种数据压缩方案，而且，仍然是与原始的分量版本相比，它既会带来伪像，也会降低画面质量。它是一种有损压缩方案，所以，如果复合视频重新转换成分量格式，那么与原始的分量视频相比，质量会有所下降。

12.1.3.3 数字与模拟

视频不仅分为分量格式与复合格式，各自还有模拟版本和数字版本。模拟格式的视频信号是作为摄像机连续震荡的模拟信号而被记录在磁带上的，有点儿像盒式录音带那样。当模拟磁带复制时，每复制一代，信号质量都会有明显的下降。尽管还有一些模拟磁带与录像机存在，但它们的模拟输出可以连接到一个模数（模拟到数字）转换器上，让其得到数字化。

对于数字视频格式，视频信号作为数字数据记录在磁带上，有点儿像计算机数据带。磁带的磁性介质只记录一系列的1和0，而不是记录模拟格式的连续震荡的信号。对数字带进行相继的复制（称作“克隆”）时，各代的质量都不会降低。

当然，在现实中，数字带格式并非完美无瑕，也不能无限制地克隆下去。事实是，磁带上的错误的确会发生，所以数字格式包括了健全的错误检测与校正/隐藏操作。当检测到错误的时候，错误校正逻辑（error correction logic）会尝试利用磁带上的错误校正数据，对坏像素进行重建。如果失败了，就转交错误掩藏逻辑（error corrcealment logic），通过对邻接像素取平均值，来创建一个替代像素。这当然不能够精确地替代坏像素，但可以不引起人们的注意。

12.1.4 视频格式

以下汇总了你很可能会碰到的最著名的视频格式。对它们的描述包括是分量的、复合的、模拟的或数字的，加上对其预期用途的简略描述，以及画面质量是否适合做合成。标准清晰度（标清）指的是前面所说的NTSC和PAL，高清晰度（高清）是新的高分辨率数字视频格式，需要加以简略介绍。

12.1.4.1 全数字格式

以下列出了主要的全数字专业录像带格式。有好几个厂家制造各种型号的这些格式的录像机。

D1——使用19毫米宽磁带的一种数字分量格式。对于那些需要数据精度特别高，以在数字操控中保持质量的制片厂和后期加工工作来说，这是当下流行的标准。

D2——使用19毫米宽磁带的一种数字复合格式。对于采用模拟与数字输入的电视制作与广播来说，这是当下流行的标准。模拟输入在内部数字化。输出则是模拟与数字都有。

D3——使用1/2英寸（约1.27厘米）宽磁带并接受模拟输入与数字输入的一种复合数字格式。模拟信号在内部数字化。输出则是模拟与数字都有。

D4——没有这个格式。据说，由于在日本文化中，4这个数字不吉利，就像13这个数字在欧洲文化中那样，所以日本的索尼公司决定跳过这个型号。

D5——使用1/2英寸宽磁带，支持NTSC与PAL标准的一种分量数字格式。它也有一种压缩比大约5：1的HDTV（高清电视）模式。在HDTV模式中，帧大小为1920×1080，采用正方形像素。

D6——使用19毫米宽磁带，隔行扫描与逐行扫描的一种无压缩HDTV格式。它的用途基本上是用于电子影院放映。帧大小为1920×1080，采用正方形像素。

12.1.4.2 索 尼

索尼独立研制了它自己的称为Beta（β）格式的录像带标准。这些全都是专业用途的分量格式。

Beta——使用1/2英寸宽磁带的一种模拟分量格式。它的质量尚可，主要用于电子新闻采访。

BetaSP——使用1/2英寸宽磁带的一种模拟分量格式，是Beta格式的高质量版本。对于模拟格式来说，它是一种质量非常好的视频源。

DigiBeta（数字Betacam）——使用1/2英寸宽磁带的一种数字分量格式，尽管有大约2∶1的压缩比，但仍是一种高质量的视频源。

12.1.4.3 DV格式

新出现的一代摄像机与录像机，其共同点在于都是输出数字视频，先经过数据压缩，然后再记录到录像带上。这就允许有更大的帧画面，使用较小的磁带，也有压缩伪像。

表12–1 数字视频格式比较

格式	标准	Mb/s	分辨率	取样率	压缩比
DVCPRO	标清	25	480i	4∶1∶1	5∶1
DVCPRO 50	标清	50	480i	4∶2∶2	3∶1
DVCPRO P	标清	50	480P	4∶2∶0	5∶1
DVCPRO HD	高清	100	1080i/720P	4：2：2	7∶1
HDCAM	高清	440	1080i/720P	4∶2∶2	7∶1
HDCAM SR	高清	440	1080i/720P	4∶2∶2	3∶1
HDCAM SR	高清	880	1080对数数据	4∶4∶4	4∶1

12.1.4.4 消费/商用

这些格式是供家庭消费市场和工业商用市场的。这些格式全都不适用广播工作。尽管如此，客户还是会提供这样的格式，因为他们有的就是这些格式。

VHS——使用1/2英寸磁带，供消费使用的标准模拟合成格式。质量低。

SHVS——使用1/2英寸磁带，供高端消费或商业用途使用的一种模拟分量格式。由于是一种分量格式，所以质量比普通的VHS高。

U–Matic——使用3/4英寸（约1.9厘米）磁带，供商业用途使用的一种数字分量格式。质量低，但优于VHS。

DV——使用8毫米宽磁带，供高端消费和低端商业使用的一种数字分量格式。使用非常有效的DCT（离散余弦变换）压缩方案。在非专业标准中质量最好。

12.2 高清视频

到此为止，我们一直是在讨论称为标准清晰度（标清）的视频。然而，高清晰度（高清）视频正在电视行业迅速崛起，甚至开始跻身于故事片电影制作。这意味着无论你是从事电

标清4×3宽高比

高清16×9宽高比

图12–11 标清宽高比与高清宽高比的比较

影的或是电视的，当今有才干的美术师必须准备好制作高清的数字效果镜头。尽管标清有其NTSC版本和PAL版本，但至少每个版本在帧大小、扫描模式和像素宽高比上都是固定的。然而，高清有一组标准，包括三种不同的扫描模式、两种图像大小以及三种帧率，这些参数可以相互混合匹配，从而形成许许多多让人困惑难解的组合。

然而好消息是双重的：首先，所有的高清格式都有正方形像素（太好了！）；其次，你很可能只会碰到多种可能组合中的不多几种。即便是某天遇到了一种莫名其妙的格式，凭着你从以下内容中获得的对高清视频格式原理的最新了解，你也能够应付裕如。

12.2.1 画面宽高比

除了正方形像素之外，画面宽高比（宽度与高度之比）是高清标准中为数不多的几个不变参数之一。所有的高清画面，无论其尺寸多大，都具有16×9（16∶9）的宽高比，而标清则具有4×3（4∶3）的宽高比。之所以要改变宽高比，是因为你要使新的高清视频与故事片电影（这类电影采用宽银幕）更兼容（图12–11）。电影人可能根据其浮点名称，将16×9的画面宽高比称为1.77或1.78（16÷9=1.777777……这取决于小数点后面打算精确的程度）。这是为了与电影习惯于将其画面宽高比称作1.66、1.85、2.35等的惯例保持一致。

12.2.2 图像大小

ATSC（美国先进电视标准委员会）为数字电视规定了各种各样的图像大小，其中既包括标清的，也包括高清的。高清的两种图像大小为1920×1080和1280×720。如果你要是算一下的话，你会发现这两种都有1.78（16×9）的宽高比。说到高清的时候，如果你要指1920×1080的图像大小，你只要说1080就可以了。同样地，1280×720的大小也可以说成720。由于宽高比只有16×9，所以只说扫描行数就明确地说明图像宽度了。

12.2.3 扫描模式

不幸的是，高清标准仍然支持隔行扫描模式，而这种模式会产生像12.1.1节中所描述的隔行扫描那种两场相错的情形。幸运的是，它也支持逐行扫描模式，出于我们马上就将看到的原因，这种扫描模式正在以惊人的速度流行开来。逐行扫描的工作方式可想而知——光栅从屏幕的左上角开始，从左向右扫出水平的一行，下降到下一行，再从左向右扫描，依此类推，直至到达画幅的底部。它从概念上模仿了摄影机曝光胶片时遮光器的工作过程——每一帧代表了一个瞬间，而对于运动的被摄体，则有适量的运动模糊。

从技术上说，还有第三种扫描模式，叫作“逐行扫描分割帧”（Progressive-scan Segmented Frame），简称PsF。这是为了让逐行扫描视频能够与现有的隔行扫描视频装置与监视器兼容而设计的。好消息是，隔行交错全是在内部实现的，你得到的是纯净的逐行扫描的视频帧，所以那种扫描模式你可以不去管它。

12.2.4 帧 率

高清视频支持各种各样的帧率，其中有一些是与旧的NTSC和PAL标准向下兼容的。

12.2.4.1 24、25、30、60帧/秒

电影的标准频率当然是24帧/秒（格/秒）。有一种高清标准恰恰是24帧/秒，与电影保持了一帧对一格的精确兼容性。25帧/秒是PAL帧率，敏感的欧洲人需要保持它的精准。30帧/秒的帧率适合标准广播的需要，而60帧/秒的帧率则是为快速动作的运动节目而使用的。视频中的一个问题是，当有人说到“30帧/秒”的时候，他可能实际上指的并不是30帧/秒。真正的帧率常常被约等于最接近的整数，从而造成模糊和混乱，所以还需要有下一段。

12.2.4.2 23.98、29.97、59.94帧/秒

还记得12.1.1.6“丢帧时码”一节讲过的混乱事吧。由于NTSC视频老老实实地以30帧/秒运行，造成了信号干扰，不得不将帧率放慢1/1000，结果造成了正常的广播使用不大为人所知的29.97帧/秒帧率。现在，你想将某个24帧/秒的电影转成29.97帧/秒的视频，可以怎么办呢？你也必须将电影放慢1/1000，所以24帧/秒变成了23.98。当你看到23.98的时候，这意味着24帧/秒通过3：2下拉，转换成29.97，而59.94实际上是29.97视频的场率。

12.2.5 命名规则

现在，如果有人要描述即将给你哪种类型的视频来做一个效果镜头，他需要有三个参数才能把事情彻底讲清楚，即图像大小（按扫描行数计）、扫描模式以及帧率。命名规则是：

［扫描行数］［扫描模式］［帧率］

Tip! 例如，以30帧/秒隔行扫描的1920×1080的视频，写作“1080i30”。另一个例子是，以24帧/秒逐行扫描的1920×1080，将写作“1080p24”。然而，由于常常使

用，所以演化出了一些简化形式。今天，“1080i30”非常有可能只说成“30i”，而“1080p24”将简化成“24p”。尽管没有指明扫描行数，但行业惯例是假定扫描行数为1080。

12.2.6　强大的24p母版

在所有可能的高清格式中，行业逐渐集中到了24p（1080p24）上，将其视为“母版”（master）格式。当一部故事片转成视频时，是使用24p格式来完成的。当高清视频电视节目是用视频的方式拍摄和剪辑的时候，通常也是用24p格式来完成的。其原因在于，其他所有的版本以及大小，都可以从24p母版简易快速地生成，质量无任何损失。由于它不是隔行扫描的，所以没有涉及去交错的麻烦问题。它是最大的格式，所以其他任何版本都可以是同样大小或比它小。它以24帧/秒运行，所以直接与24帧/秒和25帧/秒系统兼容，而且很容易转成30帧/秒。

要制作标清广播用的30帧/秒隔行扫描的常规版本，只需要将图像“下变换”（down convert）至小一些的尺寸，并添加一个3：2的下拉（下一节中描述）即可，就像将电影转成视频那样。要制作DVD版本，只需将24p下变换成标清的大小，并保留24p即可。如果原来添加了3：2下拉，DVD压缩专家就必须将其抽出。要制作制作PAL版本，仅仅将24帧/秒版本转换成25帧/秒帧率的PAL视频即可。这样做使节目的速度提高了4%，但电影就是这么做的，也没有人注意到这细微的速度变化。当然，声迹必须同样调整4%，但那很容易。

12.2.7　变形视频

DVD的制造者想要向所有新式宽屏电视的拥护者销售，所以搞出了一种变形（横向压缩）视频格式，这种格式在高清电视机上观看比通常的信箱（letterbox）格式好。这些DVD有可能标明“宽屏电视增强版”或“16：9增强版”，或者类似的描述。标准的信箱格式在屏幕的上下都有很宽的黑条，浪费了屏幕的空间，而变形格式以画面信息充满了整个视频帧。其结果，高清电视机从DVD上获得了显著优于信箱格式的画质。交到你手里的视频，完全有可能是采用这种格式的，所以这里是有前景的。

图12–12　变形视频法

图12-12显示了变形视频法。原始视频为16×9的高清。将高清横向压缩33%并改变大小，使其成为标清分辨率，即得到变形版本。这种压缩了的标清就是刻录到DVD上并交给你加工的视频。家用DVD播放机与任何类型的电视连接都能够播放。如果是标清电视机，DVD播放机就在垂直方向上压缩视频，并在图像上下添加黑条，发送信箱格式的画面给电视机。如果是高清播放机，那么DVD播放机就发送整个变形帧，而高清监视器来改变其大小，使其充满屏幕。即便那是压缩到DVD上的标清视频图像，DVD相对高的带宽也给大屏幕电视机提供了令人惊奇的优质画面。

Tip! 如同对待任何变形图像那样，你可能要解除其变形，使像素变成正方形的，以便实施某种操作，那就将其重新压缩变形。

12.3 胶转磁

即便你只从事视频工作，你的多数视频或许还都是用胶片拍摄，然后在一台胶转磁机（telecine）上转成视频的。这些视频帧与用摄像机拍摄的视频帧是极为不同的。你需要了解有什么不同以及为什么不同，然后你才能够成功应对。同样，客户也会请你就如何适当设置胶转磁机提出建议，以便为你即将开始的项目转出最好的视频来，所以，你需要熟悉一些胶转磁的术语和规程。

12.3.1 3：2下拉

电影以24格/秒运行而标清视频以30帧/秒运行，这一事实是无法回避的。一秒钟的电影必须变成一秒钟的视频，这意味着必须设法将24格的电影“映射”成30帧视频。有些人将其称作“电影扩展”（cine-expand）。用来实现这种“映射”的技术，历史上一直称作“3：2下拉”（3：2 pulldown）。这是将若干电影画幅分布到可变数量的视频场中，直至一切都实现均等的一种聪明模式。

为了求出最小公分母，我们可以分别用24格/秒和30帧/秒去除以6，这样便将问题简化为每4格电影必须映射为5帧视频。做法是利用视频场。在5帧视频中，实际上有10场，所以我们实际需要思考的是，如何将4格电影分布到10场视频上。

将4格电影放入10场视频的诀窍在于利用电影遮光器“下拉”（pulldown）。电影转为视频时，电影的电子“遮光器”为每个视频场下拉一次（没有实际的遮光器，这只是为我们这些非胶转磁机操作人员打个比方而已）。为了将一格电影放入一帧视频中，遮光器必须下拉两次——一次为第一场，一次为第二场。

但如果在同一格电影上下拉遮光器三次，将其放在连续三个视频场上，又会出现怎样的情况呢？那格电影实际将会出现在1½（1.5）帧视频上。我们可以将一格的电影放入2场，将下一格的电影放入3场，第3格放入2场，第4格放入3场。此时，4格的电影放入了10场，形成了5帧视频。出于某种古怪的原因，我们的眼睛只会注意到复制视频场中的遮光步骤，

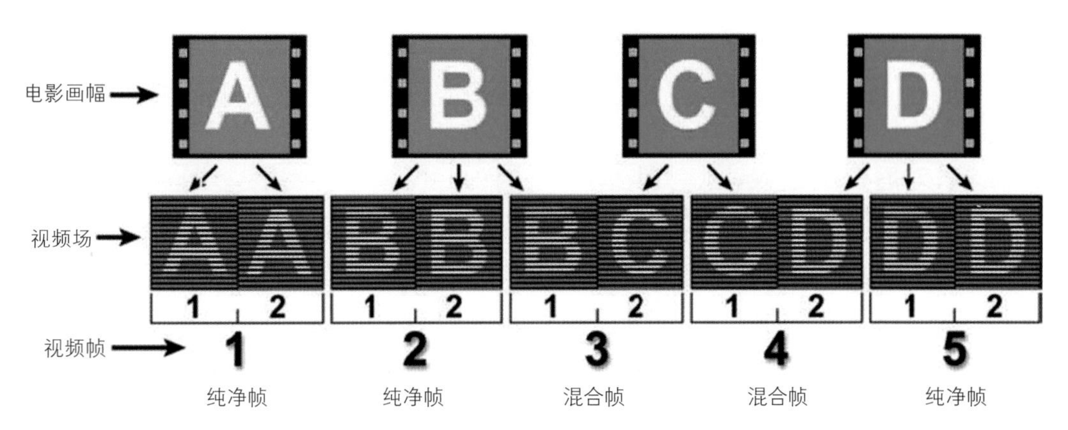

图12-13 胶转磁的2：3下拉模式

动作于是平滑地混合起来。

图12-13显示了一个完整周期的3：2下拉模式（如今技术上的改进已经使其变成了2：3下拉，但我们尊重传统，仍然称其为3：2下拉）。电影画格标为A、B、C、D，每格都有独特的视频场模式。例如，A格式是唯一准确地映射成一个视频场的画幅，它只映射了同一个视频帧的第一场和第二场。注意，有些电影画幅是从一个视频帧的中间开始或结束的，例如电影画幅B是在第3个视频帧的中间结束的，而电影画幅C是从视频帧3的中间开始的两场画幅。总而言之，电影画幅是以"2：3：2：3：2：3……依此类推"的一种交替模式被转换成视频场的。

Tip! 从视频的角度看，如果你在你的工作站上一步一步地捋一遍这些画幅，你会看到一种"纯净帧"与"混合帧"的重复模式。由于混合视频帧在每一场中有着不同的电影画幅，所以动作沿扫描行出现了类似图12-5所示的交错运动模糊的"参差不齐"现象。纯净帧的两场中有同一个电影画幅。从图12-13所示的纯净帧与混合帧的模式，你可以看出，一旦你找到了两个相邻的混合帧，你就知道你是在视频帧3与视频帧4了。从这里你可以退回两帧，就到了视频帧1，即电影画幅A。当然，要看出纯净帧与混合帧来，需要在画面中有运动物体的存在。

12.3.2 定位针定位的胶转磁机

尽管所有的胶转磁机都是使用齿孔来输片的，但在对胶片进行数字化处理的片门处，可能有也可能没有用以在扫描期间，保持胶片定位准确和位置稳定的定位针。其结果是，根据胶转磁机输片机构调整的情况，视频帧有可能出现略微的晃动（片门抖动）或抖动。事实上，如果在放映电影的时候，你注意看点视频幕的角部，有时你会真的发现这种片门抖动。对于普通的在电视上观看一周的电影，这不是个问题。然而，对合成来说，这就是个问题。

Tip! 你不能将一个稳定的字幕或图形合成到一个晃动的背景图层上，甚至更糟的是，你无法将两个晃动的图层相互叠合起来。如果你不愿意在合成前对元素进行稳定化处理（这种处理要花费时间且柔化图像），那就必须要求视频是用定位针定位的胶转磁机来转换的。

12.3.3 对客户的建议

Tip! 但愿在将胶片转成视频之前，你将有机会与客户就工作进行交谈。你可以以这种方式为客户提出一些诀窍，告诉他如何将胶片最好地转成视频以获取最好的合成体验。你的两大要求是：使用定位针定位的胶转磁机和不要3：2下拉。

定位针定位的胶转磁机让客户承担比非定位针定位的胶转磁略高一点儿的成本。一定要指出，如果你不得不对视频进行稳定化处理，那用来重新定位的滤镜操作会柔化图像。如果客户对于质量降低的说法无动于衷，那你就拿出你的杀手锏来——要是不用定位针定位的胶转磁机来稳定视频的话，你的人工收费是其三倍。你看，这就是定位针定位转换的作用！

另一个问题是3：2下拉。你不愿意要它，是因为你将不得不花时间不厌其烦地挪来挪去。如果你用的是Flame系统，该系统有一个消除3：2下拉的智能工具，这实际上就不成问题了。然而，如果你在工作站上用的是一般的合成软件，那工作量就大了。这里的问题实际上是如何与客户沟通。尽管所有的数字合成师都是这一领域内的素质优秀的专家，但在电影制作和视频制作方面，各自的技艺水平仍然是参差不齐的。当你与连3：2下拉都不知道的人交谈时，可能不得不从几个不同的角度来阐释要求，才能使客户明白你的意思。各个角度都要试一试，直至搞明白为止。

每秒30帧的转换。这是对胶转磁机操作人员提出专业而正确的要求。它意味着30格的胶片画幅要放到1秒钟的视频中，而不是通常的每秒24格（帧），因此不需要3：2下拉。这并不是什么可能显得离奇的要求，因为很多电视广告实际上就是用每秒30格来拍摄，然后再转成每秒30帧视频的。

一对一的转换。这将是一格电影胶片对一帧视频，因此不需要3：2下拉。

不做电影扩展。不对电影做扩展（拉伸）处理，以使24格胶片电影画幅覆盖30帧视频。

不做3：2下拉。还有比这说得更清楚的吗？

Tip! 另一个有关胶转磁的问题是要当心图像锐化过度。当胶转磁机老化了以后，操作人员可能会通过加大图像的锐化来进行补偿。这会带来勾边的边缘伪像，以及加剧颗粒性，而在工作站上呈现静帧的时候，要比在视频监视器上显示运动图像时，颗粒性的加剧要明显得多。建议客户务必不要过度锐化，因为没有任何图像处理算法能够消除这种边缘伪像。

Tip! 还有降噪的问题。这又是胶转磁过程中的有一个可调整的设定环节。尽管它降低了转换为视频中的噪波（颗粒），但它也柔化了图像，所以降噪也一定不要做得过度。如果视频需要柔化，你最好是在工作站上进行，因为那样可以根据需要来控制。如果是在胶转磁时柔化了，那你就摆脱不掉了。过度降噪可能带来的另一种伪像是一个画幅以“鬼影”的形式印到了一个画幅上（“ghost” printing）。

想法就是建议客户胶转磁是随后的最佳化合成操作。这样，在工作站上你就不会接过一大堆原本可以避免的问题来，而那样会增加你的制作时间（也增加了成本），并降低了总体的质量。

12.4　视频工作

现在我们将利用已经学到的所有有关视频工作原理的知识，看一看如何解决视频给合成与数字操控带来的所有问题。既然你全面了解了隔行扫描，就让我们看一看如何摆脱它。既然你了解了3：2下拉，就让我们看一看如何将其上拉。既然你适应了非正方形像素，就让我们来开发一些技术，将这些像素变成正方形。

以下所有方法和技术都是预期在普通的工作站上使用某个牌号的合成软件对视频帧进行处理。如果你在使用Flame，或者像是Harry之类的在线视频效果系统，那你很幸运，因为这些系统有内部的自动处理程序，能够为操作人员将视频的复杂性掩盖起来。

12.4.1　从4：2：2视频抽取遮片

Tip! 4：2：2（更不用提DV-CAM的4：1：1！）的低色彩分辨率，在试图抽取遮片时，会造成严重的问题。本节描述一种不大确定的权宜小计，帮助你从标清视频和DV-CAM视频中抽取更好的遮片。

如我们在12.1.1节“颜色重新取样”一段中所见，视频的YUV格式对亮度是全分辨率的，但对色度是半分辨率的。当为合成而将YUV帧转换为RGB时，RGB版本继承了这种在色彩细节上的缺陷。图12-14显示了由这样一个YUV文件而生成的RGB绿幕边缘特写。图12-15显示了Y通道，该通道含有全分辨率的亮度信息；图12-16显示了半分辨率的U通道

图12-14　RGB绿幕

图12-15　YUV文件的Y通道

图12-16　YUV文件的U通道和V通道

图12-17 用原始RGB绿幕镜头合成的结果

图12-18 模糊后的U通道和V通道

图12-19 用模糊后的YUV图像合成的结果

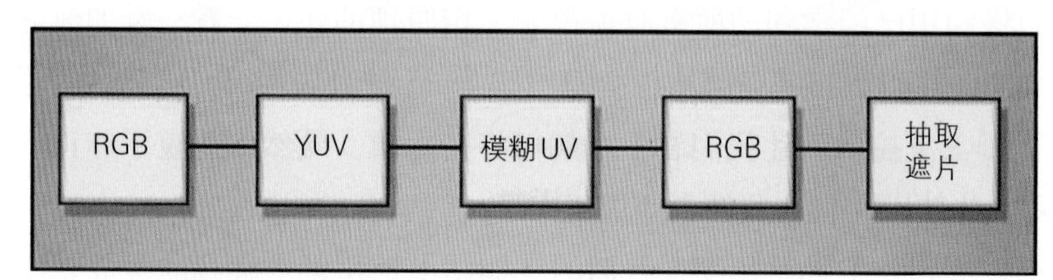

图12-20 UV模糊操作的流程图

和V通道，这两个通道含有色度信息。请注意短粗的数据阶梯。

使用12-14中的绿幕镜头进行合成，我们得到图12-17所示的可怕结果。事实上，合成看上去比原始的绿幕镜头还要糟糕。解决的方法是在抽取遮片之前，先只对U通道和V通道做模糊处理。模糊后的U通道和V通道如图12-18所示，而改进效果是令人吃惊的，如图12-19所示。

操作顺序如图12-20中的流程图所示。RGB绿幕镜头首先转换为YUV图像，然后仅对U通道和V通道做模糊处理。在水平方向上略微模糊一点儿U和V，在垂直方向上根本不做模糊处理（实际的数量根据模糊规程来定）。UV分辨率的损失只是在水平方向上，而且我们不想用多余的操作来模糊它们。记住，模糊是要命的。模糊后的YUV文件然后重新转换为RGB，以抽取遮片，并进行合成。

当然，这个灵巧的把戏是有代价的。尽管模糊操作很好地平滑了合成的边缘，但它同时也破坏了边缘细节。它的量必须是为改善总体的合成所需的最小量。这完全是一种平衡。

12.4.2 去交错

如果视频原本是用视频拍摄的，视频帧全都是隔行扫描的（交错的），在处理之前将有可能进行去交错（de-interlacing）处理。如果你仅仅是打算抽取遮片、色校正与合成，那么或许不一定需要去交错。如果存在像素的过滤，那么去交错就是必需的。过滤（重新取样）操作用于平移、缩放、旋转、模糊以及锐化。整数像素偏移操作，如将图像上移一行或移过两个像素，不需要过滤。为了说服你自己需要去交错，只要找一帧带有明显运动模糊的隔行扫描视频的动作画幅，将其旋转5°，看一看糟糕的样子，就行了。

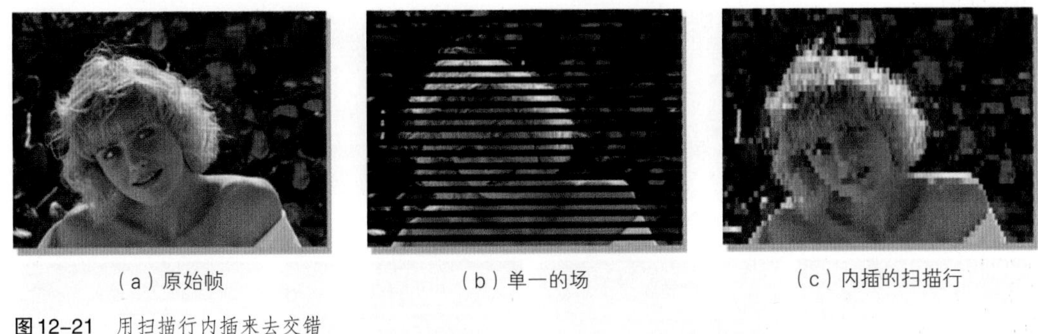

图12-21　用扫描行内插来去交错

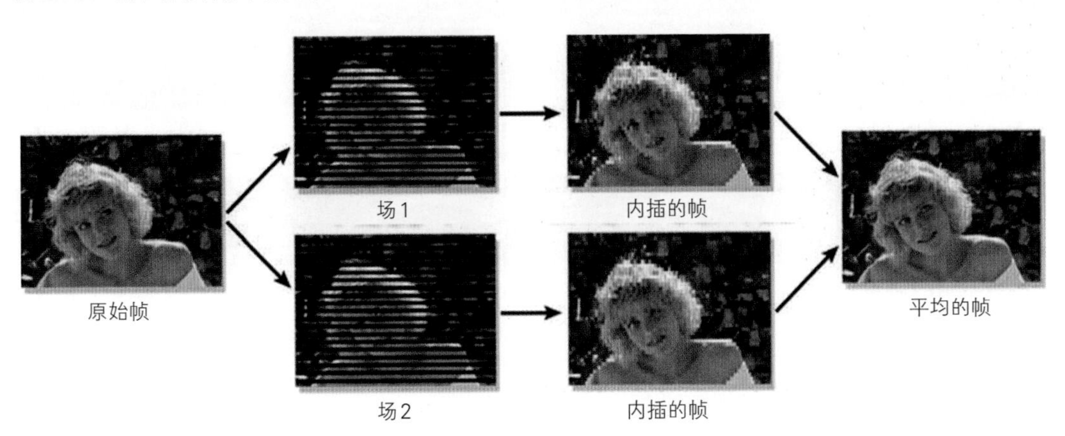

图12-22　用场平均法来内插

有三种去交错的对策可以使用。这些策略当然在复杂性和质量上是有不同的，最复杂的质量最好。源帧的性质、工作的要求和你的软件的功能，将决定最好的方法是什么。你之所以要掌握所有这些不同的方法，是为了让“箭筒”中的“箭”再多点。剥猫皮的方法有多种，你掌握的方法越多，在剥不同种类的猫或类似动物的皮的时候，就可以剥得更好。天啊，我希望你不是一个爱猫的人。

Adobe Photoshop用户：你不能为一帧视频去交错。尽管很少会有交给你一帧视频让你在上面绘画的情形，但万一发生了这样的情形，一定要坚持给你的视频是用来去交错的。一定不要把这件事与3：2下拉混淆在一起，后者过一会儿再谈。那种情形你可以解决。

12.4.2.1　扫描行内插

这是最简单的方法，可也能够取得令人惊奇的良好质量。想法是去掉每帧视频中的一场（例如第2场），然后对余下场的扫描行进行内插，以填满缺失的扫描行。

图12-21说明了扫描行内插（scan line interpolation）的操作顺序。从每帧视频挑出一场来，然后将缺失的扫描行内插进去。这里成功的关键是选择何种扫描行内插方法。大多数合成程序将提供行复制（糟糕的）、行平均（低劣的）和引人注目的米歇尔（Mitchell-Netravali）

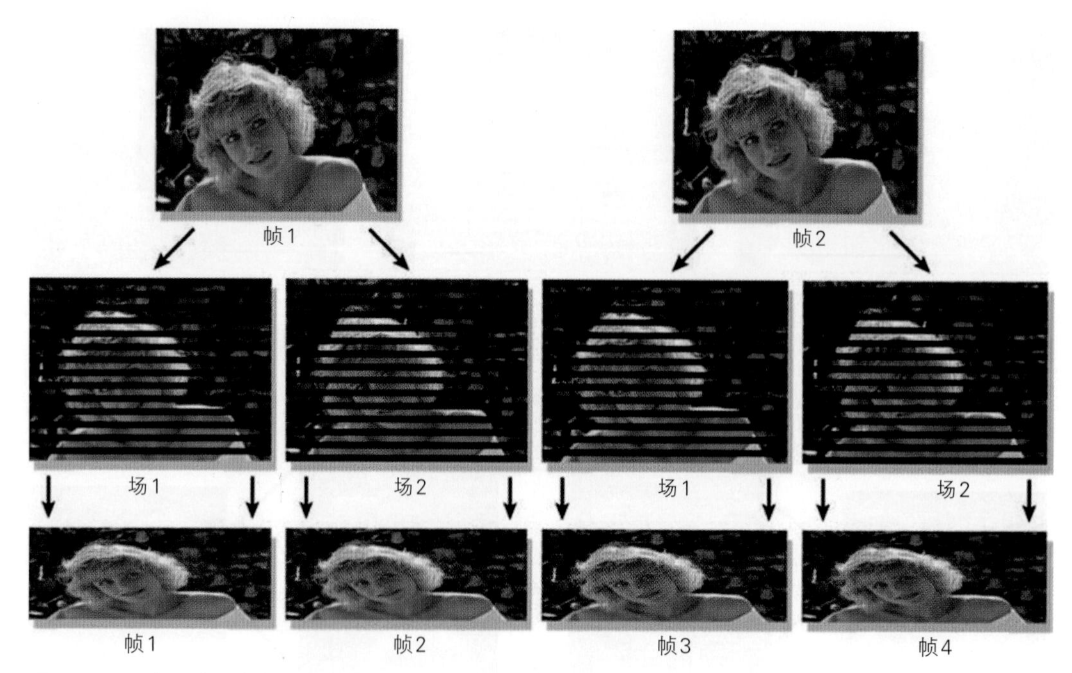

图12-23 用场分离法来去交错

内插滤镜（优良的）等内插方案选择。

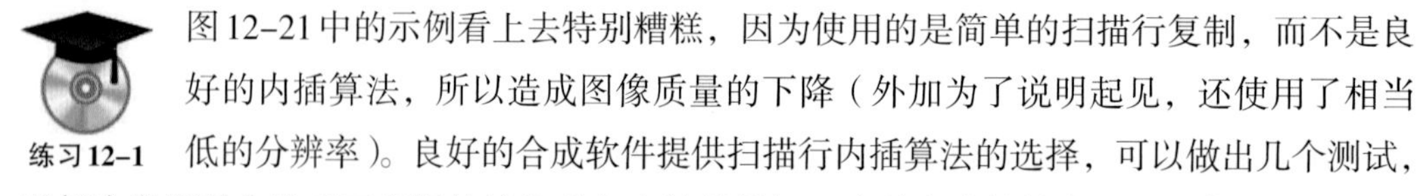

练习12-1

图12-21中的示例看上去特别糟糕，因为使用的是简单的扫描行复制，而不是良好的内插算法，所以造成图像质量的下降（外加为了说明起见，还使用了相当低的分辨率）。良好的合成软件提供扫描行内插算法的选择，可以做出几个测试，以便决定哪种方法对于实际的镜头看上去效果最好。这种方法的缺点是画面信息的一半被扔掉了，完全无法通过聪明的内插来找回被扔掉的信息。精心挑选的内插会显得相当不错，甚至令人满意，但那肯定是从原始视频帧上传下来的。

12.4.2.2 场平均

下一种方法更多地保留了缓慢运动图像的原始画面质量，但有一点儿复杂。图12-22说明了场平均（field averaging）的操作顺序。从左边开始，将帧分为两个场，每个场接受稍前所示的扫描行内插处理，从而形成两个完整内插的视频帧。然后，将这两个帧一起平均，形成最后的帧。

尽管这种方法看上去比之前简单的扫描行内插法要好，但它仍然不如原始帧。在技术上，所有的原始画面信息都保留了，但它经过了内插，然后再一起平均回来，所以稍稍弄乱了原始图像。使用这种方法，静止的细节将看上去更清晰，如果动作相当缓慢，效果就会很好。但快速的动作会产生一种“双重曝光”的样子，会很令人反感。你应该进行测试，并在交错视频监视器上重新放映测试的图像，以便根据镜头的实际画面内容来确定最好的结果。

12.4.2.3　场分离

前面的方法一定程度降低了视频图像的质量，因为视频场是以各种方式内插的，损失了画面细节。下面描述的方法保留了所有的画面信息，所以是质量最好的，也因此而复杂很多。如图12-23所示，想法是将每帧的两场分离开来，不做内插，然后将分离的两场作为新的帧。在本章上，视频已经被转换成60“帧”/秒的电影了。尽管没有帧内插所造成的质量下降，但带来许多不好解决的难题。

每个新的“帧”由于少了一半的扫描行，高度只有原来的一半，但帧数却增加了一倍。这两个问题都给观众添加了难题，但也让所有的画面数据得以保留。在用这些“矮帧”完成合成之后，它们还会完全按照原来去交错的场顺序，重新进行内插。

好了，下面该是坏消息了。由于“矮帧”的高度只有一半，所以所有在Y方向上的几何操作都必须是X方向上的一半。例如，为了将图像总体缩放20%，你必须在X方向上缩放20%，但在Y方向上只缩放10%。原因是，这些“矮帧”在重新内插的时候，将在Y方向上“拉伸”2倍，因此，所有在Y方向上的操作都将被加倍。模糊与平移同样是这个道理——在Y方向上是X方向上的一半。旋转是一种特殊的情况。如果你必须旋转，必须首先将帧在Y方向上放大到2倍，以便使图像“变方”，旋转，然后重新缩回到一半的高度。虽然有点儿绕，但如果最大限度地保留细节是主要关键的问题，那就这样办。同样，像Flame这样的专用视频系统和数字视频效果转换器具有一些固有的特征，可以自动解决这些问题。

12.4.3　3：2上拉

如果视频原本是用胶片拍摄，然后再转换成24帧/秒视频的，那你就使用过3：2下拉（pulldown），在做任何效果之前，通常必须先将这种下拉去掉。3：2下拉通过执行3：2上拉（pullup），把下拉引入的额外的场去掉。数据没有损失，图像的质量也没有下降。

“通常”必须将下拉去掉的原因是由于它引入了一些隔行扫描帧，而这些隔行扫描帧给多数图像处理操作造成了问题。如果你仅仅是打算抽取遮片、色校正与合成，那么或许不一定需要去3：2上拉。如果存在像素的过滤，那么上拉就是必需的。过滤（重新取样）操作用于平移、缩放、旋转、模糊以及锐化。

3：2上拉带来的问题是镜头中的帧数减少了20%，这就扔掉了可能给了你的任何视频时码信息。然而，有一种小的算法可以校正定时信息，即镜头的上拉版需用0.8乘以所有的时间。进一步的定时问题视频的时码是基于30帧/秒的，镜头上拉以后，它又重新变成了24帧（格）/秒。其结果是一些视频时码将会陷入电影画格之间的“裂痕”中，使准确的定时变得混乱起来。

Tip! 但愿你的软件将有3：2上拉特征，并且麻烦将只限于找到你到底正在处理5种可能的上拉模式（称作“韵律”[cadence]）中的哪一种模式，以及一个校正因数的定时信息。留意视频切到另一个场景时的韵律变化。如果电影原本是先剪辑到一起，然后再连续地转换成视频的，那么韵律将是恒定不变的。如果电影原本是先转换成视频，然后再将视频剪辑到一起（像广告那样），那么每个场景就将会有它自己的韵律。

如果你的软件没有3：2上拉特征，那么你将不得不自己搞一个。通过仔细研究图12-13之后，可以搞出一个让人痛苦却又适宜的程序来。难点在于确定你镜头的韵律——模式是从哪里开始的——找到A帧。仔细观察图12-13中的视频场，你将看到一个不带隔行的“纯净”帧和带隔行的“混合”帧的模式。读取视频帧1到5，模式为纯净、纯净、混合、混合、纯净。捋一下视频帧，直到你找到两个混合帧，然后再退回两帧，那就是A帧。祝你好运。

Adobe Photoshop用户：如果你是在搞一部已经转为视频的电影，并且给你处理的视频帧显示出隔行扫描场，那就将片子退回去。通过仔细研究图12-13，并找到需要你处理的那帧周围的各帧，你可以自己缓慢且费力地做一个3：2上拉。可能的话，这要比事先已经做过3：2上拉的好。

12.4.4 非正方形像素

图12-10中所示的NTSC制视频的非正方形像素在你的工作站上会引出各种各样的问题来，比如模糊与旋转的效果不十分好。添加用正方形像素创建的新元素（比如Adobe Photoshop绘画）成了问题。以非正方形像素视频创建的画面内容到了你的工作站上，突然在X方向上拉伸了10%。为了避免不停地对非正方形像素做出补偿，你可以先在Y方向上将其拉伸，将其变为正方形的，然后再进行操控，待完成后，再将其恢复。

当在正方形像素的监视器（你的工作站）上创建一个新的图像时，你将毋庸置疑地想要将其创建为一个“正方形的”1.33图像，所以你不必在操控期间不停地对非正方形像素做出补偿。当图像完成后，先在Y方向上将其压缩，使其变为1.48，然后再送交给视频显示器。

12.4.4.1 操控现有的视频图像

如果你在工作站上对一个拉伸的帧在X方向上和Y方向上进行了20个像素的模糊处理，当回到视频监视器上观看时，事实上X轴只会显得只模糊了18个像素。这是因为当图像送回到视频监视器时，它在X方向上压缩了10%，从而也就使你的模糊在X方向上减少了10%。然而，在真实的世界中，这样的差别并不大，大多数情况下可以忽略掉。重要的是你要知道会发生怎样的事，以及如果那种情况真的成了问题，你该怎样去解决。

然而，大于几度的旋转是个更严重的问题。稍加思索就会弄清楚为什么。还记得图12-10中的那个拉伸的圆吗？如果将圆旋转90°，它将变成瘦高的样子。如果回到视频监视器上观看，它将变得更瘦，不再是个圆。同样，在真实的世界中，如果仅仅旋转几度，变形不会令人反感。如果令人反感了，那图像就必须先“成正方形”，然后再旋转。

图12-24显示了使视频图像“成正方形”的操作顺序。与通常情况一样，为了清楚起见，压缩的元素和拉伸的元素都做了夸张。

步骤1：在具有非正方形像素的工作站上显示原始视频图像，图像的宽高比为1.33，

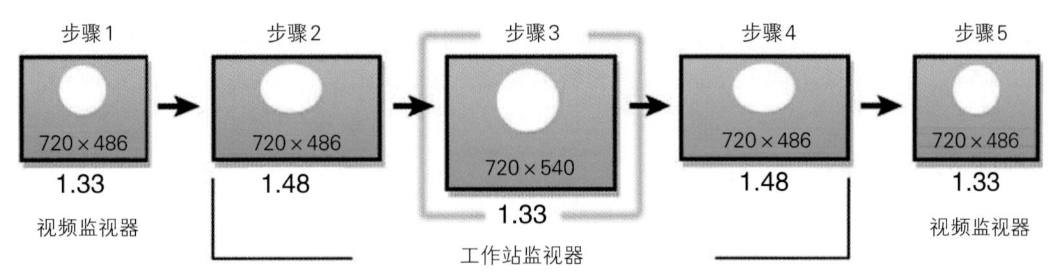

图12-24 在工作站上使图像“成正方形”

且圆形看上去是圆的。

步骤2：传递给具有正方形像素的工作站监视器的视频帧。图像是同样的大小（720×486），但由于是正方形像素，现在的宽高比为1.48，而作为整个的图像，圆在水平方向上拉伸了10%。

步骤3：工作站上“成正方形”的视频帧。通过在Y方向上进行拉伸，图像大小加大至720×540，圆再次成了圆，而图像的宽高比再次成了1.33。所有的变换和模糊都要在这个正方形版本上进行。

步骤4：做过所有的过滤操作之后，将成正方形的像素恢复为720×486，再次回复拉伸的形式。

步骤5：当在视频监视器上显示时，视频监视器的非正方形像素在X方向上将图像压缩10%，使圆恢复正常的形状，并使图像恢复1.33的宽高比。

尽管这一系列的操作将使图像恢复正确的宽高比，以进行过滤操作，但它并非没有损失。简单地将图像大小由720×486变为720×540，然后再变回来，将在Y方向上略微降低图像的清晰度。这个奈何不了。同样，回想一下，你在隔行扫描的视频帧上也做不了这些重新设置大小的操作。

12.4.4.2 为视频创建新图像

Tip! 当你在具有正方形像素的工作站上创建一个原始图像，然后再将其转换为具有压缩像素的视频时，画面内容将会在X方向上压缩10%。这里有一个补偿的方法。如图12-24中的步骤3所示，从大小为720×540的“压缩”图像开始。这是一个宽度为720像素、宽高比为1.33的图像。这或将你的图像放入这种720×540的图像大小当中，此时，圆将是圆形的。当图像完成时，重新将其大小设置为720×486，如步骤4所示。这将在Y方向上将图像压缩10%，从而带来10%的水平方向上的“拉伸”。现在，当在工作站上显示的时候，圆将显示为步骤4中的样子。将这个“拉伸”版本传送给视频监视器，则拉伸的圆将重新压回到步骤5中完整的样子。

你不要创建一个640×486的图像，然后将其沿X方向上拉伸成720。尽管在数学上这是对的，但这样会在X方向上拉伸了画面数据，从而使图像柔化，质量降低。将其创建为720×540，然后在Y方向上压缩，使图像数据紧缩，保留清晰度。

12.4.4.3 PAL像素

练习12-3

PAL视频存在同样的非正方形像素的问题，但是数量略有不同，因为PAL像素的宽高比为1.1，而NTSC为0.9。这从根本上颠倒了前面描述过的拉伸与大小的问题。当图像从视频换到工作站的正方形像素时，会使图像显得在Y方向上拉伸，而不是在X方向上拉伸，但同样的模糊问题和旋转问题仍然适用。为了制作PAL帧的“正方形”版本，将原始的720×576的大小重新设置为768×576。

12.4.5 隔行扫描闪烁

如果你打算在工作站上创建一个视频帧，该帧有一个白色的正方形，背景为黑色。这个视频帧在工作站监视器上看上去很好，但在视频监视器上显示的时候，你会突然注意到，白色正方形的上边缘和下边缘在闪烁。闪烁的原因是白色正方形的上、下边缘都是由一条临近黑色扫描行的白色扫描行组成的。当隔行扫描的视频场交替时，临近的黑色扫描行和白色扫描行轮换着显示出来，从而造成了上边缘和下边缘出现闪烁。

在正方形的中央，每个白色扫描行临近另一条白色扫描行，所以当它们轮换的时候，就不会闪烁。白色正方形在你的工作站上不闪烁，是因为工作站的监视器使用的是逐行扫描，而不是隔行扫描。如我们在12.1.1节“隔行扫描场”一段所看到的那样，隔行扫描是特别为广播电视而研制出来的，为的是降低传送画面的带宽。这对于用摄像机拍摄现场表演的场景来说几乎算不上什么问题，因为你非常难碰到有一个笔直的高对比度边缘，正好与视频场的扫描行对齐。如果碰上了，那即便是现场表演的场景也会呈现出隔行扫描闪烁来。

当你在工作站上创建任何类型的图形时，图形总是会与扫描行正好对齐，其结果是，你有相当的把握用任何合成的图像来形成隔行闪烁。所以，需要知道如何来避免。根本的原因在于两个相邻的高对比度的扫描行身上，就像上面所说的白色正方形的情形那样。知道了原因就找到了解决方法。实际上，有两种解决方法。

第一种方法是降低对比度。在临近100%白的扫描行处不要有零黑的扫描行。或许一条浅灰的一条深灰的就可以，或者两条不同颜色的，不要用一条黑的一条白的。

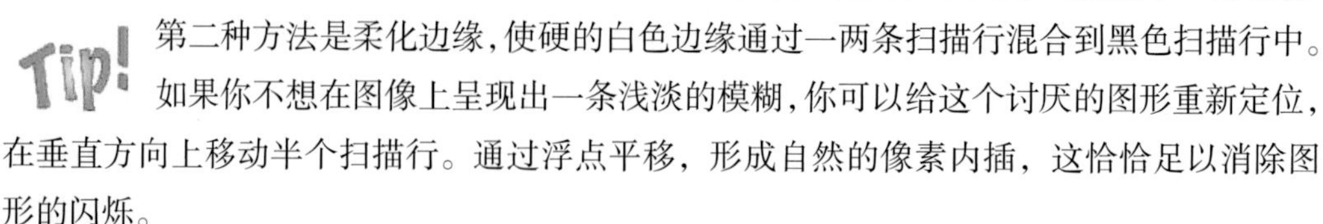

第二种方法是柔化边缘，使硬的白色边缘通过一两条扫描行混合到黑色扫描行中。如果你不想在图像上呈现出一条浅淡的模糊，你可以给这个讨厌的图形重新定位，在垂直方向上移动半个扫描行。通过浮点平移，形成自然的像素内插，这恰恰足以消除图形的闪烁。

练习12-4

当然，如果你的图形包有一个标有“防混叠”（anti-aliasing）的按钮，请务必将它打开。防混叠是消除图形锯齿的一种操作。它通过计算每个像素有多少百分比被图形元素所覆盖，从而为该像素给出适宜百分比的颜色。例如，一个80%的灰元素覆盖了一个像素的50%，便让它成为40%的灰。然而，即便是有了防混叠，如果你的图形元素有一条水平的边刚好与一条扫描行对齐，那也只能成为一条硬边缘，而且像鬼一样地闪烁。

12.5　在电影工作中使用视频

或许你要让一部电影故事片的镜头中出现一台监视器，或者可能你必须将视频本身拍到胶片上。无论是哪种情况，如果要想取得好的结果，都必须正确地对待视频的特点。如何处理好原本是用视频方式拍摄而不是以胶片方式拍摄的视频问题，以及如何处理好具有非方形像素的1.33的视频画幅在电影片窗中的构图问题正是本节的一些话题。

12.5.1　最好的视频格式

客户常常会问你，为了电影工作，最好交给你哪一种视频格式？关键问题在于视频片段原本是以哪种格式拍摄的。以VHS视频开始，然后将其复制成D1，并不会改善视频的质量。令人奇怪的是，在解释之前，竟然有那么多的客户都不明白这个道理。

Tip! 说到这儿，标清视频的最高质量就是D1。它是数字分量视频，而且是非压缩的（除了12.1.1节“颜色分辨率”一段中描述过的半分辨率这件小事情以外）。其次就是数字贝塔（DigiBeta）。它是数字分量视频，但具有大约2.5：1的压缩比（除了色度的事情以外）。压缩造成了画面细节的一定损失，尽管索尼予以否认。当使用蓝幕或绿幕的时候，这个问题会是很重要的，因为视频中固有的色度细节损失已经使你受到了伤害。然而，它还是有10比特每像素，而不是通常的8比特每像素，所以它是好的选项。它之后，下一个最好的就是Beta SP。它是一种模拟格式（不好），但它是分量式的（好），但又有2.5：1的压缩比（不好）。尽管如此，它还是一种高质量的视频源。

如果客户有的是Beta SP或任何模拟源，那就请他（她）为你输出一个数字副本（数字贝塔或D1）来做这项工作。这样做的主要原因是，Beta SP是一种模拟带，所以，在录像机前端所做的设置，会改变影响色彩和视亮度的视频电平（video level）。如果客户为你制作一个数字副本，他将做出颜色选择，而不是你来做出，而且从数字带读取的视频每次都是相同的。

如果客户的带子是D2的，是一种数字复合格式，它将没有D1或数字贝塔那么高的质量，甚至没有老的模拟的Beta SP那么高的质量。由于是复合视频格式，所以画面信息经过了压缩，并编码为NTSC格式，造成了细节的损失。它必须经过代码转换器，转换为分量视频，然后再将分量视频转换为RGB，才能给你的工作站。

12.5.2　原本用视频拍摄的视频

对于原本是用视频拍摄的视频，帧率为30帧/秒（从技术上说，应该是29.97帧/秒），而且帧将全部是隔行扫描的。对于要放入电影中的视频，无论是作为监视器出现在电影效果镜头中，还是将视频转到胶片上，都必须去交错，而且帧率必须降低到24帧/秒。关于如何去交错视频，已在12.4.2“去交错”一节中讲述。然而，速度改变有几个选项。

在使用你选择的方法对视频进行了去交错之后，可以用你的合成软件中的帧平均（frame averaging），使帧率由30帧/秒降至24帧/秒。如果画面中没有太多的运动（人们在跳吉特巴舞）的话，或者如果运动没有非常高的对比度（白猫从煤箱中跑过去）的话，看起来这会是不错的。帧平均技术引入了交叉叠化帧，这些帧看起来像是二重曝光，因为它们就是二重曝光。这会变得令人反感。某些现代的合成程序具有使用运动矢量（motion vector）的“变速器”（speed changer）、速度补偿以及光学流动（optical flow）技术，这些技术将在你的工作站上展现很好的效果，但它们在计算上是很昂贵的。可话说回来，你是在处理去交错帧，而这些帧已经损失掉它们一半的画面信息了。

Tip! 从30帧/秒的隔行扫描视频变为24帧/秒的电影最好的方式，就是使用一种新的标准转换箱（standard conversion box），这种转换箱可以在使用“运动补偿算法”装备精良的视频后期公司中找到。这些系统实际对每个像素进行分析，逐帧地确定其运动状态，然后从这些数据中创建出一些中间帧来。这不是帧平均法。如果遮光器在要求的瞬间及时地开启的话，它们将严格地将像素偏移到其所应该处于的位置上。它们将隔行扫描的两场视频都用上了，所以没有扔掉任何画面信息。顺着这个路子，它们还能够将图像转换为逐行扫描格式，如果你愿意的话，甚至能够将视频的分辨率变换为高清（1920 × 1080）。请客户在将视频交付给你之前先将视频转换好，因为转换期间会有一些创造性的折中，而你要让客户来做出那些选择，并且由他们来为转换付费。

12.5.3 原本用胶片拍摄的视频

如果视频原本是用胶片拍摄，然后再以24帧/秒转换成视频的，便将有3：2下拉帧必须除掉。去除的方法已在12.3.1“3：2下拉”一节中详细讨论过。一旦去除了3：2下拉，视频便恢复了原来胶片电影的24帧/秒的速度，后面的事就好办了。

练习12-5

如果胶片电影原本是用30帧/秒拍摄，又用30帧/秒转换的，便将没有3：2下拉帧，因为一格胶片转到了一帧视频上。当然，除了速度上是有变化的。这里仍然有两个选择，即前面讲过的帧平均法或标准转换法。

12.5.4 画幅大小和宽高比

假定你要将一个720 × 486的视频图像放入一个电影画幅的某个位置上，另外还要对非正方形像素进行校正。如果客户要求视频完全充满一个学院标准片格窗（磁转胶中通常都是这种情况），你只要在一个操作中，将视频帧的大小改为学院标准片格窗的大小就可以了。不要分成两步——先将视频“正方形化”，形成1.33的视频帧，然后再将1.33版本的大小改为胶片画格的大小。这两步操作，每步都引入了过滤操作，每次都会柔化图像。图像将会

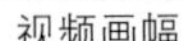

图12-25 视频画幅的两种1.85电影构图的选择方案

因此而柔化过度。少许的图像锐化可能对胶片分辨率画幅有帮助，但这也会提高噪波，而如果锐化过度，还会让图像带上“边”。

学院标准片格窗具有1.37的宽高比，这种宽高比相当接近视频的1.33的宽高比，故差异可以忽略。如果要将720×486的视频帧（在你的工作站上看宽高比为1.48）的大小改为学院制，校正了非正方形像素，就会像在电视上那样，又变成了1.33的图像。全帧视频在电影的画幅中适配良好。但如果视频帧不能够很好地适配，那又该怎么办呢?

例如，如果任务是让视频段落很好地适配1.85的电影片格窗，那基本上有两种选择，如图12-25所示。整个视频帧可以从上到下适配在1.85格式中的一个1.33的“窗口”中，但两边将是黑“柱”（信箱格式）。优点是图像较清晰，而且保留了整个画面，但黑柱会显得不好看。另一种替代方法是将视频帧遮幅（crop）成1.85，并充满整个电影画幅。这种格式的问题是图像变大了，所以比起适配格式来，图像大大柔化，而且原始的画面内容现在受到了严重的裁切。1.33的视频画幅在构图上一般要比1.85的电影画幅更紧，因此，像这样的遮幅视频有时会造成只看见两双眼睛和一个鼻子。务必与客户讨论这两种构图的选择方案。令人吃惊的是，有多少客户会惊讶地发现，他们必须在这两种方案中做出选择（或者也许可以在二者之间找出一种折中的方案来）。

练习12-6

形成遮幅版本有一种简易的方式，那就是将视频画幅的大小改为充满整个学院标准片格窗(或者满片格窗,取决于你的电影格式),然后,必要时可遮成1.85片格窗。务必符合客户的要求。有时他们不愿意将视频“硬遮”成电影放映片格窗的格式。

12.6 在视频工作中使用电影

如果你需要将一些由电影胶片扫描得到的画幅加到视频中去，则必须在胶片扫描时执行几个操作：你必须让电影与视频的画幅宽高比相匹配、引进非正方形象素，在不改变电影速度情况下，缩小画幅大小。以下是为视频帧准备胶片画幅的一些步骤。

电影可以在一个操作中改成视频的大小，这个操作甚至可以适用于非正方形像素。将电影画幅遮幅成1.33，然后将大小改为720×486就可以了。这将引入非正方形像素，并为在视频监视器上显示而创建完美的画幅。对于PAL，将1.33遮幅的大小改为720×576。如果电影画幅已经遮幅成某种更宽的格式，比如1.85，则在画幅的上方和下方加垫，使画幅成为1.33，再将其改为视频的大小。

练习12–7

如果电影原本是用30帧/秒拍摄的，那就齐活儿了。但是很有可能是用24帧/秒拍摄的，这就需要做3∶2下拉。几乎所有的合成软件都可以为片段添加3∶2下拉。

12.7 在视频工作中使用CGI

理想情况下，CGI渲染软件将提供一些选项，你可以选择具有0.9像素宽高比的30帧/秒隔行扫描的720×486图像，不过或许没有这样的选项。任何侧重多边形功能的CGI软件包将至少提供正确的帧率和帧大小。如果缺失了什么，那或许就是隔行扫描选项和像素宽高比选项。

如果剧情中有极快的运动，按场来渲染和交错或许是有帮助的。通常良好的运动模糊和30帧/秒渲染刚刚好。有那么一些人，他们实际上偏爱24帧/秒渲染的外观，那是对电影的延续。他们觉得那会使CGI看起来更有电影味儿。

Tip! 如果你的渲染软件不提供非正方形像素宽高比的选项，那你将不得不渲染一个1.33的图像，然后再改变图像的大小。对于NTSC，渲染出720×540，然后将其大小改为720×486。对于PAL，渲染出768×576，然后将其大小改为720×576。像这样压缩渲染出的画幅，与具有正确宽高比像素的图像相比，会对防混叠产生少许的干扰。如果这成了一个可以看出来的问题的话，可尝试加大防混叠取样。

第十三章

电　影

环太平洋（*Pacific Rim*，2013）

由于有了今天的数字效果流水线，现代数字合成师在他或她的职业制作生涯中，完全有可能再没有机会去和实际的胶片去打交道了。第一次遇到镜头将或许是在监视器上看到它，最后一次将或许是在放映室内看到它。

除非你拍摄一些梯级片（wedge），否则你永远都不会触及到一格真正的胶片。当与客户交谈的时候，这会造成用词上的问题。另一方面，客户整天都和胶片电影打交道，尽管他或她可能不知道像素是什么，但客户希望你懂得他或她的术语和用词。

本章讨论数字合成师如何看待电影，而不是剪辑师或摄影师如何看待电影。因此，很多东西恕不讨论了。或许有些东西虽然在技术上是对的，但对你这个数字合成师并没有价值，或者并不重要。最关键性的专题之一是不同的电影格式。例如，合成师必须知道，在全片格窗的画格中学院标准片格窗的中心在哪里。你必定会将一些尺寸古怪的素材,从一种格式（或者不符合任何格式）转为某种别的格式。而且非常重要的是，你必须知道画格的哪个部分必须关照，哪个部分可以忽略。甚至还有对胶片扫描仪和胶片记录仪的一段描述，以及对数字中间片的一段描述，而这个工艺则是在电影后期制作技术中的一个更为重要的发展成果。

13.1 电影工艺

一部故事片要经过很长时间才能在电影院中放映。作为一名数字合成师，你将或许永远得不到机会看一看电影是怎样在经过后期制作过程后，才形成了最后在影院中放映的拷贝。然而，你与之合作的客户，却是与这些电影工艺生活在一起。因此，对他们的世界有一个基本的理解，虽将是一个漫长的路程，但有助于你与他们进行沟通。

下面是对电影的加工步骤——从一部胶片的故事片的摄影原底片到最后的发行拷贝——做一个概括介绍，如图13-1所示。这些信息对于数字中间片一节也是必不可少的，而那一节你不要漏掉。

摄影底片——这是在拍摄电影时用摄影机曝光的底片。一盘摄影胶片经过曝光后，要从摄影机中取出来，放到一个防光的片盒中，再送到洗印厂连夜进行冲洗。冲洗后的摄影原底片印出的拷贝，称为“工作样片”，是第二天早上制作出来的，所以导演和摄影师可以看到前一天拍摄的结果。现在的趋势是在高清视频上看工作样片，而不再

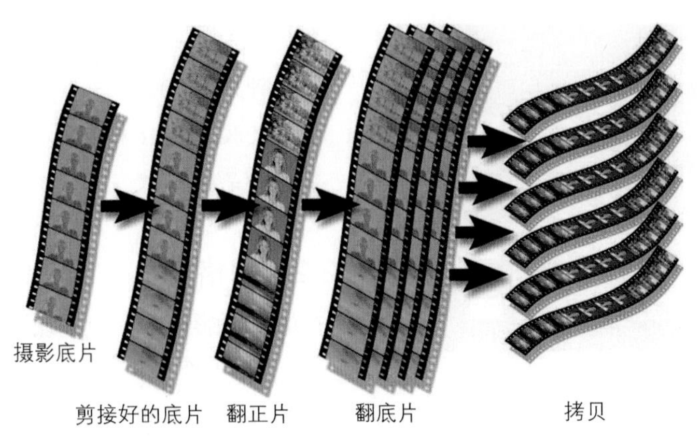

图13–1 从摄影底片到发行拷贝的电影工艺

是看胶片的样片。

剪接好的底片——当所有的剪接工作都完成后，剪辑师从各个不同的摄影底片将选定的镜头剪下来，并接在一起，形成“剪接好的底片”。从400盘到500盘摄影底片可以剪出1500到2000个镜头来。

翻正片（Inter Positive）——缩写为IP，是用剪接好的底片以可以调整的印片光号印制出来的，所以，形成的翻正片经过了逐格镜头的调色（色彩校正）。现在，电影已经剪辑好，并且配好了光。

翻底片（Inter Negative）——缩写为IN，从一个翻正片要印出好几个（一般是4个至10个）翻底片，然后用这些翻底片去印制所有的影院放映拷贝。翻底片有两个作用：其一，印片过程要使用高速印片机，用翻正片来印片风险太大；其二，印制拷贝本来急需要使用底片。

拷贝——从好几个翻底片印制出数百个甚至数千个拷贝来，发行到影院去放映。一个翻底片可以印400个到500个拷贝，而印一个拷贝要花费几千美元。

13.2 术语与定义

在谈论学院标准片格窗之前，先要明确一些整个讨论都要用到的电影术语和定义。所有这些术语都将会帮你掌握“电影词汇”，并且有助于你与客户对话，且不说阅读后面的几节。你要让客户觉得你对电影有所了解，否则的话，他们会认为你是个地地道道的“字节脑袋”。

13.2.1 换 算

作为一名数字美术师，你会用画格和像素这些术语来谈论电影，然而客户来自一个不同的世界，一个模拟世界，看待事情有不同的方式和不同的度量单位。例如，客户说到一个镜头的长度是多少英尺加多少画格，诸如“4英尺6格”。那么，下面就是不多的几个关键的换算数字，你将发现这些数字很有用处，需要记住。

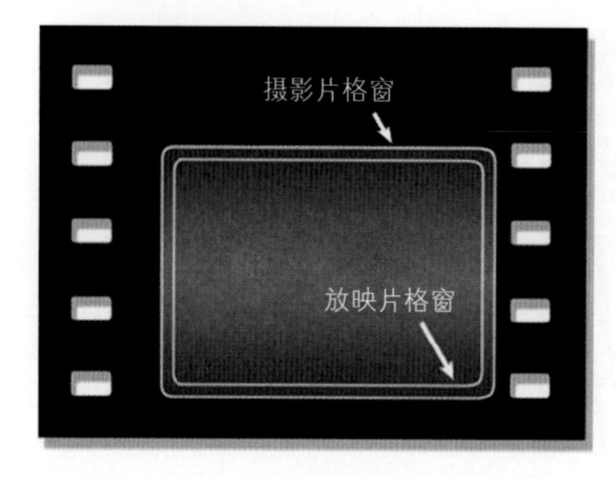

图13-2 影片的摄影片格窗与放映片格窗

每秒是24格；
一分钟是1440格；
每英尺胶片是16格；
每分钟是90英尺。

13.2.2 片格窗

在电影摄影机中，有一块金属板，称作"片门"，板上有一个矩形开口，片门正好位于胶片的前面，挡住一些照进的光线，决定底片曝光的区域。片门上的矩形开口以及胶片曝光的区域都指的是摄影机的片格窗。当影片放映时，电影放映机有一个类似的片门，上面也有一个矩形开口，叫作放映片格窗。放映片格窗略小于摄影片格窗，以便在放映片格窗没有完全对准的情况下，曝光画幅四周有一个窄窄的"安全边缘"。图13-2将摄影片格窗与"一般的"放映片格窗，以阐释这个基本观念。

这样一来，放映片格窗就成了摄影片格窗内的一个窗口，剧情就要限制在这个范围内。有些放映片格窗要比摄影片格窗小很多很多，从而会让人们产生疑惑：你实际关心的是哪一个区域，以及如何将要素定位在那里面。这不足为奇，胶片记录仪常常要予以数字化，并传送给胶片记录仪进行胶片输出的区域，就是这个摄影片格窗，而这项工作可能只需要在放映片格窗内完成就可以了。放映片格窗的种类非常多，而你很可能会遇到的那些类型，在第13.3节"电影格式"中，已经详细地介绍了。

13.2.3 构　图

拍摄电影之前，导演需要做出决策：电影摄影师将使用何种电影格式。然后，所有的镜头就都按那种格式来"构图"，这意味着剧情和关注的事项将被框在预定的片格窗或"窗口"内。例如，如果一个镜头是按学院1.85格式构图的，那么剧情将被框在该片格窗内。

Tip! 重要的是要知道你是在按什么来构图，因为这对你必须做出的创作和工作决策都会有影响。别人可能给了你一个全片格窗板，让你来使用，但如果镜头原本是按学院1.85格式构图的，就是看着片格窗板，你也无法知道构图的位置。一定要在项目刚刚开始的时候就弄清电影放映的格式是什么。

为了说明构图对镜头的影响，图13-3给出了一个按1.33格式构图的1.33宽高比画面的例子。被摄主体在景框中的位置很好，在1.33宽高比的片格窗中，任何部位都没有被切掉。然而，图13-4显示，如果这个画面用1.85宽高比的放映片门来放映的话，会发生什么情况。被摄主体的最上面和最下面的部分已经被切掉了。不仅只是在美学上造成了影响，如果画面关键的部分被切掉的话，甚至会影响故事的叙述。

图13-5显示了同一被摄主体在另一个1.33宽高比画面中的情况，不过这个画面是按1.85格式构图的。注意：与图13-3相比，被摄主体在景框中留出的空间要大一些。当以图13-6

图13–3　按1.33的格式构图

图13–4　以1.85的格式放映

图13–5　按1.85的格式构图

图13–6　以1.85的格式放映

中的1.85格式的片门放映时，被摄主体在景框中处于很好的位置，不再被切割。在这两个例子中，即便是被摄主体原本都是按1.33的格式拍摄的，但构图会是不同的，这取决于打算以哪个电影格式来放映。

Tip! 相关的一个问题是需要“安全兼顾”的片格窗。客户可能会说，镜头要按1.85格式来构图，但他要求镜头“对1.66格式安全”。这意味着，即便剧情是按1.85格式来构图的，你也需要确保完成的镜头适合1.66格式的片格窗。除此之外，如果画面不够完美，那也没有什么关系。这偶尔会给你省掉不知多少不必要的工作，如果需要进行逐格的工作的话（比如转描或绘制），或者可以完全忽略在安全区以外出现遮片边缘不佳的情况。

13.2.4　画幅宽高比

画幅宽高比是描述画幅形状的一个数字——画幅是近乎正方形的，还是更近乎矩形的。画幅宽高比的计算方法是用画幅的高度除以画幅的宽度，用公式表示如下：

$$\text{画幅宽高比} = \text{画幅宽度} \div \text{画幅高度} \tag{13-1}$$

计算中，无论使用怎样的计量单位都无所谓。例如：在Cineon像素中，以像素数计量

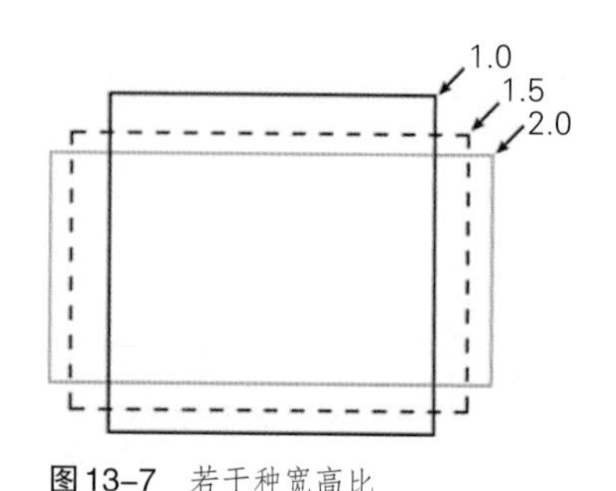

图13–7 若干种宽高比

的学院标准片格窗的宽高比是（1823 ÷ 1332）=1.37。如果你用胶片本身的单位英寸来计量，宽高比则是（0.884 ÷ 0.630）=1.37。宽高比也可以用实际的比值来表示，如4：3。这意味着关注的对象是4个“单位”的宽度乘以3个“单位”的高度。4：3的宽高比也可以通过4除以3的算术计算，以浮点数字来表示（4 ÷ 3=1.33）。我偏爱浮点表示法是出于两个原因：首先，对于很多现实世界的宽高比，用比值来表示很难做到形象化。你是愿意看到宽高比表示成61：33，还是表示成1.85？其次，在计算图像宽度或图像高度的时候，你常常需要使用宽高比，因而无论如何也不得不将比值的形式换算成浮点的形式。

图13–7显示了几种宽高比，用以图解一个图样。宽高比1.0时，是一个完全的正方形。随着宽高比变得越来越大，图样的形状就越来越像一个“宽银幕”。对于大于1的宽高比，等量地减去图像的周边长度，例如四周都减去100个像素，将会加大宽高比。

宽高比对于计算图像窗口的高度和宽度来说，也是必不可少的。例如，想象一下从一个全片格窗画幅裁处一个1.85的窗口。我们知道，学院标准片格窗是2048个像素宽，而我们需要计算1.85窗口的高度。借助少许的代数知识，我们可以用方程式13–1解出高度和宽度，方法如下：

$$高度 = 宽度 \div 宽高比 \qquad (13\text{–}2)$$

$$宽度 = 高度 \times 宽高比 \qquad (13\text{–}3)$$

我们要求出高度，所以用公式13–2，计算如下：

$$高度 = 2048 \div 1.85 = 1107 像素高$$

Tip! 所以，在一个全片窗的画格内，一个1.85宽高比的窗口是（2048 × 1107）。我们实际上要将其圆整为（2048 × 1108），从而使图像可以被2整除。这样，如果需要制作替代版本或进行二次采样，便可以顺利地计算出来。

13.2.5 图像分辨率

每种类型的电影格式的图像分辨率都是按照Cineon扫描的办法给出的，因为其他大多数的胶片扫描仪和胶片记录仪都服从Cineon的标准。Cineon的扫描仪和胶片记录仪将35毫米胶片的全宽度（全片格窗）设定为4K（4096）像素。垂直方向上的高度随电影的格式而改变。尽管使用70毫米格式的人会要求用4K来扫描，但对于绝大多数35毫米的工作来说，2K（2048）扫描已经是优秀的了，而其与4K扫描相比，还大大降低了所要求的数据库容量，减少了渲染的时间。Cineon称4K扫描为“全分辨率”，称2K扫描为“半分辨率”。表13–1总结了下文详细介绍的几种图像分辨率。给出了很可能你没有使用的几种图像分辨率供比较，这些分辨率用阴影来标出。

表13-1　Cineon电影胶片扫描分辨率

电影格式	2K扫描	4K扫描	宽高比
学院	1828×1332	3656×2664	1.37
全片格窗	2048×1556	4096×3112	1.33
西尼玛斯柯普宽银幕	1828×1556	3656×3112	2.35
维斯塔维兴宽银幕	3072×2048	6144×4096	1.5
70毫米	2048×920	4096×1840	2.2
艾麦克斯	2808×2048	5616×4096	1.37

以下诸节详细描述了每种电影的格式，所有的35毫米画格分辨率都是按2K扫描给出的，因为那是你实际最有可能使用的分辨率。如果你需要查看4K的数值，请查阅表13-1。

13.3　电影格式

35毫米电影有许多种格式，常常有可能弄混。在本节中，我们将考察全片格窗及其变型、学院标准片格窗及其变型，外加西尼玛斯柯普系统变形宽银幕（Cinemascope）和维斯塔维兴系统宽银幕（VistaVision），另外我还将讨论标准65毫米格式及其艾麦克斯（IMAX）变型。所有的图像尺寸同样是按Cineon像素尺寸的分辨率给出的，你最有可能使用的就是该分辨率。本节为格式变换提供了一些窍门和技术，例如从维斯塔维兴画格转换成学院标准画格，还特别关注了处理西尼玛斯柯普系统宽银幕电影中的一些难点。

13.3.1　全片格窗

全片格窗得到覆盖胶片从左片孔到右片孔区域，宽高比为1.33的图像。在垂直方向上，它跨越4个片孔（画格旁侧的小孔），片格窗的高度只为画格之间留下一条窄窄的分格线（见图13-8）。由于整个底片都曝了光，因而没有给声带留出位置来，所以这种格式不能在电影院中放映。Cineon全片格窗扫描为2048×1556。

如果全片格窗不能在电影院放映的话，那在你的监视器上制作效果镜头的时候，它又有什么用途呢？有两种可能性：其一是该镜头是为全片格窗格式构图的，以后将缩印成学院标准格式，供电影院发行；第二个可能性是，即使扫描了全片格窗，镜头还是要按学院标准片格窗来构图，这将放在下一节来描述。学院标准片格窗只使用全片格窗的一部分，所以，如果你不知道这个小小的细节的话，你会把镜头搞得一塌糊涂。

图13-8　全片格窗画格

13.3.1.1 超35

全片格窗常常称作“超35”，是一种非常流行的格式，因为其使用起来很灵活，几乎能够由此转换成任何一种格式。同样，从客户那里查明构图的情况以及安全片格窗的情况，也是非常重要的。你或许听说过它又称为“全片格窗185”或“超185”。意思是说，该片门板是用全片格窗拍摄，却是在全片格窗画格内按1.85片格窗构图，计划以后“缩印”成学院1.85的格式。其对合成师的唯一真正的影响，是你必须将剧情保持在全片格窗的画格中。当然，除非赋予你的任务是用数字的方式来完成，那就要将全片格窗画格改换成学院标准格式。

Tip! 你需要记在心里的是，全片格窗片门板是1.33的宽高比，而学院片门板是1.37. 为了避免在X方向上将客户的画面略微拉长，你要在全片格窗板上遮出一个1.37的窗口来，重新划出学院标准片格窗的尺寸。

超35 2.35格式是一种非常重要的格式。全片格窗被曝光，但剧情是在全片格窗内，按2.35的窗口来构图。2.35窗口的宽度为全片格窗的全宽度（2048），高度为（2048 ÷ 2.35=）872。这不是西尼玛斯柯普系统宽银幕。前面已经简单描述过，西尼玛斯柯普是2.35且变形（X方向上压缩）。艺术上的意图是最终以西尼玛斯柯普的形式来完成，供影院发行。以后，超35以光学印片的方法，或数字处理的方法，转换成西尼玛斯柯普格式。为效果镜头实施数字转换或许将是你的任务。

13.3.1.2 共用顶边与共用中心

事实上，影院放映的格式有好几个，电视的格式也有好几个，这使得电影摄影师很难挑选出单一的一种格式进行拍摄。摄影师找到“以一种格式适应各种情况”的办法，是拍摄有“共用顶边”或“共用中心”的超35，如图13-9所示。

图13-9 超35格式

图13-10 学院标准片格窗连同声带以及全片格窗轮廓

共用顶边的想法是，对于所有的格式来说，画格的轮廓线是共同的，就好像它们全都“悬挂”在画格的“顶”上一样。以后，当电影以不同的格式发行时，格式之间改变的仅仅是“足踏的地面”。

共用中心的格式将剧情保持在全片格窗景框垂直方向上对中的位置。以后，发行格式从片格窗的中心选取，格式的高度越大，上下等量增加得越多。

Tip! 所以，除了询问客户你将处理怎样的格式以外，关于超35，你还必须核对该格式是共用顶边的，还是共用中心的。

13.3.2　学院标准片格窗

学院标准片格窗形成1.37宽高比的图像（常常说成是“1.33”），相对于全片格窗，该图像要小一些，且向右偏移了一些，以便为声带留出位置。当然，扫描的时候是绝扫不到声带的，因为到了影院放映拷贝上才有声带，摄影原底片是没有声带的。图13-10中有一个全片格窗的虚线轮廓，显示了学院标准片格窗在全片格窗中所处的位置。它还显示了学院标准片格窗的中心是怎样移向全片格窗中心（浅灰色十字）右侧的。那么，任何时候说道学院标准片格窗中心时，指的都是这个“偏心”的中心。Cineon对学院标准片格窗的扫描是（1828 × 1332）。

将某种其他的电影格式转换为学院标准格式时，你要从源胶片格式上裁取一个1.37宽高比的区域，然后将其转换成（1828 × 1332）的大小。如果你有一个学院标准格式的镜头，但胶片扫描仪只能扫描全片格窗，则学院标准画格必须贴在一个黑色的全片格窗板内。学院标准画格在垂直方向上要对中，并向右偏移至右边缘对齐。

学院标准片格窗扫描为（1828 × 1332），它代表了摄影机片窗，而不是放映片窗。这既是你从Cineon扫描仪获得的图像尺寸，也是你传送给Cineon胶片记录仪的图像尺寸。放映片窗就在摄影机片窗内，如图13-11所示。放映片窗括入的区域乃是胶片画格的位置，如果将全学院标准片窗放映出来，人们看到的就是这个区域。放映片窗在画格的周围为影院放映机留出了些微的“安全边缘”，如图13-11周围的暗边所示。1.85片格窗不是一个嵌入（1828 × 1332）图像的1.85窗口，因为1.85片格窗是摄影片格窗。1.85窗口是略小于学院标准放映片格窗的一个窗口。

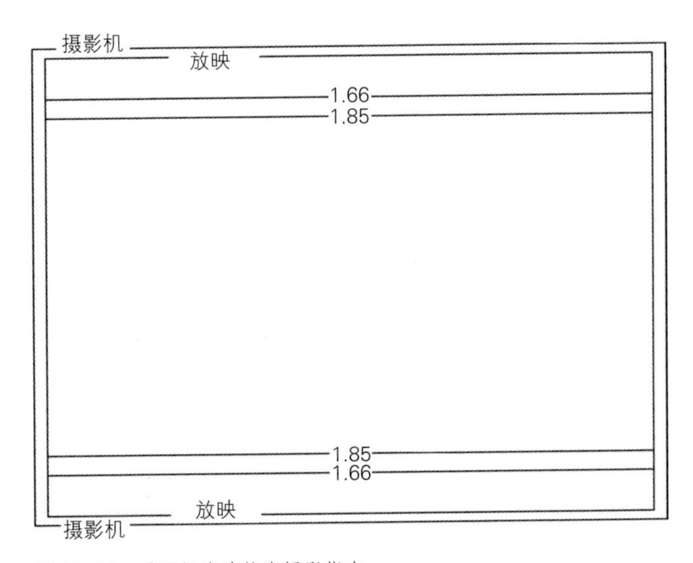

图13-11　学院标准片格窗摄影指南

胶片画幅　　放映的图像

图13-12 压缩的胶片画幅的解压缩放映

要记住，即使一个镜头是学院标准1.85镜头，你将来需要处理的也可能或者是学院标准扫描，或者是全片格窗扫描。

练习13-1

对于全片格窗图片，当镜头实际是按学院标准片格窗来构图时，就需要留意了。有时镜头的曝光、扫描、合成以及记录输出，都是按全片格窗格式进行的，但镜头是按学院标准片格窗构图的。剧情的中心将在学院标准片格窗位置的右侧，如图13-10所示。物镜的中心将对准在那里，各种畸变也以那里为中心。如果你要围绕全片格窗图片的中心来旋转片格窗图片，比如说在放映的时候，对于画格的学院标准区域来说，旋转中心的错误就十分明显了。那真是太尴尬了。

13.3.3 西尼玛斯柯普系统变形宽银幕

西尼玛斯柯普系统变形宽银幕是一种2.35宽高比的“宽银幕”电影格式，其在胶片上的图像，在X方向上压缩到1/2。放映时，用一只特殊的“变形”（单轴）镜头将图像水平拉伸2倍，使画面恢复正常的透视关系。当变形图像解压缩后，得到的图像称作“解压缩图像”。图13-12表现了压缩的胶片画幅与解压缩图像之间这种2：1的关系。

图13-13 西尼玛斯柯普变形宽银幕画格和全片格窗参考轮廓

首先获取胶片上的压缩图像，该图像最初是用X方向上将场景压缩成1：2的变形镜头拍摄的。这些镜头与普通的“球面”镜头相比不大常用，这是很多电影使用常规球面镜头拍摄成超35格式，然后再转换为变形宽银幕格式的原因之一。

变形宽银幕的真正优点在于胶片上有多得多的面积用于画面。这可以从图13-13中的西尼玛斯柯普电影片格窗示意图看出。西尼玛斯柯普变形宽银幕画格具有学院标准宽度，但还有全片格窗的高度（1828 × 1556），由此得到（1828 ÷ 1556=）1.175的宽高比。放映时经过X方向上的2倍放大，便在银幕上形成了（1.175 × 2=）2.35的图像。由于它具有学院标准宽度，所以也具有学院标准中心。

尽管超35 2.35格式的胶片面积因其是全片格窗而略微宽了一点儿，但在高度上根本没有加大。其结果是与西尼玛斯柯普变形宽银幕画格相比，其胶片面积要小得多。在影片的放映面积上，西尼玛斯柯普变形宽银幕画格比超35 2.35要多出60%以上。

Tip! 你会遇到以全片格窗拍摄，画面覆盖了声带区域的西尼玛斯柯普变形宽银幕任务。有效画面面积将完全是学院标准宽度，而且剧情将按学院标准宽度构图。更重要的是，物镜将仍然采用学院标准中心。换言之，不要让胶片上的声带区域曝了光这一事实误导了你。要将剧情的中心保持在学院标准宽度内，旋转中心或缩放中心也要这样。

13.3.3.1 处理西尼玛斯柯普变形宽银幕

说到旋转和缩放，西尼玛斯柯普是一种很棘手的格式。如果你的合成软件没有变形图像观看器，你就得或者整天盯着压缩变形的图像，或者添加一个改变大小的节点，每次你要观看一个画幅的时候，都要将宽度加大一倍。更糟糕的是，变形压缩的图像不可能在做到在旋转或缩放的同时，不带来严重的畸变。如果你将一个变形的图像缩放比如10%，当它后来在放映时解除变形的时候，它就会在Y方向上缩放了10%，而在X方向上缩放了20%。

如果你试图旋转一个变形的图像，最后它就会既偏斜又旋转。旋转畸变看起来更难受，图13-14就提供了一个恰当的例子。原始的图像像西尼玛斯柯普那样在X方向上压缩了50%，旋转10°，然后解除压缩变形，恢复原来的大小。你可以看到，目标在变形旋转期间，发生了严重的畸变。

Tip! 不幸的是，制作中的变通方法是通过在X方向上放大2倍，将西尼玛斯柯普图像解除压缩。如果只有一两个“压缩变形不合法”操作，可以在操作前解除压缩，然后在操作后再恢复压缩。如果有好几个，那只好在第一个操作前解除压缩，并一直保留到最后一个操作。问题是，这显然使图像中的像素数量增加了一倍，而这将严重影响渲染时间。这还会造成图像被过滤（重新取样）好几次，从而柔化了画面。或许有一天你将制作变形旋转。如果你的缩放操作能够在X方向上和Y方向上做不同的缩放，那你只要将Y方向上的缩放做

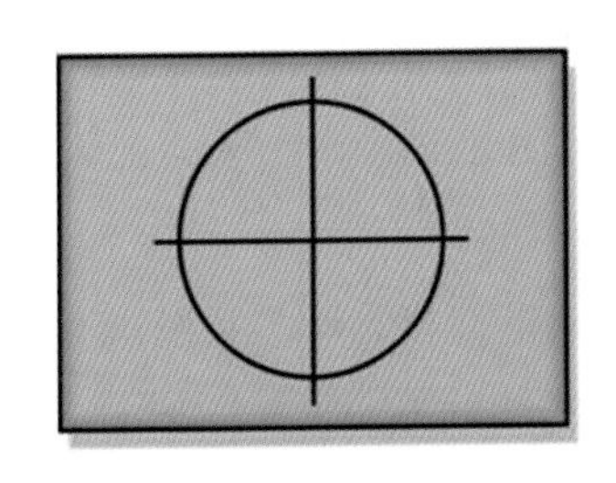

原始图像

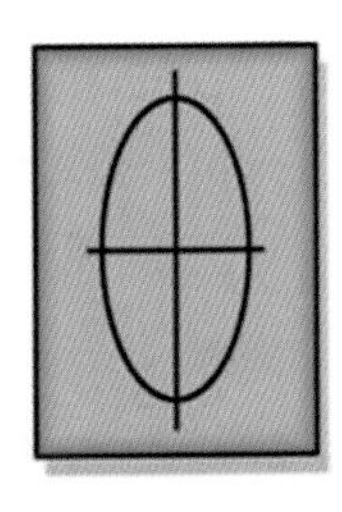

压缩后

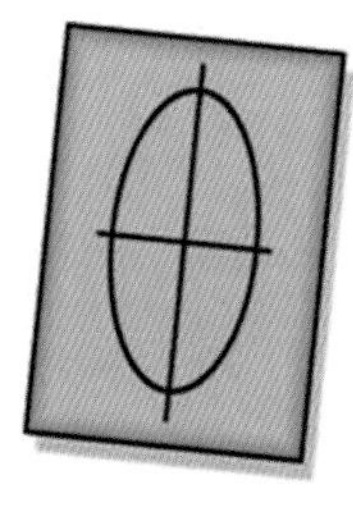

旋转后

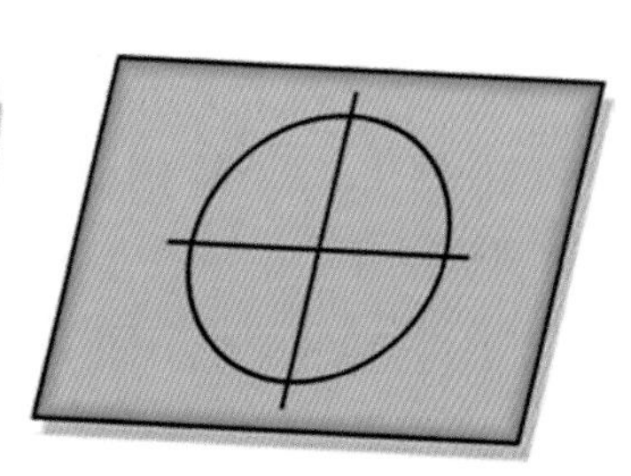

解除压缩后

图13-14 旋转压缩变形的图像所引起的畸变

成X方向上的两倍，并避免了所有的解除压缩变形，你就可以制作自己的变形缩放。

Tip! 如果跟踪仅仅是为了摇摄（X和Y平移），那么运动跟踪可以在压缩变形的图像上安全地完成。如果你试图跟踪旋转或缩放（变焦），那运动跟踪器从压缩的画幅所收集到的数据将会存在畸变，因而无法使用。或许有一天有人会制作出变形运动跟踪器来。

13.3.3.2 将其他格式更改为西尼玛斯柯普格式

你将偶尔会有其他的电影格式，需要加入到西尼玛斯柯普工作中，所以你将不得不改变它们的格式。关键问题是你要将过滤操作的数量保持在最低水平——在这种情况下，制作只能做一次。无论你拿到的是一个又大又不好的维斯塔维兴宽银幕电影图片，还是一个（上帝保佑你）学院标准画幅，程序都是一样的。

步骤1：在源图片上遮出2.35的窗口。

步骤2：在一个改变大小的操作中，将遮出的窗口的大小改为1828×1556。

练习13–2

几乎所有改变大小的操作都有一个在X方向上和Y方向上对大小做不同改变的选项，所以大小的改变可以在一个步骤中完成。这样就将过滤降为只有一次。如果西尼玛斯柯普图层在与输入的元素结合时打算变为非变形的（3656×1556），那么输入的元素就可以遮幅成2.35，在改变大小以匹配3656×1556的时候保持非变形状态，与西尼玛斯柯普合成，以后再在合成中将结合的图层压缩变形。这样将会省掉对输入图层的压缩变形，省掉后来为了合成再解除压缩变形，也就省掉了重新对结果进行压缩变形。你也要力图将过滤操作的次数保持在最低。

13.3.4 3孔电影

前面描述的电影格式一直都是指4孔格式，因为这些影片每个画幅有4个片孔。然而，还有一种不大有名的格式叫作“3孔”，每个画幅只有3个片孔（图13–15）。我之所以提出这个格式，是因为数字中间片（DI）工艺（稍后描述）出现以后，这个格式逐渐变得不那么默默无闻了。

3孔电影的优点是用起来更便宜，因为它节省胶片材料和洗印费用。由于胶片每个画幅只过3个片孔，而不是4个片孔，所以同样长度的镜头要节省25%的胶片。曝光的胶片少了，意味着洗印费用也少了。然而，它是需要用特殊的3孔摄影机来拍摄的。

3孔扫描是2048×1168，且宽高比为1.75。这种宽高比非常接近高清视频的宽高比（1.78），所以它对高清的映射非常好。除此以外，通过对画幅的上下两边稍加裁剪，便可将1.75的宽高比映射成美国标准1.85的宽银幕格式。在不久的将来，你非常有可能会接到3孔电影扫描素材来做数字效果镜头。

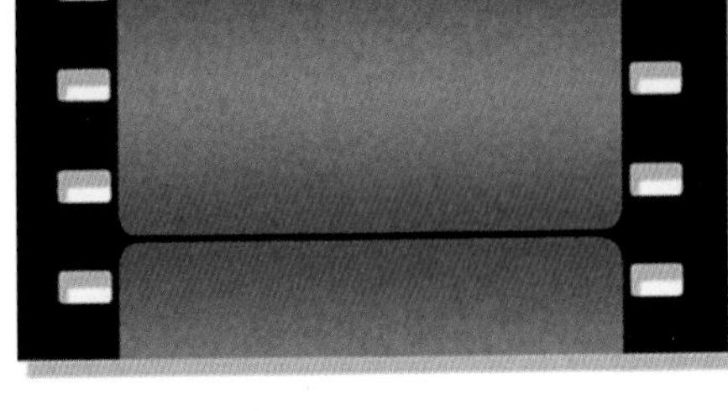

图13-15　3孔电影

图13-16　维斯塔维兴画幅

13.3.5　维斯塔维兴宽银幕电影

维斯塔维兴是一种分辨率非常高的35毫米格式的电影，其宽高比为1.5，这种宽高比常常用于拍摄效果镜头的背景图片。由于其是从超高分辨率的元素开始的，加上有可能作为一个静止画面中的颗粒非常小，所以到效果制作过程结束时，也没有明显的质量下降。维斯塔维兴有时称作“8孔”，是横着使用胶片，使图像横跨8个片孔，而不是通常的4个片孔（图13-16），使用的底片远多于其他任何35毫米格式。这意味着维斯塔维兴底片面积是通常4孔全片格窗底片的两倍。横着输送胶片显然需要有特殊的摄影机和放映机，但它与其他35毫米电影使用同样的胶片和同样的洗印工艺。

维斯塔维兴扫描量非常大，为3096×2048，因而文件也非常大。你不大可能会真的去做它的效果镜头，但人家很有可能会给你一个维斯塔维兴元素，让你将它加到一个更普通格式的镜头中。一种常见的用法是将电影胶片装入常规的35毫米照相机中，拍摄一些照片，用作背景图片。常规35毫米照片也是8片孔1.5宽高比的格式，正好适合你那一带的Cineon胶片扫描仪。用不着通过电影摄制组或者什么的，只需一名摄影师带上一台照相机，就可以让你得到漂亮的维斯塔维兴图片了。当你需要一个超大尺寸的背景图片，以便进行大幅度的移动或推摄（放大）时，维斯塔维兴图片的超大尺寸也派得上用场。

13.3.6　65毫米/70毫米

65毫米摄影底片是一种5孔格式，宽高比为2.2，人们常说的“5孔70”指的就是它。它的发行拷贝实际上是70毫米，片孔外侧多出的5毫米用于一些附加的声带，如图13-17中虚线所示。5孔65毫米 Cineon全分辨率扫描为4096×1840，而且你不大可能会使用半分辨率来做65毫米工作，因为那样多少有悖于使用65毫米大格式的整个目的。

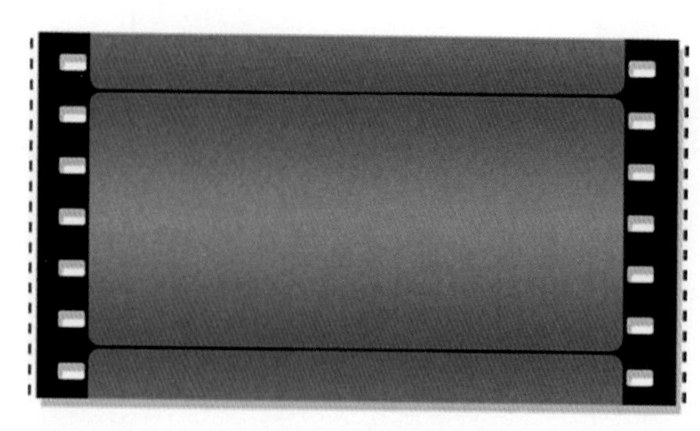
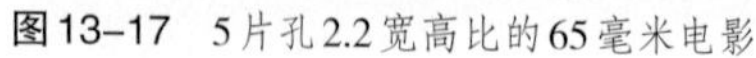

图13-17 5片孔2.2宽高比的65毫米电影

图13-18 IMAX画幅将悦目区放在中央靠下的地方

13.3.7 IMAX

IMAX堪称所有格式之母，为15片孔1.37宽高比的70毫米格式，常常称作“15/70”。底片当然是标准的65毫米胶片。胶片是放倒用的，像维斯塔维兴格式那样。这是一种供IMAX影院用的特种电影。IMAX画幅全分辨率的Cineon扫描为5616×4096，而且你同样是很难有机会用半分辨率来扫描。尽管Cineon能够扫描65毫米底片，但目前却没有Cineon 65毫米胶片记录仪。当把IMAX画幅送出去给常规的胶片记录仪时，这些画幅将有可能需要缩小到类似4096×3002的大小。

IMAX有着非常大的画幅，相当于常规35毫米学院标准画幅的10倍以上。除了超大的放映尺寸以外，相对于银幕的大小，IMAX影院在设计上让观众坐席非常靠近银幕，有点儿像是让所有的观众都坐在常规影院的前5排座位似的。银幕覆盖的视野非常大，所以剧情的构图非常特殊，如图13-18所示。

IMAX格式隐含的理念是视觉“沉浸”，因此，大部分银幕被有意放在了周边视野。剧情和任何字幕都应该放在剧情“悦目区”（sweet spot），即画幅的中央靠下的地方。如果像普通35毫米电影那样，将剧情放在中央来构图，那所有的观众都将仰头观看40分钟。将剧情保持在下方，并用巨大银幕的其余部分来填充观众的周边视野，从而形成“沉浸”的体验。

IMAX格式特别难处理，不仅仅因为画幅尺寸巨大，还因为观众与银幕的关系太不一样了。视频上或你的监视器上的IMAX画幅显得很怪，因为剧情和字母都挤在了小小的“悦目区”。当你在IMAX影院放映镜头前，你会本能地将事物抬高弄大，然后，突然所有的东西又都太大太高了。你要想想象出监视器上的图像在放映时会是什么样子，可以下移你的鼻子，移到你的监视器距边缘大约3英寸（约7.62厘米）的地方。我是认真的。

13.4 胶片扫描仪

胶片扫描仪使电影底片（或中间正片）数字化，并为数字操控输出数据文件。你在工作站上处理的电影画幅来自胶片扫描仪，所以了解一点儿扫描仪，会是有帮助的。有关硬件分辨率和孔径校正（aperture correction）的信息，会有助于你选择需要打交道的扫描服务公司。

图13–19给出了典型的胶片扫描仪结构。它有一个线性的CCD阵列，用于一次数字化胶片的一整行；还有一个精密的输片机构，用来一步一步地将胶片输送过CCD阵列，一次扫描一行。由于制造高精度、可重复并且可以调整的输片机构和镜头系统非常困难，所以，大多数扫描仪在水平方向上都只能以固定的分辨率来扫描全片格窗，但可以简单地通过改变每个画幅通过的扫描行数，来改变扫描的垂直高度。例如，对于学院标准片格窗扫描，在水平方向上是扫描全片格窗，并按照学院标准画格的大小来决定扫描范围。西尼玛斯柯普只需要在水平方向上限定扫描的范围，而以全片格窗来扫描垂直方向。对于维斯塔维兴扫描（横的格式），输片机构要保持移动8个片孔，而不是通常的4个片孔。

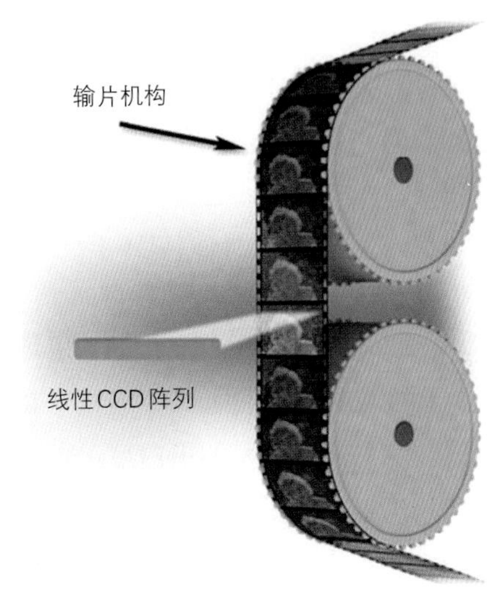

图13–19　胶片扫描仪

胶片扫描仪的一个极其重要的特征是其硬件扫描分辨率。对于水平分辨率，硬件扫描分辨率取决于线性CCD阵列中有多少个元件（"像素"）。对于垂直分辨率，则是输片机构的精细程度，也就是说，当沿垂直方向输送胶片时，输片机构能够走出多小的一"步"。

Tip! 所有的胶片扫描仪都有正方形像素。大多数扫描仪或者是2K（2048）或4K（4096）扫描仪，这就是它们CCD阵列的分辨率。出于某些原因——这些原因在有关信号理论的晦涩科学中，已经解释得很清楚了，幸好这部分内容我们跳过不讲了——数字化一个图像的过程会柔化图像。为了补偿，有些扫描仪采用了"孔径校正"，这是有关扫描仪对一种图像锐化算法的称呼。这里有一点非常重要。尽管大多数人实际只采用2K扫描，但4K扫描过滤成2K要比2K直接扫描好得多。无论交付的图像是怎样的分辨率，始终要询问硬件扫描分辨率是多少。

胶片扫描仪设计的初期，曾确定胶片"无损"扫描需要4K分辨率。然而，实际经验表明，对于大多数应用来说，好的2K扫描看上去就已经足够好了，而其需要的硬盘空间、数据传送时间以及渲染时间，只有4K扫描的1/4。大多数扫描仪以12到14比特的分辨率来数字化胶片，然后将其过滤成8比特或10比特。8比特用于扫描的线性版本，10比特用于对数版本。线性电影图像和对数电影图像之间的差别，将是第14章"对数与线性"的内容。大多数扫描仪能够数字化底片或者中间正片。中间正片具有与底片同样的密度，所以扫描仪不必对光学系统做什么改动。只不过中间正片扫描数据必须经过反转，转换成底片扫描数据。

13.5　胶片记录仪

胶片记录仪取得数字图像数据，并按这些数据重新对胶片进行曝光。胶片记录仪有两个基本类型：基于CRT（阴极射线管）的和基于激光的。所有的胶片记录仪都力图尽可能少地添加颗粒，因为它们的目的是“重新拍摄”以前数字化的胶片，而那些胶片已经有相当明显的颗粒了。实现的方法就是使用颗粒非常细微的胶片。这样的胶片速度也非常慢，这意味着曝光的时候需要很强的光，或者如果你没有很强光的话，那就需要花长得多的时间来曝光。由于CRT不能够生成像激光那样强的光，所以，当你发现激光胶片记录仪比CRT记录仪的速度快的时候，就不会感到惊奇了。

13.5.1 胶片记录仪的工作原理

CRT胶片记录仪使用一台摄影机来拍摄CRT上显示的画面，如图13-20所示。CRT是一种特殊的高分辨率的黑白型。彩色是通过色轮来拍摄每个画幅，一次通过一个颜色通道而实现的，这意味着每个画幅需要通过三次。例如，红通道首先显示在CRT上，红滤色镜旋转至CRT上方，摄影机开启遮光器，但并不输送胶片。接下来，绿通道显示在CRT上，绿滤色镜旋转至CRT上方，摄影机再次开启遮光器，但仍不输送胶片。该过程对蓝通道重复一次，然后胶片输送至下一个画幅。

随着在垂直方向上的缓慢移动，激光胶片记录仪真的在每个画格上“绘画”，每次扫描一行，直接画到底片上。激光首先通过一只光束调制器，随着一行的扫描来改变其对每个像素的亮度；然后再通过一只偏转器，使光束沿水平方向跨越胶片扫过去。虽然图13-21中为了清楚起见，只画出了一只激光器，但实际上是有三只激光器，每个颜色通道都有一只。每个激光束都有它自己的调制器和偏转器，所以，三个激光束全都可以同时工作，一次通过便将画幅记录下来。

13.5.2 激光胶片记录仪与CRT胶片记录仪的比较

尽管CRT胶片记录仪在大多数情况下工作得都很出色，而且要比激光胶片记录仪偏便宜很多，但激光胶片记录仪赢在了所有的性能竞争上。激光胶片记录仪的特点是：

速度更快：激光记录仪的光源要比CRT亮得多，所以每个画幅的曝光时间要短得多。CRT记录仪还需要每个画幅通过三次，而激光记录仪一次通过同时记录的所有三个通道。

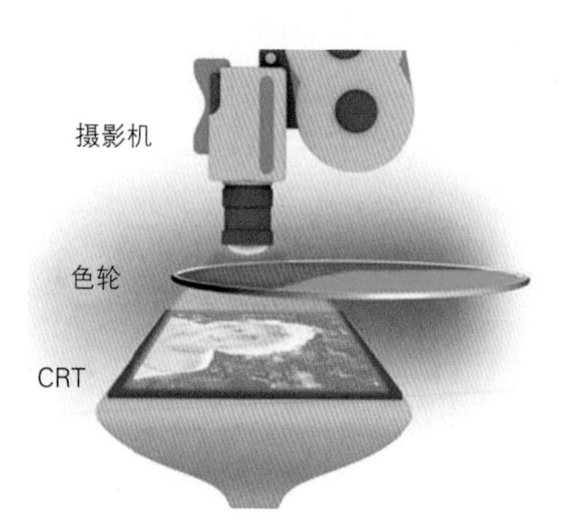

图13-20 CRT胶片记录仪

颗粒更细：激光产生强光的另一个优点是，可以使用速度更慢、颗粒更细的胶片材料。

更加清晰：CRT上的光斑尺寸很小，但不能保持不变，因为尺寸可能会随着亮度而变化。激光则可以不管是怎样的强度，都能聚焦成难以置信的同样小的光斑。

更加饱和：由于激光束在其颜色频率上极其狭窄，例如红激光只曝光胶片的感红层，对其他两层的污染极其微小，这使得激光记录仪具有优秀的色彩分离，从而使得色饱和度极好。由于CRT上的色轮几乎不是有选择性的，红滤色镜将允许少量的绿色和蓝色通过，从而降低了色分离度和饱和度。

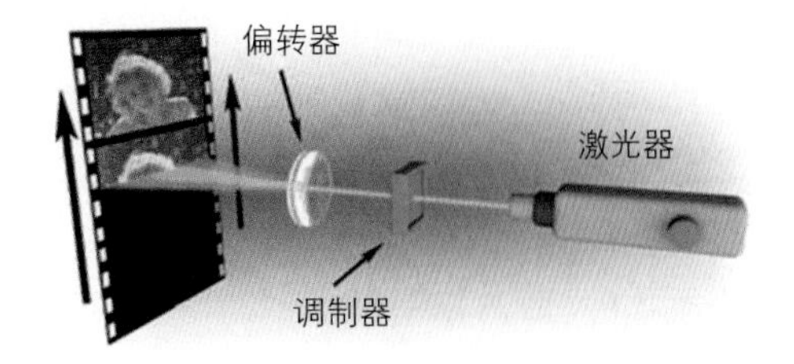

图13–21　激光胶片记录仪

13.5.3　为胶片记录仪而校正工作站

关于胶片记录仪，数字合成师心中唯一最大的疑惑是："为什么胶片电影看上去和我工作站上的画面不一样？"需要做哪些事情，才能让胶片电影看上去和监视器上的画面一样，足可以写另一本书了。这里我们所能做的就是尝试着弄清楚，为什么有的事（让监视器看上去像胶片）看起来简单，但做起来却难上加难，其原因何在？做到这点，不是数字合成师的职责所在。不仅要靠胶片记录仪查找表，另外还需要对工作站监视器进行校准，而这些都是工程部门的责任。不幸的是，即使是都做到了，监视器也只能做到接近而已。这里面牵扯到以下几个问题。

13.5.3.1　黑暗环绕

人的视觉系统会适应观看的环境。在电影院（或者放映室）中，观看环境是"黑暗环绕"——屋内是全黑的，只有银幕是亮的。然而，典型的合成工作室中的观看环境是"昏暗环绕"——屋内有微弱的光线照明，而且有时还照得通亮。这个问题已在第十一章"伽马"中详细介绍过了。关键在于，即使你能够以某种方式将电影银幕搬到你的合成工作室里来，它也会由于"昏暗环绕"而突然显得非常不一样了。在合成工作室中复制黑暗环绕的唯一途径，当然是盖住所有的窗户，并关掉所有的灯，但恰恰没有人打算这样做。

13.5.3.2　对比度系数

图像显示系统的对比度系数（contrast ratio）就是你所能显示的最亮的图像与你所能显示的最暗的图像之比。你的监视器所达到的最暗，是电源关掉以及灯光压暗后屏幕所具有的颜色。胶片所达到的最暗，是放映灯泡的光穿透胶片拷贝最大密度的情况。你的监视器所达到的最亮，是在监视器对比度和视亮度经过适当调整后显示像素值为255所达到的亮度。胶片所达到的最亮，是放映灯泡直接照到银幕上的最低密度（几乎是透明的）。如果将这个问题量化，那么放映胶片的对比度系数超过了150∶1，而优质工作室监视器则低于100∶1，甚至是在理想条件下。现代监视器还不能做到与胶片的对比度系数相匹配。

13.5.3.3　三原色

胶片中的染料起到彩色滤色镜的作用，让红、绿、蓝三原色通过，然后在人的知觉系统中混合，从而形成色觉。这些染料通过具有特定频率范围的三原色。CRT中的稀土元素磷也生成红、绿、蓝三原色，但这些颜色有着略微不同于胶片染料的频率范围。其结果是，你的监视器不能够做到与胶片的红色以及其他颜色精确地匹配。在某种程度上，通过对监视器和胶片记录仪的精心校准，这种差异性可以减少，但不能消除。

13.5.3.4 胶片涂层效应

现代电影胶片有着复杂的感光化学品的涂层，里面还掺有令人难以置信的许许多多的成色剂、抑制剂、增强剂、阻塞剂等。当红光照到胶片上的时候，它不单单使感红层曝了光，它的一部分也使感蓝层曝了光，它的很少一部分被这种抑制剂吸收了，一部分在交互作用下被反射，然后这边的其他分子改换了频率，作为紫外光重新辐射，就这样一直延续下去。关键在于胶片介质的光化学机制非常复杂，而且胶片的多个涂层之间存在着交互的作用。另一方面，当你在监视器上给画面的红通道添加10%时，红就增加了10%。就此打住。在胶片图像的显示中，你找不到胶片性能的“模型”，所以显示天生是不完备、不正确的。这个问题只能通过胶片记录仪校准部分地予以校正。

13.5.3.5 监视器校准

我们已经知道，胶片与监视器之间的差异太大了，无法借助一个小小的查找表就能够解决。然而，适当的监视器校准结合适当的胶片记录仪校准，能够实现相当接近的匹配。所有的胶片记录仪都配备了校准和查找表制备工具，所以，生产线的这一端关照得已经很好了。监视器则不然。为了适当校准工作站监视器，必须将一个带有光传感器件的昂贵校准设备装到屏幕上，针对帧缓冲器中的给定RGB亮度值，来读取屏幕上的光的实际颜色。然后，由此而形成一个颜色查找表，用以改变屏幕上的光，使其与特定的规范相匹配。这需要有设备、有受过培训的人员、有数据表、有技术程序、有胶片记录仪校准数据。外加必须每几个星期进行一次监视器校准，因为CRT监视器天生是不稳定的。形成的查找表将针对三个颜色通道有三条略有差别的S形胶片响应曲线，而且每个工作站都不一样。所以，仅仅通过调整伽马不能够使你的监视器突然间就与胶片匹配了，这没什么可大惊小怪的。

13.6 数字中间片

现在你已经知道了关于电影工艺、电影格式、胶片扫描仪以及胶片记录仪的一切，下面让我们汇总一下，去看一看数字中间片（DI）工艺。如13.1“电影工艺”一节所示，电影必须在洗印部门经过配光，以便对每个镜头进行色校正。这个彩色配光的过程正在逐步被计算机来取代，不久的将来，所有的电影故事片都将以数字方式来配光（调色）了。不足为奇，这会对你的数字效果镜头有一定的冲击。了解一些有关电影周期DI工艺的知识是明智的。

13.6.1 DI工艺

第一步是使电影——整部电影——数字化。所有四五百盘摄影原底片连同每盘摄影原底的所有剪辑清单一起交付DI公司，并在那里最终成为电影。选定的镜头经过几个星期的2K分辨率的扫描，存入了硬盘中。这部100分钟的电影形成了一个巨大的数据库——电影由144000帧组成，这些分剪成1500到2000段，需要1.5万亿字节的硬盘存储量。每帧扫描都必须予以检查，且清洁无瑕。

然后，由一名高薪的调色师（colorist）用一台高性能的数字校色仪（color corrector）以2K分辨率对帧扫描的结果进行"调色"（color timing）。2K校色仪对胶片的校色功能远胜过以往洗印工艺的功能。它们具有"权力窗口"（粗糙遮片），能够抽取亮度抠像和色度抠像，并能结合着使用这些抠像，将屏幕和效果（比如天空）分离出来（俨然成了一名真正的合成师了）。除了惊人的色彩控制以外，它还可提供其他一些图像处理操作，比如图像锐化和去颗粒——全部是实时的。

在第一盘胶片经过了调色之后，该盘胶片被送至胶片记录仪去输出胶片。一般要有五六盘胶片，每盘2000英尺（约60.96米），不一定是按顺序完成的。字幕当然要放在第一盘和最后一盘中，还要制作一个经过调色的"无文本"剧情版本，该版本没有字幕，提供给国际市场，以便每个国家可以以其当地的语言添加字幕。

当整部电影连同无文本版本完成之后，下一步就是制作视频母版（video master）。一般这是个像我们在第十二章"视频"中看到的那种高清24p母版。制作24p母版之后，将为DVD制作"左右上下摇摄"（pan and scan）的4×3的版本。如果预算少的话，就制作一个简单遮幅的24p母版。如果预算允许，调色师将在原底片扫描图像上对整部影片重新进行构图，以制作一个样子更好的4×3版本。

DI工艺中通常的规程是将整部电影按全片格窗来拍摄，然后在DI工艺中重新制作成学院标准格式，进行胶片输出。大多数美国故事片按1.85或2.35的格式来完成。对于1.85的完成版本，将全片格窗画幅缩放成学院片格窗画幅即可。对于2.35的完成版本，需从全片格窗画幅（2048×872）中遮幅出一个2.35的窗口，然后改变大小，制作成西尼玛斯柯普（1828×1556），其中要做变形压缩。实验表明，以数字方式来完成西尼玛斯柯普的选取，要比以光学方式的制作出来的图像更加清晰。当然，这样制成的西尼玛斯柯普宽银幕电影还是不如原本就以西尼玛斯柯普的方式拍摄来得更清晰，但它避免了西尼玛斯柯普摄影带来的所有麻烦。

13.6.2 DI的优点

用DI工艺来完成电影的后期制作，对于电影制作人来说，主要优点是对调色过程可以进行创造性的控制。它能够只影响画面中选定的区域；能够进行异乎寻常的色彩控制，比如饱和度（这在洗印工艺是做不到的）；还能够执行一些图像处理操作，比如图像锐化和去颗粒，它可以赋予导演与摄影师以预想不到的创造性的控制能力。其结果是精调过的电影在艺术上比仅仅经过洗印厂有限彩色配光出来的效果要好得多得多。除了电影做得更漂亮以外，原来在洗印厂所不能解决的问题和缺陷，则有了更多的解决机会。还有一个附带的好处是，那些珍贵的无以替代的摄影原底片不再因剪辑而不得不被剪掉。在做过DI的导演和电影摄影师里，再没有人愿意回到洗印厂去做后期了。

做DI的另一个主要优点是可以在一部电影中自由自在地混合使用各种介质，这种需求正在日益增长。有了DI,你可以将35毫米4孔和3孔胶片、16毫米胶片、高清视频、数字效果镜头，甚至连DV-CAM，都能混合在一起（天哪！）。使用全洗印厂电影后期制作，所有这些不同的介质首先都必须转换为一种格式（例如将16毫米转换成35毫米4孔），然后才能开始工作。除了费用以外，还有代次（generation）的损失。使用DI，你可以混合任何介质，所以，各种格式的原始版本都可以进入校色器,去改变大小和进行色校正,以与电影的其他部分实现匹配。

DI工艺的第三个优点在数字版本本身。24p母版是由原底片扫描而得到的，不是由完成的电影经胶转磁而得到的，所以具有更高的质量。4×3版本可以重新进行构图，不必简单地做成信箱式版本。数字版本也正是在线放映的数字电影所需的版本。一些有远见的电影制作人要求提供他们完成片的数字带，以便为未可预见的将来的新用途而保存他们的电影。

13.6.3 DI与数字效果

那么，所有这些与你以及你的数字效果镜头有什么关系呢？关系大了。在过去，最后交到客户手里的是记录在胶片上的数字效果,然后,这些效果将被剪接到编辑好的原底片中。将来，交付给客户的将是你最后渲染的数据文件。DI工艺中所发生的就是，所有的数字效果镜头全都以数字的方式交付，一般就是在DI公司和数字效果公司之间，通过火线驱动器（FireWire Drive）来回传送。数字效果镜头在数字校色器的时间线上加入到数字胶片扫描中，并得到数字校色，然后才送交数字胶片记录仪。

这就打开了好几罐新的蠕虫，最简单的就是文件格式。你是交付带有线性图像数据的TIFF，还是交付带有对数图像数据的Cineon或DPX文件（这是下一章的内容）吗？下一个问题是色校正。拥有胶片记录仪的数字效果公司，在监视器于胶片记录仪之间将有非常精心校准的彩色生产线，所以胶片输出能够与工作站监视器相匹配。当你将数据传送给一个陌生公司的陌生人时，你不知道他们的彩色生产线是怎么个样子，而你的画面会突然变得坏得不成样子。

另一个问题是调色工艺本身。你的数字效果镜头随所有的常规扫描胶片一起，经过调色师的调色。问题在于，你的合成镜头在你的监视器上看很好，可是在调色系统上看，对比度常常会增加，因而使你的合成镜头遭到非议。调色之后，合成元素之间非常小的差异被夸大了。答案就是要用经过调色的图片来做合成。问题是，直到你的镜头已经完成后过了好几个星期，电影的“外观”也定不下来，所以没有人会负责为你的图片来调色。

Tip! 强烈建议：即使电影的外观还没有确定下来，在合成之前，你也要给背景图片做一个基本的调色。希望这样将最大限度地减少调色系统所做的改动，而且你的镜头不会遭到非议。

爱丽丝（*Alice*，2009）

就在几年前，胶片扫描还是个新奇而昂贵的东西，所以做得并不很多。由于慢而贵，只有高额的预算才付得起。今天，由于胶片扫描仪的速度提高了，加之数字中间片工艺的火爆兴起，胶片扫描已经变得快速、不贵而普通。其结果是使用胶片扫描画幅的人数激增。如果你在使用胶片扫描的画幅，就会提出一个由来已久的问题：对数还是线性？

数字电影领域内最为拜占庭式的话题之一，就是对数电影数据与线性电影数据的问题。这是个很难说清的问题，因为它跨越了好几个学科，比如人的知觉系统、胶片响应曲线以及数学，大量的数学。以科学的方式缜密地解释所有这些问题，读起来实在可怕，我担心大多数人会退避三舍。相反，我随意对待了比如“视亮度”之类的一些严谨的科学术语，简化了数学过程，舍去了一些麻烦的细节，力图讲解得容易听懂，使你可以读下去，并因此而从中受益。这里我力图以合成师的视角，而不是从工程师的视角，来讲解胶片的性能及其数字表达方式。最后，你对诸多原则的基本理解，与通过科学严谨的方式所能给你的理解，将是同样的，却远没有忍受那些折磨。如果你愿意遭受折磨，那就与柯达公司联系，去索取有关对数胶片数字化的论文。他们会给你所有你想要的折磨。

除了要深化和丰富你对自己所选专业的理解以外，你应该关注对数胶片数据还有三个原因：当胶片被数字化后，将在典型的数字工作室中合成，而将其转换为8比特或16比特的线性数据时，图像的质量已经下降了。你应当知道是怎样下降的，以及为什么会下降；其次，如果你的8比特或16比特线性合成被转换为对数形式，以便在胶片记录仪上输出胶片，你现在所有的有限图像，就没有充分利用胶片的动态范围。你也应当知道这是怎样发生的，以及为什么会发生；最后，如果你打算实际使用10比特对数，你需要了解，为了避免在你的合成中出现伪像以及无法恢复的错误，使用对数数据与使用线性数据要有什么区别。好啦，系好你的安全带，将你的托盘放到直立的位置上，让我们起飞，飞入那片荒凉的对数胶片数据蓝天吧。

14.1 现实世界中的动态范围

需要厘清的直觉问题之一，是现实世界与其显现的样子相比，究竟要明亮多少？现实世界的动态范围，即最暗的部分与最亮的部分相比较的范围，给人以极其巨大的假象。为了让讨论变得实用，假定最暗的是1%的黑色卡片，它只反射照在它上面的光线的1%。它是一个“漫射”表面（平的、无光泽的、毛毡样的），像大多数物体那样，将照到它上面的光线散射出去，与发光的表面正好相反。在我们所使用的视亮度频谱的另一端，太阳是宇宙间最明亮的（无论如何对胶片来说是这样的）。令人难以置信的是，太阳不是比1%黑卡明亮10倍，或者甚至1000倍，而是大约20000倍！

在太阳与黑卡之间，有一个重要的基准点需要用一个90%的白色卡片标志出来。如图你可能猜想的那样，它将照到它上面的90%的光线漫反射出去。一件干干净净的T恤衫可以作为一个示例。它之所以是重要的标记，是因为这似乎是漫反射表面的上限。在现实世界中，要制造出一个反射大于90%的漫反射表面是非常困难的。超过这个限度，物体似乎变成了镜面的样子，形成了所谓的定向高光（耀眼的）反射。结果，漫反射是像毛毡或白色T恤衫那样的，定向高光反射是耀眼的表面（比如铬和镜子）形成的镜子般的反射。

现在，在我们的视亮度范围内有了三个点：1%黑卡、90%白卡和太阳。于是，视亮度范围分为了两个区域：1%黑卡至90%白卡之间，我们称之为“正常视亮度”；大于90%白卡，我们称之为“超白”（超过白色）。“正常视亮度”范围内的物品具有众所周知的常见的漫反射表面，比如衣服、皮肤、建筑物、青蛙，等等。超白范围内的物品或者是发光体，比如蜡烛、灯、太阳，等等；或者是耀眼的表面所反射的光（定向高光）。正是这些超白使得混合后的动态范围变得巨大，因为它们要比漫反射表面的“正常的视亮度”要明亮数百倍甚至数千倍。比较而言，漫射表面的动态范围小得可怜。相对于1%黑卡，90%白卡仅仅明亮90倍，而太阳或许要明亮20000倍。

图14-1中的“视亮度范围”一栏试图说明这种情况。1%黑卡在最底下，视亮度为1；太阳在最上面，视亮度为20000。为了全部压缩进来，数字之间的距离已经不准确了。如果按比例地绘画，1到100的“正常视亮度”范围应当压缩到图表最下面的一个窄条里，小到无法看清，也无法在书中印出来了。尽管已经变了形，但图14-1让我们对现实世界在胶片上令人敬畏的动态范围有了一个基本的认识。超白物体比眼睛看来要明亮数百倍甚至数千倍。

那么，眼睛是怎样处理这些情况的呢？人眼也有巨大的动态范围，大约是胶片的4倍，但与20000∶1比起来，真算不了什么。为了实现这么超

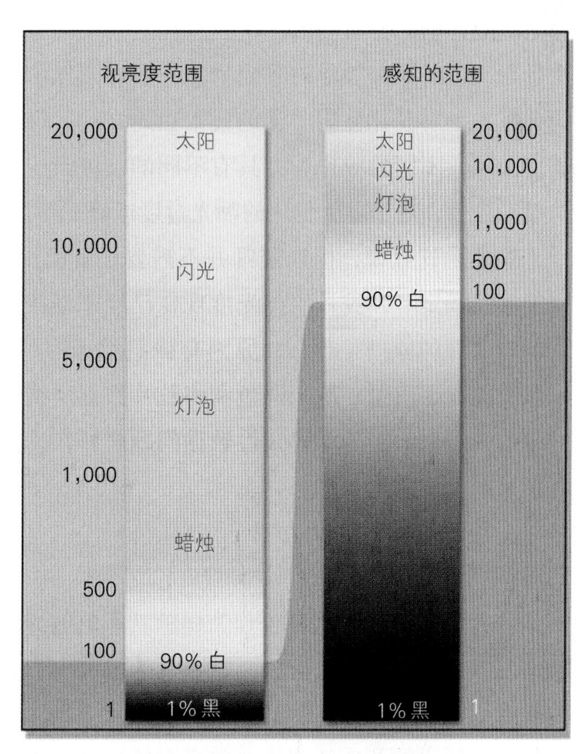

图14-1　现实世界视亮度与感知的视亮度

大的视亮度范围，眼睛具有非线性的响应，也就是说，随着视亮度的升高，眼睛变得不那么敏感了。线性响应的意思是，如果物体A比物体B明亮100倍的话，那就应该看上去是明亮100倍。非线性响应的意思是，物体B看上去，打个比方说只是明亮10倍。如果我们尝试用数学的方式来描述眼睛性能的话，对数响应就很接近了。后面我们会更详尽地讨论。

图14-1中“感知的范围”一栏说明眼睛是如何感知这些同样视亮度的。它“拉伸”了暗部，以便看出更多细节；又“压缩”了亮部，以便少看到一些细节。有意思的是，这也是胶片的行为方式。胶片甚至有着类似于眼睛的对数响应，这就是胶片能够成为如此伟大的图像捕获介质的原因。这里的关键在于，现实世界与它为眼睛所显现的样子是非常不同的。漫反射物体相比于超白物体是非常昏暗的，挤压到视亮度范围的下面去了。然而，眼睛在这一区域非常敏感，利用升高的敏感度，又将其“拉伸”开来，看到了大量的细节。结果，超白区域虽然占据了数据范围的绝大部分，但被压缩到感知范围的很小一个区域里。胶片的性能也是这样的。

14.2 胶片的性能

胶片曝光后，就会变黑。胶片中的卤化银晶体根据照到它上面的光的多少，而逐渐变成不透明的。光越多，胶片就变得越不透明，直至达到其最大的不透明度，而对于不透明度的亮度，称作“密度”。曝光量是所有照在胶片上面的光的总和。它不是指入射光有多亮，而是指曝光的这段时间内，落在胶片上的光子总数。短时间内的大量光或者漫长时间内的少量光，二者产生等量的曝光量，并形成同样的胶片密度。曝光量与形成的胶片密度之间的关系，是对胶片性能严谨的技术描述之一。这一技术描述绘制成一条曲线，称作胶片的响应曲线。不同的胶片类型具有不同的响应曲线。而了解胶片的准确响应特性，外加使用的曝光数量，对于避免胶片的曝光过度或曝光不足来说，是必不可少的。

虽然是这么说，但合成师并不需要了解所用特定胶片的响应曲线。胶片已经曝光了，密度已经锁定了，胶片的感光度现在已经毫不相干了。对于合成师来说，重要的是了解胶片响应曲线的原理是什么，原因有二：其一，从数码美术师的视点，了解图像处在胶片响应曲线的什么位置，对于调色和将胶片数据从线性转换为对数会是非常重要的。其二，从技术的视点看，对于了解线性数据问题之所在，以及胶片捕获的大动态范围，这是必要的背景知识。

14.2.1 胶片响应曲线

胶片响应曲线是解释胶片怎样随其所曝的光而改变其密度的一种示意图。通常是以对数来表示的，因为那样会简明扼要。为了以更直觉的方式来介绍胶片响应曲线，我们可以先看图14-2，该图以一种异乎寻常的方式表现了一种典型的胶片响应曲线。它的曲线是用人们熟悉的线性单位绘制的，而没有使用常见但很晦涩的对数单位。尽管这样使得曲线更

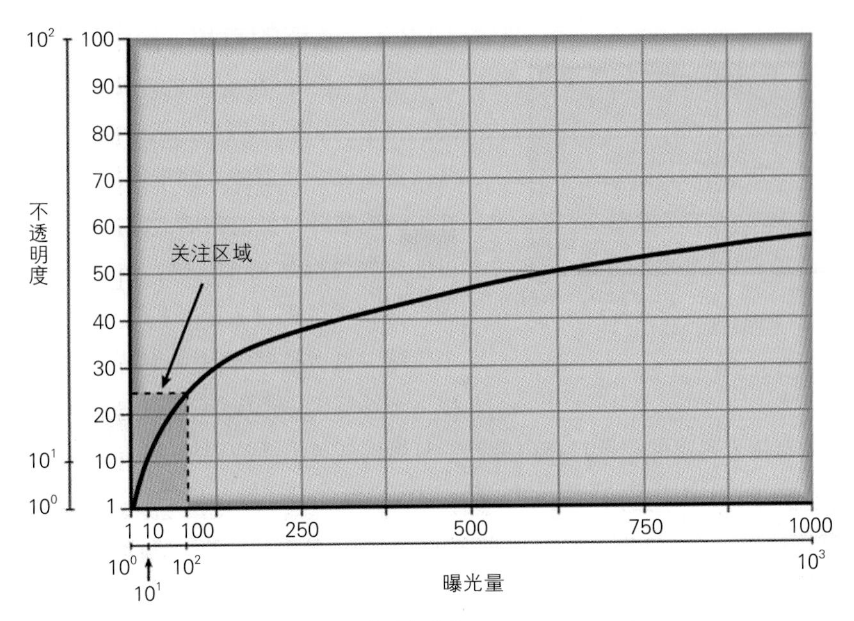

图14–2 以朦胖的线性单位表示的胶片响应曲线

容易被我们使用线性思考的人理解，但使用线性单位所带来的问题很快就显露出来。在图14–2中，密度暂时标为“不透明度”(opacity)，因为在技术上，直到将其转换为对数单位以前，我们还不能称其为密度。在几个页面中，我们将不得不这样做。

14.2.2 曝光量

水平轴线(标有“曝光量”[exposure])标明胶片的曝光范围从1个单位到1000个单位。但这是什么的单位？你或许很迷惑。事实上，实际单位并不重要。它可以是勒克斯秒①，或者两个星期的光子数，或者“神秘曝光单位”(我刚刚制定的曝光量单位)。之所以不重要，是因为单位是从1到1000，或者0.0001到1，或者3.97到3973，这都不重要。这里相关的问题是最大的曝光量比最小的曝光量要大1000倍。关键在于1000：1的曝光范围，而不是以什么单位来度量。此外，勒克斯秒对于一名真正的数码美术师来说，究竟有什么意义？我不过是找了一些经过适当缩放的单位，让故事容易听明白而已。

请看图14–2中的曲线的形状，首先，在左面低曝光量部分有一个陡坡，然后随着曝光量的增加，逐渐变得平缓。它的意思是说，首先在较低曝光量部分不透明度(密度)迅速增加，然后，随着曝光量的增加，胶片的坡度相应变缓。一“磅”的光加在暗部可以让胶片的不透明度提高10%，但同样一磅的光加在亮部，却只可以将不透明度提高1%。胶片对光的增加而响应度变缓的原因，是由于胶片颗粒随着受到的曝光量增加而逐渐“饱和”。

① 勒克斯秒是1勒克斯的光持续1秒钟。也就是1标准烛光在1米处持续1秒钟。

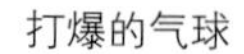

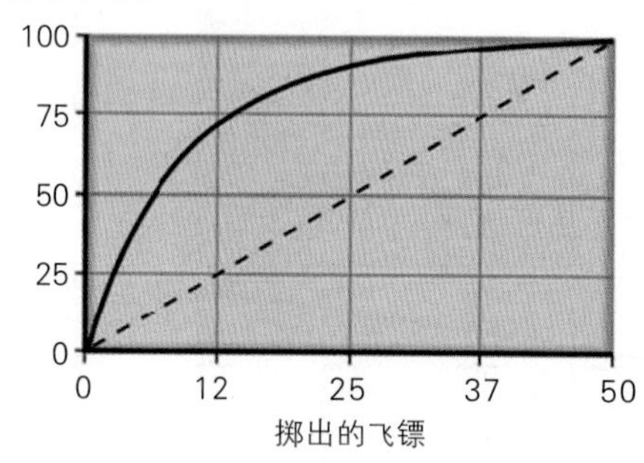

图14–3 打爆气球的数量逐渐减少

14.2.3 气球的故事

如果用一个比喻来讲胶片响应曲线逐渐变缓的情形，可能更容易理解。相像一下用100个气球覆盖住一面墙壁。如果抓起一把飞镖，就像开了一枪霰弹枪似的向墙上的这些气球掷去，你可能比如说打爆10个气球，也就是其中的10%。如果你朝气球掷过去第二把飞镖，你可能打爆9个气球，也就是9%，因为有些气球已经打爆了。接下来每掷出一把飞镖，打爆气球的数量都会越来越少，因为有越来越多的飞镖打在以前已经打爆的气球上而浪费掉了。这种逐渐趋于“饱和”的图形会是图14–3中实线所示的样子。虚线显示的是线性响应即每次打爆相等数量气球理应显现的样子。实际的响应显然是非线性的。

气球代表胶片颗粒，打爆的气球代表曝光的胶片颗粒，而飞镖代表光子。类似的现象发生在光子照到逐次曝光的胶片颗粒上。图14–3中每次掷出的飞镖所打爆的气球逐渐减少，很像是图14–2中随着曝光量的增加，不透明度的增加逐渐趋缓的情形。这两种情形并不完全一样，因为胶片曝光的过程比打爆气球的过程更复杂一些，但这说明了基本的数学理念。

14.2.4 与此同时，回过头来看胶片

请注意，图14–2中，“曝光量”轴有两排数字。上一排数字是正常的曝光量数值，下一排数字是以指数形式列出的同样的曝光量值。

数学瞬间

指数是替代书写非常大的数字或非常小的数字的一种数学速记形式。在10000000（1000万）中的所有的0都可以不写，而使用指数，只写成10^7就可以了，其含义是10的7次方，也就是1后面跟7个0。

还要注意，指数的间隔是不均匀的。10^0与10^1之间的间隔非常小，但10^2与10^3之间的间隔就是巨大的。事实上，左端非常拥挤，根本没有地方将所有的指数印出来，所以10^1用一个小箭头挤在那儿凑合了之。如果你想详细地了解1与100之间的是怎样的情形，那又该怎么办呢？问题是，我们的白卡和黑卡，以及胶片正常曝光的画幅中其他所有的物体，都正好落在了这个范围。换言之，所有我们想要在响应曲线中看到的有趣的东西，都被挤到图形标有“关注区域”（Aera of Interest）的那个小小的方块里了，因为曲线将胶片能够响应并可以曝光的巨大范围均匀地分布开来。曲线低端缺乏细节是线性表达方式的关键问题之所在。

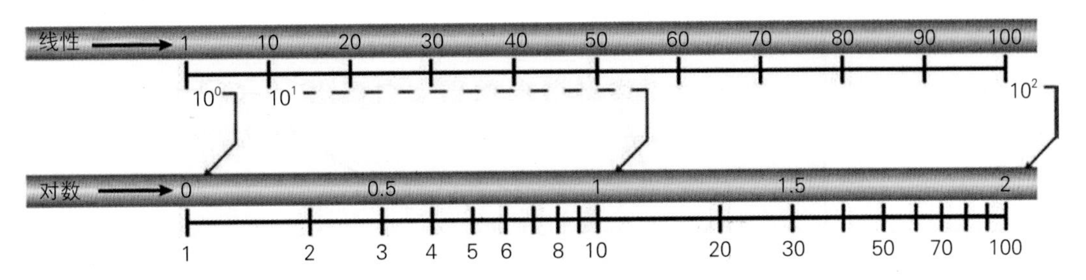

图14–4　线性数据转换为对数数据

14.2.5　不透明度

图14–2的垂直轴线标记为“不透明度”，因为那里的数字代表了底片基于曝光的数量而产生的不透明度有多少（过一会儿，当图形改为对数单位时，我们将其名称改为“密度”）。从下方不透明度1开始，胶片基本上是透明的[①]，然后随着数字往上升，直至100，胶片将变得越来越不透明。这时的数字没有使用神秘的单位。它们是基于胶片未曝光部分最低的不透明度的比率。100意味着底片的不透明度为1/100的光能通过胶片（与其在单位1时相比）。在50个单位时，能够通过1/50的光；在10时，能够通过1/10的光，等等。还要注意，在不透明度数字的左面那一栏，该栏是同样的值，只不过是指数形式的。由于该轴只有1到100的范围，所以有可能无需采取权宜性的箭头指示方式，便可以将所有的指数都挤进去了。

然而，在底端我们仍然是拥挤的，其原因同前所述。当处理从极小到极大的数字时，为了看清小端的任何细节，你必须或者将整个图形放得非常大，或者截出所关注的一个微小区域，将其放大。这两种解决方案都不是什么很简便的方案。然而，如果我们能够将指数展开，将它们均匀地分布，那又会是怎样的结果呢?

14.3　以对数格式表达胶片

以对数格式表达线性数据实际上意味着两件事。第一件事，有一个“名称的改变”。不再用10^2（10的2次方）来指代数字100，而是直接用指数“2”。于是，100的对数是2，10（10^1）的对数是1，1（10^0）的对数是0。第二件事，有一个“位置的改变”。表示数量1（对数形式为0）、10（对数形式为1）和100（对数形式为2）的那一行数字的位置，经过了偏移，使得以对数形式表达的数字的位置得到了均匀地分布。这当然意味着它们所表达的量不再均匀地分布了。随着量的增大，这些量逐渐挤到了一起。

图14–4显示了将数据的格式从线性改为对数时，发生了怎样的情况。这两行数字都表达了完全同样的数据范围。在上面线性数字那一行，线性数字（1至100）得到了均匀地分布，

① 实际上，胶片未曝光的部分并非是完全透明的。将这样低的不透明度标为“1”，是因为当底片曝光后。其不透明度会变得如何，是按该值来比较的。

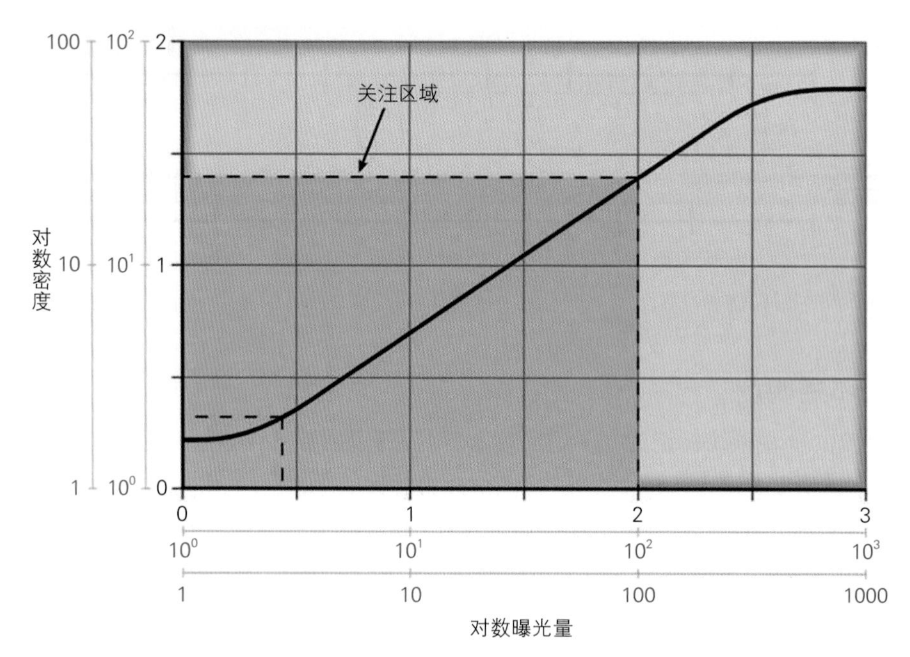

图14–5 以对数密度和对数曝光量表达的胶片特性曲线

但它下面的指数形式（10^0、10^1、和10^2）却没有得到均匀地分布，就像图14–2那样。在对数数字那一行，可以看到两个变化：首先，“名称的改变”，只印出了数字的对数版本（0、1和2）；其次，“位置的改变”，对数数字经过了偏移，变成均匀分布的了。对数数字行的下面重新印出了原来的线性数字，你可以看出，这些数字得到了重新的分布，形成手风琴风箱的样子，随着你向右侧移动，数字的排列越来越密。

在原来线性那一行，已经没有空间来印制1到10之间的所有数字，但在对数那一行，则有多得多的空间。然而，在对数那一行，大约30到100之间的数全都挤在一起了，所以，随着空间的变小，不是所有的数都能印出来。对照一下现在对数那一行下面的原来的线性数字，99到100之间的一个数据单位只有一个斑点那么大，而1到2之间的一个单位却足足有半英寸还多。总而言之（妙就妙在这里），通过将数据从线性转换为对数，我们在数字的低端拾取了大量的附加“细节”，但在高端丢弃了“细节”。

回到图14–2中的胶片响应曲线。如果我们在垂直轴线和水平轴线实行同样的线性到对数的转换，就会对数据的分布产生同样的扩散效应。我们将因此而为落在暗部数字的细节赢得大量的空间，但也损失了落在亮部数字的细节。虽然结果是这样，我们却不担心亮部数字细节的损失，因为眼睛也将这里的细节损失了。我们也愿意在低端获得更多的细节，这样我们就可以更清楚地看到所有重要的“关注区域”所发生的事了。

参看图14–5，当我们将图14–2中的线性图形拿来，改变数字的分布，使指数像图14–3那样地均匀分布，于是便将胶片响应曲线转换为对数表达形式了。为了看出具体的变动情况，在图14–5中，对数在其自己的那一行中印成黑色字体，以便凸显出来，原来的线性单位则

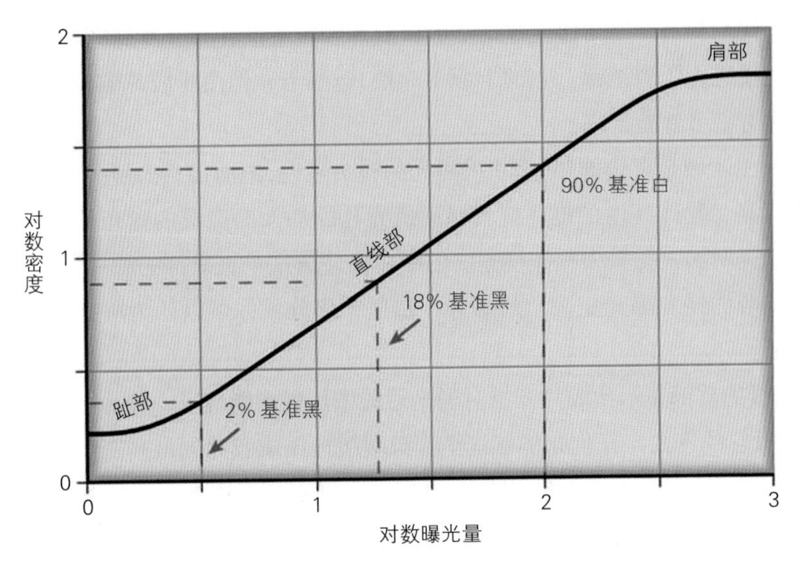

图14–6　标准的“对数/对数”胶片特性曲线

以浅灰色印出，以做参考。

首先，图形本身的形状改变了，图形总体上成为一段漂亮的直线，这样用起来就非常方便。曲线的两端各有一段突然变平的区域。左面的那一段任何时候都会有，但在图14–2中的线性图形中，它被挤到角部很小的细节里面，根本就看不出来了。对数图形的表现，就好像有一个连续增大的“推进”（zoom）因数，从右向左推进，而左角为推到最近。这种“推进”，在人们最需要的小数字部分，有效地揭示了大量新的细节。线性图形中微小的白色“关注区域”现在占据了对数图形的绝大部分，这是又一个非常有用的改变。

根据惯例，由于我们是以对数的兴衰来表达透明度的，所以现在可以正式地称其为密度了。只有名称变了。lg2的密度同样是10^2的不同明度，只不过是给100的不透明度起了个新的名称，意味着与胶片最透明的部分相比，它只能透过1/100的光。简而言之，与lg0的密度相比，lg2的密度将透射1/100的入射光。

好了，让我们结束关于图14–5中的特性曲线的培训，转而看一看图14–6中关于标准的“对数/对数”的胶片特性曲线。胶片响应曲线有三个表现出不同性能的区域。这些区域分别标为趾部（toe）、直线部（straight line）和肩部（shoulder）。另外还有三个重要的参考点：2%基准黑（black ref）、18%基准灰（grey ref）和90%基准白（white ref）。

14.3.1　三个胶片区域

在趾部区域，非常低的曝光量在胶片的密度上不会或几乎不会造成变化。这意味着在非常暗的区域，比如深阴影区，少量的视亮度变化全都会形成同样的密度，从而造成细节的永久丢失。如果有暗部阴影细节落在了这个区域之内，显现出的视亮度上就没有或者几乎没有变化。其原因在于当曝光量低到一定水平时，胶片颗粒干脆停止了对入射光的响应。

如果曝光水平逐渐提高，随着曝光量的加大，胶片颗粒逐渐开始有所反应。到了2%基准黑时，胶片响应便进入了直线部。它的下面本应是1%黑卡，但由于胶片响应平直化了，所以实际上几乎没有细节保留下来。

下一个关注区域是直线部。对于正确曝光的镜头来说，画面信息的绝大部分都在这一段。由于光强的提高、物体亮度的提高或者摄影机光孔的加大而造成的曝光量的加大，将造成胶片密度的相应增加。场景中物体视亮度的变化将造成这个直线部的胶片密度的响应变化。这就是胶片响应曲线“曝光正确”的部分，在这个部分，你可以认为所有的漫反射物体都能够记录下来。

然而，曲线的肩部显示出胶片开始对曝光量的增加做出响应了。胶片已经开始变得“饱和”，不能增大它的密度，任何物体在这里都被缓缓地压成胶片的最高密度。还记得气球的故事吗？当气球几乎全都被打爆了以后，再掷出飞镖也打不中任何气球了。当胶片颗粒全都曝过光后，再加更多的光也不会让更多的颗粒曝光了。由于在1000的曝光量（我的意思是对数曝光量3）下，响应曲线基本上是平直的，所以，太阳以其20000的视亮度，仍然会缓缓地限幅到这一值。

14.3.2 三个基准点

基准黑点代表正确曝光镜头中2%反射率黑卡在曝光胶片上应当显现的密度值。它还没有下到胶片的趾部，所以，在这些黑中，仍然有可以看见的细节。前面我们谈论过1%黑卡，而现在我们谈论的是2%黑卡。1%黑卡不是基准点，它仅仅代表了场景中实际的“全黑”，且落在了胶片趾部的弯曲部分。由于几乎到了趾部内，所以几乎没有了可见的细节，实际上显现为纯黑色了。然而，2%黑卡是画面中确实包含细节的一个活跃的重要部分，所以它必须要高于趾部。尽管听起来不像那么回事，但实际上在视亮度上相差是相当远的，因为2%黑卡的视亮度实际上是1%黑卡的两倍。

18%灰卡只反射了周围光的18%，但由于人眼的对数响应，它显现为位于基准黑与基准白之间的50%中点处。它也是在洗印时需要测量的控制点，用以决定胶片的正确曝光与胶片的正确冲洗。当用密度计测量时，如果18%灰卡形成一个特定的密度，那胶片的曝光就是正确的。这就将正常曝光区域的中点“锁定”到胶片响应曲线一个特定的位置上，从而使场景中更亮的和更暗的漫射物体都能够预见到落在直线部，而不会被挤到趾部或肩部当中。

90%白卡代表镜头中最亮的反射表面，正好在曲线肩部的下面。这为胶片的过度曝光留下了一个称作“净空”的安全区，使正常曝光区不会向上划入到肩部。在适当曝光的胶片上，所有高于基准白的都是“超白”，按常规在视频以及线性空间的胶片扫描中会进行限幅。

14.3.3 曝光过度与曝光不足

如果一个场景曝光过度，就会造成所有的胶片密度沿响应曲线向肩部滑移。不仅一切都变得更明亮了，而且应该在直线部上端那段的物体也会滑移到肩部，开始挤压在白色当中。这是一种不可逆的数据损失，做多少色校正都无法重新找回数据。胶片在该物体以上干脆不含有任何信息，因为信息全部被压缩到胶片的“饱和”区域里了。物体视亮度的变化不再会造成胶片密度的相应变化。

当一个场景曝光不足时，会使画面信息沿响应曲线向趾部滑移。不仅一切都变暗了，而且应该在直线部下端那段的物体也会向下滑移到趾部，并开始逐渐在黑色中限幅。这也是一种不可逆的数据损失，也是色校正所无法挽回的。胶片在这里也不含有高于该物体的任何信息，因为信息全部被压缩到胶片的最低密度段里了。场景的变化不再会造成胶片密度的相应变化。

这段讨论的关键点在于胶片有两个令人吃惊的性能：首先，它有巨大的动态范围，既可以捕获暗的物体，又可以捕获差不多要亮数千倍的超白物体。第二个令人惊奇的性能是其在暗部含有非常微小的细节，但对于非常明亮的物体，则只保留越来越少的细节。这与人眼的视觉匹配的很好，因为我们的眼睛也是在暗处看到大量的细节，而对于非常明亮的物体则逐渐变得不那么敏感。

14.4　胶片数字化

为了使胶片进入计算机，必须使胶片数字化，将其转换为计算机所能操控的数字。在底片以数学的方式反转的过程中，暗变成了亮，就像印制拷贝那样。图像数字化或“量化”的过程，实质上是将图像“分割”成大量的离散的用数字表示的“块”，而原始图像本来是连续的模拟元素。图像量化（数字化）的方式，对形成的数据文件有深刻的影响。以显而易见的线性方式进行的胶片数字化——即为每个增加的视亮度值指定一个增加的数码值的方式——将会产生几个不愉快的副效应。本节研究这些副效应产生的原因，它会逼得我们“又哭又闹”，并得出结论：以对数方式进行胶片数字化是最好的。

14.4.1　线性数据问题

当为好的胶片数字化方案确定准则的时候，有三件事需要考虑：第一，我们不要在图像中出现条带化；第二，对于电影故事片，我们不愿意出现任何限幅，从而能够使胶片保持1000∶1的全动态范围；第三，数据可需要尽可能小。让我们看一看以线性数据进行胶片数字化的数学过程，看一看该过程是怎样对这三个准则产生影响。

14.4.1.1　条带化

胶片数字化运动一个主要准则，是数字化的级差必须细到能够避免出现条带化（又称等值线化、伪等值线化、马赫带化等）的程度。决定这一现象的界限在于人的知觉系统。实验表明，如果相邻两个灰块的相对视亮度差小于1%，眼睛就无法区分出来。“相对”是

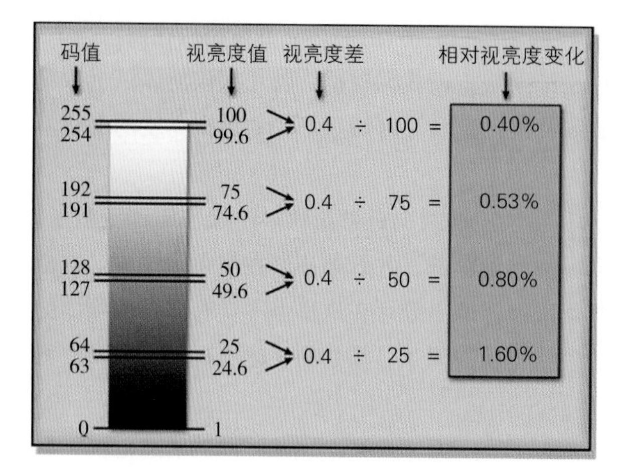

图14-7 线性数字化带来的相对视亮度变化

这里的关键形容词。它的意思是，对于给定的两个相邻的灰块，它们之间的相对视亮度差必须小于1%，否则眼睛就会看出是两块，并看出划分两块的那条线（条带化）。该"1%法则"适用于从暗到亮的整个范围。相对差也意味着如果两块都暗，那1%的相对差就是个很小的视亮度变化；如果都是亮的，那就是很大的变化。

暗部小的视亮度差，亮部大的视亮度差。听起来很简单。原来，保持从一级数据到另一级数据的相对亮度变化数据小于1%，微妙之处就在这里，它会产生深远的后果，对此你需要仔细检查。

图14-7说明了以线性方式对图像进行数字化所产生的令人惊讶的后果。那是一个典型的量化为8比特图像的视亮度范围100：1的情况。左边一栏是从0到255的8比特码值，下一栏是从1到100数字化的实际视亮度值。再下一栏是从暗到亮几个取样点之间相邻两个码值之间的视亮度变化。最右边的一栏是那些取样点处相邻两个码值之间的相对视亮度变化。记住，相邻两个码值之间的相对视亮度变化必须保持在1%以下，以避免出现条带化。这里，真正重要的并不是相对视亮度一栏中实际变化的比例，而是其总体的表现——从亮到暗的比率变化方式。在亮部，相对视亮度的变化小，但是随着向暗部发展，就逐渐变大。这就引出了一个严重的问题。

在图14-7中的上面，我们可以看到码值254与码值255之间的差是（100-99.6=）0.4。事实上，各处所有的相邻码值之间的视亮度差都是相同的，即0.4。这正是我们从线性图像数据所希望看到的结果——各码值之间具有同样的级差。事实上，线性数据就是这样定义的。但是，让我们看一看，在每个取样点上，非常重要的（无论如何对于眼睛是这样的）相对视亮度变化是怎样的情形。

在图的上面，相对于100的视亮度差是0.4，也就是0.40%的相对视亮度变化。，完全低于条带化的阈值。然而，在暗部，在码值63与码值64之间，视亮度差也是0.4，但相对于25的视亮度来说，0.4的相对差是1.60%的相对视亮度变化，这在相对视亮度上比码值255跃升了一大步，而且远高于条带化的阈值。而且，在码值64以下，线性图像数据的相对视亮度当然也是逐渐增加的，这就解释了，为什么条带化总是在暗部变得严重。

在现实世界中，胶片颗粒实际上掩蔽了数字化胶片中的一些条带化，但仅仅掩盖了一部分。根据对计算机生成图像你所添加的颗粒（或噪波）中条带化的消除，你可能凭自己的经验认识到了这一点。

14.4.1.2　数据膨胀

伴随线性数字化发生的第二件坏事，是由于浪费码值而造成了“数据膨胀”（data inflation）。由于码值254与码值255之间的百分比变化只有0.4%，我们甚至不需要码值254，直接从码值253进到码值255，这样也不会看到出现条带化，因为相对视亮度变化仍然是小于1%。如果这是16比特数字化，就有65535个码值，而从中间影调到亮部，就会有差不多数千个码值被浪费掉。的确，为了让暗部不出现条带化，16比特码值在暗部靠得非常近。然而，价格上与8比特相比，可就是文件大小的两倍了。

对于图14–7中所示的例子，100：1的亮度范围被数字化为一个8比特的图像。可以肯定，如果改变亮度范围，比如说变为50：1，或者说数字化为16比特，那只不过是在原地打转转，完全改变不了根本的性质。采用线性数字化，暗部视亮度的相对变化总是大于亮部的变化。然而，如果将视亮度范围缩小到一定程度，或者将比特深度加大到一定程度，就能使条带化小到眼睛看不到的程度，但这样码值在亮部的浪费率仍然是巨大的，就会无端地加大了数据库的大小。

14.4.1.3　有限的动态范围

你在从事视频工作时，由于视频的动态范围有限，胶片数据在基准白处必须限幅。然而，对于高质量的电影故事片工作，我们需要保持原底片的整个动态范围。事实证明，这是线性数据一个严重的问题。图14–8展示了胶片数字化为8比特时的1000：1的全动态范围的情况。这种方法是不行的，原因有两个：首先，数据范围的90%以上都用在了画面的超白部分。只留下了或许25个码值给从基准黑到基准白之间的所有正常曝光的部分，这显然差得太远了。如果胶片被数字化为16比特，会有大约6400个码值给正常曝光的部分，这理当是可行的，然而，还有另一个甚至更大的问题，而这个问题即使是16比特也不会有所帮助。

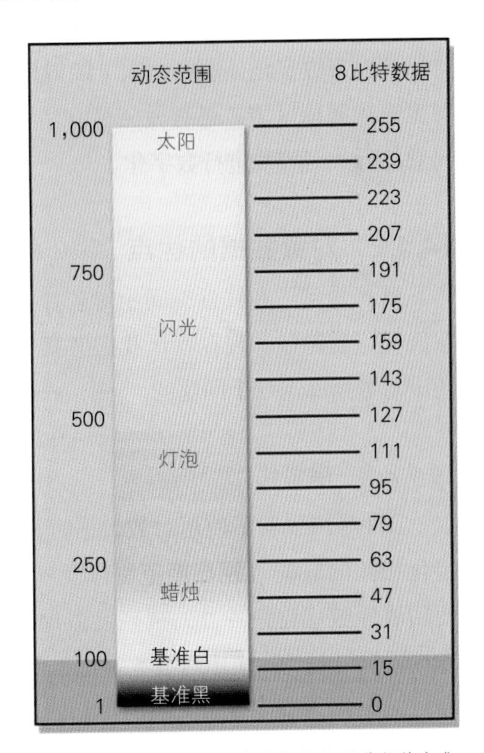

图14–8　以8比特对胶片的整个范围进行数字化

由于整个的动态范围有90%用在了超白上，画面正常曝光的部分被挤到了下面的10%。在归一化的视亮度值中，超白的范围为0.1至1.0，而画面正常曝光的范围只有0至0.1。这意味着，画面正常曝光的部分看起来近于黑了。如果你在监视器上显示一个这样的图像，你所看到的基本上是一个黑色画面，只是在这里和那里有一些亮斑，从而形成了超白区域。16比特数字化对于解决这个问题起的作用微乎其微。尽管16比特在内部

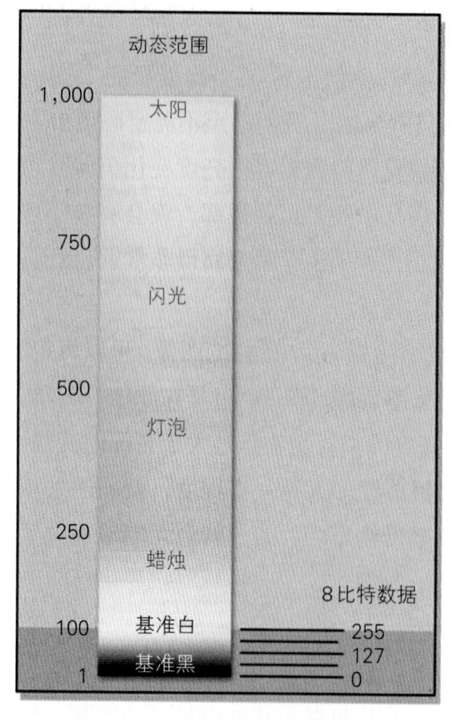

图14–9 只对正常曝光的范围进行数字化

添加了更多的数字化级差，但最低视亮度和最高视亮度与8比特是相同的，而这是一个最低视亮度和最高视亮度的问题。那么，你可以做些什么呢？甩掉超白是最常见的方法。

图14–9展示了“甩掉超白”的解决方案。动态范围为1000：1的图像在基准白点处被限幅后，成了一个大约只有100：1的更有限的动态范围。这样至少画面的正常曝光范围保留下来，而这是最重要的部分，这时画面在监视器上看起来也好了。这种白色限幅版本通常就是你用8比特或16比特对胶片数字化所得到的版本。视频同样会被限幅。当然，这种解决方案最明显的问题是超白被限幅掉了，这会降低画面显现的质量，而且有时还很严重。

当你试图对胶片的整个动态范围进行数字化，已经导致了两个严重的问题：首先，画面最重要的部分被挤到了近乎黑的地方，几乎无法观看了；其次，为了避免出现大规模的条带化问题，要求胶片至少以16比特来数字化，从而与8比特相比，数据库大了一倍。于是会产生那些浪费掉的码值。如果图像对白色实行限幅，排除超白来数字化，这些问题可以得到解决（或一定程度上得到解决），但是，这当然会使图像出现限幅区域。还有另一种方法可以解决所有这些问题。那个“另一种方法”就是以对数的形式对胶片进行数字化。

14.4.2 对数数据的优点

既然看到了在线性空间中对胶片进行数字化的危险和问题，我们现在就有了了解对数空间优点的基础。现在就让我们考察一下对数数据数字化，看它是如何处理条带化、动态范围与数据库这三个问题的。

14.4.2.1 条带化

图14–10说明了使用对数数据时相对视亮度变化的情形。使用与图14–7示例中线性数字化相同的100：1视亮度范围以及8比特数字化，相对视亮度变化的表现明显是不同的。使用线性数字化，各处的视亮度差保持不变，而两个取样点间的相对视亮度却是变化的，越接近黑就越大。使用对数数字化，视亮度差是变化的，而相对视亮度保持不变。从黑到亮，变化一个代码值代表对人眼产生相同的视亮度变化。尽管线性在视亮度上是均匀的，但对数在知觉上是均匀的。你这就在朝着追求完美的数字化方案的方向迈出了正确的一大步。

现在用对数数字化后的从暗到亮相对视亮度是常数。而就8比特精度来说，现在的问题是这个常数太大了——任何地方都是1.79%，完全超过了1%的条带化阈值。这证明了这很容易解决。由于相对视亮度现在是一致的，只要加大比特深度，就可以将其均一地降下来。从8比特增为9比特，就可以将各处的相对视亮度降低一半，从1.79%降到0.9%左右，低于条带化的阈值。当然，在现实世界中，9比特用起来太别扭，但它说明了这一点，在对数空间中，只要加大比特深度，就可以全面降低相对视亮度变化。

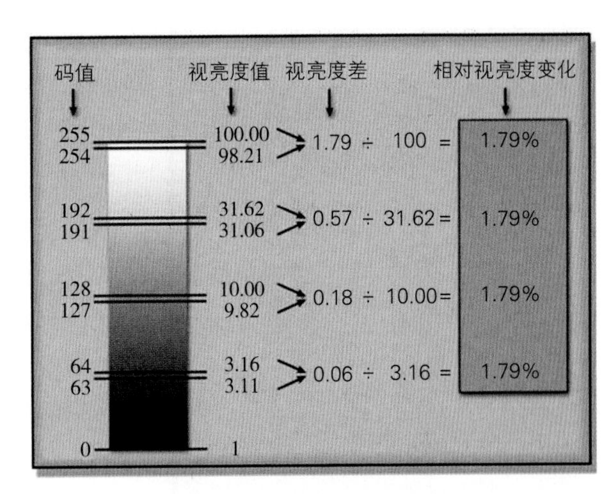

图14–10　使用对数数字化的相对视亮度变化

14.4.2.2　全动态范围

下一个问题是如何数字化胶片的全动态范围，以避免出现任何的限幅。如果我们将视亮度范围提高到100∶1以上，相对高度变化会再次加大，但其幅度仍将是一致的。如果我们要数字化胶片整个1000∶1的动态范围，将比特深度加到10比特，将会得到恒定的0.67%的相对视亮度变化，这时就完全低于条带化阈值了。于是，使用对数数字化，1000∶1的全动态范围可以数字化为10比特，即可无任何条带化了。

将胶片的全动态范围看做是大约10挡（stop），而一“挡”是将曝光量加大一倍。这意味着，从可以导致胶片密度产生可测量变化的最低曝光量起，曝光量可以翻倍10次。这是一个巨大的动态范围。Cineon10比特标准实际上提供了稍大于11挡的范围，为向上或向下调整视亮度都提供了“上净空”（head room）和“下净空”（foot room），而不会发生限幅。使用Cineon，一挡是90个码值。

图14–11显示了以对数空间将胶片的1000∶1的全动态范围数字化为10比特分辨率的情形。这给出了0至1023的数据范围，按柯达Cineon标准。当线性视亮度数据转换为对数时，数据以一种新的方式重新分布，使对数视亮度得到均匀地分布，然后对数值得到数字化。其效果是，使基准黑与基准白之间的正常曝光量范围填充了数据范围的2/3，相比之下，线性只填充了小小的10%（见图14–8）。它同时也将超白压缩到数据范围的上1/3内，而不是占据到了90%。对数数字化已经保留了电影的全动态范围，将图像的正常曝光部分放在了靠近数据范围的中间段它该待的地方。

14.4.2.3　数据效率

电影故事片工作不能靠胶片扫描数据压缩，原因在于任何压缩方案都必须是“无损

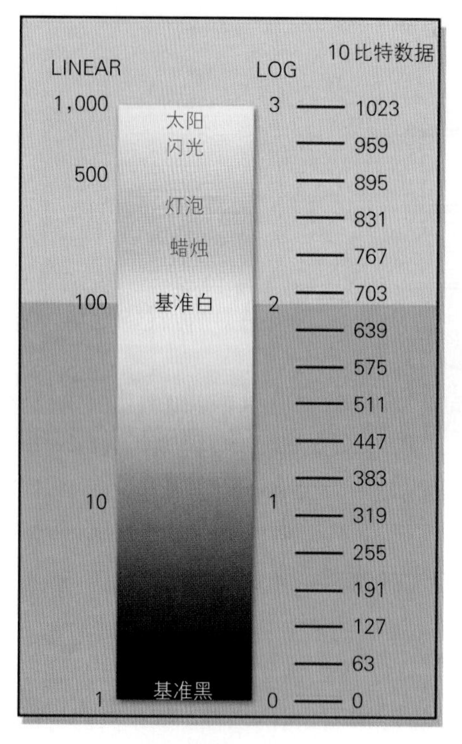

图14-11　对胶片的整个范围进行对数数字化

的"，以避免降低图像的质量，而无损压缩方案靠的是利用具有相同值的邻近像素。计算机生成图像（3D动画、数字遮片绘画，等等）包含具有相同值的相邻像素，但这些不是胶片扫描。任何数字化的"天然图像"（拍摄的真人场景，而不是计算机生成的场景），由于胶片颗粒的关系，天生地会有"噪波"。这种噪波消除了任何相同相邻像素的可能，随之而来也就消除了无损数据压缩的机会。

没有了数据压缩，最有希望的就是靠一种"蛮力"，以胶片扫描位图的形式来捕获所有所需信息，而不浪费任何比特、字节或带宽。我们已经看到，由于从中间影调到亮部相对视亮度变化逐渐变小，直至小到很多码值都变得无用了。而使用对数数据，我们看到相对视亮变化是一个常数，所以，任何地方都没有浪费一个码值。在10比特/通道的情况下，一个像素的所有三个通道都可以挤进一个32比特的字（word）中（还有2比特的备用呢）。使用16比特数字化，每个像素用3个16比特的字，即每个像素48比特——文件大小增加了50%——加上16比特线性图像将在白中被限幅。

14.4.2.4　结　论

尽管线性数据是一种简单而显见的方式，但它的缺点是存在条带化数据膨胀，且动态范围有限。所有这些都源自于数据是线性，但眼睛是对数的这个事实，所以图像数据与我们对它的知觉之间适配得不好。然而对数数据在数据与眼睛之间有优秀的适配性，因此是画面信息最有效的载体。使用对数数据，胶片的整个动态范围可以有效地放到10比特中，而不会出现条带化。所以，10比特对数数字化具有以下三大优点：

（1）无条带化；

（2）1000∶1的全动态范围；

（3）数据库更小。

那么，如果对数是这样好，可为什么不是所有的人都用它呢？答案是，因为它用起来要难得多。在下一章，我们将会看到为什么。

14.5　比特深度

比特深度是那些偶尔会冒出来毁掉数字效果镜头的晦涩技术问题中的一个。即便是低比特深度会造成条带化，我们还是尽可能地用最低的比特深度来工作，这是出于一个非常实际的原因：增加比特深度就加大了文件的大小和硬盘空间，提高了存储要求，延长了网络传送时间和计算时间。好消息是，随着当今网络速度和计算速度的飞速提升，以及硬盘驱动器和存储芯片成本的下降，我们可以期待有辉煌的那一天，那时我们全都可以以更高的比特深度来工作。与此同时，下一节将帮助你来应对。

14.5.1　比特深度的含义

比特深度指的是用计算机上的比特数值来表达一个图像像素在每个通道上的视亮度值。比特数越多，比特深度就越大。比特的数量规定了能够生成多少个“码值”（数字）。4个比特只可以生成16个码值，即0至15的范围。注意，最大的码值（15）小于可能码值的总数（16），这是因为有一个码值是0。而每个码值（0至15）都指派一个它所代表的视亮度值（从黑到白），从而根据4比特图像有16种可能的码值，推算出其只能有16个可能的视亮度值。重要的是要认识到码值与其所代表的图像视亮度之间的差，因为同样的码值在不同的情况下将代表不同的视亮度值。这个问题有点儿绕，稍后会更详细地讨论。

以最常见的8比特图像为例，从黑到白，有256种可能的不同视亮度值，或灰度值。对于三通道（RGB）图像，可能的颜色数量达到256^3（256的三次方），即惊人的1670万种颜色（实际上是16777216种，但没有人会那么精确地计算）。尽管1600万种颜色听起来好像很多，但非常重要的是要记住，这些上千万种的颜色，在各自的通道中只是由256种可能的“灰度”构成的。

图14-12显示了几种有代表性的比特深度的灰阶图形，即由黑到白的各种灰度的图形。4比特图像有16个非常大的灰阶；6比特图像有多得多的但更小的灰阶；而8比特图像有256个灰阶，但看起来更像是一条平滑连续的直线，因为它的灰阶太小了，眼睛看不出来了。关键就在这里：图像中的视亮度级非常小，在眼睛看来就成了平滑的了。当临近码值之间的视亮度级变得明显时，我们称之为“条带化”。

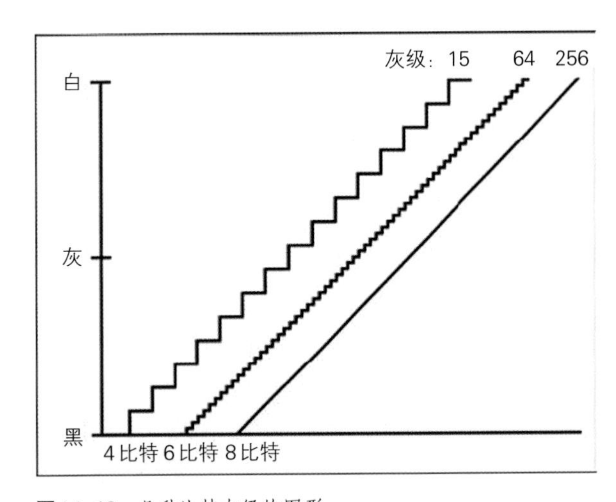

图14-12　几种比特灰级的图形

图14-13显示了同样的信息，但是改用了一种感性的方式，显示出随着比特深度的逐渐增大，视亮度的级数也逐渐增多的一种视觉效果。4比特图像有16级视亮度，出

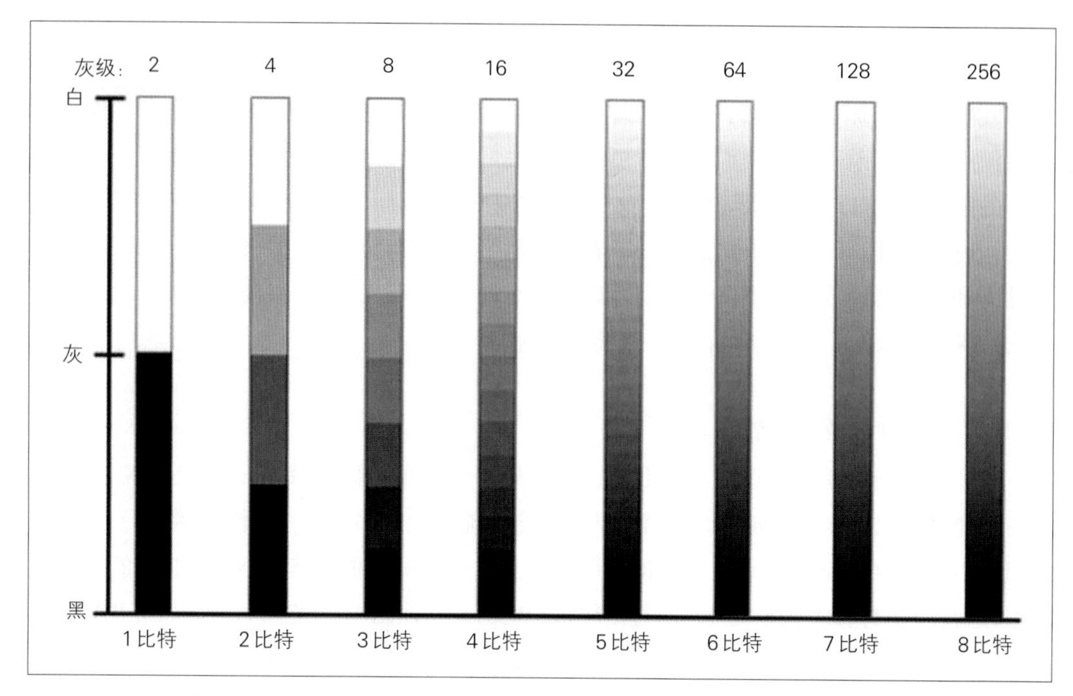

图14–13 显示比特深度视觉效果的不同度

现了条带化，因为它从一个码值变到另一个码值时，在视亮度上出现了明显的跳跃；8比特的图像有256级视亮度，眼睛看来就平滑了。记住，它也有较少比特深度示例那样离散的级，而在不利条件下，甚至这些很细微的级也会突然变得明显，并产生条带化。

在我们离开前图14–13之前，这幅图中有几个东西值得注意：首先，无论是怎样的比特深度，“0”码价值代表的都是黑色，而且对于所有的比特深度它都是一样的黑色；第二个要注意的是，这个规则同样适用于白色，即每种比特深度中最大的码值（对于4比特来说，是15；对于8比特来说，是155；等等），代表的都是完全一样的白色。这种思路令人不安。在8比特图像中，码值15几乎会是黑色的；但在4比特图像中，码值15是白色的。而且，当使用16比特图像时，最大码值65535代表的完全相同于8比特图像中的255所代表的白色。好笑就好笑在这里：换成16比特并不能给你更明亮的白色，它只是让每个视亮度值之间有了更小的级，从而有了更多的级。

刚刚给出的有关更明亮的白色的说明，有两种例外的情况：一个是像Cineon和DPX这样的10比特对数图像；另一个是皮克斯（Pixar）的EXR文件格式。这些图像文件格式所规定的白点比其最大的码值低很多，以便允许他们含有远高于白色（例如高光）的高动态范围信息。这样，在处理这些类型的图像时，事情就变得相当复杂，因此，简单的8比特和16比特的线性图像得以广泛流行，这些格式在大多数情况下使用的效果都很好。通常是这样。

那么，你在现实世界中很可能遇到的怎样的比特深度呢？在实践中，你可能只会遭遇8比特、10比特和16比特的图像。然而，这些图像的指称方式可能很乱。表14–1列出了最常见比特深度描述方式的最普遍的含义。

表 14–1　各种比特深度常见的命名惯例

描述	通常的含义
8比特	3通道图像（RGB），每个通道8比特 或者：4通道图像（RGBA），每个通道8比特 或者：8比特的单通道图像（遮片、单色，等等）
10比特	3通道图像（RGB），每个通道10比特
16比特	3通道图像（RGB），每个通道16比特 或者：4通道图像（RGBA），每个通道16比特 或者：16比特的单通道图像（遮片、单色，等等）
24比特	3通道图像（RGB），每个通道8比特
32比特	4通道图像（RGBA），每个通道8比特

练习13–1

请注意，10比特图像没有其他所有格式那样的四通道或单通道版本吗？尽管10比特Cineon格式和DPX文件在技术上确实支持单通道版本和四通道版本，但你几乎从未见过一个。原因在于，它们通常拥有三通道RGB扫描的摄影图像（胶片的或视频的），而这些图像没有遮片。Cineon有数字化的胶片图像，DPX有胶片电影图像或视频图像。虽然CGI可以渲染为DPX文件，但却很少这样做。

14.5.2　10比特DPX的歧义性

当面对一个8比特、16比特、24比特或32比特图像时，有一个你可以确定的假设，那就是图像数据几乎肯定是线性的，不是对数的。当使用10比特Cineon格式文件时，根据定义，它总会是对数文件，不会有任何歧义。然而，当面对10比特DPX文件时，数据有可能是线性的，也有可能是对数的。如果DPX文件来自视频源，那它就是线性的。如果它是在胶片扫描仪中通过数字化胶片制作的，那么很可能就是对数的。

Tip!

你怎么看出来的？如果没有人问，一个正确格式化的DPX文件将会用它的首标（head）中的信息告诉你。如果你没有可以读取文件首标的工具，那就在一个常规的工作站监视器（不是经过电影校准的那种，而是最普通的那种）上显示这个图像。如果图像显现的对比度低，全都脱色朦胧了，那它就是一个对数图像。如果它显现出正常的样子，那它就是一个线性图像。如果你仍然不敢确定，可以尝试将这个神秘的图像从对数转换为线性。如果它是一个线性图像，它就会变得漆黑一片。如果它实际上看起来比原来好，那它就是一个对数图像。

14.5.3　改变比特深度

Tip!

还有一些情况下，即便会增加渲染时间，将比特深度从8比特改为16比特也会是有意义的。第一个情况是，当使用CGI、数字绘画系统或合成系统本身，来为创建天空之类的任务创建一个梯度图形元素（线性元素或放射状元素）时。如果你在使用8

比特，就有可能在梯度图形上出现条带化。如果它确实出现了条带化，可以以16比特重建这个梯度图形，稍稍给它一点儿颗粒或噪波，然后先将其转换为8比特（必要的话），再使用它。如果缺了那一点儿颗粒，从16比特梯度转换为8比特后，仍然会显现同样的条带化，就仿佛它是用8比特创建的一样。

Tip! 第二种需要改变比特深度的情况是，将两个不同比特深度的图像，比如一个16比特的CGI图像与一个8比特的视频图像，结合起来的时候（合成、过滤、叠化、相乘，等等）。合成软件将要求两个图像具有相同的比特深度。显然，将8比特图像提升为16比特，要比将16比特图像压低为8比特更好。一些合成软件包甚至会“自动”为你做这件事。如果渲染时间是必须要考虑的，可以在合成操作之后，再将图像降为8比特。

Tip! 第三种情况是，如果不是由于一些图像处理操作突然造成了条带化的话，8比特图像本来也会很好的情况。一个例子是将一个大的模糊加到天空元素上。模糊消除了天然的像素变化，将像素平滑成一些平浅的梯度。另一种自己招致条带化问题的方式是一个接一个地进行色校正。在进行一连的串操作之前，先将8比特图像提升到16比特，会消除条带化。首先进行避免出现条带化操作要容易得多，等出现了以后再消除就难了。

14.5.4 浮 点

到目前为止，有关比特深度的讨论，一直是计算机人士所称的“整数”数据，即只使用整数，不允许使用分数或小数。使用8比特或16比特的整数数据，你将看到如170、32576或1023之类的像素值，而不是170.00145或–32567.801这样的像素值。在浮点数中，像素值表示为0至1之间的一个十进制数字，以0代表黑色，1代表白色。你会看到0.35787或0.98337819这样的像素值。小数点后的位数称为浮点的“精度”。在8比特系统中，50%的灰色会得到整数码值128，而在浮点数中，它将表示为0.5或0.50，或者GUI意图显示的小数点后的那么多个0。

浮点代表计算机图形技术所能达到的最高图像质量。没有舍入误差或条带化问题，因为像素值不分成像8比特图像那样几百个离散的视亮度级，没有离散的级。浮点也有“上溢出”（overflow）和“下溢出”（underflow）功能。使用8比特整数数学，你不能有大于255（上溢出）或小于0（下溢出）的值。如果一个数学操作生成了0到255以外的值，那些数字就被限幅，从而引入了舍入误差。浮点可以有0和1之外的下溢出值和上溢出值，如–0.7576或1.908，这样的数不会被限幅。

对于所有的渲染操作，CGI总是以浮点的形式来计算，然后在将图像输出到硬盘上的时候，再转换为8比特或16比特的整数数据。纹理贴图、反射贴图、凹凸贴图以及其他构成CGI的图像元素，可能会成为8比特整数文件，但会在内部转换为浮点，以便计算。合成中也有同样的情况，输入图像和输出图像可以是8比特或16比特的整数，但也有可能以浮点的形式执行所有的内部计算。当今大多数合成软件包都支持浮点数据。

如果浮点这么好，为什么不是每个人都使用它呢？因为它在计算上太昂贵了。影响的程度在系统之间会有所不同，但它往往要比16比特整数计算慢400%，有时甚至还要糟糕。浮点很少用于合成，仅仅因为16比特整数的数据分辨率已经很高了，很少再会遇到什么问题，而16比特整数的运算速度要比浮点计算方法快。

皮克斯已经研制出一种称为EXR的文件格式的特殊版本浮点图像数据。尽管这是一种像素数据的浮点表示法，但这是一个只有16比特的“短”浮点（正常浮点是32比特或者更多）。这种格式的数据大小与16比特的整数图像相同，并将大的范围和浮点数据的精度结合起来。然而，它在计算上比普通的16比特整数昂贵，而且需要一些特殊的工具，并要经过培训才会使用。然而，它的图像质量非常高，而且与常规浮点比，数据量和计算开销也减少了，所以还是很了不起的。

14.6　条带化

条带化是一种特别隐蔽的伪像，因为它一旦出现就难以根除。对此，我们将研究条带化是怎样被感知的，预防或消除的策略，以及条带所带来的令人不安的现象。

14.6.1　避免图像出现条带化

如何防止出现条带化，取决于你要处理的图像的类型。计算机生成的图像与摄影图像之间，有着明显的区别，这将直接影响比特深度和条带化。原始的摄影图像（幻灯片、胶片或照片），其视亮度值上从点到点有着巨大数量的连续细微变化。然而，当数字化为8比特时，这种不断地变化“群集”（量化）到每个颜色通道只有256种可能的视亮度值中。然而，事实上最初的图像具有所有这些细微的变化，这意味着产生的数字化版本在其像素值中也有这些变化，即使人们认为颜色相同的区域也是这样。如果近距离地检查，这些扫描的图像看起来很“噪”。用客气一些的话说，是“随机”。一个摄影天空梯度的切片图形，将有一个明确的斜坡，这个斜坡将由原始照片中的这些细微变化所形成的随机像素值构成，如图14–14中标有“A”的例子所示。在视频的情况下，原始场景具有所有这些细微的变化，而形成的数字视频是量子化为具有随机像素值的256种值。

现在比较一下用计算机图形（CGI、数字绘画程序或合成软件）合成的同一个8比特的天空梯度斜坡（如图14–14中“B”所示）。它的特点是有一致的级，每一级都有平滑的区域清晰的边缘，这和扫描的照片非常不同。即使各级之间可能只有一个码值的差异，但仍有可能成为可见的条带，因为眼睛对视亮度略有不同的相邻均匀区域非常敏感。这就是前面图14–13中显示的较低比特深度梯度中看到的那类条带化。

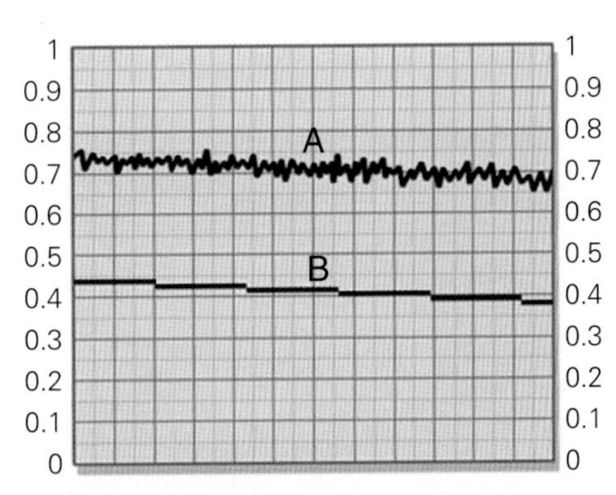

图14–14　摄影梯度（A）与计算机图形梯度（B）的切片图形

摄影图像与合成图像之间的差别，导致了两个后果：首先，摄影图像可以以较低比特深度显示而不会出现条带。这样很好，因为它节省了数据，而且常常没有问题；第二，如果我们想避免合成图像中出现条带，要么会增加比特深度，要么会将随机数据引入到它的像素值中。事实上，好的CGI会通过添加纹理地图、凹凸贴图以及为此目的创建的一些“垃圾”（grunge）贴图（不过看上去是不错的），将类似于照片的天然变化构建在其模型中。此外，好的合成还会将颗粒（即噪波）添加到CGI元素中，使其更加具有照片那种天然的外观。

Tip! 如果在数字绘画系统或合成程序中出现了条带化，同样的解决方案也适用：以16比特重建梯度，然后添加轻微的颗粒。如果需要，之后它可以转换为8比特而不会出现条带。

如果比特深度减得太多了，即便是摄影图像也将显示条带，这可以发生在图像经过了大幅度的数据压缩的情况下。一些新的数字录像带格式能够通过大幅度压缩，在非常小的录像带上实现全动态视频。图14–15显示了一个奇怪形状的例子，这是图14–16中显示的原始8比特版本的4比特版本。较低比特的版本将每个通道可能的视亮度值的数量从256个减到16个，所以有些大面积的天空具有相同的码值，从而导致了条带化。图14–17是代表天空区域的切片图形，它将大面积缺少码值的情形显示出来，相比之下，图14–14中显示的通常摄影天空梯度则可以看到非常细微的变化。

还请注意，在图14–15的4比特画面中的其他部分几乎没有出现令人不安的质量下降。在画面的非天空部分有足够的纹理（变化），让低比特深度没有受到破坏。正是在图像的平滑梯度部分，条带化将首先显现出来。当然，你不是非得使用4比特图像不可，但是某些图像处理操作会引发这种类型的码值贫化问题。码值可以只分成几组，如图14–17中的切片图形所示，即便是存在着随机像素值，眼睛仍然能够看到条带化。

练习14–2

由于比特深度有限而造成条带化，在如图14–18所示的例子那样的8比特CGI图像中是非常常见的。尽管对于视频工作来说，8比特CGI渲染器通常工作的很好，但对于电影工作来说，还是不够的，因为电影工作具有更大的动态范围。CGI非常容易出现条带化的原因是：它经常包含一些平滑的梯度，如果没有纹理贴图和添加了前面描述过的颗粒的话，这些平滑的梯度对条带化“臭虫”非常具有吸引力。

图14–15　4比特图像的天空梯度中的条带化

图14–16　8比特原始图像的纯净的天空

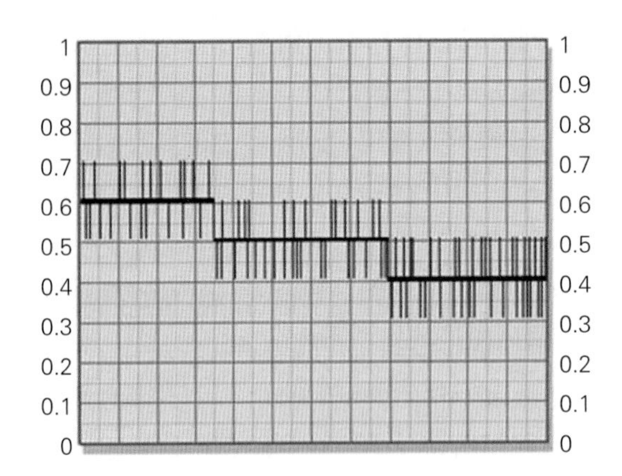

图 14–17　照片扫描码值贫化造成的条带化

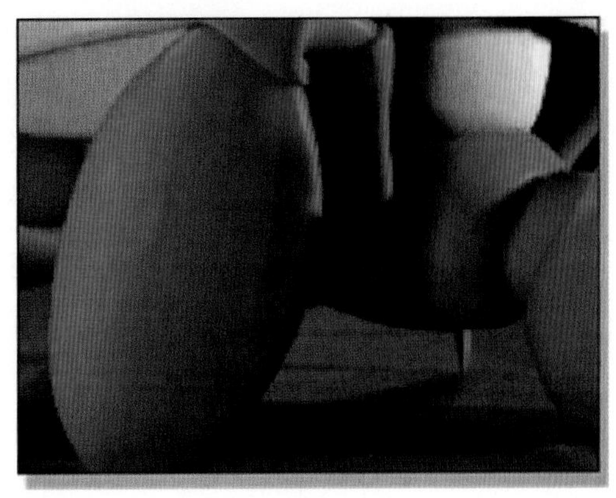

图 14–18　CGI 图像中的条带化

14.6.2　解决图像中的条带化

摆脱条带化会比较麻烦，所以，最好的策略仍然是将防止条带化放在第一位。然而，有些时候是不可能重建那些不愉快的元素的，所以你可能不得不自己来消除图像中的条带。标准的解决方案是添加一些颗粒（即噪波）。然而，有时候使条带消失所需要颗粒量太大，使得图像变丑，成为徒劳，所以需要有更加深思熟虑的方案。

Tip! 下一步是识别你有的是两种类型的条带化中的哪一种。是图 14–14 中的那种平滑梯度型，还是图 14–17 中的那种码值贫化（depleted code values）型？如果一个很好的图像突然在合成流程中的某个环节呈现出了条带，那你有的就是码值贫化型的条带化。罪魁祸首可能是前面提到过的一连串的色校正操作。在一个 8 比特图像中，它们可以是累积的舍入误差，这引发了码值贫化的现象，以致出现了条带。如果有可能以单独的操作来替代那一系列的所有色校正操作，就可以治愈色带化。否则，可在进行一连串的色校正之前，先将图像转换为 16 比特，事后再转回到 8 比特（如果有必要的话）。舍入误差的仍将发生在 16 比特的版本中，但现在会小到看不见了。有一些凹凸（embossing）之类的操作，可能需要将图像转换成浮点格式，才能取得好的结果。

Tip! 如果条带化问题是平滑梯度（smooth gradient）型，那就有一种极端的方法可以奏效。不幸的是，它的应用范围是有限制的，但是这里还是提供了它的方法，说不定有一天你会发现它有用。这个限制将在方法描述后予以指出。

（1）将 8 比特图像转换为 16 比特；
（2）施加一个非常大的模糊；
（3）添加轻微的颗粒；
（4）重新转回到 8 比特（如果有必要的话）。

在第（1）步中将梯度转换为 16 比特，并没有解决条带化的问题，但它确实为原始的 8

比特图像的所有码值扩展出256种可能的新码值。问题是，16比特的版本仍然将所有的码值群集到从8比特图像继承过来的256个值中。第（2）步中施加的一个非常大的模糊，将新的码值内插到原始的256个值当中，从而将几个大梯级的数据混合到许多小得多的梯级中去。数据不再群集在其原始256个值中，而是均匀分布在16比特当中。第（3）步中添加的轻微颗粒将完成这个过程，让这个梯度更随机一些，更像是照片扫描。通过多次改变模糊半径来找到最低的模糊可以完成这项工作。一些合成程序在实施大的模糊时，运行速度很慢，所以有可能通过将图像调整成非常小，实施一个小的模糊，然后再调整回来。

现在是坏消息了。尽管这个方法确实从一个严重条带化的梯度制作出一个不错的光滑的梯度，但你不能用它来解决图像中部分区域的问题，比如一个镜头中的天空的问题。重度的模糊操作会将一些物体（云彩、树木，等等）之间的接壤区域变得模糊，并改变了颜色。然而，有些情况下可以用它来产生良好的效果，所以不要太在意这件事。

14.6.3 显示条带化

Tip! 如果你正在处理高比特深度的图像，并仍然看到条带化，你可能实际上看到的是“显示条带化”（display banding）。有可能有一个完美的10比特或16比特的图像，但在工作站监视器上仍然看到条带。真相是，图像确实根本没有条带化的问题，但工作站监视器有。这是因为工作站将更高比特的图像转换成了8比特以便显示。如果图像具有较高的比特深度，但还是看到了条带，那就考虑是否有可能是显示条带的问题。浪费时间去试图解决一个实际并不存在的问题，将是一种耻辱。

练习 14-3

为了测试显示条带化的问题，首先将受怀疑图像的RGB亮度值缩小到0.2，然后再放大5倍，恢复原来的大小及原始亮度。如果图像中有条带，恢复后的版本将会有更多的条带。如果你看到的一直是显示条带，那恢复后的版本将不会比原始图像有更多的条带。

第十五章

对数图像

星际迷航：暗黑无界（*Star Trek Into Darkness*，2013）

希望你已经阅读了前面的一章“对数与线性”，你将会发现，在那里提出的很多关键的概念，在这里得到了应用。在那一章中，我们发现了对数数据的优点是它保留了胶片的全动态范围，是画面信息最有效的无损编码方法。我们还了解到，对数图像处理起来更难。在这一章中，我们将弄清楚，为什么会是这样，以及如何予以解决。

这个问题分为两节：第一节是将对数胶片扫描转换为线性，以便在线性合成环境中工作，而多数工作室都是这样做的；第二节讨论如何用对数图像来实施合成、色校正以及过滤等操作。另外还有关于如何将遮片绘画和CGI之类的线性图像加入到对数合成中的方法。针对已经使用Cineon软件做对数合成的美术师，主要解释了Cineon为什么以它那样的方式来工作。针对那些将工作在对数空间但不使用Cineon软件的美术师，为他们提供了关于如何以对数图像工作的循序渐进的方法。

15.1 转换对数图像

如果你工作在线性空间，但遇见从胶片扫描成的Cineon图像或DPX图像，这些图像将不得不转化为线性以后才能使用。如果你已经在线性空间中合成了一个镜头，并正打算将其在胶片记录仪上输出胶片，或者插入一个数字中间片，那你的线性图像可能必须先转换成对数。这些转换的工作原理是什么，以及如何最好地转换，则是本节的主题。

15.1.1 转换参数

在线性与对数之间来回地转换图像，有三个转换参数需要予以正确的设置，以避免结果出现畸变。这三个参数是基准白、基准黑和显示伽马。本节描述了这些参数都各是什么，以及它们如何从两个方向上影响转换。

15.1.1.1 基准黑与基准白

当胶片扫描成10比特对数格式时，胶片整个1000：1的动态范围被捕获下来。图15-1说明了画面信息在对数图像中是怎样分布的。超白是比普通的反射表面还要亮的内容。这将包括诸如高光、灯泡和太阳之类的东西。过度曝光的胶片可能会开始爬升到这个区域中。正常的曝光量是人、车、建筑物之类的漫反射表面正确曝光后所形成的那部分“正常”画

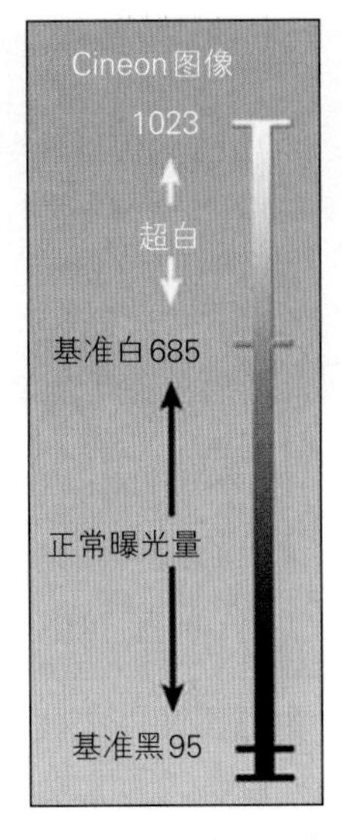

图15-1 对数空间中的图像分布

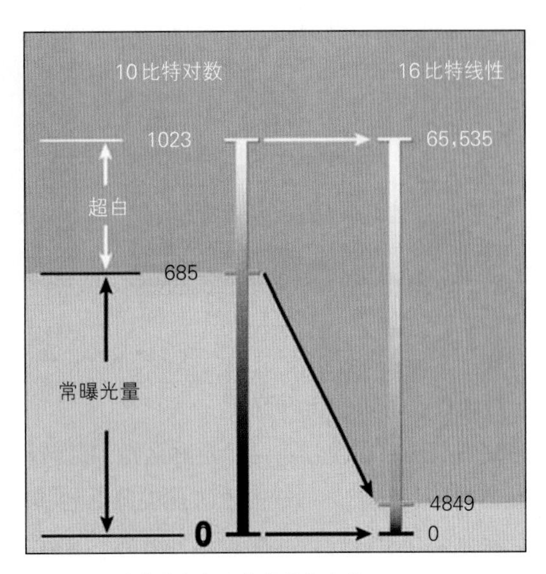

图15-2　对数数据与线性数据的比较

面内容。这里有几个关键的参考点，这些参考点对于将图像从对数转换为线性或从线性转换为对数的讨论是重要的。

基准白：由于胶片可以容纳上至太阳的亮度范围，有必要对胶片正常曝光的最大白色值给出定义，而这个最大的白色值就叫做“基准白”。这是90%反光率的白卡在底片上应该在的地方，且对于正常曝光的胶片，10比特对数码值应该为685。

基准黑：胶片可以具有的最黑的黑色，显然是完全未曝光的胶片。然而，即使是未曝光的胶片，也会有一些轻微的密度，所以，胶片未曝光的区域通过胶片扫描仪的测量（在画格之间或靠近片孔处测量）便得到这个密度，我们称之为基准黑。为基准黑指定的码值为95，之所以给定95的码值而不是0，是为了给胶片颗粒在这个“绝对黑”的上下留出一些躁扰的“下净空”，否则的话，黑色就有不了颗粒了。

显而易见要做的事应该是将10比特对数图像的整个动态范围转换成目标的线性图像，但事实证明，这是个很可怕的事。为了理解这个问题，让我们看一看，当把一个对数图像的整个动态范围都转换成16比特线性图像时，发生了什么情况。

图15-2说明了这种转换方法产生了怎样让人吃惊的结果。正常曝光区域突然皱缩到不到全数据范围的10%当中，而超白区域扩展竟然填充了数据空间的90%以上！之所以形成这些极端的比例，是由于码值1023附近超白之间的视亮度值比码值685左右正常视亮度值高出好几百倍。

不幸的是，在线性版本中，大多数的数据空间现在都浪费在这个很少使用的、巨大的超白范围了。之所以开发出对数数据有三个原因，这是首先的一个原因。在对数版本中，正常的曝光区域扩展填充了大约2/3的数据空间，而超白只占用了1/3。对于画面信息，这样的分布好多了。然而，“全范围”对数到线性的转换，确实在合成操作与过滤操作中得到

图15-3 正常限幅的对数到线性的转换

图15-4 对数到线性的满幅度转换

了应用，对此我们很快就会看到。

如果我们试图在监视器上显示这种全范围的转换，就会得到图15-4的样子。如同我们可根据图15-2中显示的画面视亮度大幅度降低所预料的那样，中间影调现在被下放到黑色当中，实际上只有超白的画面内容是可见的。这就是为什么我们必须在黑基准与白基准处对对数图像进行限幅的原因——为了将视亮度数据限制在能够在监视器上显示出来的正常曝光范围。正常限幅的对数到线性的转换如图15-3所示。当然，窗口以外的画面内容高于基准白，因此限制被限幅掉了。

现在你可以明白，将对数图像转换为线性时，为什么要将高于基准白的超白限幅掉，而只保留“正常曝光”范围了。监视器之类的线性显示设备缺乏适当的响应曲线和动态范围，无法显示底片的整个范围。总有什么得舍弃掉，那就是超白。

15.1.1.2 显示伽马参数

电影是一种经精心搞定的显示媒介，但监视器不是。从电影摄影机到洗印再到电影放映机，整个电影链都经过了非常仔细的校准，并实现了标准化，为的是得到一致的颜色再现。如果你将一部电影拷贝从一家影院换到另一家影院，电影的外观不会突然改变。然而，根据众所周知的经验，监视器不是这个样子。相同的图像显示在三个不同的监视器上，将有三个不同的样子。主要的影响因素是监视器色温以及视亮度与对比度的设定，当然还有每台监视器的伽马校正。色温以及视亮度和对比度的设定，是通过正常的监视器校准来完成的，但由于伽马校正涉及到爱好、哲学和宗教，各地的情况都不一样。

显示伽马参数的作用是为了对不同监视器上使用的各种伽马校正做出补偿。想象一下有两个校准完全相同但伽马校正不同的监视器，其中一个会比另一个显得更亮。如果一个对数图像转换为线性图像，然后在这两个显示器上显示出来，显然会一个比另一个看起来更亮。由于我们的目标是让电影图像在不同的监视器上显现出一致的样子，所以我们将需要有两种不同的线性图像，每种都是按其目标监视器来设定的。而创建两个版本的“调钮”就是显示伽马参数。这是让电影图像可以在两个不同监视器上显现同样样子的唯一办法。

相反的，如果你有一个线性图像转换为对数空间，这时你就将图像放在了一个可变的显示装置（监视器）上了，而你需要将其转换为胶片的固定显示空间。这里也需要有显示伽马参数，来告诉转换过程，你是否是在一个明亮的或昏暗的监视器上观看线性图像。将线性图像转换为对数空间的问题是，你真的需要有一种方法，来看到形成的对数图像得以正确地显示出来，否则的话，你就是在盲目地工作。

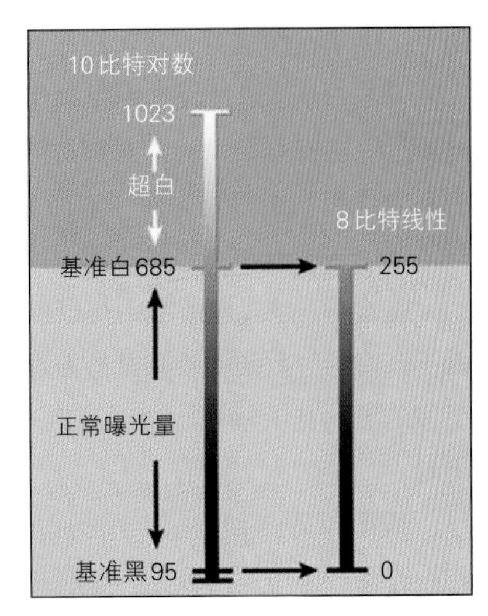

图15-5　对数到线性的转换

15.1.2　对数到线性的转换

对数到线性的转换在图像格式转换领域中的独特之处，在于当在基准白处对线性版本进行限幅的时候，对数图像的绝大部分都牺牲（损失）掉了，而且如果你不小心，线性版本的视亮度与对比度也会不经意地受到影响。其他的转换，如TARGA转成TIFF，只不过是在两种文件格式之间对计算机数据重新进行格式化，但保有的是相同的画面。使用对数到线性的转换，你保有的就不再是相同的图片了。为合成而将他们的10比特对数图像扫描成8比特或16比特的线性图像，其所处理画面的版本，实际上是有限得令人惊讶。为了便于说明，下面的例子使用了8比特图像数据，码值的范围从0到255。

15.1.2.1　转换参数

当一个对数图像转换为线性图像时，会发生两件事情：首先，高于基准白的所有画面数据和低于基准黑的数据都被丢弃了，如图15-5所示；第二件事是，形成的线性版本的显示伽马是定下来的。显示伽马决定了施加到形成线性版本的伽马校正。默认的转换设置以正确曝光的胶片为基础。表15-1总结了这三个转换参数的默认设置。

表15-1　默认对数到线性转换设置

基准白	685
基准墨	95
显示伽马	1.7

Tip! 关于线性/对数转换，有一点非常重要：如果对数图像转化为线性，然后再转回到对数，两次转换都使用完全相同的设置（“对称”的转换），转换成的对数图像将与原始图像具有完全相同的外观形象，但有两种例外的情形：重新转换成的对数图像将没有任何高于基准白的数据值或低于基准黑的数据值，因为在转换成线性的时候，这些值已经被限幅掉了；另一个例外的情形是，如果线性版本是8比特而不是16比特，在转换成的对数图像版本的暗部，将会有一些分散的“数据洞”。这是因为8比特线性版本的256个码值要重新映射成新转换成的对数版本的（685–95=）590个码值，你将没有足够的码值可

用了。由于线性映射成对数是非线性的，所以大部分的缺失数据点会在暗部聚集起来。

基准白：是线性版本中得以保留下来的最大对数码值，并将映射成最大线性值255。所有超过该值的对数画面信息都被限幅掉了。如果将基准白加大到例如750，就会有更多的高光在线性版本中得到保留。然而，由于对数图像中有更大的动态范围被转移到显示监视器的固定动态范围中，使得中间影调向下偏移而变暗。

基准黑：是线性版本中得以保留下来的最小对数码值，并将映射成最小线性值0。所有低于该值的对数画面信息都被限幅掉了。如果将基准黑加大到例如150，线性版本中就会有更多的黑色被限幅掉。由于有更多的黑色被限幅掉了，所以中间影调被向下拉动，而变得更暗。

显示伽马：设定决定了形成的线性图像的伽马，而且它是这样设计的：如果你输入工作站监视器上所用的伽马，它将把对数胶片数据转换成在监视器上大约能正确显示的样子。例如，如果你使用的是一个经过校准的SGI监视器，并将监视器伽马校正设成1.7，那么在转换期间，你会输入1.7的显示伽马值。Mac机和PC机一般具有2.2的伽马校正，但你可能不得不通过实验来找出一种好的设定，因为你的应用软件有可能会覆盖了默认的监视器伽马校正。

15.1.2.2 自定义转换参数

以前所引述的默认设定适用于正确曝光的胶片和一般的画面内容，但很多镜头这两者都不是。重要的是在转换期间，要能够通过调整转换参数，将对数图像的“悦目点”转入到线性版本之中。本节提供了一些窍门和方法，用以将对数图像转换到线性空间之中。

Tip! 在对数到线性转换期间，非常重要的是要通过优化转换参数，你要尽可能多地进行调色。不要对所有的事情都使用默认的转换设定，然后就尝试着对线性版本进行色校正。一旦图像处于线性空间中，它就成了一个质量较低、有所退化的图像，彩色信息比原始对数源少了很多。由于一开始你的图像质量就很低，所以对这个较低质量的图像进行调色操作，会进一步降低图像的质量。通过自定义转换参数，线性版本从一开始就非常接近期望的结果，于是，运气好的话，在进入线性空间后，只需要做轻微的优化就可以了。如果你在使用16比特或浮点，这就不是太大的问题。

以下是几个转换的情况，以及进行转换时可能遇到的问题和相关建议。

Tip! **曝光过度：**对数图像曝光过度，线性版本需要降低到一个正常的范围内。胶片中至少有两挡净空，所以画面应该仍然是可以挽回的。等量地提高基准白和基准黑。画面将“下滑”胶片响应曲线，直到看上去曝光是正确的。除非你想从艺术上改变视亮度，否则就不要改变显示伽马设定。一挡是90个Cineon码值，因此，如果底片曝光过度一挡，基准白和基准黑将双双上调90个码值。

Tip! **曝光不足：**对数图像曝光不足，线性版本需要上调到一个正常的范围内。降低基准白将由“上拉图像”予以补偿，但无疑还将有基准黑的问题。曝光的图像已经在底片上使胶片响应曲线“下滑”，现在已经有一部分埋葬在趾部了。将基准黑降至95以下，将可以使一部分黑变白，但不会添加任何黑色的细节，因为在胶片中一开始就是没有的。降低基准白而不降低基准黑，会使图像变亮，但也提高了对比度。这可能需要降低显示伽马设定来予以补偿。

练习15-1

范围扩展：有可能在线性版本中保留了大于默认基准白685的非常明亮的像素，比如最大像素值为800的瓦斯爆炸。除了将基准白提高到800以外，没有替代的方法。不幸的是，这将会把中间影调向下推，使它们变暗。你可以降低显示伽马设定，以提高中间影调的视亮度予以补偿，然而，这种做法的问题是，它也会使线性版本的饱和度降低。通过对线性版本进行色校正，你也许能在一定程度上恢复一些饱和度。

15.1.2.3　软限幅

更考究的对数到线性转换实用程序提供“软限幅”（soft clip）选项，来帮助高光，使其在转换时不被限幅掉。限幅对任何图像都很有破坏性。它在图像中留下了一些带有硬边的“平板斑点”（flat spot），让人们注意到它们受到了“虐待”。除了平板斑点外，在受到限幅的区域通常还会出现色偏现象。下面举一个例子说明为什么会这样。

图15-6展示了限幅点（用虚线来表示）附近单个像素的RGB亮度值。使用图15-7中的硬限幅（hard clip），红值被严重降低了，但绿值和蓝值没有降低，结果造成了明显的色偏。使用图15-8中的软限幅，RGB各值之间的间隔轻微地挤在了一起，从而降低了饱和度，但总的来说，它们之间的总体关系已经被保留下来，这样它们的基本颜色就没有改变。软限幅也有助于限幅区域周围的硬边。软限幅将稍稍使边缘变软，所以边缘看起来就不那么别扭了。

如果你的软件可以读取和输出对数图像，但在转换成线性的时候。却不提供软限幅，你可以用一个彩色曲线节点来制作自己的软限幅。只要画一条图15-8那样的软限幅曲线，这条曲线对对数图像向线性图像转换中所用的基准白做柔和的限幅。在对数图像经过了彩色曲线的处理后，将不再有任何像素高于基准白值，从而在转换期间不会被限幅。

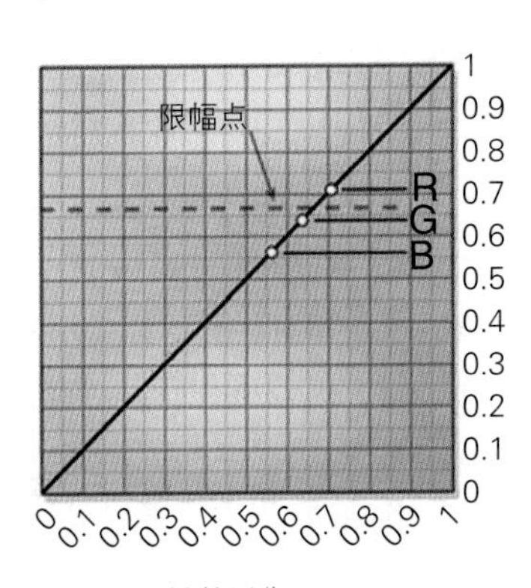

图15-6　原始图像

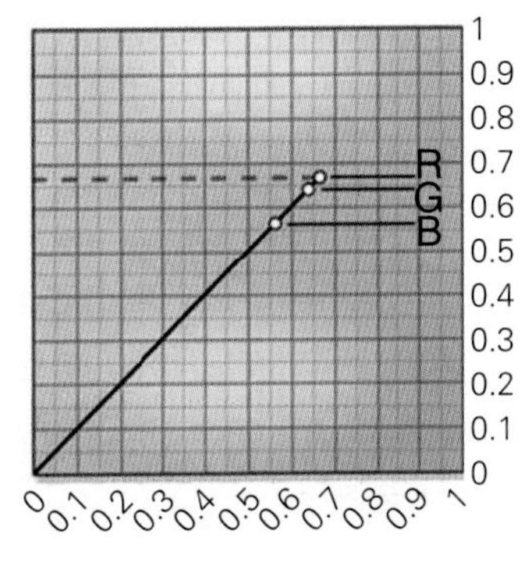

图15-7　硬限幅

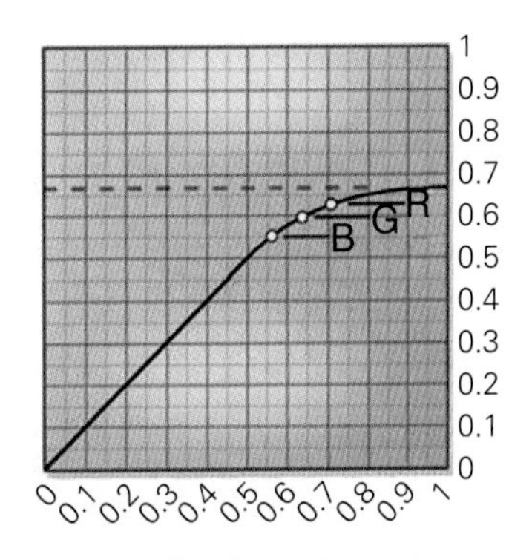

图15-8　软限幅

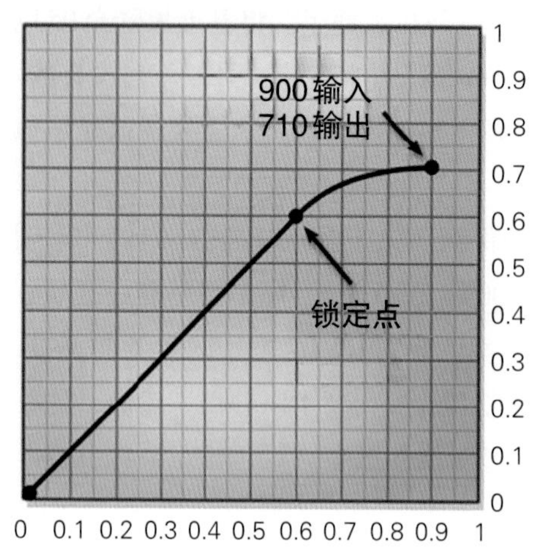

图15–9 对数到线性转换用的软限幅彩色曲线

练习15–2

好的做法是，首先根据图像正常曝光部分中白色应该在什么位置上，来确定适宜的基准白值。接下来，对对数图像进行统计，寻找当下最高的码值。假定你将基准白定在710上，而对数图像中的最高码值900。你现在需要有一条软限幅彩色曲线，这条曲线将和缓地把900下拉到710，如图15–9中的例子所示。然而，你依然想保持彩色曲线的主要部分为线性。为此，添加一个锁定点（这里显示的是600、600）。注意，没有必要让彩色曲线继续通过输入值900，因为超过基准白就没有码值了。你还需要让曲线在趋近710这个关键点时有一定的斜坡，从而绝不会一下子完全变平。如果曲线上出现了一个完全平坦的区域，那就会在输出图像中形成平板斑点，丢失所有细节。

15.1.3 线性到对数的转换

在三个情况下，你将不得不把线性图像转换成对数空间：

你的工作环境是对数的，但人家给你的是一个线性图像，比如要加进一个视频或者一幅Adobe Photoshop绘画。

你原本是在处理线性图像，但又必须将它们转换成对数图像，以便提供给胶片记录仪。

你原本是在处理线性图像，但又必须将它们转换成对数图像，以便集成到一个数字中间片当中。

下一个问题就变成了在哪里进行线性到对数的转换。是在你那里？还是让收到你的线性图像的人来为你做转换？如果可能的话，你会想自己来做到对数空间的转换，因为这样可以在转换过程中做出一些有创意的决策，而你不想将那些决策留给使用胶片记录仪的人去做，因为他们并不熟悉你的艺术意图。

Tip!

问题是，你需要能够在一台按胶片校准的监视器上查看转换后的对数图像，否则，就是盲目地工作，根本不知道生成的对数图像看起来将会是什么样子。如果能有一台Cineon监视器，或者其他按胶片校准的监视器，当然是最好的。你要确保任何“按胶片校准的监视器”都不仅仅是将对数图像转换为线性图像以供显示。如果做不到这一点，你可以以不同的转换设置，为同一个图像制作几个对数版本，从而创建出一个转换“楔”（conversion“wedge”）来。然后，将这些测试图像送到准备对所有这些对数图像进行加工的目的地（例如胶片记录仪或数字中间片），在他们的电影监视器上进行观看。然后，再将最好的设定用于所有的后续转换。

15.1.3.1 转换参数

当一个线性图像转换为对数时，最大线性码值（255）映射到生成的对数图像中的基准白点上，最小码值（0）映射到基准黑值上（图15-10）。显示伽马设定将确定中间影调的伽马或视亮度。线性到对数的默认转换与表15-1中给出的对数到线性的转换是相同的。

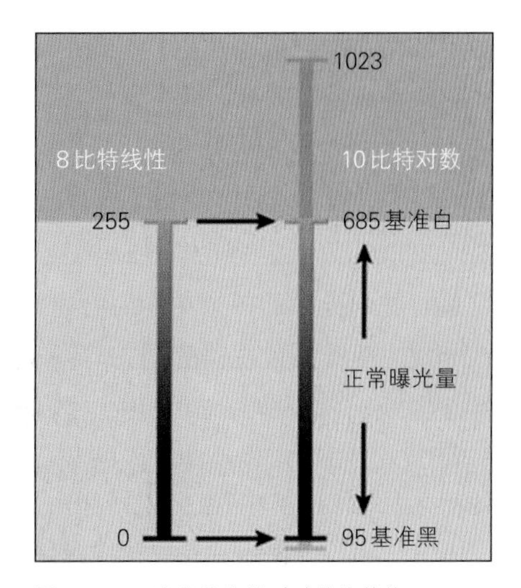

图15-10 默认的线性到对数的转换

基准白：最大的线性码值（255）将映射到图像的对数版本中设定的基准白上。对于默认的设定，线性码值255变成了对数码值685。然而，这并不意味着对数图像中将包含任何具有码值685的像素。假定线性图像中最亮的像素为200。如果将基准白设定在685，那线性200将映射成对数550，远低于基准白值。

基准黑：最小的线性码值（0）将映射到图像对数版本中设定的基准黑上。对于默认的设定，线性码值0变成了对数码值95。然而同样的，这并不意味着对数图像中将包含任何具有码值95的像素。如果线性图像中最暗的像素是20，那它将映射成对数200，远高于基准黑值。

显示伽马：显示伽马设定决定了生成的对数图像的伽马（中间影调的视亮度），而且是这样设计的：如果输入你在工作站监视器上使用的伽马，它就会把线性图像转换成在胶片上看上去大致正确的样子。例如，如果你将监视器伽马校正设定为1.7，那么，转换期间你就输入1.7的显示伽马值。

15.2 处理对数图像

今天，你可以得到一个10比特的Cineon格对数图像，也能够得到DPX文件。尽管对于电影故事片来说，对数图像代表了最好的图像质量，但它们很难处理。在常规的工作站监视器上，如果不经过特殊的校准，没有特殊应用软件，就不能够对它们进行适当的观看，而有好几种操作，比如合成，实际上都必须在线性空间中进行。如果你有了Cineon合成软件，很大程度上就解决了这些困难，但即便是有了Cineon软件，还是有可能会在对数图像上遇到麻烦。

今天，大多数合成软件包提供一些对数图像格式的支持，但没有Cineon软件内置的支持那么全面。然而，只要对这些问题有了充分的理解，人们仍然可以用这些软件包，在对数空间中对电影故事片进行处理。本节将对哪些操作可以在对数空间中进行，以及哪些必须转化为线性空间和如何进行转换才不会破坏图像质量做出说明。

15.2.1 观看Cineon对数图像

在胶片数字化的工作中，柯达公司曾经在解决一个根本性的问题上遇到了很大的麻烦，那就是如何让你的图像在你的监视器上看起来像是放映电影的样子。根本的问题是，与胶片相比，工作站监视器的动态范围非常有限，色温也不对，而且对图像数据有完全不同的响应曲线。为了得到与放映的电影相似的样子，你必须在按Cineon校准的监视器上，以下述设定来观看10比特的对数图像。

（1）监视器必须首先是“数字分析系统化”（DAS’d，读作“dazzed”，DAS是“Digital Analysis System”的缩写），由制造厂商来调整设定值，以加大动态范围，使黑更黑，白更白。

（2）监视器查找表（LUT）必须是专门的Cineon查找表，这里没有简单的伽马曲线。这该查找表再现了拷贝片的特性响应曲线。图15–11和图15–12显示了简单的监视器伽马校正曲线与专门为对数图像设计的Cineon拷贝片S形响应曲线之间的差别。

（3）在查找表中，监视器的色温从典型的9000K改为电影放映机灯泡的色温5400K，以更暖（发红）的色相来显示图像。

（4）关掉房间里所有的灯，创建一个“黑暗环绕”环境，让黑暗的房间就像电影院那样。有了“数字分析系统化”的监视器以及黑暗环绕，监视器的对比度比率从典型的50：1提高到了将近150：1，接近电影院中电影放映的水平。

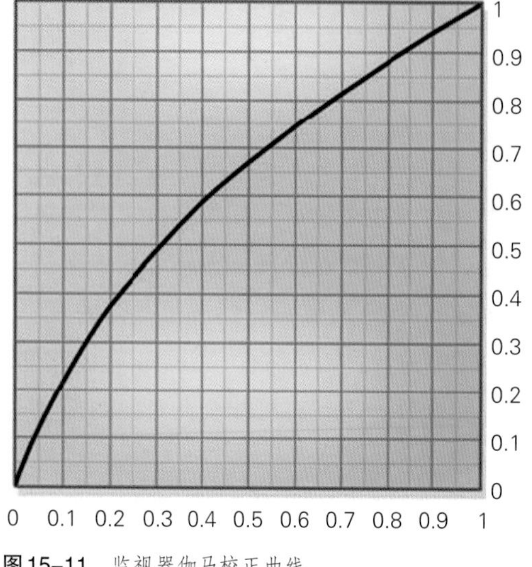

图15–11 监视器伽马校正曲线

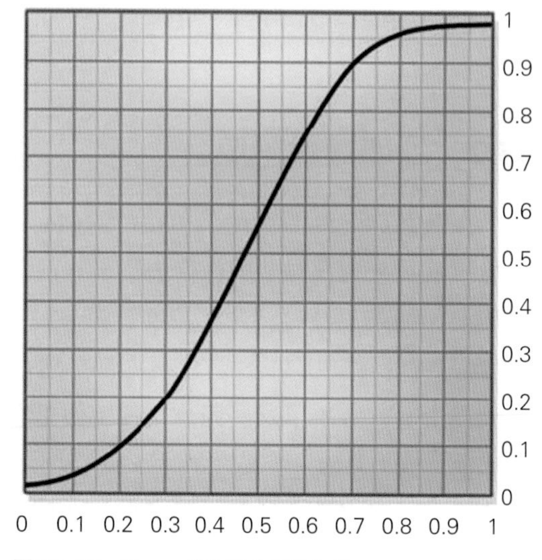

图15–12 Cineon对数胶片S形曲线

15.2.2　色校正

对数图像与线性图像具有非常大的差别。使用线性图像，数据代表图像的视亮度数。使用对数图像,数据代表图像视亮度数的曝光量。对这些从根本上不同类型的数据进行操作，会产生不同的结果。那么，以下就是在对数空间中对图像进行调色的一些法则。

色相偏移：例如，图像显得太青。在一个或几个彩色通道中添加或减去一些常量。如果是工作在规一化的彩色空间，那么，像0.03这样的值就将引起一个虽然很小却也明显的变化。如果是10比特模式（0至1023），那么，像30这样的值就将形成类似的变化。在线性空间中，通过将RGB亮度值缩放至0作用，将使色彩发生同样这些变化。

视亮度：在所有三个彩色通道中增加或减少同一常数。"色相偏移"中所列出的值将使视亮度发生虽然很小却也明显的变化。图像将变亮，但对比度不增加，饱和度也不损失。同样的，视亮度中的一挡是90个Cineon码值。在线性空间中，视亮度是另一个缩放操作，它也影响对比和饱和度。

饱和度：饱和度操作的工作方式，在对数图像上和线性图像上是相同的。

对比度：缩放RGB通道，像线性图像那样提高或降低对比度。

练习15-3

伽马校正：你可以在对数图像上使用伽马校正操作，像线性图像那样调整中间影调的视亮度。

15.2.3　合成对数图像

如果你不是在使用Cineon软件，并直接将一些对数图像插入到合成节点中的话，数学将会是完全错误的,结果实在让人痛心。为了合成两个对数图像,必须先将它们转换为线性,合成之后，再将结果重新转换成对数。本节描述在合成操作的前后，应如何设置转换形式，在哪里进行色校正，以及如何将半透明引入到你的对数合成当中。这里的设置方法适用于典型的解预乘的前景，这种情况下已经生成了某种类型的遮片。比如用于绿幕镜头。CGI图像与对数图像的合成有其自己的特殊问题，这些问题将在15.2.7"CGI"那一节中讲述。

15.2.3.1　对数转换为线性

对数到线性的转换操作必须是"无损的"，且具有正确的伽马。为使转换无损，对数图像必须或者转换为浮点图像，或者转换成16比特的线性图像，且没有任何限幅。为了防止限幅，基准白必须设置为最大对数码值（1023），基准黑必须设置为0。

合成的正确的显示伽马设置是1.7。该伽玛值是为了正确的合成而为图像设置的，并不是为在监视器上观看而设置的。显示伽马值如不设为1.7，将改变合成图像的边缘特征，使它们比应该有的样子要暗一些或亮一些。然而，出于艺术的目的，可以改变显示伽马值，以影响合成图像的外观。表15-2中总结了对数转换为线性的正确设置方式。

表 15-2 用于合成的对数到线性转换

	设定值	说明
基准白	1023	避免对任何超白进行限幅
基准黑	0	避免对任何黑进行限幅
显示伽马	1.7	内部合成默认值

如果一个对数图像以表15-2给出的设定方式，先转换为16比特（或浮点）线性，然后再转回到对数，那么，转换后的对数图像与原始图像是一样的。如果转换设置在两个方向上（对称的）是不相同的，那么转换后的对数图像会偏离原始图像。如同我们在图15-4中所看到的那样，前景和背景的线性版本非常暗，已经无法观看了，但没关系，因为只有合成节点能够看见它们。

15.2.3.2 合成操作

在合成节点内，前景缩放操作必须启用，这样才能够用遮片通道来乘以前景图层，因为我们正在处理的是解预乘的图像。这个操作将前景周围的所有像素都缩放为零黑。然后合成节点将（这里做一个简要的复习）用遮片的反转图像（inverse）去和背景图层相乘，来为前景元素制作一个“洞”，然后，乘过的前景图层和背景图层加在一起，形成合成节点的输出。

15.2.3.3 重新转回成对数

合成操作的输出是一个线性空间中的合成图像，它非常暗，你看不出它是什么样子。最后一步是将完成的图像重新转回成对数。转回到对数空间的设置必须与原来从对数转换成线性时所用的设置完全相同，否则合成的输出将会与输入不匹配。基本的对数合成设置如图15-13所示。Cineon合成节点将对数到线性的转换和线性到对数的转换都内置了。使用其他的软件，你将不得不按图示的方式，从外部将转换添加到合成节点上。

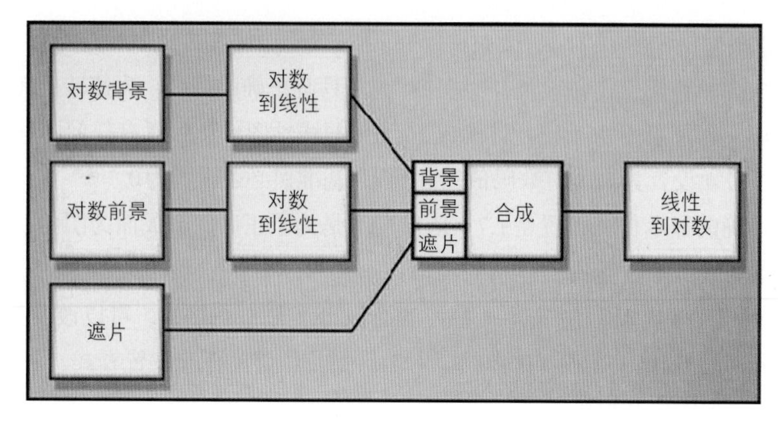

图15-13 合成的流程图

Tip! 像图 15–13 中的流程图那样，遮片从来都不转换成对数。遮片、α 通道、抠像或遮罩，这些都是为了规定合成镜头中前景与背景之间的混合比例的，或者用来掩盖一些操作。在某种意义上，它们代表了光的视亮度值，但并不是“图像”，所以它们绝不要在线性与对数之间进行转换。

15.2.3.4 色校正

Tip! 对前景与背景所做的所有色校正，都是在转换成线性之前，在对数空间中进行的。色校正节点的适宜位置如图 15–14 中的流程图所示。这里的线性版本是全范围类型的，具有近乎黑的画面内容，所以，如果试图对它们进行色校正，你将无法看到你在做什么。应使用 15.2.2“色校正”一节中给出的对数图像色校正的方法。

15.2.3.5 透明度

练习 15–4

为了将透明度引入前景图层，以便做如渐显，合成节点内透明度的设定可以像通常一样来使用。当然，关键是在提交给合成节点的时候，前景图层和背景图层都是线性的，如图 15–13 所示。在合成节点内，遮片将按透明度值来缩放，在合成期间将适当的透明度引入到背景图层和前景图层当中。然而，如果你的合成节点没有内部

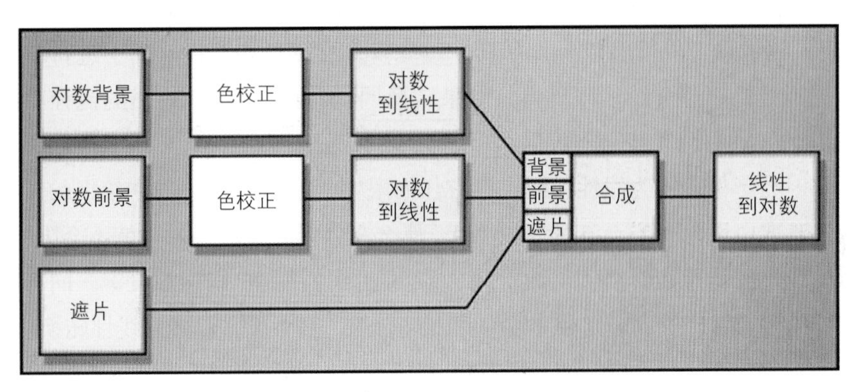

图 15–14 将色校正添加到对数合成上

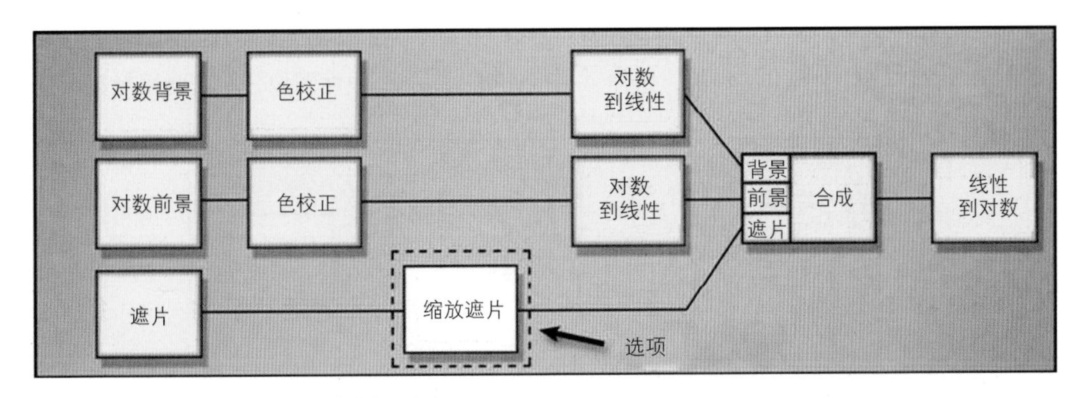

图 15–15 将前景渐变操作添加到对数合成上

的透明度控制，你可以在合成节点之前，通过添加遮片通道密度缩放选项，将你自己的透明度引入到合成当中，如图15-15所示。

15.2.4 线性图像与对数图像合成

有时你需要将一些线性图像合并到你的对数合成中。图像源可能是一个Adobe Photoshop绘画、一幅平板扫描仪扫描的画面、一些视频元素或者是变形叠化软件包的输出。尽管CGI元素确实是线性的，但它们都有特殊的问题，所以我将其单独放在15.2.7“CGI”一节中进行讲述。最基本的方法就是干脆将线性图像转换为对数，然后就从这一点开始，就把它当成任何对数图像那样来处理。

练习15-5

这里的关键是让线性图像转换到对数空间后，看起来要尽可能地接近要求调色后的样子，以免处于对数空间仍需滥加色校正。这是通过优化默认的转换参数来实现的，通常需要调整的只是显示伽马设定。如果你在对数版本中看到了条带化，可以试试在将线性版本转换为对数之前，给线性版本添加颗粒或噪波。

15.2.5 过滤操作

许多合成软件包中有一个“过滤”操作。如果你的软件包中没有，关于如何制作你自己的过滤操作，请见第7章“混合操作”。这里的问题是，如何将过滤操作用于对数图像。答案是：不要这样做。就像合成操作那样，过滤操作必须是在线性空间中进行。对数图像首先要转化为线性一起过滤，然后再将结果转换回成对数，如图15-16的流程图所示。这里的关键是，像合成那样，从对数转换成线性也必须是无损的。

为了将对数影像转换为线性，而有没有任何限幅，可使用表15-2中给出的转换设定方式。如果将基准白设为1023，基准黑设为0，那么在生成的线性图像中就不会限幅。而且，将过滤后的线性图像重新转换到对数空间时，当然要使用完全同样的设定。同样的，对任何图像进行任何的色校正，都是在对数空间中进行的，而且要在对数到线性转换之前进行。

15.2.5.1 用对数图像过滤线性图像

Tip!

在这种情况下，你有一个对数的背景。但有一个元素是用Adobe Photoshop创建的，或者或许是CGI渲染的，这样，你现在就有了一个线性图像，并需要用对数背景

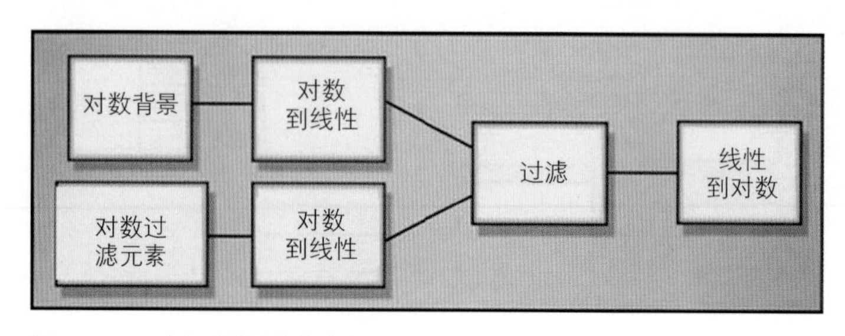

图15-16 过滤对数图像的流程图

来过滤。过程是，先将线性元素转换为对数，然后按照前面给出的过滤两个对数图像的程序来进行。这里的区别是，如何首先将线性元素转换为对数。

窍门是将原始的线性图像映射到对数空间的适当“位置”上。然后按照前面给出的过滤两个对数元素的程序，将它与对数背景元素一起，转换成线性。在理论上，有可能对线性元素不作改动，而将对数元素转换为线性，然后一起过滤。问题是，两个线性图像将不会在同一线性数据范围内，而需要经过一些棘手的RGB缩放操作，才能将它们匹配起来。尽管似乎有可能不需要额外的步骤，但“线性/对数/线性/对数”这样的操作，完成起来要简单得多了。表15-3给出了将线性元素转换为对数以便进行过滤操作的初始设定情况。

表15-3 为过滤元素而进行的线性到对数的转换

	设定值	说明
基准白	685至1023	按个人喜好调整
基准黑	0	必须为0
显示伽马	0.6至1.7	按个人喜好调整

在这种情况下，关于数学关系式是没有什么秘密可保守的，因为这里讲的是合成操作。如果你愿意的话，你可以提高基准白，以使高光变得更亮；或者降低伽马，以提高对比度。但是，不要提高基准黑。如果基准黑不是正好为零的话，那么，线性版本中原本在零黑区域的部分，将变得比对数版本中的零要大，从而让整个输出图像都带上轻轻的一层霾雾。

像合成设置那样，过滤元素的色校正应该在图像的对数版本上进行。然而，要确保任何色校正操作都不会干扰零黑背景区域。请记住霾雾。作为一种明智的预防措施，请将过滤操作的对数输出与原始对数背景图片进行比较，以确保在总体色彩上没有发生微妙的偏移。

15.2.5.2 加权的过滤

在合成那一章中，我们已经看到了如何对线性图像执行加权过滤操作。当用对数图像进行过滤时，也可以做同样的事情，但是将“权重”引入背景图片的缩放操作，必须在线性空间中完成。图15-17中，背景图片缩小“加权”过滤操作就发生在线性版本背景（BG）上的“缩放RGB”操作上。

然而，亮度遮片（图15-17中的“过滤遮片”）是从过滤元素的对数版本制得的。

15.2.6 遮片绘画

下面我们解决创建一个数字遮片绘画合成的方法问题，该合成要在色彩上与一个对数图像相匹配。这通常意味着在一格胶片上绘画，以创建一个将用作背景图片的新的版本；或者创建一个完全独立的前景元素，将来合成到对数图像上。无论是哪种方式，线性绘画都必须最终回到对数空间，并在色彩上与其他对数元素相匹配。

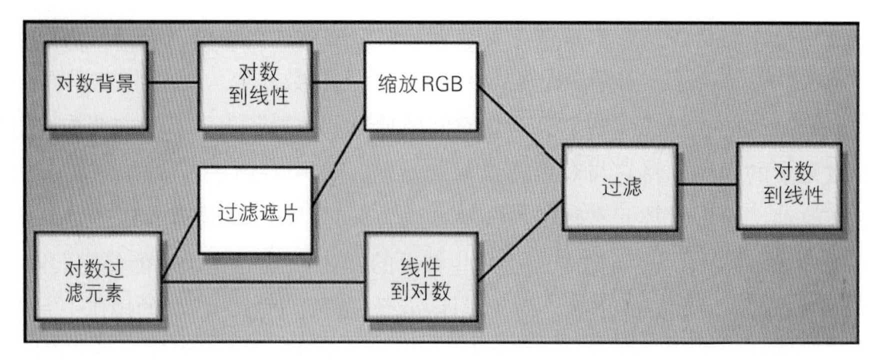

图15-17 加权过滤操作流程图

要解决的基本问题是，绘画必须在线性空间中完成，而与之实现颜色匹配的对数元素却是在对数空间内。方法是，首先使用表15-1给出的默认转换设定值，将对数图像转换成线性，作为色彩匹配基准。然后使绘画与图像的线性版本相匹配，再然后将完成的绘画重新转换成对数，以便用于合成。关键的问题是确保在你将原始对数图像转换成线性时，与你将完成的线性绘画重新转换成对数时，都要使用完全相同的转换设定值。

15.2.6.1 窍门与技术

Tip! 在这个过程中，你可以做的唯一最重要的事情，是在进行任何绘画之前，对从对数到线性再重新回到对数这整个转换管道进行测试。在绘画站上，有些问题只能在线性空间中看出来，于是需要对对数到线性的转换设定进行修正。而其他只能在绘画已经重新转换成对数后才能看出来的问题，也需要改变线性到对数的转换。最好是在绘画美术师已经花费了好几个小时进行徒劳无益的绘画之前，就找到并解决这些问题。以下就是你可能遇到的一些问题以及有关如何应对的一些建议。

在绘画站上对数图像太亮或太暗

如果绘画系统的伽马校正与转换中所用的默认的显示伽马非常不同，图像可能会太亮或太暗，不便于处理。有可能需要用修改过的显示伽马再次进行转换。为了使线性版本更亮一些，可降低显示伽马。要使它更暗一些，可提高显示伽马。另一种替代的方法是调整绘画站的显示伽玛以进行补偿，但许多画师反对这样做，因为这样会扰乱了他们GUI的正常外观。

线性版本中出现限幅

也可能有些时候，要绘画的区域包含了一些高于默认基准白的超白像素，而这些像素被默认的转换限幅掉了。在积雪盖顶的山峰上绘画便是一例。为了保留超白细节，不得不升高基准白。然而，如果这样做了，中间影调将变暗。如果这样不好看，一个可能的解决方案是提高显示伽马以进行补偿。但不要做得太过，因为提高显示伽马会增加8比特绘画系统中出现条带化的趋势。

如果超白画面信息不是出现在正在绘画的区域，那就不要提高基准白。生成的绘画当然会有一些区域在基准白处被限幅，但在重新回到对数空间后，这些区域可以得到恢复。只要将超白区域从原始对数图像中掩盖掉，并将它们合成到绘画上，以创建一个恢复了超白的版本就行。

转换回对数后在绘画中出现了条带化

使用16比特的绘画系统当然会防止条带化，因为数据精度提高了。如果你使用的是8比特的绘画系统，那你有两个事可做：第一个是为绘画的区域添加一些颗粒或噪波。如果绘画过程中这些区域失去了颗粒，它们就变成了"条带化素材"；第二件事是在将原始对数图像转换为线性时，将显示伽马从1.7降低到比如说1.0。转换显示伽马设定得越高，条带化的趋势就越大。当然，问题是图像在绘画站将显得太暗。改变绘画监视器的伽马将会对此作出补偿。

线性图像看起来与对数图像不同

这我们知道。不要指望绘画系统上的线性版本看起来会与使用Cineon查找表的工作站上的对数版本绝对相同。除了限幅以外，线性版本将会显得有一点儿蓝，饱和度较低，在暗部的对比度上也会出现差异。在一台具有伽马校正的监视器上显示的线性图像，与用Cineon查找表显示的对数图像，它们在外观上不可避免地会存在差异。人们对线性版本所能指望的最多也只是相当接近而已。

15.2.7 CGI

大多数工作室渲染线性CGI图像，然后将它们转换成对数，用于与现场表演合成。尽管在技术上有可能实际上直接渲染对数的CGI图像，但这个过程很不一般，已经超出了本书关于数字合成的范围。有关CGI线性元素的根本性问题是，它们处于对数空间后，样子就不一样了。在两个地方，CGI会被滥用：第一个是在最初的渲染中以及随后的转换到对数空间中；另一个是在实际的合成操作本身。本节首先看一下渲染，然后再看一下CGI元素与对数图像的合成。

15.2.7.1 渲　染

为了创建一个与现场表演合成的CGI元素，最常见的做法就是搞到背景图片的一些经过色校正的画幅，将这些画幅提供给CGI美术师去做"试验合成"，这样，就可以按照预定的背景，对CGI的色彩与照明进行核对。然而，这些CGI交付给数字美术师，并在对数空间中合成的时候，经常会发生严重的偏色现象。随之而来的就是为了纠正这些偏色而没完没了地进行色校正。尽管线性图像是永远不会看起来和转换为对数图像后完全是一个样子，但如果2D和3D制作生产线的设置得当，它们可以做得非常接近。

起始点是对进行测试合成所用的CGI工作站监视器进行伽马校正。将工作站伽马校正设定为1.7，并在整个生产线中的所有的线性/对数转换中，所有的显示伽马

都使用这种设定。同样的，如果你的工作站只报告端到端伽马，而不报告实际的伽马校正，你将需要确认端到端伽马就是1.5，这意味着伽马校正是1.7。监视伽马校正设定好后，我们就可以一步步地操作，将CGI渲染器正确地建立起来。

步骤1：将一些经过色校正的对数画幅转换为线性，供3D部门用作背景图片，进行试验合成：

基准白=685

基准黑=0

显示伽马=1.7

基准白是685，因为那是正常曝光底片的默认值。如果CGI必须与某些比685还要亮的元素相匹配，可以提高基准白，以免发生限幅。然而，有两件非常重要的事这里一定要记住：随着基准白的提高，中间影调会变暗，因此，生成的线性图像看起来会越来越不像它的对数版本。从长远来看，这并不是一个问题，因为CGI将与较暗的基准相匹配，而当重新转换成对数时，还会变亮。问题在于与更暗的颜色实现色彩匹配将会是困难得多的事，而且，当CGI转换成对数时，小的差异将会放大。为了帮助处理这种情况，可以将工作站伽马暂时性地提高，以核对暗部的色彩匹配情况。

第二个问题是，无论这里用的是怎样的基准白，步骤4中最初将CGI转换为对数时，也必须使用这个值。这里的小偏差将会对CGI的对数版本的视亮度有很大的影响。

注意，基准黑在这里设置为0，这一点至关重要，这是专门为CGI渲染而准备的。之所以要这样做，是因为CGI渲染的输出，在CGI元素的周围形成了一个零黑领域。当后来转换成对数时，必须保持为0（不提升为95），否则的话，黑色将会在视亮度上稍稍有所凸显。所有的线性/对数转换，都必须共享完全相同的设定，因此，零黑基准也必须用在对数背景图片最初的对数/线性转换之中。

步骤2：渲染CGI图像，并在转换后的线性背景图片上进行试验合成。然后将CGI元素交付给合成人员。

15.2.7.2 合 成

现在我们进入了合成部门，去按照那里的做法去做。尽管下面的步骤可能看起来很像是在线性空间与对数空间之间倒来倒去，但操作序列自有它的无情的逻辑：

解预乘操作必须在线性空间进行，才能使数学运算正常进行。

CGI应该在对数空间中进行色校正，这样你就可以看到你的工作。

合成操作必须在线性空间中进行，才能使数学运算正常进行。

步骤3：将线性CGI元素带到合成流程图中（图15-18），并在线性版本上实施解预乘操

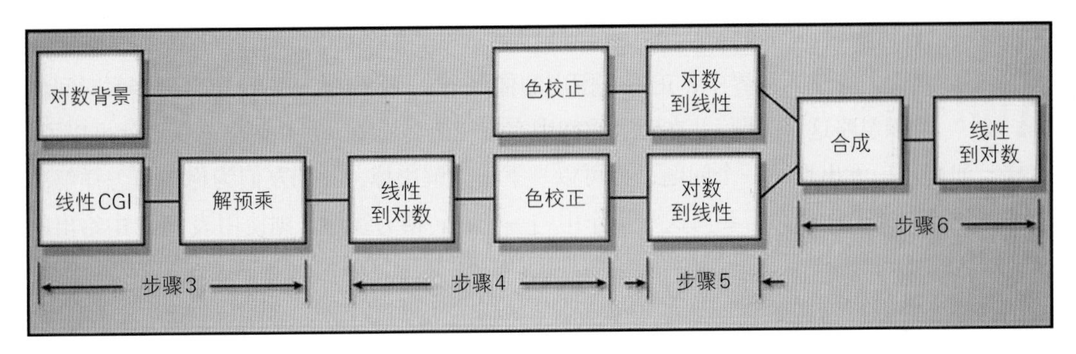

图15-18　CGI合成流程图

作。同样的，如果你不打算对CGI元素做任何色校正（这是有可能的），你可以跳过整个解预乘操作，就让CGI留在预乘的状态。如果你打算做色校正，那你在步骤6的合成节点必须将缩放前景操作关掉。

步骤4：使用与步骤1中完全相同的设定，将CGI元素的RGB通道转换为对数空间（α通道除外）。线性图像于是正确地“定位”到对数空间之中了，而且从这点起，它已经失去了所有的“线性身份”。它现在只是另一个对数图像，但它的所有码值都不会大于将其从线性转换为对数时所用的基准白。我们现在就有了一个解预乘的对数元素，已经为色校正做好准备了。

步骤5：为了进行合成操作，使用下面的设定，将经过色校正的解预乘的CGI对数元素的RGB渠道转换为线性：

基准白=1023
基准黑=0
显示伽马=1.7

这些是在合成之前，以无损的方式将对数图像转换为线性图像的标准设定，是在表15-2中已经列出过的。这一次为了避免任何限幅，我们将基准白设定为1023，使得转换为线性时能够保持对数图像的整个动态范围。

练习15-6

步骤6：合成节点设置为对前景进行缩放，因为我们的前景图像是解预乘的。如果步骤3中跳过了解预乘操作，那就关掉缩放前景操作。在合成操作后，使用与步骤5相同的设定，将合成的线性图像转换回对数空间。

15.2.8　变换操作与模糊操作

理论上，所有的图像变换操作（旋转、缩放，等等）和模糊操作，都应该在线性空间中进行。原因在于，所有这些操作都需要对像素的视亮度值进行滤过（重新取样）。但对数图像不是视亮度值，它们是亮度值的指数，所以数学运算无法得以正确运行。一般来说，问题会出在非常暗的像素旁边的非常亮的像素身上，这些像素将被滤过成太低的值，其变暗的速度会比应有的速度更快。

Tip! 然而，在现实世界中，正常范围内的像素会表现得相当正常，所以大多数时间你可以忽略这个问题，并在对数空间中实施变换和模糊。只是记住这一点就可以了，这样，如果有一天出现了一个问题，你可以一下子就解决掉，让朋友们为你知道怎样解决而感到惊讶。如果你最终需要为这些操作中的一个而转换为线性，则使用表15-2中给出的全范围转换设定。

如果你想观看有关这个问题的展示，找一个星空的对数图像，并给它做适当的模糊。现在回到原来的对数星空，将它转换成全范围的线性图像，并给它做相同数量的模糊，然后将它转换回对数。当两个版本进行比较时，线性空间中模糊的星星将会比对数空间中模糊的星星更加明亮。

重要词汇

数字合成是一个正在迅速发展、术语很不稳定的领域，为这样一个领域撰写重要词汇，这个差事很棘手,可又不得不做。来自其他很多学科的术语掺杂,例如传统的光学、特殊效果、摄影、计算机科学以及信号处理等领域的术语掺杂，又使得这个差事变得愈加复杂。然而，这个差事又需要去做。所以我们的做法，是希望能够对数字美术家更有帮助，而不是对工程师更有帮助。很多术语技术性很强，但对于那些力图将合成做好的人来说，与其硬是给出一个技术上的定义,还不如给出一个与任务相关、更具常识性的定义,这样来得更有帮助。所以，本章重要词汇大部分采取了常识性的风格。

2D transformation 2D变换 只在两个维度内移动一个图像，例如平移、缩放或旋转。

2K 从字面上讲是2000，但在计算机领域是2048（2^{11}）。

2：3 pull-down 2：3下拉 同3：2下拉（3：2 pull-down）。

2：3 pull-up 2：3上拉 同3：2上拉（3：2 pull-up）。

3 perf 3孔 胶片上每个曝光画幅占3个孔幅度的35毫秒电影规格的俚语。这种规格可以节省胶片和洗印成本。

3D animation（3D）3D动画，3D 在计算机中通过创建物体的三维模型，然后照明并使其活动起来而生成的动画。

3D compositing 3D合成 将3D几何图形、灯光、摄影机以及其他3D功能包括到一个2D合成程序中。

3D coordinates 3D坐标 规定一个点在三维空间中的位置所用的X、Y、Z坐标系。

3D geometry 3D几何图形 3D动画中使用的由若干多边形定义的三维物体。可以包括点和粒子系统。

3：2 pull-down 3：2下拉 将24格每秒速率的胶片分布到30帧每秒的视频中的一种同步方案。通过以2、3、2、3的模式，将四个画格一组的胶片画幅分布到10个视频帧（五个视频场）中。又称2：3下拉。

3：2 pull-up 3：2上拉 从胶片转成的视频中消除3：2下拉，以便恢复其原来的24格每秒速率的过程。又称2：3上拉。

4：1：1 数字化时,通过每行对亮度（luminance）信号采样720次，但对色度（chrominance）信号仅采样180次而形成的视频。在转成RGB（红绿蓝）图像时,亮度信号将是满分辨率的,而色彩信号则将水平地插入四个像素中。

4：2：2 数字化时，通过每行对亮度信号采样720次，但对色度信号仅采样360次而形成的视频。在转成RGB（红绿蓝）图像时，亮度信号将是满分辨率的，而色彩信号则将水平地插入两个像素中。

4：4：4 数字化时，通过每行对亮度信号和色度信号都采样720次而形成的视频。在转成RGB图像时，亮度信号和色度信号都将是满分辨率的。

4K 从字面上讲是4000，但在计算机领域是4096（2^{12}）。

4 perf 4孔 胶片上每个曝光画幅占4个孔幅度的35毫秒电影规格的俚语。

8-bit images 8比特图像 每个通道使用8比特数据，从而形成的每个通道有数据0至255的图像。

8 perf 8孔 胶片上曝光的画幅横向排列，且每个画幅占8个孔的维斯塔维兴（VistaVision）电影规格的俚语。

10-bit images 10比特图像 每个通道使用10比特数据，从而形成一个每个通道有数据0至1023的图像。

10-bit log 10比特对数 以10比特的精度来表示对数数据。

16-bit images 16比特对数图像 每个通道使用16比特数据，从而形成的每个通道有数据0至65535的图像。

A

Academy aperture 学院标准片格窗 供电影放映用，在画幅与孔之间留出声带位置的矩形胶片画幅区域，为电影电视工程师学会（SMPTE）所公布。

Academy center 学院标准中心 学院标准片格窗的中心。因为学院标准片格窗在胶片画幅上偏离了中心，所以学院标准中心也偏离了胶片画幅的中心。

Add-mix composite 添加混合合成 在合成之前先用色彩曲线制作出遮片的两个形式，一个用来缩放前景，另一个用来缩放背景。允许对半透明区的样式进行细致的调控。

Algorithm 算法 为了解决一个问题或实现一个目标而实施的逐步的程序。

Aliasing 混叠 由于未能以子像素的精度来计算图像，而在计算机图像中形成了与常态不同的锯齿状的线条，使得边缘像素呈现一种或者是有或者是没有的状态，而不是平滑地混和起来。

Alpha 阿尔法 见alpha channel（阿尔法通道）。

Alpha channel 阿尔法通道 四通道（channel）CGI图像的“遮片”通道。参见key（抠像）、mask（遮罩）和matte（遮片）。

Ambient lighting 环境照明 一种均匀地照亮一个3D对象的全方位、低照度的软光照明效果。

Ambient occlusion 环境闭塞 见occlusion pass（环境通路）。

Ambient shader 环境材质 均匀照亮一个3D对象，呈现低照度软光照明效果均匀光的材质。

Anaglyph 双色法 一种使用红色和青色，简单但过时的立体显示技术。

Analog 模拟 没有离散的“梯级”即离散数值，连续可变的信号。

Anamorphic 变形的 只沿一根轴缩放图像的。西尼玛斯柯普变形宽银幕电影（Cinemascope）画幅是在胶片上横向压缩的变形规格。

Animate 动画 随时间而变化。

Anti-aliasing 防混叠 消除CGI（计算机生成图像）图像中的混叠，赋予对象以平滑边缘的数学运算。为每个像素都制作了多个亚像素，以算出更精确的颜色和（或）透明度值，但这也大大增加了计算时间。

Artifacts 伪像 一些操作造成的意想不到的副作用，通常是坏的。

Aspect ratio 画幅宽高比 用画幅的宽度除以高度所得的比来描述画幅矩形“形状”（矩形是长一些还是方一些）的一个数字，可以表示为比的形式（4∶3、4/3）或浮点数字的形式（1.33）。

Atmospheric haze 大气霾雾 场景中，由于大气中的微粒（阴霾）具有一定的颜色和密度，使得远处的物体变色变淡。也适用于室内场景。

Axis 轴线 对象可绕其旋转或缩放的一条直线。又指图表中或图形中标有图表单位的水平基准线和垂直基准线。参见null object（空对象）。

B

Background 背景 合成中最后面的图层。

Backing Color 背衬色 蓝幕（bluescreen）镜头或绿幕（greenscreen）镜头中用作背景幕的均匀纯净的颜色。

Banding 条带化 图像的一种伪像，表现为一块块的相同颜色的区域，就像等高图那样，这是由于对显示装置来说，数据级差过少而造成的。看到的不是平滑的渐变，而是一系列的颜色稍有不同的条带。又称Mach banding（马赫带化）。

Base layer 基底图层 Adobe Photoshop双图层混合操作中底下的图层。

Beauty pass 美观通路 对一个3D对象进行的全色渲染，包括颜色、纹理、贴图和照明，但不包括其他通路，如定向高光（specular highlight）、反射和阴影。

BG Background（背景）的缩写。

Bicubic filter 双三次过滤 通过对图像进行重新取样（resample），使边缘锐化（sharpening）。会产生边缘伪像（artifacts）。

Bilinear filter 双线性过滤 重新取样时，不对边缘进行锐化，只取像素值的平均值。所得结果比双三次过滤显得软一些。

Binarize 二值化 相对于某个阈值，只将图像分离为两种值，通常为0和1（黑和白）。

Bit 比特 数字数据的最小单位，其值或者为0，或者为1。

Bit depth 比特深度 用来表示图像一个通道（或其他数据）的比特数量。比特深度为8时，可以表示256个视亮度（brightness）级，比特深度数值越大，所能表示的视亮度级数越多。

Black body radiation 黑体辐射 黑体被加热后所产生的特有的电磁辐射。以黑体辐射匹配颜色时的温度来描述光源的颜色。

Black reference 基准黑 对于Cineon对数图像变换，是指在适当曝光的电影画幅中反射率为1%的黑色表面所生成的10比特的码值（95）。

Blend layer 混合图层 Adobe Photoshop双图层混合操作中顶上的图层。

Bluescreen（1）蓝幕法 泛指以一种均匀的原色为背景，可以通过抽取遮片，使前景物体分离出来。通常使用蓝色或绿色，但也可以使用红色。**（2）蓝幕镜头** 特指使用蓝色作为背景颜色以抽取遮片的一个镜头。

Brightness 视亮度 人眼对亮度的主观感觉。

Bump matte 凸凹遮片 只从具有纹理的表面（例如粗糙的树皮）的“凸起”部分来创建遮片。

C

Cadence 步调 指从胶片转为视频时会遇到的五种可能的3：2下拉调整。

Camera aperture 摄影机片窗 胶片画幅由摄影机曝光的那个区域。参见projection aperture（放映机片窗）。

Camera projection 摄影机投影 用一架3D摄影机将一个图像投影到一个3D几何体上，并用另一架3D摄影机渲染投影的结果，以创建一个3D场景。

CCD 电荷耦合器件（Charged Coupled Device）的缩写。一种能够将光转变为数字化图像所需的固态电子器件。如果CCD单元排成一行，则称作线性阵列；如果排成一个矩形栅格，则称作二维阵列。

CGI 计算机生成图像的缩写。

Channel 通道 对于数字化图像，组成彩色图像或遮片的图像平面之一，例如红通道或遮片通道。参见color channel（色通道）。

Channel arithmetic 通道计算 图像色通道之间的数学运算，如给红通道添加绿通道的10%。

Characteristic curve 特性曲线 胶片制造厂商发布的描述胶片如何随曝光量的增加而密度增加的图形。又称film response curve（胶片响应曲线）。

Chroma key 色度抠像 基于元素的颜色（色度）所创建的遮片，或使用这样的遮片来使对象从其背景中分离出来以便合成或进行其他处理。

Chrominance 色度 视频信号的颜色部分。视频信号分为色度（颜色）部分和亮度（luminance—视亮度）部分。

Cineon file format Cineon文件格式 柯达公司开发的一种用于胶片扫描的10比特对数（10-bit log）文件格式。

Cinemascope 西尼玛斯柯普变形宽银幕电影 35毫米电影的一种规格，其特点是：胶片上的影像在横向上予以50%的压缩变形，使用变形镜头放映时，画幅宽度加大一倍，以产生2.35的画幅宽高比。简称Cscope。见anamorphic（变形的）。

Cine-compress 电影压缩 Flame系统中表示消除视频帧带来的3:2下拉的术语。

Cine-expand 电影扩展 Flame系统中表示将3:2下拉引入视频帧的术语。

Clean plate 纯净背景图片 已经消除了感兴趣对象的另一个版本的图像，例如没有了前景物体的蓝幕镜头图片。

Clipping 限幅 将高于既定阈值的任何数据都设定为等于该阈值。若阈值为200，则像素值225将限幅为200。

Clipping plane 限幅平面 横贯三维空间并将一侧的所有对象都清除掉的一个平面。

Color channel 色通道 RGB图像三个色分量中的一个，例如红通道。

Color curve 彩色曲线 在绘制图像输入值和输出值之间的关系曲线的基础上，重新映射（改变）图像的颜色值。

Color difference matte 色差遮片 使用主背衬色（蓝色）记录与其他两种颜色记录之间的差值来创建遮片的蓝幕遮片提取技术。

Color-grading 调色 对数字化电影图像进行色校正。

Color pass 色通路 见beauty pass（美观通路）。

Color record 色记录 在胶片中，捕获彩色影像的三个彩色染料层中的一个，例如红记录。数字化后，记录则称作通道，例如红通道。

Color space 色空间 选择合适的颜色属性，再加上他们的度量单位，用来描述一个颜色。例如，对于HSV色空间，属性可以是色相、饱和度和亮度值；对于RGB色空间，属性可以是红、绿、蓝。

Color temperature 色温 用黑体发出同样颜色所需温度来描述光源的颜色。特别适合描述监视器发出的光或者摄影光源发出的光的颜色。

Color timing 配光 对故事片的每个镜头进行色校正的过程。原本是在电影洗印厂用化学的方法来完成，现在则是在数字中间片（digital intermediate）工艺中用计算机来完成。

Color resolution 色分辨率 能够以可用数量的比特所生成颜色的总数。一个8比特图像的色分辨率为256种颜色，而一个24比特的图像的色分辨率为1670万种颜色。

Component video 分量视频 分离为三种信号（一个亮度信号和两个色度信号）的视频。

Composite video 复合视频 压缩成一个单一信号以便提高广播效率的视频。可以变回到分量视频，但有些初始压缩所造成的损失是无法恢复的。

Composite 合成 用遮片来限定图层的透明度，使两个或两个以上的图层结合起来的过程。

Computer-generated image 计算机生成图像 完全在计算机内创建的图像，例如3D动画或数字遮片绘画。与其相反的是将现场表演的图像输入到计算机中，然后予以处理，例如合成和Morph变形。缩写为CGI。

Contouring 轮廓化 又称banding（条带化）。

Contrast 对比度 图像的最亮区域与最暗区域之间的差异程度。

Control points 控制点 样条上控制其位置与形状的点。

Conversion 转换 在后期制作中，通过左视图和右视图的合成，使原本使用一台摄影机拍摄的二维电影变为立体电影。

Convolution kernel 卷积核 卷积操作中用来为像素值加权的数字的二维阵列。核通常是奇数维度的正方阵列（3×3、5×5，等等），以图像中每个像素为中心，周围的像素由核内的值缩放，然后加在一起，生成输出的像素值。不同的卷积核产生非常不同的效应，例如边缘检测、模糊或锐化。

Cool 冷 以带蓝的色调来描述图像的通用术语。参见warm（暖）。

Convergence 会聚角 当双眼聚焦在一个目标上，双眼视线的夹角。目标靠得近时，会聚角大；目标位于无限远时，视线相互平行。

Core matte 内核遮片 旨在将杂散像素从遮片内核（中心）中清除出去的遮片。

Corner pinning 角部牵制 图像的一种几何变形，在这种变形中，图像的每个角都可以随意地移动到任何位置。

Correlation number 相关数字 在运动跟踪中，计算机计算出来量化当前帧的匹配框（matching box）与初始参考图像（refereance image）之间的匹配程度的数字。

Correlation points 相关点 对于样条扭曲变形来说，指源样条与目标样条上控制像素相互之间将如何移动的点。

Crop 截幅 通过裁切边缘使图像变小。

Cross-dissolve 交叉叠化 见dissolve（叠化）。

CRT “阴极射线管”的缩写，在很多监视器中或电视中用作显示装置。

CRT recorder CRT记录仪 使用CRT装置来显示图像供胶片摄影机拍摄的胶片记录仪。

D

D1 video D1视频 一种分量视频格式，其色度和亮度信息由三个单独的信号承载，以维持制作中的质量。

D2 video D2视频 一种数字复合视频格式，其色度和亮度已经压缩成一个信号，以为广播而减小带宽，但质量有所损失。

Dailies 工作样片 在放映室内放映新拍的镜头或电影本身，进行审看。

Darken operation 变暗操作 Adobe Photoshop用来表示图像混合最小化操作（minimum operation）的术语。

Dashboard effect 仪表盘效应 如果相邻两个场景在深度上发生了突然的变化，眼睛便难于调节。

Data compression 数据压缩 使用许多方法中的一种，用来减小表示一个图像所需的数据量。

Data pass 数据通路 一种3D渲染技术，用来将有关3D对象的数据渲染成一个文件，然后在合成中用这个文件来添加一些效果，即depth Z pass（深度Z通路）。

Deformation lattice 变形网格 放在一个3D对象的周围，用来使之变形的围框。

De-interlace 去交错 使用几种方法中的一种，将略有不同的隔行扫描的两个场构成的视频帧转换为一个统一的帧。参见interlaced video（隔行扫描视频）。

Densitometer 密度计 通过测量底片或正片透射光线的多少，来测量它们的密度的装置。用来确保胶片的曝光和显影是正确的。

Density 密度 对于遮片来说，是指胶片的不透明或透明的程度如何。对于正片来说，是指影像的颜色丰富程度如何。对于底片来说，是指用密度计（densitometer）能够透射多少光。

Depth grading 深度调整 调整立体的（stereoscopic）场景中各个物体的相对深度。

Depth of field 景深 从摄影机镜头算起，物体看上去焦点清晰的最近到最远的距离。

Depth-Z pass 深度Z通路 一种3D渲染技术，文件经渲染后，包含了从镜头到一个3D物体的逐个像素的距离信息。合成过程中，用来添加各种各样的效果，例如景深模糊等。

Despill 消溢色 消除蓝幕镜头中背衬色溢出对前景物体的污染。

DI Digital Intermediate（数字中间片）的缩写。

Diffuse shader 漫射材质 根据表面相对于光源的角度来对3D物体的亮区与暗区进行渲染的材质。

Discrete nodes 离散节点 像“添加”（add）或“反转”（invert）这样的单一功能的简单节点，这些节点相互结合起来，创建像屏幕操作这样的更复杂的功能。

Difference matte 差值遮片 通过取得两个图像之间的差异的绝对值而生成的遮片。这两个图像，一个是存在感兴趣对象的图像，另一个是不存在感兴趣对象的同一个图像。

Difference tracking 差异跟踪 对两个活动目标之间的差异进行跟踪（track），以便使其中的一个能够跟上另一个。

Diffuse pass 漫射通路 见beauty pass（美观通路）。

Digital cinema 数字电影 用数字放映机和数字图像，而不是用35 mm放映机和胶片来放映一部故事片。

Digital disk recorder 数字硬盘录像机 一种特殊的计算机硬盘驱动器，带视频电路，能够记录和实时（real-time）还放视频图像。缩写为DDR。

Digital Intermediate 数字中间片 用数字方式对一部故事片进行彩色配光（color timing）的过程。先将整部故事片数字化，然后将扫描得到的各帧按编辑顺序排列（套对）、配光，再交给胶片记录仪。

Digitize 数字化 将连续变化的模拟（analog）信号转换为离散的数字。

Dilate 膨胀 沿各个方向等量地扩展一个白色遮片的外缘。

Disparity 像素视差 因存在视差（paralax）而导致一个物体在立体图对（stereo pair）的左视图和右视图之间出现像素偏移。

Disparity map 像素视差图 标明立体图对中计算出来的每个物体的左视图和右视图之间偏移程度的表格。

Display gamma 显示伽马 在Cineon对数变换中，确定所形成图像的参数。通常设定的值与用来观看线性图像的监视器所具有的伽马校正是一样的。

Dissolve 叠化 两个场景之间使用光学效果的一种过渡，这期间一个图像渐渐显现的同时，另一个图像渐渐地隐去。

Divergence 视线发散 由于立体的场景设计不当，使得两眼实际上是向外叉开的，从而产生的不自然、不舒适的状态。

Double exposure 二重曝光 胶片的同一个画幅以不同的影像曝光了两次。

DPX file format DPX文件格式 DPX是Digital Picture Exchange的缩写，这是一种文件格式，这种文件格式既能适应10比特对数的胶片扫描，也能适应10比特线性的高清视频帧，是一种非常灵活的图像文件格式，能够适应很多类型的图像，并支持可扩展的胶片。

Drop frame 丢帧 一种视频时码（timecode）校正，由于实际上视频是以29.97帧每秒而非30帧每秒的频率运行，所以周期性地从时码中丢掉一个帧数码，以予以补偿。用来为广播维持正确的时码。

Dynamic range 动态范围 一个画面中或一个场景中最大视亮度值与最小视亮度值的比率。动态范围为100时，最亮的元素在视亮度上是最暗的元素的100倍。

DVCAM 当图像记录到录像带上时，对图像进行数据压缩的一种数字视频格式。

DX double exposure（二重曝光）的缩写。

E

Edge detection 边缘检测 计算机的一种算法，用来在图像中找到边缘并创建边缘的遮片。

Edge processing 边缘处理 计算机的一些算法，在遮片的边缘上进行操作，或者是扩展（膨胀）周界，或者是紧缩（侵蚀）周界。

Electromagnetic spectrum 电磁频谱 电磁辐射频率从长波端的射频波到短波端的X射线的整个范围。眼睛能够看到的可见频谱只不过是电磁频谱中微小的一段而已。

Electrons 电子 绕原子核运行的极轻的亚原子微粒。其在导体和半导体中，因电压的存在会产生位移，这构成了所有电子学的基础。

Electron gun 电子枪 装在CRT后端的电子装置，可产生高速电子（electrons）流，轰击屏幕表面，激发磷光体（phosphor）发出光来。

Environment light 环境光 一种3D照明技术，将一个图像投射到一个环绕球面上，为3D物体的表面添加对环境的反射。

Erode 侵蚀 沿各个方向等量地收缩一个白色遮片的外缘。

Ethernet 以太网 一种局域网，允许数据在计算机之间以适当的高速传递。

Exposure 曝光量 一段时间内照到一格胶片上的光的总数量。

EXR file EXR文件 由ILM（工业光魔）公司开发的一种文件格式，其特点是采用16比特浮点高动态范围无条带化的图像数据，并具有多个用户定义通道。

Extrapolate 外推 通过将现有的数据点向外投射，来计算出新的假象数据点。

F

Fade 渐隐 一种光学效果，图像逐渐过渡到黑。

FG foreground（前景）的缩写。

Field dominance 场支配 对于隔行扫描视频来说，先显示1场还是先显示2场即场支配。

Film recorder 胶片记录仪 一种用数字图像而不是现场表演的场景来曝光胶片的设备。

Film response curve 胶片响应曲线 胶片制造厂商发布的描述胶片如何随曝光量的增加而密度增加的图形。又称characteristic curve（特性曲线）。

Film scanner 胶片扫描仪 为了制作故事片数字效果，以高分辨率（通常为2K甚至更高）对电影胶片进行数字化的设备。

Filter 滤镜过滤 使用几种过滤算法中的一种，对一个像素与其邻接像素进行比较评价，从而为该像素衍生出一个新的值来。

Flare 眩光 来自一个明亮光源，通过摄影机镜头的反射和折射，对影像造成污染的光。

Flip 上下翻转 通过镜面反射的作用，使图像的上部和下部绕其水平轴线翻转过来。参见flop（左右翻转）。

Floating-point 浮点 以几种小数点后的精确度来表示数目，例如1.38725。精度要比整数运算高得多，但计算速度要慢一些。

Flop 左右翻转 通过镜面反射的作用，使图像的左侧和右侧绕其垂直轴线翻转过来。参见flip（上下翻转）。

Flowgraph 流程图 合成脚本中操作顺序的图形表示，图中用一个图标以及一些连接线来标明每个图形处理操作执行的次序。

Follow focus 跟焦 改变镜头的焦点，以使场景中的移动目标（例如某人走得离摄影机越来越远时）保持焦点清晰。

Focus pull 调焦 改变镜头的焦点，以便将焦点重新定在另一个感兴趣的目标上，例如从前景中的某个人改换到后景中的某个人身上。

Foreground 前景 合成到背景上的元素。前景元素常常不止有一个。

Fourier transforms 傅里叶变换 一种图像处理操作，它将图像转换为若干空间频率，以便进行分析和（或）操控。

Frame buffer 帧缓冲器 为在监视器上显示而保持（缓冲）图像的一种电子器件，由一些特殊的高速存储芯片与视频电路连接而成。

G

Gamma 伽马 （1）CRT监视器的非线性响应，输入信号的电平变化不造成视亮度水平的等量变化。(2)对图像像素实施的数学运算，它改变了监视器的视亮度，却不影响黑点与白点。每个像素都予以归一化，然后提升至伽马值次方。其结果是：伽马值大于1.0时，变暗；小于1.0时，变亮。

Gamma correction 伽马校正 对图像进行的与伽马操作相反的操作，以补偿显示装置固有的伽马。

Garbage matte 冗余遮片 快速制成但不够精确，只是将感兴趣的对象从其背景中粗略地分离出来的遮片。

Gate weave 片门晃动 由于定位针穿过片孔形成的定位不是很牢靠，造成了场景中出现逐个画幅的晃动。

Gaussian distribution 高斯分布 使用统计学中常态钟形曲线的一种分布曲线对一个范围的值进行加权平均。

Gaussian filter 高斯过滤 对图像进行重新取样时，使用像素平均的高斯分布。其不执行边缘锐化。

Geometric transformation 几何变换 一种图像处理，只改变图像的位置、大小、方位或形状，包括平移、缩放、旋转、扭曲变形和四角（部）牵制。

G-matte G遮片 冗余遮片（garbage matte）的简称。

Grain 颗粒 胶片中卤化银颗粒及其形成的彩色染料不均匀的聚集。不同的胶片材料、不同的曝光量以及胶片影像的三种颜色的不同记录，都将具有不同的颗粒数量。

Grayscale image 灰阶图像 亦称monochrome image（单色图像）。

Greenscreen shot 绿幕镜头 使用绿幕作为背衬色来代替蓝幕拍摄的镜头。

GUI graphical user interface（图形用户接口）的缩写。使用由鼠标或衬垫操控来操作计算机程序的接口，而非通过键入命令来控制软件的命令行接口。

H

Hard clip 硬限幅 直接将图像的像素值限制为限幅阈值的限幅。形成的图像具有边缘生硬的均匀亮斑。参见soft cilp（软限幅）。

Hard light blending mode 硬光混合模式 Adobe Photoshop中不用遮片而将两个图像混合起来的模式。

Hard matte 硬遮片 在用黑色将胶片画幅的上部和下部遮罩起来，以实现特定的放映画幅宽高比。

HDR images HDR图像 高动态范围图像，是浮点图像，其包含的图像数据超过了1.0，用于捕获视亮度范围极宽的场景。

HDTV High Definition High-definition television（高清晰度电视）的缩写。指一系列高清晰度视频的标准，其典型特征是具有16/9的画幅宽高比（aspect ratio）、不同的扫描模式、各种各样的帧率以及高达1080行的扫描。

Hicon Matte 高对比度遮片 hicon是high contrast的缩写，照字面上的意思就是黑白遮片。

Hi-Def 高清 HDTV（高清晰度电视）的俚语。

Highlight pass 高光通路 见specular pass（定向光通路）。

Histogram 直方图 通过画出每一级视亮度像素的百分比，借以对图像进行的一种统计分析。可以针对每个色通道，也可以针对总亮度。

Histogram equalization 直方图均衡 一种图像处理操作，它找出最暗的和最亮的像素，然后调整图像的对比度，以填充可利用的数据范围。

HSV 不是基于RGB，而是基于色相（hue）、饱和度（saturation）和视亮度值（value）的一种色空间。

Hue 色相 区别于饱和度或视亮度，描述其所代表色空间上的那个点的色属性。

I

Image displacement 图像位移 偏移基于图像

中像素值的3D物体的顶点位置。可用来构建地形和其他3D物体。

Image processing 图像处理 用计算机来修改数字化的图像。

IMAX 艾麦克斯 一种70 mm15片孔的电影规格，由IMAX公司为特殊的大银幕影院研制。

Impulse filter 脉冲滤镜 一种用于对图像重新取样的滤镜，它只选择最近的适宜像素，而不计算某类内插（interpolated）值。速度非常快，但质量差。常用于快速运动测试。

IN internegative（中间底片）的缩写。

Integer 整数 没有分数或小数位的完整数目。

Integer operations 整数运算 对输入和输出只使用整数而不使用浮点数的数学运算。算起来非常快，但计算结果的精度要低得多，而且会形成伪像。

Interactive lighting 交互照明 场景中光源与物体之间以及物体与物体之间的三维照明效果。通常是指当物体在共享的光空间（light space）中，随着物体的移动，对物体的照明如何发生变化。

Interlace flicker 行间闪烁 由于一个高对比度的边缘恰好对准了一个视频扫描行，从而使隔行扫描（interlaced image）的图像产生了快速的闪烁。

Interlaced video 隔行扫描视频 一种视频扫描方法，即首先扫描画面的奇数行，随后再扫描偶数行，然后再将它们融合起来，形成一个视频帧。参见逐行扫描（progressive scan）。

Internegative 中间底片 由经过彩色匹配光的中间正片（interpositive）制作的电影胶片。用高强度的中间片材料制成，用于在高速印片机上制作大量影院放映拷贝。

Interpolate 内插 在现有的两个数据点之间计算一个新的假想数据点。

Interpupillary distance 瞳孔间距 指人的双眼中心之间的距离（成人平均2.5英寸即63.5 毫米），又指立体电影摄影机设置的两个镜头之间的距离。

Interpositive 中间正片 一部影片由剪辑好的摄影底片印制的经彩色配光的正片。用中间片材料制作，用来印制电影的中间底片。

Inverse square law 平方反比定律 描述光随距离而衰减的物理定律。光的强度衰减为距离的平方的倒数。例如，如果距离加大一倍，则强度为1/4。

Invert 反转 在遮片中，将黑区与白区逆转过来。在数学上是补数（1 - 遮片）。

IP interpositive（中间正片）的缩写。

Iterate 迭代 通过某种过程重复或“循环”。

J

Jaggies 锯齿 aliasing（混叠）的俚语。

K

K kilo（千）的缩写。在计算机领域，为1024（2^{10}）。

Kernel 核 convolution kernel（卷积核）的简称。

Key 抠像 视频技术中指遮片。参见alpha（阿尔法）和mask（遮罩）。

Keyer 抠像键控器 从蓝幕镜头提取遮片，执行消溢色，生成最终合成的合成节点。通常是第三方“插件”。

L

Laser recorder 激光记录仪 使用一组彩色激光器直接在胶片上曝光影像的胶片记录仪。

Lens flare 镜头眩光 由于强光源在镜片组元内形成了反射和折射，进而变成了对影像的二重曝光，从而形成带色的光图案。

Letterbox 信箱格式化 为电视播放而对电影实施的一种格式化，它将画面缩小，并在画面的上面和下面用黑色遮罩，使之既保留了影院放映的画面宽高比，又能适应电视屏幕的大小。通常在转成视频的时候，用来赋予电影以“影院”的感觉。

Lightspace 光空间 表示场景三维光环境的一般术语，在该环境中，场景中的物体被照亮。暗指光源的位置和强度连同其二次甚至三次的反射和散射效果。

Light wrap 光环绕 使来自背景图片的光与前景元素的外缘混合起来，以增强图片照片般的真实感。

Lighting pass 照明通路 一种3D渲染技术，其中3D物体要经过多通路渲染，每个通路只点亮一盏灯。然后在合成中将这些照明通路结合在一起。

Lighten operation 变亮操作 Adobe Photoshop用来表示图像混合最大化操作（maximum operation）的术语。

Linear data 线性数据 像一条直线那样，无论在线上哪个位置，相邻数据台阶之间的差都是相同的。

Linear gradient 线性梯度 像素值沿斜坡均匀增长的一种梯度。

Linear images 线性图像 用线性数据而非对数数据（log data）表示的图像。数据中每个梯级都表示实际亮度的均匀变化，而非人眼看到的亮度的均匀变化。

Linear space 线性空间 在几种使用线性数据的色空间（color space）中选择任何一种来表示图像的色值。

Locking point 锁定点 在运动跟踪中，图像里被跟踪目标看上去需要锁定的那一点。

Log 对数的数学符号。

Logarithmic 对数的 数字表示的是数字的指数，而非数字的本身。

Log images 对数图像 以对数数据而非线性数据（linear data）表示的图像。数据中每个梯级都表示人眼看到的亮度的均匀变化，而非实际亮度的均匀变化。

Log space 对数空间 在使用对数数据的色空间中表示图像色值。

Look-up table 查找表 一种数的表格，以输入数据值作为索引从该表查找另一个数作为输出。通常用于校正监视器的伽马，或者将调色板(palette)的颜色分配给一个单通道图像。

Luma key 亮度抠像 基于图像的亮度（luminance-视亮度）从图像中提取的遮片，或者用这样的遮片使物体从其背景隔离出来以便于合成或做其他处理。

Luminance 亮度 （1）通常用于描述图像的视亮度。（2）在技术上，指对从一个表面辐射的光谱能量的客观测量，单位为英尺-朗伯或坎德拉每平方米。（3）在视频领域，指视频信号中除颜色以外的视亮度部分。

Luminance image 亮度图像 以正确的比例将RGB混合起来，维持与眼睛看到的原始彩色图像同样的表观视亮度，由此而形成的单通道图像。

Luminance matte 亮度遮片 从亮度图像创建的遮片。

LUT Look-Up Table（查找表）的缩写。

M

Mach banding 马赫带化 一种光学错觉，指眼睛会夸大视亮度稍有不同的邻接区域之间的边界。这使得眼睛对条带化伪像非常敏感。

Map projection 贴图投影 使纹理贴图适配到一个3D几何体的过程。

Mask 遮罩 一种单通道图像，用于对另一图像的一个特定区域进行限制和（或）衰减。参见key（抠像）、alpha（阿尔法）和matte（遮片）。

Match box 匹配框 在运动跟踪中，围绕跟踪点的矩形框，用于与初始匹配参考（match reference）图像的比较，以实现匹配。

Matchmoving 运动匹配 用一个计算三维空间中原始的摄影机运动和参考点的位置的程序对现场表演的图片进行处理。然后，2D美术师或3D美术师利用该数据将一些元素添加到与原始摄影机运动相匹配的镜头中。

Match reference 匹配参考 在运动跟踪中，跟踪过程里第一个画幅中的一个初始矩形物体，而以后的各个画幅都要与之相比较，以实现匹配。

Matte 遮片 用于规定合成镜头中的前景元素和后景元素透明区域的单通道图像。参见key（抠像）、alpha（阿尔法）和mask（遮罩）。.

Matte painting 遮片绘画 一幅绘画，通常如照片般逼真，一般是用作合成镜头中的背景。

Matte pass 遮片通路 一种3D渲染技术，其中针对一个3D物体的一部分的一个通道渲染成单个文件，用于某些合成效果，例如色校正。

Maximum operation 最大化操作 一种图像处理操作，通过对两个图像逐个像素的比较，选出两个图像中最大的像素值作为输出。在Adobe Photoshop中称之为lighten（变亮）。

Mesh warp 网格扭曲变形 一种用途有限的扭曲变形方法，系将一个网格罩到一个图像上，从而网格线的变形决定了图像的变形。见spline warp（样条扭曲变形）。

Midtones 中间色调 图像的中间视亮度范围，不包括非常暗或非常亮的范围。

Minimum operation 最小化操作 一种图像处理操作，通过对两个图像逐个像素的比较，选出两个图像中最小的像素值作为输出。在Adobe Photoshop中称之为darken（变暗）。

Mitchell filter 米切尔过滤 对图像进行重新取样时，实施适度的边缘锐化。与双三次过滤相比，不大容易形成边缘伪像。

Monochrome 单色 单通道图像。常常是亮度图像,但也可以是任何单一通道(例如红通道)的图像。

Morph 变形叠化 通过使两个图像相互之间的扭曲变形来实现二者之间的叠化的一种动画。

Motion blur 运动模糊 当遮光器开启着的时候，胶片上的物体影像由于物体的运动而变得模糊。

Motion tracking 运动跟踪 对一个运动图像序列中关注点的位置进行跟踪。又指用运动跟踪数据使另一个元素活动起来，使其似乎锁定在关注点上。

Motion strobing 运动频闪 一种讨厌的伪像，由于缺乏适当的运动模糊，物体的运动呈现一种断续、不稳的样子。

Multi-pass compositing 多通路合成 将CGI对象的各个不同的渲染通路（render pass）分别进行渲染再合成在一起的过程。

N

Negative 底片 包含有负像的低对比度胶片。用于初始的摄影、胶片复制以及光学效果。

Node 节点 在合成流程图中用一个图标来表示的图像处理操作。

Noise displacement 噪波位移 基于一个噪波函数的值来偏移一个3D物体顶点的位置。可用于构建地形或其他的3D物体。

Nonlinear 非线性 一个参数与另一个参数之间没有线性的关系。如果一个参数变了，另一个参数并不会成比例地改变。例如，如果第一个参数加大一倍，第二个参数加大到四倍。

Normalize 归一化 对于数据，缩放数据组的范围，使所有的数据都在0和1之间。

Normals 法线 见surface normals（表面法线）。

NTSC National Television Systems Committee（国家电视制式委员会）的缩写，美国电视标准，规定了30帧每秒和486有效扫描行以及其他一些事项。

Null object 空对象 一个三维枢轴点或轴线，具有旋转、缩放和平移功能，能够附着在3D对象上并操控它们。

O

Occlusion pass 闭塞通路 具有一些暗区的白图像，这些暗区指明了周围照明（ambient lighting）是怎样被一些3D物体（如在裂缝中和角落里）阻断（闭塞）的。

One-channel image 单通道图像 只有一个分量即视亮度，而不是彩色图像的三个RGB分量的图像。

Opacity 不透明度 图像阻断透过它看到其后面图像的能力的属性。其反面是透明度。

Opaque 不透明 由于不能透射光线，从而不能透过它看到它后面的物体。其反面是透明。

OpenEXR file OpenEXR文件 见EXR file（EXR文件）。

Orthogonal view 正视图 3D物体从正面、上面或侧面观看时，径直投射，没有摄影透视感的视图。

Overflow 上溢 数据超过了某个上限值。对于8比特系统，该值为255，故任何更大的值都会限幅为255。浮点系统不做任何上溢限幅或下溢（underflow）限幅。

Overlay blending mode 覆盖混合模式 Adobe Photoshop中不用遮片而将两个图像结合起来的混合模式。

P

PAL Phase Alternating Line（逐行倒相）的缩写，欧洲电视标准，规定了25帧每秒和576有效扫描行以及其他一些事项。

Pan 摇摄 绕摄影机垂直轴线旋转，从而造成场景沿相反方向水平移动。

Pan and tile shot 摇摄拼贴镜头 一种视觉效果技术，用投影到一些3D卡片（贴片）上的图像来替代现场表演的场景中用移动摄影机拍摄的远处背景。

Palette 调色板 对于索引色（颜色查找表）图像，指预先规定的一组颜色。对于“真彩色”图像，例如24比特的RGB图像，指可创建颜色的总数（167万）。

Parallax 视差 当从不同的摄影角度观看时，场景中物体在位置上的偏移。

Parallax shift 视差转变 摄影机移动造成的透视变化所引起的物体在场景中相对位置的转变。

Parallel light 平行光源 模拟来自非常远的光源（例如太阳）的平行光线的3D光源。

Perforations 片孔 沿胶片边缘开出的孔，定位针插入孔中，以便使每个画幅得到精确的定位。

Perfs 片孔 perforations（片孔）的缩略形式。

Perspective 透视 场景中的各个物体由于相对于摄影机的距离与位置不同而造成物体表观上的大小与方位的变化。

Phosphors 磷光体 涂在CRT的内表面，受到电子束的轰击时发射红色、绿色和蓝色的化合物。

Photo-realism 照片般真实 在合成镜头中像一张照片般的真实。让人造的图像像真实的一样。

Pin-registered 定位针定位 将一根精密的定位针插入一个胶片画幅的片孔中，使其精确的定位，并在胶片曝光或放映时保持静止不动。

Pivot point 枢轴点 图像中的一个点，围绕这个点来实施一种几何变换，例如旋转的中心或缩放的中心。

Pixel 像素 数字图像是由很多小方块或小贴片的二维阵列构成的。像素就是这些方块中的一个。很多应用中，像素是正方形的，但也可以是矩形的。pixel一词由picture element缩略而成。像素是图像的最小构成单元。

Point light 点光源 位于一个点，像一个无限小的灯泡那样的3D光源。

Polygon 多边形 由一些顶点限定的三边或四边的平面，这些平面结合在一起构成了一个3D物体的表面。

Premultiplied 预乘 已经与其遮片通道相乘（缩放）过，将周围像素清为零位黑的图像。通常指具有其阿尔法通道的CGI图像。

Primatte Primatte抠像键控器 一种第三方抠像键控器（keyer），它使用了一些复杂的3D色空间遮罩技术，以制作高质量色度抠像

（chroma-key）合成镜头，可用于某些合成包。

Print 拷贝 在电影系统中，从底片印制的高对比度正片，用于在影院中放映。

Procedural 程序实现的 不是通过手工操作来实现，而是让计算机根据一组规则来实现。例如，不是通过手工来绘画遮片（遮罩绘制——rotoscope），而是基于像素的视亮度值来绘画遮片（亮度抠像——luma key）。

Progressive video 逐行扫描视频 一种视频扫描方法，扫描一个画面时，从上到下，依次地一次扫描一行，以形成一个视频帧。参见interlaced video（隔行扫描视频）。

Projection gate 放映机片门 一个平直的金属件，上面开有一个矩形孔，装在电影放映机中，位于胶片的后面，用来限制胶片画幅放映的区域。

Projection aperture 放映机片窗 已曝光胶片画幅在影院中放映的部分。参见camera aperture（摄影机片窗）。

Proxies 代理副本 为了设定镜头期间能够节省磁盘空间和处理时间而为镜头的图像设定制作的小的副本。

Q

Quantize 量化 将一个不断变化的信号转换成离散的数字。又称数字化。又指将图像的数据从浮点值转换为整数，如将规一化的数据（范围为0.0至1.0）为8比特数据（范围为0至255）。

Quantization artifact 量化伪像 图像数字化后有可能因此而产生的许多种伪像中的任何一种。

R

Radians 弧度 角度的测量单位。2π弧度等于360°，一弧度约等于57.3°。

Raster 光栅 扫描电视显像管，在屏幕上画出图像的光斑。

Real-time 实时 以真实世界操作的同样速度来执行计算机操作。例如，在监视器上以24帧每秒的速度，即以电影放映机同样的速度，来显示数字图像。

Record 记录 参见color record（色记录）。

Reference image 参考图像 在运动跟踪中，从第一帧取得的矩形样本，用以和后续帧的匹配框进行比较，以求实现匹配。

Reflection pass 反射通路 只包含3D物体上反射的3D渲染通路。

Refraction 折射 当光从一种介质进入具有不同的折射率的另一种介质时，光所发生的弯折。镜头的原理就在于此。

Render 渲染 计算机生成图像的操作。既适用于3D CGI合成，也适用于2D合成。

Render layers 渲染图层 将3D场景中的每个物体渲染成单独的文件。

Render passes 渲染通路 将3D物体的不同表面属性渲染成单独的文件，待合成时再合并。

Repo 变换位置 reposition（变换位置）的俚语。见translation（平移）。

Resample 重新取样 对于一个像素，使用几种与其邻接像素进行平均的算法中的一种，算出一个新的像素值来。必要时可对像素进行几何变换。参见filter（过滤）。

Resolution 分辨率 见spatial resolution（空间分辨率）、color resolution（色分辨率）或temporal resolution（时间分辨率）。

Ringing 勾边 图像进行某些处理操作后生成的一种伪像，表现为图像中物体的边缘人为地提高了对比度。

RGB 彩色图像的三个色通道red（红）、green（绿）、blue（蓝）的缩写。

RGB scaling RGB缩放 缩放图像的色值，使图像变得更亮或更暗，而非缩放图像的大小。

Roto 遮罩绘制 rotoscope（遮罩绘制）的俚语。

Rotoscope 遮罩绘制 逐帧地手工绘画遮片。

Rotation 旋转 图像的一种几何变换，表现为图像的方位绕一根轴线发生的变化。

Run-length encoding 行程编码 一种无损数据压缩方案，通常用于CGI渲染，将画面数据编码成一系列的“行程”，该值是一个扫描行中相邻的相同像素的数量。

S

Saturation 饱和度 颜色的一种属性，它描述了它的“纯度”或“强度”（不是视亮度）。随着颜色饱和度的降低，颜色会变得愈加柔和。

Scale 缩放 图像的大小在水平方向上、垂直方向上或水平和垂直两个方向上发生改变的一种几何变换。

Scaled foreground 经缩放的前景 蓝幕合成镜头中，经过与其遮片通道预乘（缩放），将周围像素清为黑的前景图层。

Scan line 扫描线 数字图像的全宽度内的一行像素。

Screen operation 过滤操作 使用公式1－[（1－图像A）×（1－图像B）]，不用遮片，将两个图像结合起来。参见weighted screen（加权过滤）。

Search box 搜寻框 在运动跟踪中，在寻求匹配框的外面（计算机利用匹配框来寻求与初始匹配参考图像之间实现匹配），比其还要大的一个矩形框。

Self-matted 自遮片元素 用来产生它自己的遮片（通常是从其自身亮度来产生）的元素，如烟雾。

Set extension 布景延伸 一种视觉效果技术，其中在棚内拍摄一个小的布景，然后用3D动画技术将其延伸，使其看起来像是一个大得多的布景。

Shader 材质 基于分配给3D物体的材料和光源来计算其表面外观的3D渲染算法。

Shadow pass 阴影通路 只包含3D物体阴影的3D渲染通路。

Sharpening 锐化 用几种图像处理算法中一种来提高图像的表观清晰度。

Shear 斜切 见skew（偏斜）。

Shoulder 肩部 胶片响应曲线上面的部分，在这个部分，胶片开始迅速失去对非常高的曝光量增大密度的能力。

Sinc filter 辛克滤镜 用来对图像进行重新取样的一种滤镜，该滤镜对缩放图像进行了优化，不会产生混叠伪像。

Skew 偏斜 一种几何变换，其中图像的对边发生了偏移，但仍保持平行。

Slice tool 切片工具 一种图像分析工具，该工具先跨图像画一条直线（切片），然后将直线以下像素的RGB值画成一条曲线。

Slot gags 隙缝闭塞 将两个高对比度的活动遮片遮罩在一起，创建一个高对比度的动画遮片。这是电影中的一个老的光学术语。

Soft clip 软限幅 像彩色曲线那样逐渐地限幅图像的视亮度强度，而不是只用单一的阈值。以防出现硬限幅引起的“一片亮斑”。

Soft light blending mode 软光混合模式 Adobe Photoshop的一种混合模式，不用遮片而将两个图像结合起来。

Spatial resolution 空间分辨率 在水平方向上和垂直方向上对已经数字化的图像进行的清晰程度的量度。用图像的宽度和高度的像素数，或者单位长度上的像素来表示，如300 ppi（像素每英寸）。

Specular highlight 定向高光 光滑表面的明亮反射。用更技术性的话说，光的反射角等于入射角，就如同一面镜子那样。

Specular pass 定向高光通路 只包含3D物体的定向高光的3D渲染通路。

Specular shader 定向高光材质 基于表面的反射率以及光源的位置和视亮度来渲染3D物体的定向高光（亮斑）的材质（shader）。

Spectral emissions 光谱辐射 一个光源所辐射的所有不同频率和强度的光。

Spectral reflectance 光谱反射 一个表面所反射的所有不同频率和强度的光。

Spectral transmittance 光谱透射 一个滤光器所透射（通过）的所有不同频率和强度的光。

Spill 溢色 污染场景中的物体并使之变色的杂散光。

Spillmap 溢色贴图 在消溢色操作中，已经污染了前景物体的背衬色溢色（spill）的贴图。

Spline 样条 一条数学上光滑的“线”，其形状由不多的几个控制点及其设定值来确定。

Spline warp 样条扭曲变形 一种复杂的图像扭曲变形方法，该法使用在图像上画出的样条来确定图像的形状。参见mesh warp（网格扭曲变形）。

Spot light 聚光灯 能够模拟可变聚光灯照明的3D光源。

Squeezed 横向压缩图像 西尼玛斯柯普变形宽银幕用的水平方向上压缩到0.5倍的变形图像。参见unsqueeze（解横向压缩）。

Squirming 蠕动 运动跟踪中，跟踪的目标与背景中心“锁定”不好，从而造成跟踪的目标看上去像是随着镜头的进展而四处飘荡。

Stabilizing 稳定化 运动跟踪中，用跟踪数据来消除镜头中的片门晃动、摄影机抖动或其他的有害运动。

Stereo compositing 立体合成 合成立体图对的左视图和右视图。

Stereo pair 立体图对 构成立体电影一个画幅的左右图像对。

Stereographer 立体师 为达到最好的外观而调整立体的场景中物体深度的数字美术师。

Stereoscopic（stereo）立体的 用场景的两个略有差别的视图来显示三维深度。通常称之为“3D图像”。

Stereoscopy 体视术 创建和显示立体图像的技术。

Stochastic 随机 下一个数据值不受前一个数据值支配的过程。

Stop（光圈）挡 胶片的曝光量加大一倍。提高曝光量两挡，意味着曝光量加大到四倍。对于Cineon 10比特图像，一挡是90个代码值。

Subpixel 亚像素 字面上的意思是小于一个像素，指一种图像处理操作，该操作以浮点的精度来计算像素值，使精度达到了一个像素的若干分之一，而不只是整个像素的整数值。

Super 35 超35 几种35 mm电影规格中的一种，其特征是使用胶片画幅的全宽度（全片窗），以后用于影院放映需改用其他规格。

Superwhites 超白 对于Cineon图像，指大于基准白（90%反射率的白色表面）的视亮度值。包括灯、火焰、闪光和爆炸之类的元素。

Surface normals 表面法线 垂直于多边形（polygon）的表面，用来计算其与光源的角度从而计算其视亮度的矢量。

Syntax 语法 构建计算机程序或语言需要使用一些命令，语法是控制这些术语和符号的法则。

T

Telecine 胶转磁机 为转换成录像带，以视频分辨率对胶片进行扫描的机器。

Temporal 暂时的 随时间推移的。

Temporal resolution 时间分辨率 随时间摄取的数字“样本”的数量，例如胶片摄影机使用24格每秒的遮光器速度。

Texture map 纹理贴图 将一个图像映射（放置）到一个3D几何体上，使其带上颜色。

Tiled image 拼贴图像 像拼贴瓷砖表面那样有规则地重复的图像。常常是一个小的图像，且设计成拼贴后不会看出接缝来。

Timecode 时码 嵌入视频信号但不显示在屏幕上的运行的数字“时钟”数据,以“时：分：秒：帧”的形式标记每帧视频。如果印在每帧视频的窗口中，则称作“可见时码”或“窗口烧印”。

Toe 趾部 胶片响应曲线下面的部分，在这个部分，胶片开始迅速失去对非常低的曝光量增大密度的能力。

Tone 色调 比给定颜色更亮或更暗的形式。

Track 跟踪 用计算机逐帧地找到一个目标物

体的位置，从而可以使另一个元素像是锁定在该物体上一样地动起来。其路径也是由锁定的物体创建的。

Tracking markers 跟踪标记 有意放置在场景中的物体，以提供良好的跟踪目标，通常事后要清除掉。

Tracking point 跟踪点 操作人员放在一个图像上的屏上图形，用以标记计算机要跟踪的特征点。

Tracking targets 跟踪目标 运动图像中由跟踪点标出的特征点，这些跟踪点将被计算机进行运动跟踪。

Transformation 变换 见geometric transformation（几何变换）。

Translation 平移 只在水平方向上、垂直方向上或水平、垂直两个方向上移动一个图像的几何变换。

Transparency 透明度 图像允许其后面的图像能够一定程度地被看到的属性。其反面是不透明度。

Transparent 透明 一个物体允许光线穿过它，从而使其后面的物体可以被看到的属性。其反面是不透明。

U

Underflow 下溢 数据落在一些"地板"值以下。对于一个8比特的系统，该值将是0，所以任何小于0的数据都会限幅为0。浮点系统不会限幅为上溢或下溢。

Ultimatte Ultimatte键控抠像器 Ultimatte公司提供的一种基于色差遮片提取技术的抠像键控器，通常作为第三方模块包括在合成软件中。

Unpremultiply 解预乘 逆转一个四通道CGI图像的预乘操作的数学运算，其方法是用RGB通道除以阿尔法通道。

Unsharp mask 模糊遮罩 一种从传统摄影术借鉴来的图像处理操作，通过从图像本身减掉一个模糊形态的图像来锐化图像。

Unsqueeze 解横向压缩 通过水平方向上将图像放大到2倍，来消除图像的压缩变形。

UV coordinates UV坐标 图像的横坐标与纵坐标，用来将图像贴图到3D几何体的表面。

V

Value 亮度值 HSV（HSV）色空间中的V，大致等于颜色的视亮度值。

Veiling glare 模糊不清的炫光 由于存在非平行光线、镜头缺陷、内反射以及其他光学异常，而叠加到摄影影像的光雾。

Vertex/Vertices 顶点 连接起来定义多边形（若干多边形又定义一个3D物体）的三维的点。

VistaVision 维斯塔维兴系统宽银幕电影 一种35 mm胶片的大规格电影，其特点是胶片在摄影机中横着运行而非竖着运行，因而影像高度为胶片的全宽度，而影像的宽度为8片孔。参见8 pers（8孔）。

W

Warm 暖 用来描述图像带有红色调的通用术语。参见cool（冷）。

Warp 扭曲变形 图像的一种非线性变形，表现为图像的任何部分都能够变形，就好像它是一块橡胶一样。

Wedge 梯级画幅序列 一个序列重复同一图像的画幅，这些画幅的某一属性有规律性的变化，以便找出最好的状态。例如，一条梯级光楔具有从暗到亮好几级的视亮度。

Weighted screen 加权过滤 过滤操作的一种变形，添加了遮片或遮罩的使用，以部分地抑制背景图层，提高过滤对象的表观密度。

White point 白点 图像最亮的部分，在最后的显示状态下观看的时候，该部分仍将存在。

White reference 基准白 对于Cineon对数图像转换，是指在适当曝光的电影画幅中反射率为90%的白色表面所生成的10比特的码值（685）。

Witness points 见证点 有意放置在一个场景中的一些标记或物体，用来以后供3D追踪参考用。

X

X 水平方向。

X-axis X轴线 曲线图、旋转、缩放、显示器或监视器的水平轴线。

Y

Y 垂直方向。

Y-axis Y轴线 曲线图、旋转、缩放、显示器或监视器的垂直轴线。

YIQ 带有一个亮度（Y）分量和两个色度（IQ）分量的三个NTSC制式分量视频信号。其中I信号再现橙—青色，Q信号再现黄—绿—紫色。类似于PAL制式视频格式的YUV信号。

YUV 带有一个亮度（Y）通道和两个色度（UV）通道的三通道PAL视频信号。常常误指具有同样用途的NTSC YIQ信号。

Z

Z-axis Z轴线 在3D动画中，垂直于X轴线和Y轴线的轴线。按照惯例，指垂直于显示屏，用来表示进入场景深度的轴线。

Z channel Z通道 类似于阿尔法通道的一个图像附加平面，但数据表示每个像素进入场景的深度。用于3D合成。

Zero black 零位黑 由数字0准确地表示的黑色，而非仅仅眼睛看上去是的黑色，后者有可能稍稍大于0。

Zoom 变焦 在放大（或缩小）图像的同时，裁剪图像，使其保持原来的大小，以模拟向场景内推摄。

出版后记

《视效合成进阶教程》一书初版于2001年，现已修订至第三版。作者史蒂夫·赖特具有丰富的视效合成实战经验和教学经验，并著有多本相关书籍，在业内颇受尊敬。本书与即将出版的《视效合成初级教程》一体两面，分别针对入门和具有一定合成基础的读者写作，解决他们在实际工作中遇到的各类技术难题。

本书最独特之处在于以提取优化遮片、色校正等任务为重心进行写作，这样的编排方式避免了内容因技术发展而过时。同时反观现在通行的合成类书籍，它们或是相对学理化对实践指导作用不大，或是局囿在某个专门的合成软件而做不到面面俱到。因此赖特的两本合成教程在美畅销数十年，并被合成师奉为业内圭臬。

另外，书中详细分析了CGI、3D、IMAX等最新前沿技术的数字合成方法，同时随书配套光盘收入大量tiff格式的图片和近十段Quicktime文件短片，方便读者结合本教程进行操作，让你做到学以致用。

为了便于国内读者使用本书，我们在编辑过程中对原文的层次进行梳理，使其一目了然，图文配合更紧密；同时将书中出现的各类技术术语与已出版的视效合成类图书、软件中文版（如photoshop）进行比对、统一。

非常感谢译者李铭老师为此书投入的巨大精力，他的严谨和专注让我们深为敬重，在编辑过程中他还多次帮助解决了技术上的困惑（比如中美不同电视制式下的1080i30与1080i60其实指代的是同一事物），这保证了该书的质量。另外，还要感谢北京电影学院的李念芦老师、屠明非老师以及中影数字基地向我们大力推荐本书，并提供很多帮助。

随着各项数码科技的成熟，电影镜头里的真实已经远不再是卢米埃尔兄弟镜头下呼啸而过的火车，电影日益演变成虚拟与真实共舞的存在，而合成技术正是这些电脑特效的基石，一名优秀的合成师也开始成为“电影完成者”，希望电影、视频和游戏的从业者可以从本书中汲取营养，创作出更加绚烂的镜头。

服务热线：133-6631-2326 188-1142-1266

服务信箱：reader@hinabook.com

“后浪电影学院”编辑部

后浪出版咨询（北京）有限责任公司

拍电影网（www.pmovie.com）

2014年4月

图书在版编目（CIP）数据

视效合成进阶教程 /（美）史蒂夫·赖特著；李铭译 . ——北京：世界图书出版公司北京公司，2014.3

书名原文：Digital Compositing for Film and Video

ISBN 978-7-5100-7655-8

Ⅰ . ①视…　Ⅱ . ①赖…②李…　Ⅲ . ①数字频率合成—方法—教材　Ⅳ . ① TN74-87

中国版本图书馆 CIP 数据核字（2014）第 039193 号

Digital Compositing for Film and Video，3e / by Steve Wright / ISBN: 978-0-240-81309-7
Copyright ©2011 by Focal Press Authorized translation from English language edition publish by Focal Press, part of Taylor & Francis Group LLC; All rights reserved; 本书原版由 Taylor & Francis 出版集团旗下，Focal 出版公司出版，并经其授权翻译出版。版权所有，侵权必究。
Beijing World Publishing Corporation is authorized to publish and distribute exclusively the Chinese (Simplified characters) language edition. This edition is authorized for sale throughout Mainland of China. No part of the publication reproduced or distributed by any means, or stored in database or retrieval system, without the prior written permission of the publisher. 本书中文简体翻译版权由世界图书出版公司独家出版并仅限在中国大陆地区销售。未经出版者书面许可，不得以任何方式复制或发行本书的任何部分。
Copies of this book sold without a Taylor & Francis sticker on the cover are unauthorized and illegal. 本书封面贴有 Taylor & Francis 公司防伪标签，无标签者不得销售

北京市版权局著作权合同登记号 图字 01-2010-0329

视效合成进阶教程（插图第 3 版）

著　　者：（美）史蒂夫·赖特（Steve Wright）　译　　者：李　铭　丛 书 名：电影学院
筹划出版：银杏树下　出版统筹：吴兴元　编辑统筹：陈草心
责任编辑：陆梦婷　赵丽娜　营销推广：ONEBOOK　装帧制造：墨白空间

出　　版：世界图书出版公司北京公司
出 版 人：张跃明
发　　行：世界图书出版公司北京公司（北京朝内大街 137 号 邮编 100010）
销　　售：各地新华书店
印　　刷：北京盛通印刷股份有限公司（亦庄经济技术开发区科创五街经海三路 18 号　邮编 100176）
（如存在文字不清、漏印、缺页、倒页、脱页等印装质量问题，请与承印厂联系调换。联系电话：010-67887676-816）

开　　本：787 毫米 ×1092 毫米　1/16
印　　张：24　插页 2
字　　数：510 千
版　　次：2014 年 6 月第 1 版
印　　次：2014 年 6 月第 1 次印刷

读者服务：reader@hinabook.com　188-1142-1266
投稿服务：onebook@hinabook.com　133-6631-2326
购书服务：buy@hinabook.com　133-6657-3072
网上订购：www.hinabook.com　（后浪官网）
拍电影网：www.pmovie.com　（“电影学院”官网）

ISBN 978-7-5100-7655-8　定　　价：128.00 元（内含 1 张 DVD）

后浪出版咨询（北京）有限公司常年法律顾问：北京大成律师事务所　周天晖　copyright@hinabook.com

版权所有　翻印必究

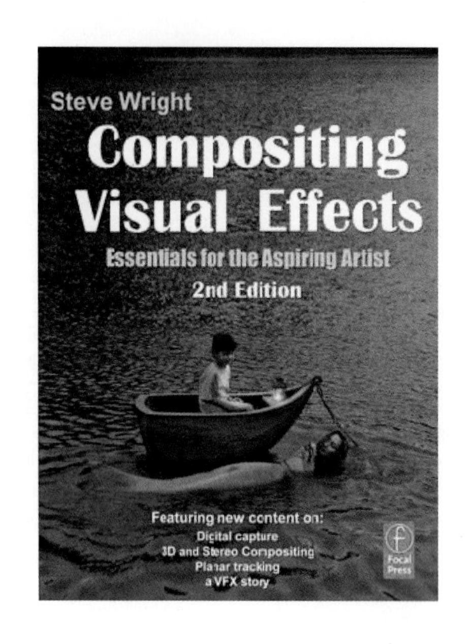

《视效合成初级教程》
（插图修订版）

著　　者：（美）史蒂夫·赖特（Steve Wright）
译　　者：李念芦　柳思忆
出版时间：2014.05

实用专业，二十年实践经验总结深入浅出
时代前沿，好莱坞最新合成技术一一呈现
通俗易懂，规避技术术语普通人也能读懂
全面深入，概念原理到流程贴士应有尽有

好莱坞视效公司必读经典
视效合成师入门必备指南

推荐语

赖特带领读者全程体验了创建惊人特效的技术和流程，即使外行学习过程也会感觉到轻松。这是那些想要了解数字合成魔力的人必备的一本书。

—Jeffery Jasper，new deal studios 工作室视效合成师
（《特务风云》、《X 战警 3》、《加勒比海盗 3》）

我很高兴用本书来开展我的动画和特效课程。

——Larry Elin，美国雪城大学公共传播学院广播影视系副教授

内容简介

本书是零基础的数字合成和视觉特效爱好者、初学者的入门读本，专为没有任何知识背景或者之前没有深入了解过视觉特效但又想快速轻松掌握这门技术的读者撰写。

全书图文并茂地详尽介绍了当今娱乐业流行的各种视效合成技术，如蓝屏合成、关键帧动画、创建遮罩、数字抠像、CGI（计算机生成图像）与实拍素材的合成方法、数字场景扩展制作、跟踪镜头等，既有专业概念、工作原理以及工作流程的讲解，又提供了各项操作的注意事项及其原因。全书数百副图表更是助您一目了然掌握所讲内容。若您想对视效合成领域有更加深入的研究，欢迎阅读该作者的另一本专著《视效合成进阶教程》。